勘误表

页码	位置	原文	修改
32	图 1 – 12 纵坐标	$\lg p_{CO_2}$	$\lg p_{O_2}$
47	第 4 行	工艺综述	流程综述
49	第 17 行、18 行	工艺	流程
55	图 2 – 2 纵坐标	NaOH	Na_2WO_4
82、83		$NaWO_4$	Na_2WO_4
83	倒数 13 行	$N = 1$	$N \leqslant 1$
93	图 2 – 24		加图注:实线为干式活化;虚线为湿式活化
113	倒数 3 行	低温区不可能	低温区可能
156	倒数 1 行	对凝胶型 AB – 17Γ 的	对凝胶型 AB – 17Γ 而言,其
158	第 12 行	**2. 弱碱性阴离子交换树脂**	(2)弱碱性阴离子交换树脂
158	第 17 行	一般干树脂穿透容量可达 1000 $mg·g^{-1}$	一般穿透容量可达 1000 $mg·g^{-1}$(干树脂)
173	第 6 行	$[\overline{WO_4^{2-}}] \cdot [Cl^-]_0^2 / [WO_4^{2-}]_0 / [Cl^-]^2$	$([\overline{WO_4^{2-}}] \cdot [Cl^-]_0^2)/([WO_4^{2-}]_0 \cdot [Cl^-]^2)$
173	图 3 –9 注示	----$[\overline{WO_4^{2-}}]/[Cl^-]^2$ ——$[A^{3-}][\overline{WO_4^{2-}}]$	——$[\overline{WO_4^{2-}}]/[Cl^-]^2$ ----$[A^{3-}][\overline{WO_4^{2-}}]$
184	第 13 行	20 $g·L^{-1}$	25 $g·L^{-1}$
185	第 7 行	二是	而大幅
186	第 1 行	$NH_4^+ – HCO_3^-$	$NH_4^+ – CO_3^{2-} – HCO_3^-$
221	图 3 – 40 横坐标	x	n
224	倒数 11 行	90 $mmol·L^{-1}$	10 $mmol·L^{-1}$
258	图 4 – 2 中最后一栏	晶体钨铵青铜	晶体钨铵青铜 + WO_3
291	倒数 15 行,图 5 – 6	相对密度	孔隙率
297	第 4 行	氧化薄膜和烧结气氛的影响:	**氧化薄膜和烧结气氛的影响**
321	图 6 – 4 图注	1 – 1.0 kPa	1 – 10 kPa
331	表 6 – 10	Al、Ca、Cr、Fe、Mo、Si 的单位"%"	"$\mu g·g^{-1}$"

国家出版基金项目
NATIONAL PUBLICATION FOUNDATION

有色金属理论与技术前沿丛书

钨 冶 金 学

TUNGSTEN METALLURGY

李洪桂　羊建高　李　昆　等编著
Li Honggui　Yang Jiangao　Li Kun

中南大学出版社
www.csupress.com.cn

中国有色集团
CNMC

内容简介

Introduction

　　本书全面介绍了钨提取冶金及用提取冶金的方法制备钨特种材料和钨基合金前躯体的原理及工艺，系统搜集了近年来国内外本领域在基础理论研究和新技术研发方面的文献资料，以及某些生产实践资料，进行去粗取精、归纳提升，力争全面反映本学科的现状和发展动向。书中也适当介绍了作者本人的观点，供讨论。

　　本书可作为从事钨冶金的科学技术人员参考书，亦可作为本专业本科生、研究生的教学参考书。

作者简介 /

About the Author

李洪桂，中南大学教授，博士生导师，1956 年毕业于中南矿冶学院（今中南大学）有色冶金专业。

长期从事稀有金属冶金教学和科研工作，取得一定成绩，其两项发明专利先后于 1993 年和 2001 年获国家技术发明二等奖，2000 年获湖南省科技进步一等奖（均排名第一），并均由国家科委列入"国家科技成果重点推广项目"。此外获省部级科技进步二等奖 3 项，省部级科技进步三等奖 2 项。作为第一发明人获发明专利 6 项。主编并公开出版教材及专著 7 种，其中高等学校教材《稀有金属冶金学》于 1996 年获中国有色金属总公司（省部级）优秀教材一等奖。1992 年开始享受政府津贴。1995 年由国家教委、国家人事部评为全国优秀教师，湖南省教委、湖南省人事厅记一等功。2004 年由中共湖南省委、湖南省人民政府授予"湖南光召科技奖"。

学术委员会
Academic Committee

国家出版基金项目
有色金属理论与技术前沿丛书

主 任
王淀佐　中国科学院院士　中国工程院院士

委 员（按姓氏笔画排序）

于润沧	中国工程院院士	古德生	中国工程院院士
左铁镛	中国工程院院士	刘业翔	中国工程院院士
刘宝琛	中国工程院院士	孙传尧	中国工程院院士
李东英	中国工程院院士	邱定蕃	中国工程院院士
何季麟	中国工程院院士	何继善	中国工程院院士
余永富	中国工程院院士	汪旭光	中国工程院院士
张文海	中国工程院院士	张国成	中国工程院院士
张懿	中国工程院院士	陈景	中国工程院院士
金展鹏	中国科学院院士	周克崧	中国工程院院士
周廉	中国工程院院士	钟掘	中国工程院院士
黄伯云	中国工程院院士	黄培云	中国工程院院士
屠海令	中国工程院院士	曾苏民	中国工程院院士
戴永年	中国工程院院士		

编辑出版委员会

总序

　　当今有色金属已成为决定一个国家经济、科学技术、国防建设等发展的重要物质基础，是提升国家综合实力和保障国家安全的关键性战略资源。作为有色金属生产第一大国，我国在有色金属研究领域，特别是在复杂低品位有色金属资源的开发与利用上取得了长足进展。

　　我国有色金属工业近 30 年来发展迅速，产量连年来居世界首位，有色金属科技在国民经济建设和现代化国防建设中发挥着越来越重要的作用。与此同时，有色金属资源短缺与国民经济发展需求之间的矛盾也日益突出，对国外资源的依赖程度逐年增加，严重影响我国国民经济的健康发展。

　　随着经济的发展，已探明的优质矿产资源接近枯竭，不仅使我国面临有色金属材料总量供应严重短缺的危机，而且因为"难探、难采、难选、难冶"的复杂低品位矿石资源或二次资源逐步成为主体原料后，对传统的地质、采矿、选矿、冶金、材料、加工、环境等科学技术提出了巨大挑战。资源的低质化将会使我国有色金属工业及相关产业面临生存竞争的危机。我国有色金属工业的发展迫切需要适应我国资源特点的新理论、新技术。系统完整、水平领先和相互融合的有色金属科技图书的出版，对于提高我国有色金属工业的自主创新能力，促进高效、低耗、无污染、综合利用有色金属资源的新理论与新技术的应用，确保我国有色金属产业的可持续发展，具有重大的推动作用。

　　作为国家出版基金资助的国家重大出版项目，《有色金属理论与技术前沿丛书》计划出版 100 种图书，涵盖材料、冶金、矿业、地学和机电等学科。丛书的作者荟萃了有色金属研究领域的院士、国家重大科研计划项目的首席科学家、长江学者特聘教授、国家杰出青年科学基金获得者、全国优秀博士论文奖获得者、国家重大人才计划入选者、有色金属大型研究院所及骨干企业的顶尖专家。

国家出版基金由国家设立，用于鼓励和支持优秀公益性出版项目，代表我国学术出版的最高水平。《有色金属理论与技术前沿丛书》瞄准有色金属研究发展前沿，把握国内外有色金属学科的最新动态，全面、及时、准确地反映有色金属科学与工程技术方面的新理论、新技术和新应用，发掘与采集极富价值的研究成果，具有很高的学术价值。

中南大学出版社长期倾力服务有色金属的图书出版，在《有色金属理论与技术前沿丛书》的策划与出版过程中做了大量极富成效的工作，大力推动了我国有色金属行业优秀科技著作的出版，对高等院校、研究院所及大中型企业的有色金属学科人才培养具有直接而重大的促进作用。

2010 年 12 月

前言 / Foreword

近百年来，随着国防及国民经济对战略金属钨在质量和产量上需求的提高，钨冶金技术亦得到长足的进步，并由初期的一种单纯技艺发展成为一门科学。为适应这种发展的需要，国内外先后出版了多种有关的著作，这些著作总结了一定历史时期内钨冶金在基础理论研究和技术研发中的成果，为相关人员的工作提供了重要的参考资料。但上述著作的不足之处是涉及的专业面太广，从钨的地质、矿产到各种钨制品的加工，从钨及其化合物的性质到应用，因而由于篇幅的限制，不可能对有关问题进行全面深入的介绍。

鉴于上述情况，本书将专业面限于钨的提取冶金领域（含用提取冶金的原理和方法制取特种钨制品及钨基合金的前驱体），对钨的资源、钨化合物的性质等内容仅结合提取冶金过程的需要进行介绍。在内容的取舍方面，重点介绍近20年来本领域中基础理论研究和技术研发的新成果，力争在较全面地收集近代有关文献资料和某些生产实践资料的基础上进行去粗取精、归纳提升，对前人已作全面介绍的内容则在不破坏其系统性的原则下尽量简化或删除。此外适当介绍作者个人的观点供讨论。

本书可供从事钨冶金的科学技术人员参考，亦可作为本专业本科生、研究生的教学参考书。

参加本书编写的有中南大学教授李洪桂（编写第1、2、3章）、江西理工大学教授羊建高（编写第4章、第6章第2节）、中南大学副教授李昆（编写第5章、第6章第1、3节）、中南大学教授赵中伟（收集第3章部分资料，提供有关素材）、株洲硬质合金集团有限公司高级工程师李鹏（收集第 5 章、第 6 章部分资料，提供有关素材）、中南大学副教授霍广生（收集第 2 章部分资料，提供有关素材）、中南大学副教授陈爱良（收集第 1 章部分资料，提供有关素材），最后由李洪桂统一修改定稿。

在本书编写过程中，中南大学冶金科学与工程学院领导给予了热情的关怀和支持，刘晶、肖露萍、杨安享、吴俊池等同志在收集资料等方面进行了大量工作，特表示衷心感谢。

由于本人水平有限，书中错误在所难免，敬请广大读者批评指正。

目录 / Contents

第1章 概 论

1.1 钨冶金的发展简史[1]

钨是 1781 年由瑞典化学家舍勒(C. W. Scheele)发现的。到 20 世纪初期,由于其一系列应用的开发,如 1900 年在巴黎世界博览会首次展出以钨作为合金元素的高速钢以及采用钨丝制作的灯泡;1927—1928 年研制成碳化钨基烧结硬质合金等,钨冶金工业开始得以产生和发展。

近百年来钨冶金的发展主要表现在技术的进步和产品产量的提高两个方面。

1. 钨冶金技术的进步

为了适应用户对钨制品日益提高的质量要求,降低成本,减少对环境的污染,钨冶金技术得到了长足的进步,新的先进技术全面取代了传统的技术。主要体现在如下方面。

在钨矿物原料分解方面,早期产业化的苏打压煮法发展成为不仅能高效处理白钨精矿、低品位白钨中矿,同时能处理黑白钨混合矿;在理论研究得到突破的基础上,NaOH 分解法由只能处理低钙黑钨精矿发展成为能处理包括白钨精矿、难选钨中矿在内的各种钨矿物原料的通用技术。上述两种方法的发展,逐步淘汰了 NaOH 熔合法、苏打烧结法、盐酸分解法等效率低、环境污染严重的传统方法。同时也降低了对选矿的要求,大幅度提高了资源利用率。此外 NaOH – Na_3PO_4 分解法、NaF 分解法亦在工业上得到应用,且在特定的条件下显示出一定的优越性。

在纯钨化合物制取方面,粗 Na_2WO_4 溶液的强碱性阴离子交换法净化并转型工艺以其流程短、成本低、产品质量高等特点在很大范围内取代了经典的镁盐净化 – 传统化学法转型工艺。与之相对应的季铵盐萃取法净化并转型由实验室研发开始走向产业化,呈现了可喜的前景。选择性沉淀法从钨酸盐溶液中除钼、砷、锡、锑等高效净化除杂技术的研发成功并广为应用,大幅度提高了钨制品的纯度和钨冶金过程对原料的适应能力。

在金属钨粉制取方面,在 20 世纪 70 年代,先进的蓝钨氢还原法取代了黄钨氢还原法,到 20 世纪末,紫钨氢还原法又进一步取代了蓝钨氢还原法,使产出钨粉的物理性能控制(如形貌、粒度及粒度分布等)达到更为先进的水平,进一步全面地提高了钨粉的质量。

与此同时,多种处理钨冶金二次资源(主要是废旧硬质合金)技术的研发成功,使钨二次资源的利用不论是在技术水平上还是回收利用率上都得到大幅度提高。

上述技术进步使钨冶金的水平全面提高，主要表现在：

（1）产品质量提高。近30年来，钨冶金产品在化学纯度及物理性能方面都有大幅度的提高，以我国钨湿法冶金产品为例，20世纪80年代初期按传统法生产的钨酸与当前产出的APT中主要杂质的含量要求对比如表1-1所示（均以WO_3含量为100%折算）。

表1-1 我国20世纪80年代初期产出的钨酸与当前产出的APT中主要杂质含量要求对比

产 品	杂质含量（对WO_3而言），不大于/%					
	Ca	Mo	P	As	S	倍半氧化物（主要为Al_2O_3）
钨酸（一级，即最高级）	0.01	0.02	0.1	0.02	0.02	0.01
APT（GB 10116—88-0级）	0.001	0.002	0.0007	0.001	0.0007	Al：0.0005

从表1-1可知，我国当前钨湿法冶金产品中主要杂质的含量要求已降到20世纪80年代初期的1/10以下，而且实际上绝大部分钨冶金企业产出的APT质量都优于上述GB 10116—88-0级标准。

除产品的纯度提高外，其物理性能（如粒度、粒形等）亦大幅度改善，不仅能满足传统用户日益提高的质量要求，亦能满足新兴高科技领域的要求。

（2）各项指标都得到明显改善。以回收率为例，20世纪80年代中期，处理标准黑钨精矿时，APT的回收率小于94%。而目前即使处理品位为50%～60% WO_3的黑钨、白钨混合矿，其回收率已可达97%左右。

（3）废弃物的排放量大幅度减少，完全淘汰了"三废"严重的盐酸分解法、传统的化学转型法，基本上淘汰了苏打烧结法。

2. 钨冶金产品产量的提高

为适应国民经济各部门及军工对钨冶金产品的需求，钨冶金产品的产量迅速提高。这里我们采用钨精矿的产量（大体上相当于钨冶金原料的消耗量，因此从一个侧面反映了钨冶金的产量）数据和某些具体钨产品的产量数据来评价钨冶金产品产量的增长情况及其中我国的贡献。

各个不同历史时期世界钨精矿产量的增长情况如表1-2所示。从表1-2可知，历史上钨产量的提高是与战争联系在一起的。在第一次世界大战的1915—1918年、第二次世界大战的1939—1945年以及朝鲜战争的1950—1953年，钨精矿的平均产量均大幅度增加，达到一个峰值。在相对和平的时期，则随着世界经济的发展，钨冶金产品的产量亦逐步提高。

20世纪以来，钨精矿的产量（按金属钨计）如表1-3所示。据某外贸公司的不完全统计，2004—2008年世界主要地区和企业仲钨酸铵、三氧化钨、钨粉、碳化钨粉的产量及中国所占比例分别如表1-4、1-5、1-6、1-7所示。

表1-2　1913—1996年世界钨精矿的产量(以钨计)[1]

年份	1913—1914	1915—1918	1919—1925	1926—1929	1930—1933	1934—1938	1939—1945	1946—1949
年平均产量/t	3697	10660	4107	5825	5854	12940	21700	13800
年份	1950—1953	1990	1991	1992	1993	1994	1995	1996
年平均产量/t	43300	43850	42895	33260	25620	22455	30815	27290

表1-3　2001—2008年世界钨精矿产量及中国所占比例(以钨计)

年份	2001	2002	2003	2004	2005	2006	2007	2008
世界产量/t	35000	45611	46297	50713	46940	52970	54500	
中国产量/t	27810	36061	36197	44013	37840	41170	41467	43545.7
中国所占比例/%	79.46	79.06	78.18	86.79	80.61	77.72	76.09	

资料引自:《2008年中国有色金属工业发展报告》编委会,2008年中国有色金属工业发展报告,北京:中国有色金属协会,2009。

表1-4　2004—2008年世界主要地区和企业仲钨酸铵产量及中国所占比例

国家或地区	国家或企业名称	仲钨酸铵/t				
		2004	2005	2006	2007	2008
美国	GTP	8000	8000	8000	10000	10000
	Alldyne	2000	2000	4000	4000	
欧洲	H. C. Starck	8000	8000	6000	6000	5000
	WBH	4000	4000	4000	5000	5000
	Ceratizit	0	0	0	0	0
	Plansee	0	0	0	0	0
	GTP Bruntal	0	0	0	0	0
	Nalchi	2400	2400	2400	2400	2400
亚洲	日本新金属	1000	1000	1500	1500	1500
	越南	0	0	200	200	200
	中国	47800	51800	45600	54900	52900
合　计		73200	77200	71700	84000	81000
中国所占比例/%		65.30	67.10	63.60	65.36	65.31

表1-5　2004—2008年世界主要地区和企业三氧化钨产量及中国所占比例

国家或地区	国家或企业名称	三氧化钨/t				
		2004	2005	2006	2007	2008
美国	GTP	7000	7000	7000	8000	8000
	Alldyne	1700	1700	3000	3000	3000
欧洲	H. C. Starck	7000	7000	5000	5000	4500
	WBH	4500	4500	4500	4500	4500
	Ceratizit	4500	4500	4500	4500	4500
	Plansee	0	0	0	0	0
	GTP Bruntal	0	0	0	0	0
	Nalchi	2000	2000	2000	2000	2000
亚洲	日本新金属	800	1300	1300	1300	
	越南	0	0	0	0	0
	中国	36700	38100	39900	46200	42500
合　计		64200	65600	67200	74500	70300
中国所占比例/%		57.17	58.08	59.38	62.01	60.46

表1-6　2004—2008年世界主要地区和企业钨粉产量及中国所占比例

国家或地区	国家或企业名称	钨粉/t				
		2004	2005	2006	2007	2008
美国	GTP	5000	5000	5000	6000	6000
	Alldyne	1000	1000	2000	2000	2000
欧洲	H. C. Starck	5000	5000	4000	4000	3500
	WBH	4000	4000	4000	5000	5000
	Ceratizit	3500	3500	3500	3500	3500
	Plansee	3000	3000	3000	3000	3000
	GTP Bruntal	1500	1500	1500	1500	1500
	Nalchi	0	0	0	0	0
亚洲	日本新金属	3500	3500	3500	3500	3500
	越南	0	0	0	0	0
	中国	21200	20600	20200	21900	24100
合计		47700	47100	46700	50400	52100
中国所占比例/%		44.44	43.74	43.25	43.45	46.26

表1-7 2004—2008年世界主要地区和企业碳化钨粉产量及中国所占比例

国家或地区	国家或企业名称	碳化钨粉/t				
		2004	2005	2006	2007	2008
美国	GTP	5000	5000	5000	6000	6000
	Alldyne	1000	1000	2000	2000	2000
欧洲	H. C. Starck	5000	5000	4000	4000	3500
	WBH	4000	4000	4000	5000	5000
	Ceratizit	3500	3500	3500	3500	3500
	Plansee	3000	3000	3000	3000	3000
	GTP Bruntal	1500	1500	1500	1500	1500
	Nalchi	0	0	0	0	0
亚洲	日本新金属	3500	3500	3500	3500	3500
	越南	0	0	0	0	0
	中国	14900	14200	14500	16500	17000
合计		41400	40700	41000	45000	45000
中国所占比例/%		35.99	34.89	35.37	36.67	37.78

从表1-3至表1-7可知,2007年世界钨精矿总产量达54500 t钨,加上二次钨资源的回收利用,2007年钨冶金产品的产量和消费量达83000 t钨左右,相当于朝鲜战争期间年产量的1倍左右。钨粉及碳化钨粉的产量分别超过50000 t和45000 t。仅碳化物粉这一种钨冶金产品中的钨含量已接近朝鲜战争时期每年钨精矿消耗总量。目前钨的消费量仍以每年4%~5%速度增长,其产量亦将以大致相同的速度增长。

总之,近百年来钨冶金工业得到快速的发展。

在世界钨冶金工业发展中,还应当指出中国钨冶金工业的发展。长期以来我国钨精矿的产量一直占世界的80%左右。20世纪80年代以来我国仲钨酸铵的产量亦达世界的2/3左右。21世纪以来我国钨粉的产量占世界的40%以上(参见表1-3至表1-7)。而在技术方面我国已从钨精矿的分解到金属钨粉的生产自主地研发成功了一系列新技术,整体处于世界先进水平。因此,在钨冶金方面我国已不仅是生产大国,而且是技术强国。

1.2 钨及其化合物的性质

1.2.1 金属钨的性质[1~5]

1. 钨的物理性质

钨属于元素周期表第 6 周期 VIB 族。钨粉末的外观为暗灰色，其主要物理性质参见参考文献[1]、[3]，应当指出的是钨的熔点、沸点是所有金属中最高的，分别为 3683 ±20K 和 5973 ±20K，密度在金属中仅次于 Re、Pt、Os(它们在常温下密度分别为 20.53、21.37 和 22.5 $g\cdot cm^{-3}$)，蒸气压在所有金属中是最低的，这些就是使钨成为重要战略元素的主要原因之一。

2. 钨的机械性质

室温下钨的主要机械性质参见参考文献[1]、[4]。应当指出间隙性杂质碳、氮、氧、氢在钨中的溶解度很小，往往呈相应的化合物在晶界析出，故严重影响其物理性能和机械性能，间隙性杂质含量对钨的塑性脆性转变温度的影响见表 1 - 8。

表1-8 间隙性杂质对钨塑性脆性转变温度的影响

制 取 方 法	杂质含量/($\mu g\cdot g^{-1}$)				转变温度 /℃
	C	O	N	H	
真空垂熔	400	230	20	30	500
电弧真空熔炼	300	40	10	2	200
一次区域熔炼	240	10	10	10	100
二次区域熔炼	200	10	10	10	20
脱碳后区域熔炼	10	10	10	10	- 196

3. 钨的化学性质[1~3]

致密钨化学性质稳定，安娜瓦伦[2]等用化学分析电子能谱 (Electron Spectroscopy for Chemical Analysis, ESCA)研究了致密钨在干空气中、湿空气中以及水中的氧化情况，指出：

(1)在干空气和不同温度下保温 1 h，则氧化膜厚度如表 1 - 9 所示，表中数据说明在干空气中温度低于 200℃，则致密钨基本上不氧化。

表1-9 致密钨在干空气中的氧化情况

温度/℃	23	100	200	400	500
氧化膜厚度/nm	1	1	1.6	>10	>10

（2）在相对湿度分别为60%和95%的空气中、在室温下保持一周，则氧化膜厚度分别为2.0 nm和>10 nm。不论在干空气或湿空气中，氧化膜均为WO_3。

（3）在水中和室温下保持一周，则氧化膜厚度>10 nm。氧化膜的成分为WO_3、WO_2和水合氧化物。

致密钨在常温下能耐几乎所有酸碱的侵蚀，高温和有氧化剂存在下能与某些酸碱反应。致密钨与某些化学试剂反应情况见表1-10。

表1-10　致密钨与某些化学试剂反应情况

温度/℃	F_2	Cl_2	HF + HNO_3	HCl + HNO_3	HNO_3	H_2SO_4 + HCl
20	生成WF_6		可溶解	氧化	轻微侵蚀	
100 ~ 110				可溶解	氧化	轻微侵蚀
250 ~ 300		生成WCl_6				
温度/℃	H_3PO_4	KOH	H_2O_2	KOH + H_2O_2（或O_2）	$NaNO_3$ + $NaNO_2$（或O_2）	王水
20				轻微侵蚀		
100 ~ 110	轻微侵蚀	轻微侵蚀	可溶解	可溶解		可溶解
250 ~ 300	可溶解	可溶解			可溶解	

致密钨受某些化学物质侵蚀的开始温度见表1-11。

表1-11　致密钨被某些化学物质侵蚀的开始温度

化合物	HCl、O_2	NH_3	CO、Br、I、CS_2、H_2O	C_xH_y、N_2 + H_2	C、CO	N_2、ZrO_2	MgO、BeO、ThO_2	Al_2O_3
温度/℃	500	800	900	1000	1200	1500	2000	2500

钨与某些元素形成的二元系的简单情况见表1-12。

表1-12　钨与某些元素形成的二元系的简单情况

元素	钨与该元素形成的二元系情况	元素	钨与该元素形成的二元系情况
碱金属	1000℃以前未发现相互作用	钍	1474℃形成低熔共晶，含钨9%（摩尔分数）
铍	存在$Be_{22}W$、$Be_{12}W$、Be_2W等化合物	锑、铋	不形成合金
铝	存在$Al_{12}W$、Al_5W、Al_4W等化合物	钽、铌	形成连续固溶体
铈	在钨侧发现铈在钨中的有限固溶体	铬	形成连续固溶体
锡	1000℃以前未发现相互作用	钼	形成连续固溶体

元素	钨与该元素形成的二元系情况	元素	钨与该元素形成的二元系情况
钛	在钨中有限固溶体含钛 10% ~20%（摩尔分数）	氮	在钨中微量溶解，其溶解度 [%（摩尔分数）]与氮分压(kPa) 及温度(K)的关系为 $\lg c_N = 0.5 \lg p_{N_2} + 0.4 - \dfrac{10200}{T}$
锆	在钨中溶解度约 6%（摩尔分数）		
铪	800℃时在钨中溶解度达 4%（摩尔分数）		

1.2.2　钨化合物的性质

钨的主要价态为 +2、+4、+6，高价钨的氧化物为弱酸性。

1. 钨的氧化物[1, 3]

W - O 系的二元相图如图 1-1 所示。

从图中可知 W - O 系中存在四种氧化物 $WO_3(\alpha - WO_3)$、$W_{20}O_{58}$ 或 $WO_{2.9}$（又称 β - 钨氧化物）、$W_{18}O_{49}$ 或 $WO_{2.72}$（又称 γ - 钨氧化物）以及 WO_2，它们的物理性质如表 1-13 所示。

除表 1-13 所介绍的钨氧化物外，β - W 曾被视为钨的低价氧化物 W_3O。现代许多学者的研究都表明它只是钨的介稳相，由于少量氧的存在而稳定，氧的含量往往小于 W_3O 的化学计量值（化学计量值为 2.81%（质量分数）），另外 K、Be、P、As、Th、Al 等元素能使 β - W 更稳定。

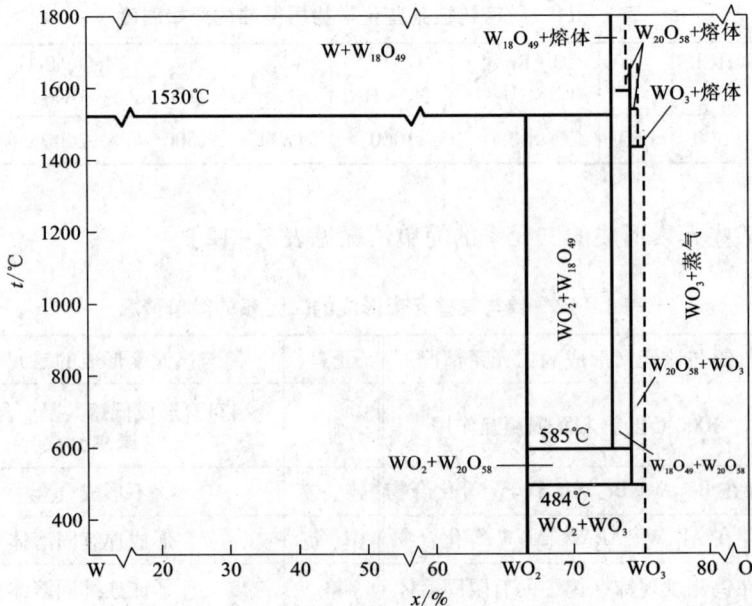

图 1-1　W - O 系二元相图

表 1 – 13 钨氧化物的物理性质[3]

钨氧化物	密度 /(g·cm⁻³)	外观	熔点/℃（或高温下稳定性能）	沸点/℃	电阻率/(Ω·cm⁻¹)	晶体结构
WO₃ (α – WO₃)	实测密度：7.21~7.30；X射线密度：7.27	室温下：黄色；<−50℃：白色	1473	1837 >700就显著升华	0.14~0.18	>740℃：正方，$a=0.5272$ nm，$c=0.3920$ nm（950℃）；330~740℃：斜方，$a=0.7340$ nm，$b=0.7546$ nm，$c=0.7728$ nm；17~330℃：γ−WO₃ 单斜，$a=0.7302\sim0.7306$ nm，$b=0.7530\sim0.7541$ nm，$c=0.7690\sim0.7692$ nm，$\beta=90.83°\sim90.88°$；−50~17℃：β−WO₃ 三斜，$a=0.730$ nm，$b=0.752$ nm，$c=0.769$ nm，$\alpha=88.85°$，$\beta=90.92°$，$\gamma=90.95°$（10℃）；−143~−50℃：α−WO₃ 单斜，$a=0.5275$ nm，$b=0.5155$ nm，$c=0.7672$ nm，$\beta=91.7°$
WO₂.₉ (β−钨氧化物，W₂₀O₅₈)	实测密度：7.15；X射线密度：7.16	蓝色至深蓝色，针状结晶	高温下不稳定，发生歧化反应①		5×10^{-3}	单斜：$a=1.205$ nm，$b=0.3767$ nm，$c=0.359$ nm，$\beta=94.72°$
WO₂.₇₂ (γ−钨氧化物，W₁₈O₄₉)	实测密度：7.724~7.989；X射线密度：7.78	紫色或紫红色，针状结晶	高温下不稳定，发生歧化反应②		$(2\sim3)\times10^{-4}$	单斜：$a=1.828$ nm，$c=1.398$ nm，$\beta=115.14°$
WO₂	实测密度：10.82~11.05；X射线密度：10.82	褐色	1530℃低于熔点就歧化为 W+WO₂.₇₂③		2.9×10^{-3}	单斜：$a=0.5550$ nm，$b=0.489\sim0.496$ nm，$c=0.5571\sim0.573$ nm，$\beta=118.93°\sim122.1°$

注：①WO₂.₉₂的歧化反应为10WO₂.₉₂=9WO₃(s)+WO₂(s)。根据不同学者的研究，歧化温度分别为280℃、260℃。
②WO₂.₇₂的歧化反应为5WO₂.₇₂(s)=4WO₂.₉(s)+WO₂(s)。根据不同学者的研究，歧化温度分别为620℃、612℃、560℃。
③WO₂的歧化反应为49WO₂(s)=13W(s)+W₃₆O₉₈(s)，歧化温度为1480℃。

一般将 WO_3、WCl_6、WF_6 用等离子氢还原、电解 WO_3 与碱金属盐的熔体都可得到 $\beta-W$。$\beta-W$ 为灰色或黑色，立方晶格，文献[3]报道的晶格常数 a 为 0.50512 nm。实测密度为 $19.0 \sim 19.1$ $g \cdot cm^{-3}$，X 射线密度为 18.94 $g \cdot cm^{-3}$。在 $530 \sim 800℃$ 转变为 $\alpha-W$，易溶于 H_2O_2。

至于钨氧化物的化学性质，其中对钨冶金过程而言较重要的是：WO_3 为酸性氧化物，因而它能溶于 NaOH 溶液、KOH 溶液或 Na_2CO_3 溶液生成相应的钨酸盐。例如：

$$WO_3 + 2NaOH_{(aq)} = Na_2WO_{4(aq)} + H_2O$$

WO_3 难溶于水，不溶于除氢氟酸以外的无机酸。

在高温和氧化气氛下各种低价氧化钨都能被氧化，最终生成 WO_3。

钨的各级氧化物均能被氢或 CO、C 还原变成下一级的氧化钨（例如 WO_3 在一定条件下被氢还原为 $WO_{2.9}$），直至变成金属钨（参见第 4 章）。各级钨的氧化物（包括工业上的蓝色氧化钨）均能与碳或 CO 作用转化为 WC，例如 Stefan Luidold 以工业蓝色氧化钨为原料，$H_2 + CO$ 为还原剂在流态化床内于 $900 \sim 1050℃$ 温度下，制备了 WC，其粒度小于 1.0 μm。

2. 钨酸[1]

已知钨酸有黄钨酸、胶态白钨酸和粉状白钨酸等形态。将盐酸加入热的 Na_2WO_4 溶液往往得黄钨酸，加入冷的 Na_2WO_4 溶液可得白色胶状钨酸。黄钨酸为组成一定的 WO_3 水合物，它有明显的脱水温度，胶状白钨酸则没有明显的脱水温度（见图 1-2）。

控制中和条件可由钨酸钠溶液制得粉状白钨酸。粉状白钨酸与黄钨酸一样有一定的脱水温度，其化学活性远超过黄钨酸。白钨酸及黄钨酸在水中的溶解度对比见表 1-14。

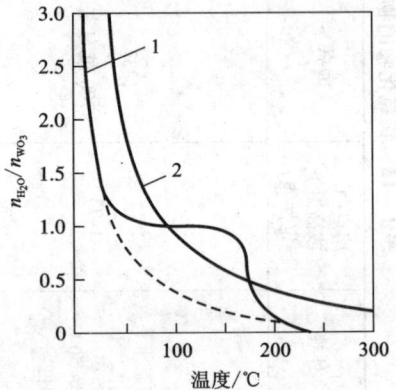

图 1-2 钨酸的脱水曲线

1—黄钨酸；2—胶态白钨酸

H_2WO_4 在水溶液中的第一和第二电离常数分别为：$K_1 = 6.4 \times 10^{-3}$，$K_2 = 2.2 \times 10^{-4}$，黄钨酸晶体的标准生成焓 $\Delta_f H_{m(s,298)}^{\ominus} = -1130 \pm 1.6$ kJ/mol，标准熵 $S_{m(s,298)}^{\ominus} = 144 \pm 25$ J/(mol·K)。

表 1-14 白钨酸与黄钨酸在水中的溶解度(以 WO_3 计)/($g \cdot L^{-1}$)

物质	$20 \pm 0.2℃$	$40 \pm 0.2℃$	$60 \pm 0.2℃$	$80 \pm 0.2℃$
白钨酸	1.5	2.52	4.69	7.23
黄钨酸	约 0.02	约 0.02	约 0.03	约 0.06

3. 钨酸盐[1,6~8]

WO_3 为酸性氧化物,因此能与许多碱性氧化物形成多种形式的钨酸盐。钨酸盐为一个庞大的化合物体系,其与冶金过程密切相关的主要有:①正钨酸盐;②无水系同多酸盐,主要为高温下 WO_3 与碱金属氧化物形成的同系化合物 $Me_2W_nO_{2n+1}$,如 $Na_2W_2O_7$ 等,它们将涉及钨的高温冶金过程;③含水系同多酸盐,主要指在不同 pH 下从水溶液中析出的同多酸盐,如 $Na_{10}H_2W_{12}O_{42} \cdot nH_2O$(仲钨酸钠),仲钨酸铵等;④杂多酸及其盐。

以下将分别对各种钨酸盐的性质进行简单介绍。

(1)正钨酸盐

1)晶型及热力学性质

某些正钨酸盐的晶型及热力学性质见表 1 – 15。

2)在水中的溶解性能

碱金属的钨酸盐均易溶于水,其中 Na_2WO_4 在纯水中的溶解度与温度的关系见表 1 – 16。

当水中溶有 $NaNO_2$、NaF、Na_3PO_4 等钠盐时,Na_2WO_4 的溶解度会发生不同程度的降低。关于 $NaF – Na_2WO_4$、$NaOH – Na_2WO_4$、$Na_3PO_4 – Na_2WO_4$、$Na_2CO_3 – Na_2WO_4$ 以及某些三元体系 Na_2WO_4 的溶解度,我们将在第 2 章结合相关的工艺过程进行介绍。

根据 Л·В·谢列茨金娜的测定,25℃时 Na_2WO_4 的溶解度与 $NaNO_2$ 浓度的关系如表 1 – 17 所示。

正钨酸盐中除碱金属钨酸盐外均难溶于水。据文献报道,某些钨酸盐的溶度积如表 1 – 18 所示。

对于其他难溶钨酸盐的溶度积,目前很少报道,只能根据现有热力学数据进行计算,以简单的钨酸盐 $MeWO_4$ 为例,其溶解反应为:

$$MeWO_4 == Me^{2+} + WO_4^{2-} \tag{1-1}$$

上述反应的标准吉布斯自由能变化(为简单起见,在低浓度下,以浓度代替活度):

$$\Delta_r G_m^\ominus = -RT\ln([Me^{2+}][WO_4^{2-}]) = -2.303RT\lg([Me^{2+}][WO_4^{2-}])$$

故

$$\lg K_{sp} = \Delta_r G_m^\ominus / -2.303RT \tag{1-2}$$

因此,已知溶解反应的 $\Delta_r G_m^\ominus$ 值的情况下,即可直接算出 K_{sp} 值。

表 1-15 某些正钨酸盐的晶型及热力学性质

钨酸盐	晶型	熔点/℃	$\Delta_f H^{\ominus}_{m(s,298)}$ /(kJ·mol⁻¹)	$S^{\ominus}_{m(s,298)}$ /(J·mol⁻¹·K⁻¹)	$C_{p,m} = a + bT + c/T^2$			系数 a、b、c 适用的温度/K
					a	b	$c \times 10^{-5}$	
Na₂WO₄	立方	695	-1546.84±1.25	161.0±1.25	107.14 / 209.1	0.116		298~864 / 864~969
K₂WO₄	单斜	928						
CaWO₄	正方	1580	-1640.2±3.35	126.3±0.83	110.74	0.042		298~1073
MgWO₄	单斜	1358	-1533.9±8.36	101.2±0.83	114.96	0.042	-15.76	298~1500
FeWO₄	斜方		-1187.27±4	131.7±1.67	109.15	0.053		
MnWO₄	斜方		-1304.8±3.35	135.08±12.5	108.7	0.051		298~1073
ZnWO₄	单斜		-1273.8	130.1±1.25	113.25	0.041		248~1125

表 1-16 Na₂WO₄ 在纯水中的溶解度与温度的关系

温度/℃	-5	0	5	6	10	20	40	80	100
无水盐溶解度/%	30.6	35.4	41.0	41.8	41.9	42.2	43.8	47.4	49.2
平衡固相	Na₂WO₄·10H₂O					Na₂WO₄·2H₂O			

温度/℃	150	200	225	250	300	350	400
无水盐溶解度/%	44.3	45.4	46.4	48.3	51.9	59.1	63.6
平衡固相	Na₂WO₄						

表1-17 25℃时 Na_2WO_4 的溶解度与 $NaNO_2$ 浓度的关系

$NaNO_2$ 浓度/%	0	6	11.40	16.54	23.42	29.00	33.64
Na_2WO_4 溶解度/%	42.6	32.45	26.56	21.12	15.04	11.90	8.80

表1-18 某些正钨酸盐的溶度积

钨酸盐	$CaWO_4$		$FeWO_4$	$MnWO_4$	$PbWO_4$	Ag_2WO_4
温度/℃	20	90	90	25	25	18
溶度积	2.13×10^{-9}	6.4×10^{-11}	9.1×10^{-12}	3.8×10^{-8}	8.4×10^{-11}	5.2×10^{-10}

当不知 $\Delta_r G_m^\ominus$ 时,则应求 $\Delta_r G_m^\ominus$ 值,根据式(1-1)知:

$$\Delta_r G_m^\ominus = \Delta_f G_{m(Me^{2+})}^\ominus + \Delta_f G_{m(WO_4^{2-})}^\ominus - \Delta_f G_{m(MeWO_4)}^\ominus \qquad (1-3)$$

式中: $\Delta_f G_{m(Me^{2+})}^\ominus$ 、 $\Delta_f G_{m(WO_4^{2-})}^\ominus$ 、 $\Delta_f G_{m(MeWO_4)}^\ominus$ 分别为 Me^{2+} 、 WO_4^{2-} 、 $MeWO_4$ 的标准生成吉布斯自由能,当已知 $\Delta_f G_{m(Me^{2+})}^\ominus$ 、 $\Delta_f G_{m(WO_4^{2-})}^\ominus$ 、 $\Delta_f G_{m(MeWO_4)}^\ominus$,则可算出 $\Delta_r G_m^\ominus$ 值,进而根据式(1-2)求出 K_{sp} 值。

一般 $\Delta_f G_{m(Me^{2+})}^\ominus$ 和 $\Delta_f G_{m(WO_4^{2-})}^\ominus$ 可由有关手册求出,而 $\Delta_f G_{m(MeWO_4)}^\ominus$ 有时很难从文献中获得。为此曹才放对比了已知钨酸盐的 $\Delta_f G_{m(MeWO_4)}^\ominus$ 和相应阳离子的 $\Delta_f G_{m(Me^{2+})}^\ominus$ 的关系,发现两者大体上呈线性关系,如图1-3所示,经过线性拟合其具体方程式为:

$$\Delta_f G_{m(MeWO_4)}^\ominus = 0.9755 \Delta_f G_{m(Me^{2+})}^\ominus - 990.96 \qquad (1-4)$$

统计分析表明其相关系数为0.992。因此,根据 $\Delta_f G_{m(Me^{2+})}^\ominus$ 值即可近似根据式(1-4)求出 $\Delta_f G_{m(MeWO_4)}^\ominus$ 值,再根据式(1-3)算出 $\Delta_r G_m^\ominus$ 值,进而求出相应钨酸盐的溶度积。部分钨酸盐的溶度积的计算值如表1-19所示。

表1-19 部分钨酸盐溶度积的计算值

钨酸盐	pK_{sp}	钨酸盐	pK_{sp}	钨酸盐	pK_{sp}
$BaWO_4$	18.6	$CuWO_4$	10.7	$MnWO_4$	8.0
$BeWO_4$	16.4	$FeWO_4$	12.8	$NiWO_4$	8.1
$CdWO_4$	12.2	$HgWO_4$	11.1	$SnWO_4$	10.3
$CoWO_4$	8.7	$MgWO_4$	3.1	$ZnWO_4$	7.8

3)正钨酸盐水溶液的导电性能

关于 Na_2WO_4 水溶液的蒸气压、密度等物理化学性质将在第2章结合相关工

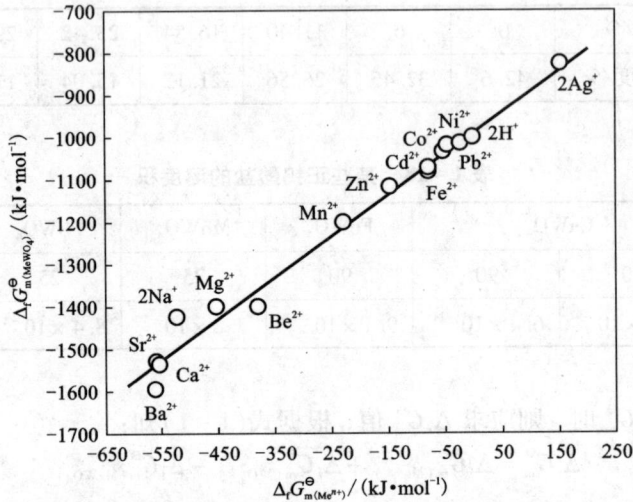

图 1-3 钨酸盐的 $\Delta_f G_{m(MeWO_4)}^{\ominus}$ 和相应阳离子 $\Delta_f G_{m(Me^{2+})}^{\ominus}$ 之间的线性相关性

艺过程进行介绍。本节主要介绍 Na_2WO_4 - NaOH 水溶液及 $(NH_4)_2WO_4$ - NH_4OH 水溶液的导电性能。

①Na_2WO_4 - NaOH 水溶液的导电性能。B·M·阿尔卡采娃[6]结合电解法处理废旧硬质合金工艺的要求，系统研究了 Na_2WO_4 - NaOH 水溶液的比电导与 Na_2WO_4 浓度、NaOH 浓度以及温度的关系，发现其比电导随温度的升高和 NaOH 浓度的增加而增加，其比电导与 WO_3 浓度（$g \cdot L^{-1}$）、NaOH 浓度（$g \cdot L^{-1}$）及温度（℃）的关系可用下式表示：

$$K(s \cdot m^{-1}) = 38.788 - 0.4891X_1 + 13.1934X_2 + 11.1972X_3 - 1.4269X_1^2 - 8.8044X_2^2 + 1.0309X_3^2 - 2.4959X_1X_2 + 0.8983X_1X_3 + 5.8938X_2X_3$$

式中：X_1 为与 WO_3 浓度有关的参数，$X_1 = ([WO_3] - 80)/70$；X_2 为与 NaOH 浓度有关的参数，$X_2 = ([NaOH] - 110)/90$；X_3 为与温度有关的参数，$X_3 = (t - 45)/25$。

②$(NH_4)_2WO_4$ - NH_4OH 水溶液的导电性能。A·A·帕拉恩特等[7]系统测定了 $(NH_4)_2WO_4$ - NH_4OH 水溶液的电导，发现它随溶液中 $(NH_4)_2WO_4$ 浓度的提高和温度的升高而增加。例如在 30℃、NH_4OH 浓度为 150 $g \cdot L^{-1}$ 的条件下，当 $(NH_4)_2WO_4$ 浓度由 0.1 $mol \cdot L^{-1}$ 增至 0.535 $mol \cdot L^{-1}$，则比电导由 1.51 $s \cdot m^{-1}$ 增至 5.82 $s \cdot m^{-1}$。同时发现电导与温度服从线性关系，即

$$K_t = K_{20}[1 + \alpha(t - 20)]$$

式中：K_t、K_{20} 分别为 t℃和20℃的电导；α 为电导的温度系数，α 随 $(NH_4)_2WO_4$

浓度的升高而减小，例如$(NH_4)_2WO_4$浓度分别为0.1和0.428 $mol \cdot L^{-1}$时，α值分别为0.0527和0.0263。

4）正钨酸钠在高温下的还原性能

正钨酸钠在弱还原气氛下能被氢还原成钨青铜。在高温下能与碳作用生成碳化钨，杨安享[8]在1480～1680℃下将Na_2WO_4与碳作用，产品的XRD图谱如图1-4所示。由图可知产物均为WC。XRD图谱中未见钠化合物的谱线。根据上述结果，并已知当温度高于1000℃时，Na_2O能被碳还原为钠蒸气。因此可以初步认为Na_2WO_4与碳作用时，在其中的钨变成WC的同时，其中的Na_2O转化成了钠蒸气进入气相。如果碳化设备结构适当，有可能同时收到金属钠。

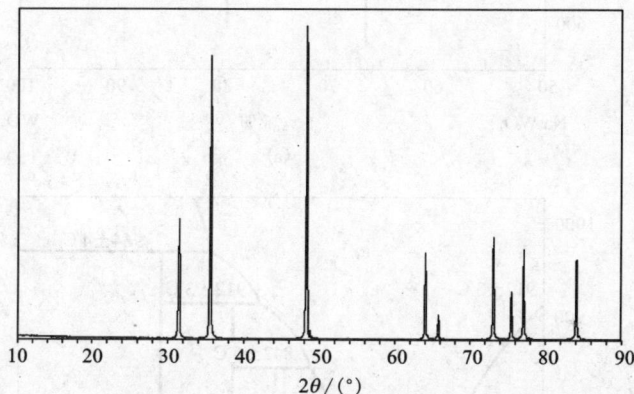

图1-4 Na_2WO_4与碳在1480℃反应后产物的XRD图谱

Na_2WO_4的这一性质如果能在钨冶金中得到应用，则不仅能简化流程省去Na_2WO_4的转型过程，同时能完全消除氨氮的排放，减少钠盐的排放量，减少对环境的污染，也有利于降低成本。

（2）无水系同多酸盐[9]

已知WO_3在高温下能与碱金属氧化物形成多种同多酸盐，现将$Na_2O - WO_3$系和$K_2O - WO_3$系分别介绍如下。

$Na_2O - WO_3$系：$Na_2O - WO_3$系中$Na_2WO_4 - WO_3$部分的相图如图1-5(a)所示。由图可知，其中存在$Na_2W_2O_7$、$Na_2W_4O_{13}$、$Na_2W_6O_{19}$等化合物，Na_2WO_4与$Na_2W_2O_7$形成的共晶温度为622±2℃，说明Na_2WO_4中加入适量WO_3（或$Na_2W_2O_7$）可使熔化温度降低70℃左右。上述化合物的某些性质如表1-20、表1-21所示。

$K_2O - WO_3$系：$K_2O - WO_3$系中$K_2WO_4 - WO_3$部分的相图如图1-5(b)所示。从图可知其中存在$K_2W_2O_7$、$K_2W_3O_{10}$、$K_2W_4O_{13}$、$K_2W_6O_{19}$等化合物，K_2WO_4

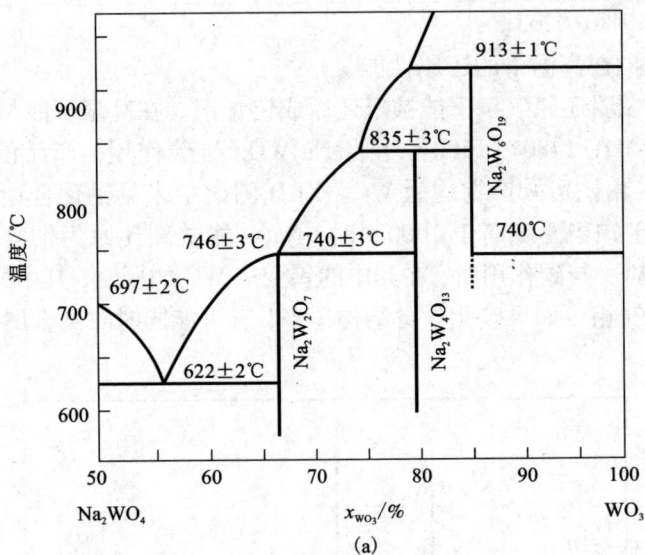

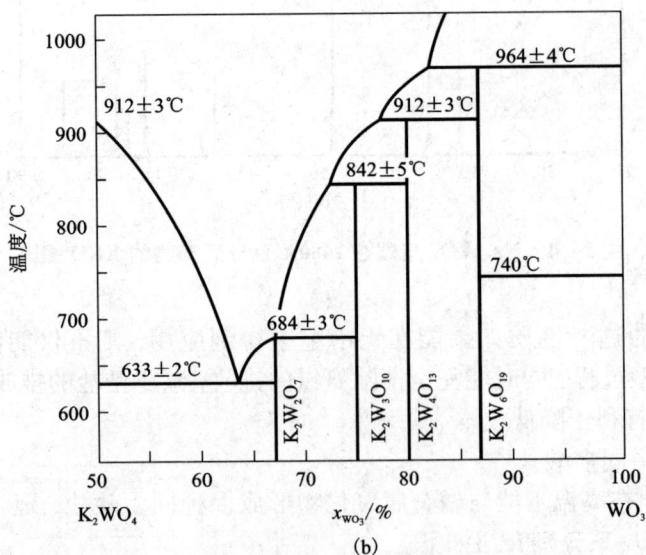

图 1 – 5 　 $Na_2O – WO_3$ 系相图中的 $Na_2WO_4 – WO_3$ 部分 (a)

和 $K_2O – WO_3$ 系相图中的 $K_2WO_4 – WO_3$ 部分 (b)

与 $K_2W_2O_7$ 形成的共晶温度仅 633℃ , 比 K_2WO_4 低 279℃ , 上述化合物及钨酸根离子的某些性质如表 1 – 20 、表 1 – 21 所示。

表 1-20 某些钨同多酸盐及钨酸根离子的热力学性质

化合物	熔化焓 $(\Delta_m H_m^\ominus)/$ $(kJ \cdot mol^{-1})$	标准生成焓 $(\Delta_f H_{m(298.15)}^\ominus)/$ $(kJ \cdot mol^{-1})$	标准熵 $(S_{m(298.15)}^\ominus)/$ $(J \cdot K^{-1} \cdot mol^{-1})$	标准生成吉布斯自由能 $(\Delta_f G_{m(298.15)}^\ominus)/$ $(kJ \cdot mol^{-1})$
$Na_2W_2O_{7(s)}$	72.6 ± 4.6	-2405.0	254.4	-2216.8
$Na_2W_4O_{13(s)}$		-4157.6 ± 5.2	$432.4$①	-3819.4
$K_2W_2O_{7(s)}$		$-2456$①	$273.5$①	
$K_2W_3O_{10(s)}$		$-3332$①	$363.2$①	
$K_2W_4O_{13(s)}$		$-4208$①	$452.9$①	
$Na_{10}H_2W_{12}O_{42} \cdot 27H_2O_{(s)}$		-21898.1 ± 10.8		
$H_2W_{12}O_{42(aq)}^{10-}$		-11653.5 ± 10.9	697	-10231.0
$W_7O_{24(aq)}^{6-}$		-6689.8	215	-5837.4
$(NH_4)_{10}H_2W_{12}O_{42} \cdot 4H_2O_{(s)}$		-13423.7 ± 14.8		
$(NH_4)_{10}H_2W_{12}O_{42} \cdot 10H_2O_{(s)}$		-15021.3 ± 15.7		

注：①为文献[9]的作者根据已有资料进行估算的数据。

表 1-21 某些钨同多酸盐的晶型、熔点及热容

化合物	晶型	熔点(或转熔点)/K	热容$(C_{p,m})/(J \cdot mol^{-1} \cdot K^{-1})$
$Na_2W_2O_7$	正交晶系	1019 ± 3	$C_{p,m} = 211.12 + 10.720 \times 10^{-2}T - 2.566 \times 10^6 T^{-2}$ $(273 \sim 979K)$
$Na_2W_4O_{13}$	三斜晶系	1108 ± 3（转熔）	$C_{p,m} = 388.97 + 13.286 \times 10^{-2}T - 6.950 \times 10^6 T^{-2}$ $(273 \sim 979K)$
$Na_2W_6O_{19}$		1186 ± 3（转熔）	
$K_2W_2O_7$	单斜晶系	957 ± 3（转熔）	$C_{p,m} = 207.97 + 10.946 \times 10^{-2}T - 1.744 \times 10^6 T^{-2}$ $(273 \sim 979K)$
$K_2W_3O_{10}$	单斜晶系	1115 ± 5（转熔）	$C_{p,m} = 306.34 + 9.266 \times 10^{-2}T - 4.063 \times 10^6 T^{-2}$ $(273 \sim 979K)$
$K_2W_4O_{13}$	立方晶系	1185 ± 3（转熔）	$C_{p,m} = 387.7 + 13.280 \times 10^{-2}T - 6.31 \times 10^6 T^{-2}$ $(273 \sim 979K)$
$K_2W_6O_{19}$		1237 ± 4（转熔）	

（3）含水系同多酸盐[10~15]

1）水溶液中钨酸根的聚合过程

将 WO_4^{2-} 的水溶液中和到不同 pH，则 WO_4^{2-} 将聚合成不同的同多酸根，其聚合历程及中和曲线分别如图 1-6 和图 1-7 所示。现根据图 1-6 和图 1-7 介绍 WO_4^{2-} 的聚合的主要过程及条件。

$Me_2WO_4 \cdot yH_2O \Longleftrightarrow WO_4^{2-}$ 正钨酸根

10^{-8} s

$*HWO_4^{2-}$
$*H^2WO_4$

> * 短暂存在的少量出现的热力学不稳定物质

$< 10^{-3}$ s

$*[W_2O_7(OH)]^{3-}$

10^{-3} s

$*[W_4O_{12}(OH)_4]^{4-}$
$*[HW_4O_{12}(OH_4)]^{3-}$

$*[W_6O_{20}(OH)_2]^{6-}$

几分钟

pH值降低

$[HW_6O_{20}(OH)_2]^{5-}$ 仲钨酸根A   —几天→ $[H_2W_{12}O_{42}]^{10-}$ 仲钨酸根B $\Longleftrightarrow Me_{10}[H_2W_{12}O_{42}] \cdot yH_2O$

几分钟

$Me_2O \cdot 4WO_3 \cdot yH_2O \Longleftrightarrow \psi$-偏钨酸根 —几小时→ 聚合钨酸根X —几周→ $[H_2W_{12}O_{40}]^{6-}$ 偏钨酸根 $\Longleftrightarrow Me_6[H_2W_{12}O_{40}] \cdot yH_2O$

几小时

$W_{10}O_{32}^{4-}$ 几小时

相应的固态物质   在溶液中快速形成的物质   在溶液中缓慢形成的物质   相应的固态物质

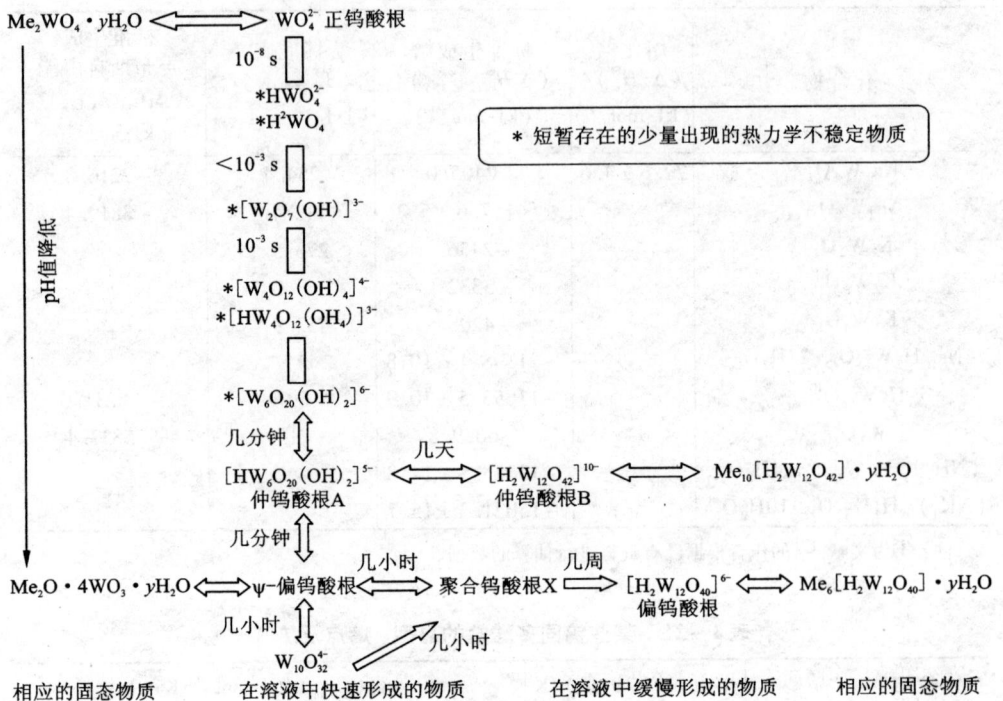

图 1-6 钨酸根聚合的历程

根据图 1-6 可知聚合过程分为两个主要阶段：

①正钨酸根聚合成仲钨酸根 A，后者进一步聚合成仲钨酸根 B。

首先应当指出，目前在文献中对仲钨酸根 A 和仲钨酸根 B 的化学成分及聚合反应有两种说法：

蒋安仁等[12]及部分学者认为仲钨酸根为 WO_4^{2-} 的七聚合体，即仲钨酸根 A 和仲钨酸根 B 的分子式分别为 $W_7O_{22}(OH)_4^{6-}$ 和 $W_7O_{24}^{6-}$，同时将 $H_2W_{12}O_{42}^{10-}$ 称为仲钨酸根 z。当向正钨酸盐溶液加入酸至 $n_{H^+} : n_{WO_4^{2-}} = 8 : 7$（或 1.14∶1，下同）时，则聚合成仲钨酸根 A。反应为：

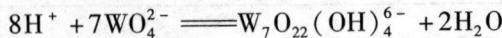

$$8H^+ + 7WO_4^{2-} =\!=\!= W_7O_{22}(OH)_4^{6-} + 2H_2O$$

仲钨酸根 A 再转变成仲钨酸根 B：

$$W_7O_{22}(OH)_4^{6-} =\!=\!= W_7O_{24}^{6-} + 2H_2O$$

同时蒋安仁实际制备了化合物仲钨酸钾和仲钨酸胍，经化学分析证实仲钨酸钾的分子式相当于 $K_6W_7O_{24} \cdot 25H_2O$，仲钨酸胍的分子式相当于 $(CN_3H_6)_6W_7O_{24} \cdot 4H_2O$。

另一部分学者则认为仲钨酸根为 WO_4^{2-} 的六聚合体,当 $n_{H^+} : n_{WO_4^{2-}} = 7:6$(或 $1.17:1$)时,则聚合成仲钨酸根 A。聚合反应为:

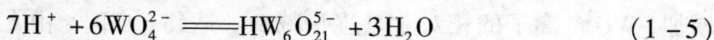

$$7H^+ + 6WO_4^{2-} \rightleftharpoons HW_6O_{21}^{5-} + 3H_2O \qquad (1-5)$$

仲钨酸根 A 再缓慢聚合成仲钨酸根 B:

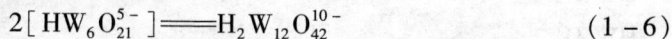

$$2[HW_6O_{21}^{5-}] \rightleftharpoons H_2W_{12}O_{42}^{10-} \qquad (1-6)$$

因此仲钨酸根 A 和仲钨酸根 B 的分子式分别为 $HW_6O_{21}^{5-}$ 和 $H_2W_{12}O_{42}^{10-}$。与此同时,许多文献中将其写成不同水合离子形式,如将仲钨酸根 A 写成 $[HW_6O_{20}(OH)_2]^{5-}$ 或 $[HW_6O_{21} \cdot H_2O]^{5-}$。

本书结合当前的惯例,主要按后一种说法介绍其聚合过程的原理。

从图 1-6 可知,当溶液中和到一定 pH 时,则 WO_4^{2-} 经过一系列中间形态迅速转变为 $[HW_6O_{20}(OH)_2]^{5-}$ 或 $HW_6O_{21}^{5-}$,此过程的速度非常快。生成的 $HW_6O_{21}^{5-}$ 将缓慢地聚合成仲钨酸根 B。以下用实测的 Na_2WO_4 溶液中和曲线(如图 1-7 所示),说明中和过程 pH 与加入 H^+ 量的关系及溶液中各种离子的相对浓度变化。

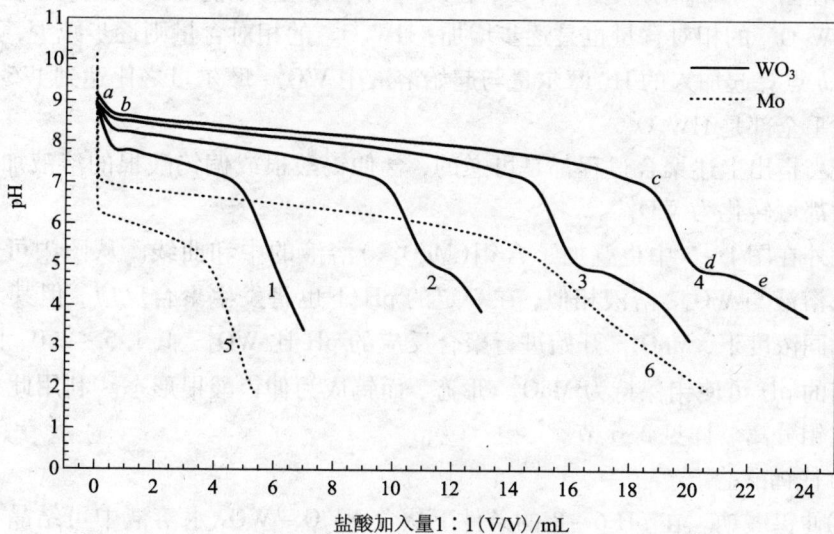

图 1-7　含 WO_4^{2-} 水溶液的中和曲线(霍广生)

1—0.215 mol·L^{-1} WO_3;2—0.430 mol·L^{-1} WO_3;3—0.650 mol·L^{-1} WO_3;

4—0.860 mol·L^{-1} WO_3;5—0.215 mol·L^{-1} MoO_3;6—0.860 mol·L^{-1} MoO_3

图 1-7 表明了不同起始 WO_4^{2-} 浓度下,随着酸量的增加,上述过程的 pH 变化。以线 4 为例,当 100 mL 含 WO_4^{2-} 为 0.860 mol·L^{-1} 的溶液加 1:1 HCl 中和时,a 至 b 主要是中和溶液中的游离 NaOH,pH 随着 1:1 HCl 的加入而迅速降低。到达 b 点时,溶液中游离的 NaOH 浓度已接近零,开始发生反应(1-5)而消耗 H^+,

因此曲线发生转折，出现平台。在整个平台段 $b \sim c$，所加入的 H^+ 都消耗在反应 (1-5)，因而由 b 点至 c 点随着 H^+ 的加入，溶液中 $HW_6O_{21}^{5-}$ 离子的相对含量逐步增加，WO_4^{2-} 离子的相对含量逐步减少。达到 c 点时，由 b 点算起加入的 H^+ 摩尔量与 WO_4^{2-} 摩尔量之比，$n_{H^+} : n_{WO_4^{2-}}$ 达到 $1.17 : 1$，则几乎全部 WO_4^{2-} 都转化成了 $HW_6O_{21}^{5-}$。

根据图 1-7 也可知，由 WO_4^{2-} 转化为 $HW_6O_{21}^{5-}$ 的起始 pH 与溶液浓度有关。当 WO_4^{2-} 的浓度分别为 0.860 $mol \cdot L^{-1}$、0.650 $mol \cdot L^{-1}$、0.430 $mol \cdot L^{-1}$、0.215 $mol \cdot L^{-1}$ 时，相应的 pH 分别为 8.7、8.6、8.4、7.8 左右。多次重复测定证实，其终点的 pH 均为 7 左右。

②仲钨酸根转化为 ψ 偏钨酸根。当含 $HW_6O_{21}^{5-}$ 的溶液进一步中和以至 pH 降到一定值时，$HW_6O_{21}^{5-}$ 按下反应转化为 ψ 偏钨酸根。

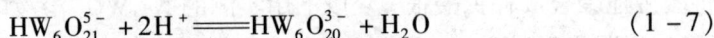

$$HW_6O_{21}^{5-} + 2H^+ \Longrightarrow HW_6O_{20}^{3-} + H_2O \qquad (1-7)$$

它在图 1-7 中对应于平台 de，在线 de 中由 d 至 e，随着加入 H^+ 的增加，溶液中 $HW_6O_{20}^{3-}$ 的相对含量也是逐步增加，$HW_6O_{21}^{5-}$ 的相对含量则逐步减少，至 e 点时，由 b 点算起加入的 H^+ 摩尔量与起始溶液中 WO_4^{2-} 摩尔量之比达到 $1.5 : 1$，溶液中几乎全部是 $HW_6O_{20}^{3-}$。

应当指出上述聚合过程都是可逆的，含仲钨酸根或偏钨酸根的溶液加 NaOH 煮沸则都可转化为 WO_4^{2-}。

此外在图 1-7 中也叠加了含钼（MoO_4^{2-}）溶液的中和曲线。从图中可知，含 MoO_4^{2-} 溶液与 WO_4^{2-} 溶液相似，在一定的 pH 下也将发生聚合反应，但其差异在于在相同浓度下，MoO_4^{2-} 开始进行聚合反应的 pH 比 WO_4^{2-} 低 $1.5 \sim 2.0$，因此控制适当的 pH 可使钼保持为 MoO_4^{2-} 形态，而钨成为仲钨酸根形态。利用此差异可进行钨钼分离。详见 3.6 节。

2）仲钨酸盐

①仲钨酸钠。在 pH $6 \sim 8$ 的条件下从含 $Na_2O - WO_3$ 水溶液中可结晶析出仲钨酸钠，常温下其分子式为 $Na_{10}H_2W_{12}O_{42} \cdot 27H_2O$。根据刘士军的测定，当温度为 $58 \sim 80℃$ 时稳定的为 $Na_{10}H_2W_{12}O_{42} \cdot 17H_2O$；温度为 $80 \sim 130℃$ 时稳定的为 $Na_{10}H_2W_{12}O_{42} \cdot 8H_2O$；温度为 $130 \sim 315℃$ 时稳定的为 $Na_{10}H_2W_{12}O_{42} \cdot 3H_2O$；高于 $315℃$ 时稳定的为 $5Na_2O \cdot 12WO_3$，后者在 $460℃$ 分解为 $Na_2W_2O_7$ 和 $Na_2W_4O_{13}$，反应为：

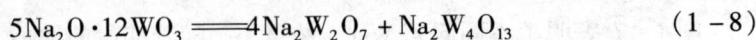

$$5Na_2O \cdot 12WO_3 \Longrightarrow 4Na_2W_2O_7 + Na_2W_4O_{13} \qquad (1-8)$$

刘士军用量热法测得反应

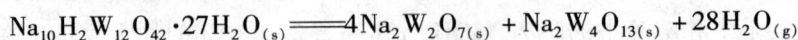

$$Na_{10}H_2W_{12}O_{42} \cdot 27H_2O_{(s)} \Longrightarrow 4Na_2W_2O_{7(s)} + Na_2W_4O_{13(s)} + 28H_2O_{(g)}$$

的 $\Delta_r H_{m(298.15K)}^{\ominus} = (1349.4 \pm 4.9)$ $kJ \cdot mol^{-1}$（推荐值）。

同时结合已有文献数据求出 $Na_{10}H_2W_{12}O_{42}\cdot27H_2O_{(s)}$ 的标准生成焓：

$$\Delta_fH^{\ominus}_{m(Na_{10}H_2W_{12}O_{42}\cdot27H_2O(s),\ 298.15K)} = (-21898.2\pm10.8)\ kJ\cdot mol^{-1}$$

$Na_{10}H_2W_{12}O_{42}\cdot27H_2O$ 为三斜晶系，其在水中的溶解度随温度的升高而急剧升高，如表 1-22 所示。

表 1-22　仲钨酸钠在水中的溶解度与温度的关系

温度/℃	12.4	39.1	101.8
溶解度(无水盐)/%	5.52	17.94	70.6

298.15K 时，$Na_{10}H_2W_{12}O_{42}\cdot27H_2O$ 按以下反应溶解：

$$Na_{10}H_2W_{12}O_{42}\cdot27H_2O_{(s)} + nH_2O_{(1)} =\!=\!= 10Na^+_{(aq)} + H_2W_{12}O^{10-}_{42(aq)} + (27+n)H_2O_{(1)}$$

的标准溶解焓 $\Delta_{sol}H^{\ominus}_m$ 为 $(124.4\pm1.2)\ kJ\cdot mol^{-1}$。

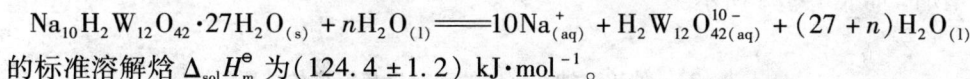

②仲钨酸铵。仲钨酸铵随其生成条件的不同、相应地含结晶水的不同而有三种不同的形态，即：

$(NH_4)_{10}H_2W_{12}O_{42}\cdot10H_2O(APT\cdot10H_2O)$　根据文献[3]报道属斜方晶系，文献[15]报道属三斜晶系，针状或片状结晶，一般将 $(NH_4)_2WO_4$ 溶液在低温下用 HCl 中和或将 $(NH_4)_2WO_4$ 溶液在低于 50℃ 蒸发结晶，可得 $APT\cdot10H_2O$。关于 $APT\cdot10H_2O$ 稳定存在的条件，当前还没有统一的说法，比较一致的看法是在 50℃ 以下稳定，超过 50℃ 则脱去部分结晶水转化为 $(NH_4)_{10}H_2W_{12}O_{42}\cdot4H_2O$。$APT\cdot10H_2O$ 在水中的溶解缓慢，随着溶液中的 NH_3 浓度增加，溶解度增加。

刘士军等用热分析、X 射线衍射及 N 含量分析等方法研究了 $APT\cdot10H_2O$ 热分解的历程及热效应，发现先后在 62℃ 和 103℃ 发生两次脱水反应生成 $(NH_4)_{10}H_2W_{12}O_{42}\cdot2H_2O$，202℃ 左右分解成无定形铵钨青铜，290℃ 无定形铵钨青铜开始转化为结晶形，482℃ 全部转化为 WO_3。

经过量热测定得出 $APT\cdot10H_2O$ 按下式分解：

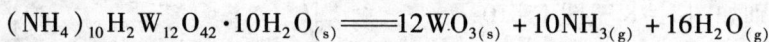

$$(NH_4)_{10}H_2W_{12}O_{42}\cdot10H_2O_{(s)} =\!=\!= 12WO_{3(s)} + 10NH_{3(g)} + 16H_2O_{(g)}$$

其标准反应焓 $\Delta_rH^{\ominus}_{m(273.15K)}$ 为 $(576.7\pm11.5)\ kJ\cdot mol^{-1}$。

参照 WO_3、NH_3、H_2O 的标准生成焓及上述 $\Delta_rH^{\ominus}_{m(273.15K)}$ 值，得出 $(NH_4)_{10}H_2W_{12}O_{42}\cdot10H_2O$ 的标准生成焓 $\Delta_fH^{\ominus}_{m(273.15K)}$ 为 $-(15021.3\pm15.7)\ kJ\cdot mol^{-1}$。

$(NH_4)_{10}H_2W_{12}O_{42}\cdot6H_2O(APT\cdot6H_2O)$　属三斜晶系。学者们较一致的看法是 $APT\cdot6H_2O$ 为不稳定相，J·W·旺普特指出只有当溶液中 WO_3 浓度较高 $(230\sim300\ g\cdot kg^{-1})$、温度为 $90\sim96℃$ 且溶液中不存在 $APT\cdot4H_2O$ 的晶种时才能形成，但形成后又逐步转化为 $(NH_4)_{10}H_2W_{12}O_{42}\cdot4H_2O$。一般认为在工业上生产仲钨酸铵的条件下，产品中不可能存在 $APT\cdot6H_2O$。

$(NH_4)_{10}H_2W_{12}O_{42}\cdot4H_2O(APT\cdot4H_2O)$　将 $(NH_4)_2WO_4$ 溶液在 50℃ 以上蒸

发结晶或在较高温度下用 HCl 中和都可能产生 APT·4H$_2$O。

此外,亦有人报道在液氮温度下存在(NH$_4$)$_{10}$H$_2$W$_{12}$O$_{42}$·15H$_2$O。

在工业实践中最常用的为 APT·4H$_2$O,以下较详细介绍其有关性质。

APT·4H$_2$O 属单斜晶系,外观为白色粉末,颗粒呈立方形,其实测密度为 4.61 g·cm^{-1},X 光密度为 4.639,有关热力学数据参见表 1-20。APT·4H$_2$O 按下式分解:

$$(NH_4)_{10}H_2W_{12}O_{42}·4H_2O_{(s)} = 12WO_{3(s)} + 10NH_{3(g)} + 10H_2O_{(g)}$$

反应在 298.15K 时的标准反应焓 $\Delta_r H_m^\ominus$ 为(430.1 ± 10.2)kJ·mol^{-1}。

a. APT·4H$_2$O 的溶解性能[16~21]。

在纯水中的溶解度 APT·4H$_2$O 在纯水中的溶解度较小,但随着温度的升高而增加,如表 1-23 所示。

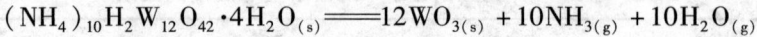

表 1-23　仲钨酸铵在水中的溶解度与温度的关系

温度/℃	17	29	45	49	52	70
溶解度(无水盐)/%	1.064	2.014	3.467	4.341	3.280	7.971
晶体成分	APT·10H$_2$O				APT·4H$_2$O	

上述规律性与 H·H·拉柯娃的观点一致,拉柯娃指出 APT·4H$_2$O 在纯水中的溶解过程为吸热过程,其 $\Delta_{sol} H_m^\ominus$ 为(63 ± 1.0)kJ·mol^{-1},即溶解度应随温度的升高而增加。

在氨水中的溶解度 John W·旺普特及万林生等分别研究了 APT·4H$_2$O 在氨水中的溶解度性能,其结果分别如图 1-8 至图 1-10 及表 1-24 所示。图 1-8 及图 1-9 均表示溶解量与时间的关系,但在一定条件下当溶解量不再随时间的增加而增加时,可以认为,已达到饱和。此时的溶解量可视为在该条件下的溶解度。例如根据图 1-8 可以认为在 93℃[NH$_3$]为 25g·kg^{-1}时,APT 的溶解度约为 140 g(WO$_3$)·kg^{-1}。

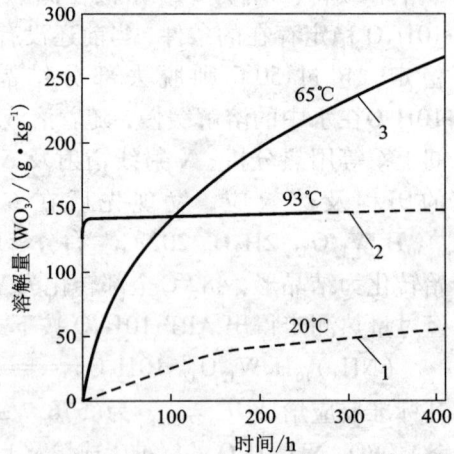

图 1-8　不同条件下 APT·4H$_2$O 在氨水中的溶解量与时间的关系

(John W·旺普特)

1—20℃,[NH$_3$] = 250 g·kg^{-1};

2—93℃,[NH$_3$] = 25 g·kg^{-1};

3—65℃,[NH$_3$] = 90 g·kg^{-1}

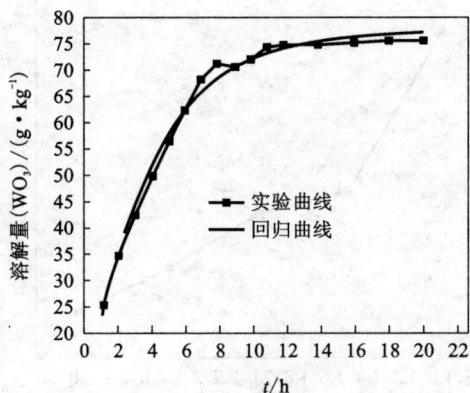

图 1 – 9　APT·4H₂O 的溶解量与时间的关系

（万林生，温度 87℃，最终 c_{NH_3} 2 mol·L⁻¹）

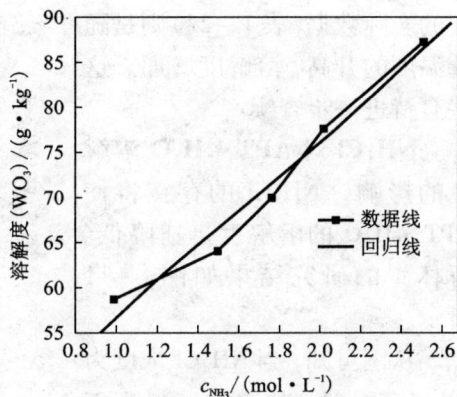

图 1 – 10　87℃下 APT·4H₂O
的溶解度与 c_{NH_3} 的关系（万林生）

表 1 – 24　APT·4H₂O 在氨水中的溶解度（测定终点 NH₃ 浓度为 2 mol·L⁻¹）

温度/℃	78	89	91	93	95
溶解度（WO₃）/(g·L⁻¹)	77.64	86.79	103.97	122.19	132.77

从图 1 – 8 至图 1 – 10 和表 1 – 24 可大致得到如下规律性。

（a）APT·4H₂O 在 NH₃ 溶液中有较大的溶解度。从表 1 – 24 可知，在 NH₃ 浓度为 2 mol·L⁻¹、93℃的条件下按 WO₃ 计可达 122.19 g·L⁻¹（如果此溶液的密度按 1.08 g·cm⁻³计，则可换算为 113.2 g·kg⁻¹，与图 1 – 7 中 John W·旺普特在相同温度、氨浓度为 25 g·kg⁻¹下测定的数据比较相近，因此有一定的相对准确性）。

正由于有较大的溶解度，因此当前钨冶炼厂为处理那些粒度粒形不合格的或杂质稍微超标的 APT·4H₂O 时，往往将其在高温下直接溶于氨水后返回前工序。

（b）图 1 – 10 表明 APT·4H₂O 在氨水中的溶解度随 NH₃ 浓度的升高而增加。

（c）APT·4H₂O 在较低温度下的溶解速度很慢以至在 20℃和 65℃经过 400 h 溶解仍未达到饱和（见图 1 – 8 线 1、3），但在较高温度下，则溶解速度迅速加快。图 1 – 8 中线 2 为 93℃，NH₃ 浓度为 25 g·kg⁻¹，图 1 – 9 为 87℃，终点 NH₃ 浓度为 2 mol·L⁻¹的测定结果，它们都在 10 h 以内接近平衡。

至于 APT·4H₂O 在氨水中的溶解度与温度的关系，目前并没有统一的说法，H·H·拉柯娃的研究指出，APT·4H₂O 在氨溶液中溶解过程为与上述在纯水中的溶解过程相反，为放热过程，$\Delta_{sol}H_m^{\ominus}$ 为 –（43.5 ± 0.3）kJ·mol⁻¹，即随着温度的升高溶解度应下降,而万林生所测定的实际数据(表1-24)则是随着温度的升高,溶解度增加。这些有待进一步查实。

NH₄Cl 对 APT·4H₂O 溶解度的影响　NH_4Cl 的存在将使 APT·4H₂O 的溶解度迅速降低。万林生的研究结果如图1-11所示。

从图可知,当 NH_4Cl 浓度为 2 mol·L⁻¹时,其溶解度仅为不存在 NH_4Cl 时的 1/3 左右。与此同时,К·Я·沙皮诺[20]亦研究了 25℃ 时 APT·4H₂O 的溶解度与 NH_4Cl 浓度的关系如表1-25

图1-11　APT·4H₂O 的溶解度与
NH_4Cl 浓度的关系(87℃)
(万林生)

所示。从表1-25可知,在25℃,当无 NH_4Cl 存在,则溶解为2.08%(质量分数);当含 NH_4Cl 为4.7%时,则降为0.005%。

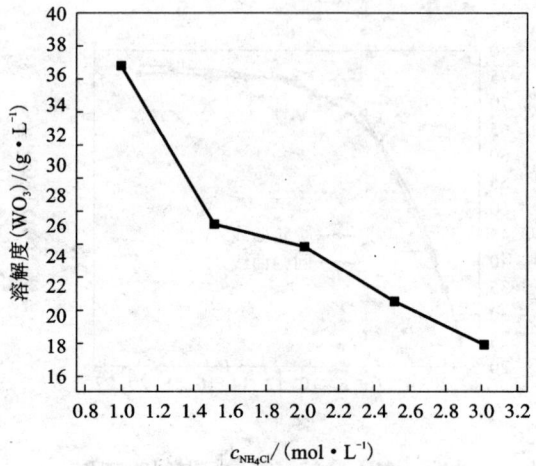

表1-25　25℃时 APT·4H₂O 的溶解度与 w_{NH_4Cl} 的关系/%

w_{NH_4Cl}		0	4.7	9.8	12.3	15	20.6	24.4
溶解度	无水盐	2.26	0.0054	0.0053	0.0052	0.0052	0.0051	0.0051
	按 WO₃ 计	2.08	0.0050	0.0049	0.0048	0.0048	0.0047	0.0047

此外 J·玛达拉兹等指出,APT·4H₂O 的溶解度与微量杂质 SiO_2 有关。微量杂质 SiO_2 能大幅度提高其溶解度,甚至在玻璃容器中其溶解度也大大超过在不锈钢容器中的溶解度。

b. APT·4H₂O 的高温性能。APT·4H₂O 在温度由100℃升至500℃将依次发生脱水及分解反应,详见第4章。其中应特别指出的是在800℃左右能与 CH_4 作用产生 WC,所得 WC 的比表面积可达 35 m²/g,远大于常规钨粉碳化产出的 WC。本方法已投产,为 WC 的生产提供新的途径[22]。

③铵钠复盐。铵钠复盐的分子式为 3(NH₄)₂O·Na₂O·10WO₃·15H₂O,它实质上是仲钨酸铵和仲钨酸钠的复盐,将 Na_2WO_4 中和到 pH=6.5~6.8,再加入 NH_4Cl,则产生仲钨酸铵钠复盐沉淀,其反应为:

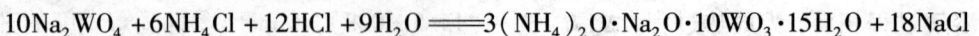

$$10Na_2WO_4 + 6NH_4Cl + 12HCl + 9H_2O = 3(NH_4)_2O·Na_2O·10WO_3·15H_2O + 18NaCl$$

铵钠复盐在水中的溶解度很小,在饱和的 NH_4Cl 溶液中的溶解度仅为 0.3 $g \cdot L^{-1}$。将其用 20% 的 NH_4Cl 溶液处理,又能转化为仲钨酸铵:

$$6[3(NH_4)_2O \cdot Na_2O \cdot 10WO_3 \cdot 15H_2O] + 14NH_4Cl =\!=\!=$$
$$5(NH_4)_{10}H_2W_{12}O_{42} \cdot 10H_2O + 12NaCl + 2HCl + 34H_2O$$

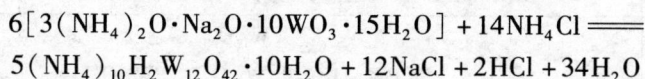

在冶金中曾利用仲钨酸铵钠复盐的上述性质从 Na_2WO_4 溶液中制取纯仲钨酸铵。

3) 偏钨酸及其盐

偏钨酸及其盐有两种类型,即伪偏钨酸及其盐(或 ψ - 偏钨酸盐,阴离子为 $(H_3W_6O_{21})^{3-}$)和(真)偏钨酸及其盐(阴离子为 $[H_2(W_3O_{10})_4]^{6-}$)。前者除其钠盐外都难溶于水,后者(包括钙盐、铁盐等)在水中溶解度都很大。偏钨酸及其盐加 NaOH 长时间煮沸能转化成 Na_2WO_4。

偏钨酸盐中偏钨酸铵(简称 AMT)在工业上有较大意义,它的分子式可用 $(NH_4)_6[H_2W_{12}O_{40}] \cdot xH_2O$ 表示,其中 x 为 $2 \sim 4$,偏钨酸铵的制备方法见第 3 章。

固体 AMT 为白色粉末,密度为 $4~g \cdot cm^{-3}$,其特点是在水中溶解度大,22℃时溶解度相当于 $1500~g \cdot L^{-1}(WO_3)$;溶液的 pH 为 $2.5 \sim 5$,它广泛用作制造催化剂、核屏蔽材料、减蚀剂及其他化工材料。

4) 钨的杂多酸及其盐

将钨酸盐溶液与能够提供杂多酸根中心原子的盐的溶液混合、酸化,便可形成钨的杂多酸。例如:

$$SiO_4^{4-} + 12WO_4^{2-} + 28H^+ =\!=\!= H_4[SiW_{12}O_{40}] + 12H_2O$$

杂多酸成分十分复杂,能与钨形成杂多酸中心原子(亦称杂原子)的元素就有 P、As、Si、Be、B、Al、Ce、C、Ge、Ti、Zr、N、V、Nb、Ta、Mo、Cu、Fe、Co、Ni 等 30 多种,而杂多酸根中杂原子与钨原子比又有 1:12、1:10、1:11、2:18、2:17 等多种。其中 1:12 的杂多酸(或盐)最常见,如 $[SiW_{12}O_{40}]^{4-}$、$[PW_{12}O_{40}]^{3-}$、$[AsW_{12}O_{40}]^{3-}$ 等。

生成的杂多酸的具体成分(分子式)与 pH 有关,磷与钨形成的杂多酸根的主要成分与 pH 的关系如表 1-26 所示。

硅与钨在 pH = $8.1 \sim 8.7$ 就生成 $SiW_{11}O_{39}^{8-}$,pH = $4.7 \sim 5$ 形成 $SiW_{12}O_{40}^{4-}$。砷与钨形成杂多酸的 pH 比磷稍低。

钨杂多酸及其盐的特点是:

(a) 钨杂多酸及其大部分盐在水中都有较大的溶解度,但某些碱金属及铵的杂多酸盐难溶于水。由于其摩尔质量大,一般都大于 3000,因而其水溶液都密度大、黏稠。

表 1-26　磷钨杂多酸根的成分与 pH 的关系

pH	主　要　成　分
1.0	$PW_{12}O_{40}^{3-}$
2.2	$PW_{12}O_{40}^{3-}$, $P_2W_{21}O_{71}^{6-}$, $PW_{11}O_{39}^{7-}$
3.5	$PW_{12}O_{40}^{3-}$, $P_2W_{21}O_{71}^{6-}$, $PW_{11}O_{39}^{7-}$, $P_2W_{18}O_{62}^{6-}$, $P_2W_{19}O_{67}^{10-}$
5.4	$P_2W_{21}O_{71}^{6-}$, $PW_{11}O_{39}^{7-}$, $P_2W_{18}O_{62}^{6-}$
7.3	$PW_9O_{34}^{9-}$
8.3	PO_4^{3-}, WO_4^{2-}

（b）钨杂多酸有较强的酸性，其酸性比通常的含氧酸如高氯酸、硫酸、磷酸等更强。杂多酸强度的顺序大致为：

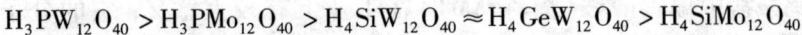

$$H_3PW_{12}O_{40} > H_3PMo_{12}O_{40} > H_4SiW_{12}O_{40} \approx H_4GeW_{12}O_{40} > H_4SiMo_{12}O_{40}$$

钨杂多酸及其盐在 NaOH 中长期煮沸，则钨将转化成 Na_2WO_4。

（c）强氧化性。

（d）良好的催化性能。

在钨冶金实践中常涉及到钨杂多酸，因此应充分估计到上述性质对工艺过程可能带来的影响。

4. 钨青铜[3, 10, 23~25]

（1）基本概念

钨青铜属钨的非化学计量化合物，其分子式的通式可表示如下：

$$Me_x^z WO_{3-y+z \cdot x/2} \tag{1-9}$$

式中：Me 为青铜形成原子，一般为碱金属、铵、氢、碱土金属、重金属、稀土金属等；z 为 Me 的价态；y 为缺氧指数，$y \geq z \cdot x/2$；当 $y = z \cdot x/2$ 时，则上述分子式为 Me_xWO_3，为钨青铜的理想组成，称为"真"钨青铜。

钨青铜随 Me 的不同而具体命名为钠钨青铜、铵钨青铜、氢钨青铜等。

从上述分子式可知，钨青铜可看成正钨酸盐或钨的同多酸盐部分还原的产物。y 实际上表征着还原程度的大小，当 $y = 0$ 则分子式可写成 $xMeO_{z/2} \cdot WO_3$，即为正钨酸盐或同多酸盐。

根据上述钨青铜的特点知，其制备方法主要是将钨酸盐类部分还原，主要如下。

1）水溶液还原。在酸性溶液（HCl 或 H_2SO_4）中用 Zn、Sn 或其汞齐还原钨酸可制备 H_xWO_3 型的氢钨青铜。例如制备呈蓝色具有金属导电性能的 $H_{0.3}WO_3$。

2）高温还原。例如在 Na_2WO_4 熔体中加入还原性的钨粉或低价氧化物。

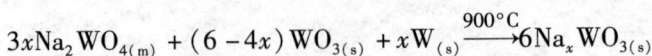

$$3xNa_2WO_{4(m)} + (6-4x)WO_{3(s)} + xW_{(s)} \xrightarrow{900^\circ C} 6Na_xWO_{3(s)}$$

3）电解还原。在熔体中：$2x\text{Na}_2\text{WO}_4 \xrightarrow{800°C} 4\text{Na}_x\text{WO}_{3(s)} + x\text{O}_{2(g)} + (2x-4)\text{WO}_3$
　　　　　　　　　　　　　　　　　　（阴极） 　　　（阳极）

在水溶液中：$x\text{H}^+ + xe + \text{WO}_{3(s)} = \text{H}_x\text{WO}_{3(s)}$

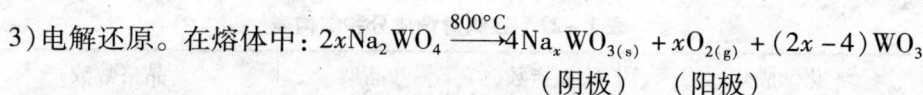

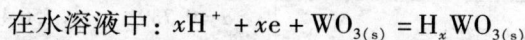

4）APT 热分解。利用热分解过程产生的 NH_3 的还原作用使产物部分还原。

钨青铜在物理性质上的共同特点是：

①具有金属光泽和鲜明的色彩，往往其色彩随成分而变。以钠钨青铜（Na_xWO_3）为例，当 x 值由 0.93 逐步降低则颜色由金黄色变至蓝黑色，具体为：

x	0.93	0.64	0.46	0.32
颜色	金黄	红黄	红紫	蓝紫

这也是其命名为"青铜"的原因。

②有一定的导电性能，其导电性能随 x 值而异。以钠钨青铜 Na_xWO_3 为例，当 $x < 0.3$，则为半导体，电阻温度系数为负值；当 $x > 0.3$，则为导体，电阻温度系数为正值。

钨青铜在化学性能方面具有高的化学惰性，尤其是对非氧化性酸，难以进行化学反应。

钨青铜的稳定性能随其中 Me 离子半径的减小而下降，因而像 Si、Ge 等小离子根本不能形成钨青铜。

（2）铵钨青铜和氢钨青铜

与钨冶金过程中密切相关的主要是铵钨青铜和氢钨青铜，现重点介绍其特性。

铵钨青铜的制备主要是通过 APT 的热分解，N·E·福埃特等在400℃在空气中将 APT 煅烧 2 h，得橘黄色产品，经 XRD、热重等一系列分析证明主要为 $(\text{NH}_4)_{0.33}\text{WO}_3$，同时含六方 WO_3。将温度升高至 500℃，则铵钨青铜及六方 WO_3 都转化为黄绿色的单斜 WO_3。

铵钨青铜成分可用 $(\text{NH}_4)_{0.06 \sim 0.33}\text{WO}_3$ 表示，氢钨青铜的成分可用 $\text{H}_{0.03 \sim 0.53}\text{WO}_3$ 表示。L·巴萨等对它们的具体成分和结构进行了全面归纳，分别如表 1 - 27 和表 1 - 28 所示。

早期（1973）P·G·狄更斯等对 $(\text{NH}_4)_{0.25}\text{WO}_3$ 的热化学性质进行了测定，得出 298.15K 时，由反应：

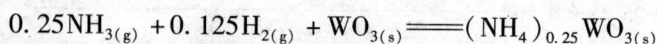

$$0.25\text{NH}_{3(g)} + 0.125\text{H}_{2(g)} + \text{WO}_{3(s)} = (\text{NH}_4)_{0.25}\text{WO}_{3(s)}$$

产生铵钨青铜的标准反应焓 $\Delta_r H_m^{\ominus}$ 为 $-107.6 \pm 3.35 \text{ J·mol}^{-1}$。

表 1 - 27　铵钨青铜成分和结构表

化学成分	缺氧指数(y)	晶型	晶格常数
$(NH_4)_{0.33}WO_3$	0.165	六方	$a=0.739$　$c=0.756\ 4$ $a=0.7525$　$c=0.7525$
$(NH_4)_{0.30}WO_3$	0.150	六方	$a=0.7376$　$c=0.7575$
$(NH_4)_{0.25}WO_3$	0.125	六方	$a=0.7388$　$c=0.7551$
$(NH_4)_{0.204}WO_3\cdot(H_2O)_{0.1}$	0.102	六方	$a=0.736$　$c=0.759$
$(NH_4)_{0.157}WO_3\cdot(H_2O)_{0.145}$	0.078	六方	$a=0.735$　$c=0.766$
$(NH_4)_{0.145}WO_3\cdot(H_2O)_{0.087}$	0.0702		
$(NH_4)_{0.11}WO_3\cdot(H_2O)_{0.7}$	0.055	微晶或非晶态	—
$(NH_4)_{0.06}WO_3\cdot(H_2O)_{0.11}$	0.030	正方	$a=0.760$　$c=0.636$

注：$(NH_4)_{0.33}WO_3$ 有两种不同的晶格常数是出于不同作者(下同)。

表 1 - 28　氢钨青铜成分和结构表

化学成分	x	缺氧指数(y)	晶型	晶格常数/nm
$H_{0.03}WO_3$		0.015	—	—
$H_{0.05}WO_3$	$x<0.15$	0.025	正方	$a=0.522\ 8$　$c=0.3881$
$H_{0.09}WO_3$		0.045	斜方	$a=0.7247$　$b=0.7502$　$c=0.3844$
$H_{0.10}WO_3$		0.05	正方	$a=0.5207$　$c=0.3868$
$H_{0.12}WO_3$		0.06	单斜	$a=0.3729$　$b=0.6898$ $c=0.3716$　$\beta=90.40°$
$H_{0.15}WO_3$		0.075	—	—
$H_{0.16}WO_3$	$0.15<x<0.25$	0.08	正方	$a=0.5228$　$c=0.3881$
$H_{0.18}WO_3$		0.09	—	—
$H_{0.23}WO_3$		0.115	正方	$a=0.52285$　$c=0.3880$
$H_{0.31}WO_3$		0.155	正方	$a=0.3789$　$c=0.3774$
$H_{0.33}WO_3$		0.165	正方	$a=0.3751$　$c=0.3796$
			正方	$a=0.3777$　$c=0.3730$
			六方	$a=0.3796$　$c=0.7576$
$H_{0.35}WO_3$		0.175	—	—
$H_{0.41}WO_3$	$0.25<x<0.50$	0.205	—	—
$H_{0.45}WO_3$		0.225	—	—
$H_{0.50}WO_3$		0.25	立方	$a=0.3778$
$D_{0.53}WO_3$	$x>0.50$	0.265		
$H_{0.06}WO_3$		0.300	立方	$a=0.3778$

5. 钨的卤化物

（1）氯化物[3,26,27]

钨的氯化物及氯氧化物的制备方法和物理性质见表1-29，其化学性质及某些热化学性质见表1-30。

表1-29 钨的氯化物及氯氧化物的制备方法及物理性质

氯化物或氯氧化物	制备方法	外观	熔点/℃	沸点/℃	密度/(g·cm⁻³)	晶体结构
WCl_6	将氯气在700℃左右与钨粉或WC或钨铁作用；或将 S_2Cl_2、CCl_4、$COCl_2$ 等与钨粉或 WO_3 作用	暗紫色结晶	275，281.5	346.7，348	3.52	六方：$a = 0.610$ nm，$c = 1.670$ nm
WCl_5	WCl_6 在380~400℃氢还原；或将 C_2Cl_4 与 WCl_6 在100℃作用	暗绿色结晶	244，253，243~248	276，286，288	3.875	
WCl_4	WCl_6 用氢或 Al 还原	灰褐色或黑色			4.624	斜方：$a = 0.807$ nm，$b = 0.889$ nm，$c = 0.685$ nm
WCl_2	WCl_4 氢还原或400~450℃真空下热离解，或 WCl_4 歧化	灰色或黄色			5.436	
$WOCl_4$	氯气与 WO_3 作用；氧或 H_2O 气氛下 Cl_2 与钨粉作用	红色	204，209.5，209~211	327，224，223.4		
WO_2Cl_2	HCl 或氯气与 WO_3 作用	亮黄色	266（升华）			
$WOCl_2$	钨粉与 $WO_3 + WCl_6$ 作用（250~450℃）	铜光泽的针状晶体			5.92	单斜：$a = 1.287$ nm，$b = 0.367$ nm，$c = 0.646$ nm，$\beta = 104.2°$

表1-30 钨的氯化物及氯氧化物的化学性质及某些热化学性质

氯化物或氯氧化物	化学性质	$-\Delta_f H_{298}^\ominus$/(kJ·mol⁻¹)	$S_{298}^\ominus$/(J·mol⁻¹·K⁻¹)	相变热 $-\Delta_t H_{298}^\ominus$/(kJ·mol⁻¹)	
				升华	蒸发
WCl_6	高于600℃则离解成 WCl_5 或 WCl_4，易水解成 WO_2Cl_2，易溶于 CS_2、酒精、CCl_4 等有机溶剂；与 H_2 作用变成各级低价氯化物，直至金属钨	681(α) 656(β) 585(g)	234(α) 284(β) 397(g)	91.96(α) 71.06(β)	62.7

氯化物或氯氧化物	化学性质	$-\Delta_f H_{298}^{\ominus}/$ $(kJ \cdot mol^{-1})$	$S_{298}^{\ominus}/$ $(J \cdot mol^{-1} \cdot K^{-1})$	相变热, $-\Delta_t H_{298}^{\ominus}$ $/(kJ \cdot mol^{-1})$	
				升华	蒸发
WCl$_5$	遇水易水解,易歧化为 WCl$_5$ + WCl$_4$	572.6(s) 497.4(g)	284(s) 418(g)	77.3	56.8
WCl$_4$	易水解,高于300℃则歧化为 WCl$_5$ 和 WCl$_2$	505.8(s) 555.9(s) 393.0(g)	183.9(s) 388.7(g)	163.02	
WCl$_2$	难挥发、有强还原性,490~580℃歧化成金属钨和 WCl$_4$	250.8(s)	130.8		
WOCl$_4$	溶于 CS$_2$、苯等有机溶剂,与 H$_2$O 作用得钨酸,与 O$_2$ 作用得 WO$_2$Cl$_2$,与 H$_2$F$_2$ 作用得 WOF$_4$	769(s) 673(g)	117(s) 309(g)	100.3	46
WO$_2$Cl$_2$	高于290℃分解成 WO$_3$、WOCl$_4$,溶于冷水和碱溶液,在热水中分解	836(s) 723(g)	83.6(s) 238(g)	109.9	
WOCl$_2$	常温下在空气中稳定、加热则氧化成 WO$_2$Cl$_2$,常温下不溶于水、酸和碱,溶于热硝酸和双氧水,室温下不与酸作用	648(s)	133.7(s)		

与冶金过程密切相关的钨氯化物性质主要有:

①WCl$_6$、WCl$_5$ 的沸点低,蒸气压大,例如对 WCl$_6$ 而言,其蒸气压(kPa)与温度的关系为:

$$\alpha \text{ 型}(458~503K) \qquad \lg p = 8.735 - 3996/T$$
$$\beta \text{ 型}(503~554.5K) \qquad \lg p = 7.914 - 3588/T$$
$$\text{液态} > 554.5K \qquad \lg p = 7.314 - 3254/T$$

对 WCl$_5$ 而言,在不同温度下的蒸气压分别为:

温度/K	413	446	474	490	512	539	549	559
蒸气压/kPa	0.53	2.79	8.51	11.57	29.26	59.05	77.4	101.08

因而一方面在高温下制备这些化合物时,它们往往以气体形态产出,相应地容易与各种固态或液态存在的反应残余物分离;另一方面它也容易用蒸馏、升华

等方法与杂质分离，因而容易制得纯的钨氯化物。

②钨的低价氯化物不稳定容易发生歧化反应，例如：对 WCl_5 而言，在蒸气中以二聚态存在，并发生部分歧化：

$$W_2Cl_{10(g)} \Longrightarrow WCl_{4(g)} + WCl_{6(g)}$$

$$\Delta_r G_m^\ominus = 25090 - 21T \quad J \cdot mol^{-1}$$

对 WCl_4 而言，当温度超过 573K 时，将发生以下反应：

$$3WCl_{4(s)} \Longrightarrow WCl_{2(s)} + 2WCl_{5(g)}$$

$$\Delta_r G_m^\ominus = 275986 - 376T \quad J \cdot mol^{-1}$$

温度超过 723K，则反应在气相进行：

$$3WCl_{4(g)} \Longrightarrow WCl_{2(s)} + 2WCl_{5(g)}$$

$$\Delta_r G_m^\ominus = -209080 - 251T \quad J \cdot mol^{-1}$$

对 WCl_2 而言，在 763~853K 发生以下歧化反应：

$$2WCl_{2(s)} \Longrightarrow W_{(s)} + WCl_{4(g)}$$

$$\Delta_r G_m^\ominus = 246714 - 280T \quad J \cdot mol^{-1}$$

$$5WCl_{2(s)} \Longrightarrow 3W_{(s)} + 2WCl_{5(g)}$$

$$\Delta_r G_m^\ominus = 359426 - 606T \quad J \cdot mol^{-1}$$

③钨的氯化物都容易水解，例如对 WCl_4 而言，与 H_2O 作用将发生以下反应：

$$4WCl_4 + 7H_2O \Longrightarrow H_3W_2Cl_9 + H_4W_2O_7 + 7HCl$$

水解产生的氧化物或氢氧化物如 WO_2Cl_2、$WOCl_4$ 等将使冶金过程复杂化。

④W-Cl-O 系中稳定化合物的形态决定于系统的氧势和氯势。在有关化合物处于凝聚态的温度范围内，当系统中氧势足够低，随着系统的氯势的提高，则稳定的为高价氯化物，反之则为低价氯化物；在有关化合物均为气态的温度范围内，则它们都同时在气相空间存在，但随着氯势的提高，在气相平衡成分中，高价氯化物所占比例提高，氯氧化物及低价氯化物的比例降低。图 1-12 为 1100K 时 W-Cl-O 系的平衡图，图中 abcdefa 区为气态钨的氯氧化物及氯化物的稳定区，从图可以看出在 $\lg p_{O_2}$ 一定的条件下，随着 $\lg p_{Cl_2}$ 的升高，WCl_6 所占比例升高，WO_2Cl_2 所占比例下降；同样在一定 $\lg p_{Cl_2}$ 的条件下，随着 $\lg p_{O_2}$ 的降低，WO_2Cl_2 所占比例降低。因此采用氧化物与氯化剂作用制取钨的氯化物时，为降低产物中的氧含量，应力求在较强的还原气氛中进行。

（2）氟化物[26]

钨的氟化物及氟氧化物的制备方法及其某些物理化学性质如表 1-31 所示。

钨的氟化物中与冶金过程密切相关的为 WF_6，已知其熔点为 2.0℃，固体 WF_6 在 -8.2~2℃ 为面心立方结晶，$a = 0.682 \pm 0.002$ nm；-8.2℃ 以下为斜方结晶；文献[26]报道在 -20℃ 时，$a = 0.968 \pm 0.002$ nm，$b = 0.881 \pm 0.002$ nm，$c = 0.509$

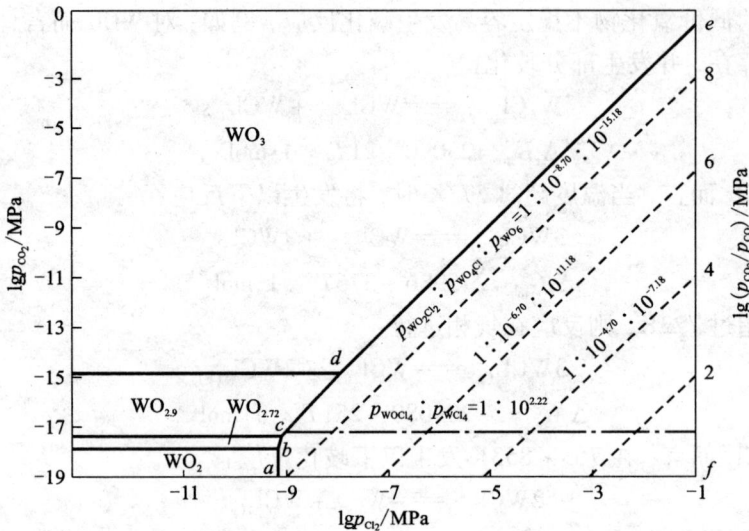

图 1-12   1100K 时 W-Cl-O 系的平衡图

±0.002 nm；文献[3]报道在 -30℃时，$a = 0.268$ nm，$b = 1.881$ nm，$c = 0.509$ nm。固体 WF_6 的密度为 4.56 $g \cdot cm^{-3}$。15℃时液态 WF_6 的密度为 3.44 $g \cdot cm^{-3}$。

在 -8.2~2℃ 温度范围内，固体 WF_6 的蒸气压（kPa）与温度的关系为：

$$\lg p = 7.878 - 1689.9/T$$

在 2~17.1℃时，液体 WF_6 的蒸气压与温度的关系为：

$$\lg p = 6.8835 - 1380.5/T$$

WF_6 的重要化学性质为：它容易水解生成氟氧化物，溶于氢氟酸、NaOH 和 NH_4OH 以及碱金属氟化物溶液。

WF_6 蒸气容易与碱金属氟化物作用形成氟络盐。以 NaF 为例，反应为：

$$WF_6 + 2NaF \Longrightarrow Na_2WF_8$$

上述反应是可逆的，当温度升高则分解析出 WF_6，其平衡蒸气压与温度的关系为：

$$\lg p = 7.92 - 3990/T$$

上述反应为 WF_6 的提纯提供了良好的基础，即可在低温下利用 NaF 将 WF_6 吸收，从而使 WF_6 与气体杂质分离，然后在高温下释放出纯的 WF_6。

高温下 WF_6 容易被氢还原成金属钨，由于 WF_6 容易净化，容易在气相还原，因此广泛用于集成电路生产过程（用化学气相沉积法沉积钨）。

表 1-31 钨的氟化物及氟氧化物的制备方法及物理化学性质

氟化物及氟氧化物	外观	制备方法	熔点/℃	沸点/℃	$-\Delta_f H^{\ominus}_{298}$ /(kJ·mol⁻¹)	$S^{\ominus}_{298}$ /(J·mol⁻¹·K⁻¹)	热容 /(J·mol⁻¹·K⁻¹)	$-\Delta_e H^{\ominus}_{298}$ /(kJ·mol⁻¹) 升华	$-\Delta_e H^{\ominus}_{298}$ /(kJ·mol⁻¹) 蒸发
WF₆	高于17.1℃为无色气体，低于2℃为白色固体	①格 F₂ 与钨粉在250~300℃下作用 ②WOF₄ 或 WO₂F₂ 在还原气氛下进一步与 F₂ 作用 ③WCl₆ 与 HF 作用	2.0	17.1	1748.1(s) 1746(l) 1764(l) 1739(g) 1720(g)	341.9(l) 354.4(g)	119.3(0℃,l) 140(230℃,g)	32.39	26.46
WF₄	棕红色固体 斜方晶系				1045(s) 1174(g)	(152.6)(s) 326(g)			
WOF₄	白色易挥发的晶体 熔点:110~119℃ 沸点:187.5~190℃	F₂ 或 H₂ F₂ 与 WO₃ 或 CaWO₄ 作用	110, 119	187.5, 190	1414.5(s) 1484	175.6(s) 336.1(s)		68.9	59.48
WO₂F₂	灰色	WF₆ 或 WOF₄ 水解			1283.3(s) 1208(g)				75.24

注：1. 液态 WF₆ 为黄色气体；≥17.5℃为无色气体，其密度相对于空气而言为12.9 g·cm⁻³，为已知最重的气体之一。 2. 同一条件下有两个数据的，是出自不同学者。

6. 钨的碳化物

钨－碳二元系的相图如图 1－13 所示。从图 1－13 可知 W－C 系存在 3 个化合物，即 $W_2C(\beta)$、$WC_{1-x}(\gamma)$ 和 $WC(\delta)$，其中 W_2C 和 WC 有重大的工业价值。

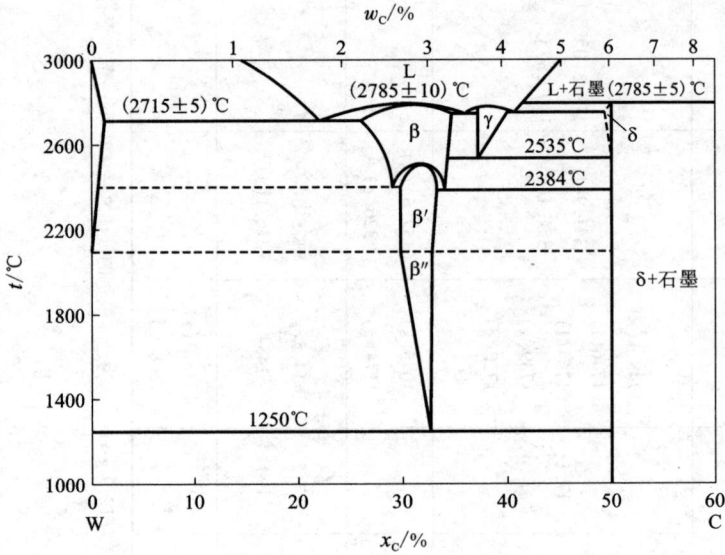

图 1－13　W－C 二元系的相图

为制备 W_2C 和 WC，当前工业上的主要方法是将碳（炭黑）与钨按化学计量混合，在高温下直接合成，其合成温度对 W_2C 而言不低于 1600℃。对 WC 而言，视产品粒度的不同而异：细颗粒 WC 为 1300～1350℃；粗颗粒 WC 为 1600℃左右。除上述直接合成法外，亦有将 WO_3 直接与碳作用或将 APT 与 CH_4 作用制取 WC。

W_2C 和 WC 的主要物理化学性质如表 1－32[3] 所示。应当指出，不同学者由于测试方法及所用原料和制备工艺上的差异，因而其测试的具体数据有一定差异，特别是弹性模量、显微硬度等力学性能有的相差一个数量级以上，因此表 1－32 的数据仅供参考。

W_2C 为铸造碳化钨的主要组分之一。WC 由于其具有熔点高、硬度高、弹性模量极高（仅次于金刚石和 W_2B_5）、导热性好而成为硬质合金的主要组分。当前世界上年产钨的 50%～60% 是以 WC 形式用于硬质合金领域。

表 1 – 32　W₂C 和 WC 的主要性质[3]

性　　质	W_2C	WC
晶型	$\beta'' - W_2C$（＜2100℃）为六方晶格　$a = 0.5184$ nm，$c = 0.4721$ nm	六方 Bh 型 $a = 0.2906 \sim 0.29066$ nm　$c = 0.28364 \sim 0.28374$ nm
熔点/℃	2785 ± 10	
密度/$(g \cdot cm^{-3})$	实测密度：17.2 X 射线密度：17.34	实测密度：15.7 X 射线密度：15.77
显微硬度/GPa	19.9（50 g）	$24 \sim 28$（HV30）（细颗粒 WC） $1.78^{①}$
弹性模量/GPa	420	$670 \sim 707$（72）
线膨胀系数	1.2×10^{-6} K^{-1}（a 轴） 11.4×10^{-6} K^{-1}（c 轴）	5.2×10^{-6} K^{-1}（a 轴） 7.3×10^{-6} K^{-1}（c 轴）
电阻率/$(\mu\Omega \cdot cm)$	$76 \sim 80$（室温） 125（2000℃）	$17 \sim 25$ （53）
电阻温度系数	1.95×10^{-3} K^{-1}	
热导率/$(J \cdot cm^{-1} \cdot s^{-1} \cdot K^{-1})$		1.2（0.29）
超导临界温度/K	2.74	10
化学稳定性	室温下能抵抗酸的侵蚀；在加热的情况下能被浓 HNO_3、HNO_3 + HF（1:4）溶解；室温下与 F_2 作用；200℃ 与 Cl_2 作用；在空气中或 O_2 中于 500℃ 开始氧化	化学稳定性超过 W_2C，室温下能抵抗各种酸的侵蚀，但 HNO_3 和 HNO_3 + HF（1:4）在加热的条件下能溶解 WC；400℃ 开始与 Cl_2 作用；细颗粒在空气中于 $300 \sim 500$℃ 能被氧化。根据 A·瓦伦[2] 的测定，致密 WC 在干空气中 200℃ 保持 1 h，氧化膜仅 1.2 nm；500℃ 保持 1 h，氧化膜 ＞10 nm；在空气湿度分别为 60% 和 95% 下保持一周，氧化膜分别为 2.4 nm 和 3.4 nm；在水中保持一周，氧化膜 0 nm

注：①数据根据文献[5]中表 7 – 1。

7. 钨的硫化物[10]

在 W – S 二元系中存在 WS_2、WS_3 两种硫化物，其中 WS_3 在 170℃ 左右就分解为 WS_2 与元素硫。

制取 WS_2 的主要方法有：

（1）$800 \sim 900$℃ 下在氮气氛中将 S_2 蒸气与钨粉作用；

（2）将 WS_3 进行热分解；

（3）在 $900 \sim 1200$℃ 下将 H_2S 与钨粉作用。

WS$_2$ 具有 α、β 两种晶型，其中 β – WS$_2$ 属六方晶系，$a = 0.3145 \sim 0.3165$ nm，$c = 12.25 \sim 12.35$ nm，密度为 7.73 g·cm^{-3}，黑色，莫氏硬度为 1.0 ~ 1.5，抗压强度达 2100 MPa，摩擦系数 0.01 ~ 0.15。对比试验表明，在测试的温度范围内，其摩擦系数均小于 MoS$_2$，且其在高温下稳定，不分解，因此是良好的高温润滑剂。此外 WS$_2$ 还可用作催化剂。

1.3 钨及其化合物的用途

由于钨及其合金和化合物具有上述一系列优异的物理化学性能，因而广泛以硬质合金、合金钢、热强合金、钨基合金、钨材以及化工材料等形态用于地质矿山、机械加工、电子工业、宇航工业、国防工业、化工等领域，成为重要的战略元素，其主要应用情况如下。

（1）硬质合金

硬质合金领域为钨最主要的用户，每年 50% ~ 60% 的钨用于制造碳化钨基硬质合金。硬质合金有一系列优良性能，主要是：高的硬度和耐磨性能，特别是高温硬度，其 600℃ 的硬度超过高速钢常温的硬度，1000℃ 时的硬度超过碳钢的常温硬度；高的弹性模量，因而常温下刚性好，无明显的塑性变形；抗压强度高；膨胀系数较小，但导热系数和导电系数则与铁及其合金相近；化学稳定性好，耐酸耐碱，600 ~ 800℃ 下无明显氧化；热稳定性能好。由于上述一系列优良性能使之在现代工具材料、耐磨材料、耐高温及耐腐蚀材料中占据重要地位，特别是在地质、采矿工业、切削加工工业中具有极大的优越性。硬质合金工具与合金钢工具相比，主要优点为：

①大大提高了工具的使用寿命，切削工具寿命提高 5 ~ 10 倍，量具寿命提高 20 ~ 80 倍，模具寿命提高 5 ~ 80 倍；

②金属切削速度提高数十倍，大大提高了劳动生产率；

③制成品的尺寸精度提高，表面粗糙度降低；

④可加工高速钢等难以加工的材料，如耐热合金、钛合金、特硬铸铁等。

在硬质合金领域中，钨主要是以 WC 形态应用的。当前生产 WC 的主要方法是将金属钨粉进行碳化，因此金属钨粉的质量对硬质合金产品的质量有较大的影响。为制得优质的硬质合金，首先应制得符合一定要求的钨粉。

硬质合金领域对原料钨粉的要求主要是化学纯度、物理性能和工艺性能。物理性能主要包括其粒度、粒形、粒度分布和颗粒聚集状态，这些往往因具体用户的不同而有所差别。工艺性能则包括流动性、压制性能和烧结性能。因此在冶金中应采取一定措施以改善钨粉的性能。

(2)钢铁工业

在钢铁工业中钨为炼钢的重要添加剂，一般主要是以钨铁形式加入，即首先将钨精矿与铁屑等在电弧炉中还原熔炼得钨铁，然后在炼钢过程中加入。在某些情况下亦将钨粉加工成钨条，在炼钢过程中以钨条形式加入。近年来李正邦等研究成功了白钨精矿直接炼钢的工艺，即在炼钢过程中加入白钨精矿，以硅铁或碳为还原剂，钨则被还原进入钢中。目前可制取含 W 9% 左右的高速钢。

钨加入钢中能使钢的晶粒细化，提高其高温硬度、耐磨性和耐冲击强度。钨钢主要用作高速切削钢和模具钢，它是金属钨最早的应用领域之一。高速钢的特点是能在空气中自动淬火和二次硬化，直到 600~650℃ 它还能保持高的硬度和耐磨性。因此含钨铬的高速钢车刀的切削速度能提高到每分钟数十米。合金工具钢中的钨钢含有 0.8%~1.2% W；铬钨硅钢含有 2%~2.7% W；铬钨钢中含有 2%~9% W；铬钨锰钢中含有 0.5%~1.6% W。含钨的钢用于制造各种工具：如钻头、铣刀、拉丝模、阴模和阳模、气动工具等。钨磁钢是含有 5.2%~6.2% W、0.68%~0.78% C、0.3%~0.5% Cr 的永磁体钢。钨钴磁钢含有 11.5%~14.5% W、5.5%~6.5% Mo、11.5%~12.5% Co 的硬磁材料，它们具有高的磁化强度和矫顽磁力，是重要的磁性材料。

(3)耐磨和热强合金

由于钨是最难熔的金属，因而成为许多热强合金的组分，如由 3%~15% W、25%~35% Cr、45%~65% Co 和 0.5%~2.75% C 所组成的合金，主要用于高温下强烈耐磨的零件，例如航空发动机和火箭技术中的活门、压模、热切刀的工作部件、涡轮机叶轮，以及其他一些耐磨耐热部件。钨和其他难熔金属(钽、铌、钼、铼)的合金用作热强材料。

(4)钨基合金

钨基合金包括钨基触头合金和高密度合金。高密度合金分为 W-Ni-Fe 系列和 W-Cu 系列，其特点是密度高，达 $16.5~19.0~\mathrm{g\cdot cm^{-3}}$，相当于钢的 2 倍以上；强度高，达 800~1000 MPa；良好的塑性，W-Ni-Fe 系列烧结态延伸率达 10%~15%；良好的抗氧化性能，在空气中 500℃ 以上无明显氧化；良好的机械加工性能，可进行车、铣、刨等加工处理。W-Ni-Cu 用作飞机导航仪中的陀螺转子及平衡配重元件，控制精度非常高。此外，W-Ni-Fe、W-Ni-Cu 高密度合金还广泛用于医疗行业中的屏蔽材料，通信业中的手机和 BP 机的振动元件，在体育、娱乐业中用作高尔夫球球拍的球头部分的配重元件，在电气行业中用作高压触头和电气加热元件等。W-Cu(Mo-Cu)材料具有好的导热性和导电性、小的膨胀系数，可广泛用作电接触材料、微电子封装材料和热沉材料。W-Cu(10%~40% Cu)和 W-Ag 合金兼有铜和银的良好导电性、导热性和钨的耐磨性，可成为制造闸刀开关、断路器、点焊电极等的工作部件的触头材料。

（5）金属钨材料

钨以钨丝、钨带和各种锻造元件用于电子管生产、无线电电子和 X 射线技术中。钨是白炽灯丝的最好材料。其高的工作温度（2200～2500℃）保证了高的发光效率，而小的蒸发速度保证了丝的寿命长。钨丝用于制造电子振荡管的直热阴极和栅极，高压整流器的阴极和各种电子仪器中旁热阴极加热器。钨用于做 X 光管和气体放电管的阴极和阴极，以及无线电设备的触点和原子氢焊枪电极。钨丝和钨棒可用作高温炉（达 3000℃）的加热器。

（6）钨的其他材料

钨酸钠用于生产某些类型的油漆和颜料，纺织工业中用于布疋加重和与硫酸铵和磷酸铵混合来制造耐火和防水布疋。还用于染料、颜料、油墨、电镀等方面。钨酸在纺织工业中是媒染剂与染料。二硫化钨用作固体的润滑剂。

钨及其化合物的另一重要应用领域为催化剂，钨系催化剂包括单质钨、氧化物、硫化物和杂多酸。它们对加氢反应、氧化反应、聚合反应、烃类芳构化、烷基化、酰基化、酯化等许多反应具有良好的催化作用，广泛用于石油、化工、环保等领域。钨系催化剂在石油工业的应用显著提高了石油产品的质量，降低了其中有害于环境的杂质的含量。

基于上述钨及其化合物的优异性能，其在国防领域中亦占有重要地位。在军事工业中，像枪、炮、坦克和其他武器装备中与火药接触的耐压、耐热部件，都是用钨钢制作的；航空喷气发动机的燃烧室、燃料喷嘴、涡轮导流叶片、涡轮转子叶片等都是钨合金制成的；火箭、导弹、卫星的蒙皮材料是用含钨耐高温合金制成；用高密度钨合金制成穿甲弹头，能提高炮弹性能；陀螺仪是飞机、舰艇、火箭的导航和控制系统的心脏，用高密度钨合金制成的陀螺仪的惯性元件，能提高仪器的稳定性和控制精度，如飞机的付翼、转向舵和水平尾翼等处都需配重来保持平衡。在某些飞机中，用于配重的高密度钨合金达几百公斤，钨合金材料对发展现代航天、航空和航海事业都有着十分重要的意义。

此外，除上述各种钨及其无机物的应用外，钨的有机聚合物的应用开发将给钨的应用开辟更为广阔的天地，如钨与塑胶的聚合物无毒，柔软度与铅一样，密度比铅及铋高，可以代替铅用于制造武器弹药，以减少对环境的破坏。

我国钨产品近 5 年的钨的消费量及消费结构见表 1-33。由表 1-33 可知，近年来我国每年钨消费量达 2 万 t 左右，其中硬质合金领域的用量占 1/2 左右，特种钢占 27%～30%，钨材占 15%～19%，钨化工占 5%～6%。就全世界而言硬质合金也是钨的最大消费领域，占总消费量的 55%～62%，其次是合金钢和金属钨加工产品，分别占钨消费量的 20%～25% 和 10%～15%；钨化工产品占总消费量的 10% 左右。

综上所述，钨由于其特有的优良性质，成为重要的战略物资。在适度增长满足各方需要的条件下，保证这种物资使之更长时间为人类服务，具有重大的意义。

表 1 - 33 中国钨产品消费结构(以 W 计)

钨产品分类	2003		2004		2005	
	消费量 /t	消费比例 /%	消费量 /t	消费比例 /%	消费量 /t	消费比例 /%
硬质合金	8641.7	51.1	9280.5	50	8549.3	47
特种钢	5095	30.1	5382.69	29	5457	30
钨材	2155.3	12.8	2784.15	15	3274.2	18
钨化工	1010	6	1113.66	6	909.5	5
总量	16902		18561		18190	

钨产品分类	2006		2007		2008	
	消费量 /t	消费比例 /%	消费量 /t	消费比例 /%	消费量 /t	消费比例 /%
硬质合金	8939.04	48	9824.01	49	9548.1	45
特种钢	5214.44	28	5413.23	27	6365.4	30
钨材	3538.37	19	3809.31	19	4031.42	19
钨化工	931.15	5	1002.45	5	1273.08	6
总量	18623		20049		21218	

资料来源:《中国钨工业年鉴》编委会,《中国钨工业年鉴 2005—2008》。

1.4 钨冶金的资源[1, 3, 28, 29]

钨冶金的资源包括一次资源和二次资源。一次资源主要指矿物资源，二次资源主要指含钨金属材料及化工材料经使用后的废旧物资，以及过去冶炼过程中产出的有回收价值的废渣。

1.4.1 钨的一次资源(矿物资源)

1. 钨的矿物

钨的矿物主要为黑钨矿和白钨矿，其中黑钨矿的分子式为$(Fe、Mn)WO_4$，即为$FeWO_4$与$MnWO_4$的类质同相混合物。当$FeWO_4$和$MnWO_4$的质量比大于或等于 4:1 时称为钨铁矿，小于或等于 1:4 时称为钨锰矿，两者之间称为钨锰铁矿。

除黑钨矿、白钨矿外自然界还发现辉钨矿等矿物，某些钨矿物的性质如表 1 - 34 所示。

表 1-34　某些钨矿物的性质

矿物名称	分子式	结晶构造	密度/(g·cm^{-3})	其他
黑矿物	(Fe、Mn)WO$_4$	单斜晶系，晶格常数随 MnO 含量增加而增加 $a = 0.4741 \sim 0.4829$ nm $b = 0.5700 \sim 0.5758$ nm $c = 0.4956 \sim 0.4991$ nm $\beta = 90°26'$	6.9 ~ 7.8 随 FeO 含量增加而增大	弱磁性 硬度 5.0 ~ 5.5
白钨矿	CaWO$_4$	正方晶系 $a = 0.5250$ nm $c = 0.1137$ nm	5.8 ~ 6.2	性脆，在紫外线照射下发淡蓝色荧光，硬度为 4.5 ~ 5.0
辉钨矿	WS$_2$	六方晶系	8.1	
钨华	H$_2$WO$_4$	斜方晶系	5.25	硬度 2.5
水钨华	H$_2$WO$_4$·H$_2$O	单斜晶系	4.6	硬度 2
铌黑钨矿		单斜晶系	6.55	

注：铌黑钨矿的分子式为(Nb、Ta、W、Fe、Mn)$_{0.97}$·(WO$_4$)$_{0.84}$·H$_2$O。

2. 钨矿物资源的分布

全世界钨资源主要分布在太平洋东西两岸两个半圆弧地带，亦称环太平洋地带，其钨贮量占全世界的 86% 左右。环太平洋地带的东半圆弧南起新西兰的南岛，经澳大利亚东南部、马来西亚半岛、泰国、缅甸、越南、我国的华南和华北、朝鲜、日本及俄罗斯的远东地区。西半圆弧有阿拉斯加、加拿大的西北地区(如著名的坎通矿)、美国的西部、墨西哥、秘鲁、玻利维亚和阿根廷。

除上述环太平洋地带外，另一个次要的地带为沿地中海北岸、南乌拉尔、中亚至我国新疆、甘肃和豫西地区。此外在非洲的刚果、津巴布韦、南非等地区亦有少量钨资源，世界钨资源分布如图 1-14 所示。

我国为世界上钨资源最多的国家，主要分布在南岭山脉两侧的湘南、赣南、闽西、粤北，以及豫西、滇西等地区，其大致分布如图 1-15 所示。我国钨的储量基础中，处于南岭山脉两侧的湖南省占 44.9%，江西省占 20.6%，此外河南省占 15.3%。

3. 钨矿物资源的贮量

钨在地壳中的丰度仅 0.0013‰，当前世界上已发现的钨贮量及近年来其变化如表 1-35[28] 所示。其中关于我国的数据与我国国土资源部公开的数据差距甚

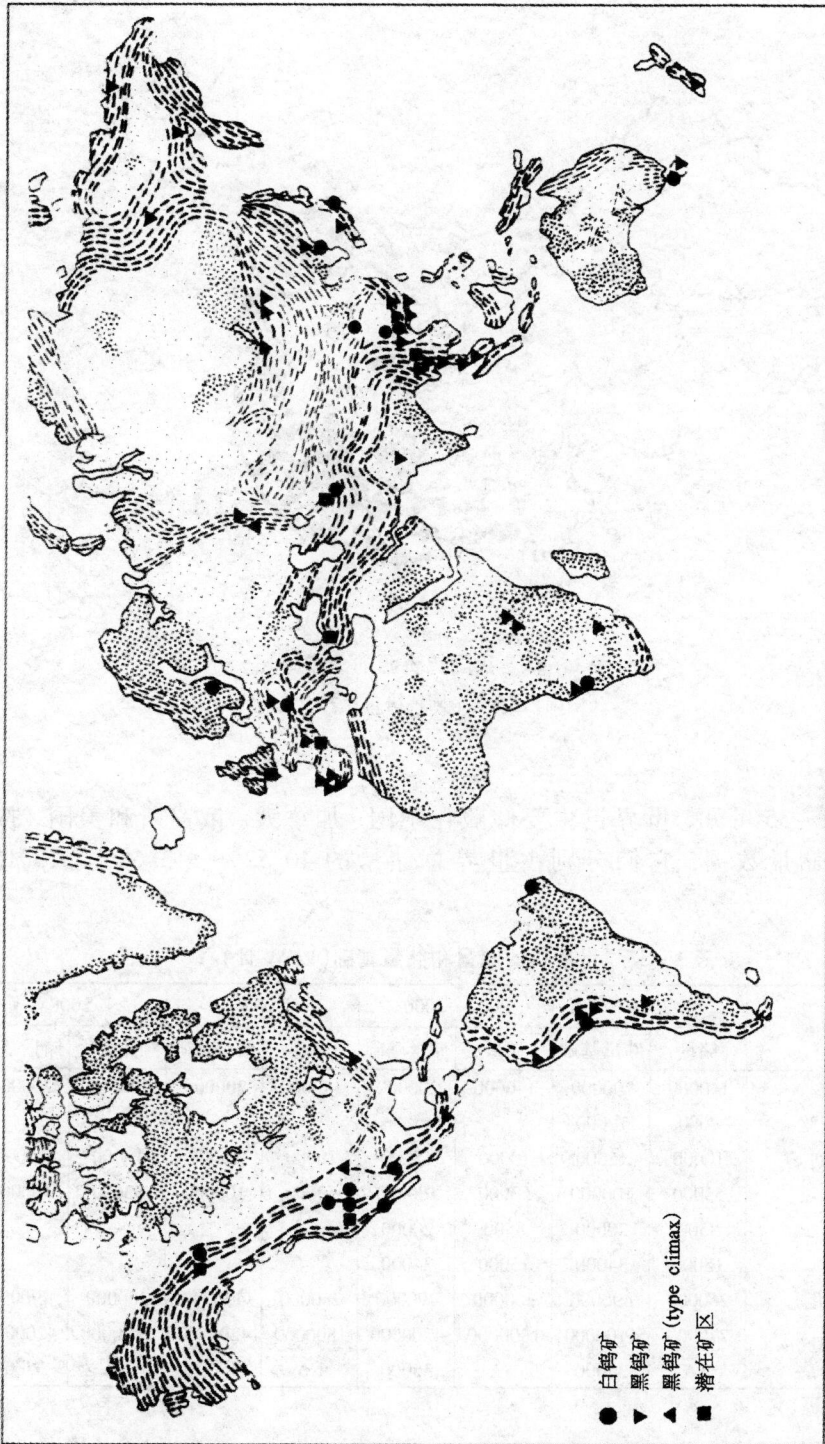

图1-14　世界钨资源的分布

白钨矿　　　●
黑钨矿　　　▶
黑钨矿 (type climax) ◀
潜在矿区　■

图 1-15   我国钨资源的分布

(中国钨协:《中国钨协百年》)

大,因此仅供参考。

从表 1-35 可知,世界钨主要储藏在中国、加拿大、俄罗斯和美国,按照 2001 年的储量数据,它们分别占世界总储量的 40.52%、13.68%、13.15% 和 7.36%。

表 1-35   世界钨的储量和储量基础(以 W 计)/t

国家	2001		2002—2006		2007		2008	
	储量	储量基础	储量	储量基础	储量	储量基础	储量	储量基础
美国	140000	200000	140000	200000	140000	200000	140000	200000
澳大利亚	7000	79000						
奥地利	10000	15000	10000	15000	10000	15000	10000	15000
玻利维亚	53000	100000	53000	100000	53000	100000	53000	100000
巴西	8500	20000	8500	20000				
缅甸	15000	34000	15000	34000				
加拿大	260000	490000	260000	490000	260000	490000	260000	490000
中国	770000	1100000	1800000	4200000	1800000	4200000	1800000	4200000
韩国	NA	35000	NA	35000	NA	35000	NA	35000

国家	2001		2002—2006		2007		2008	
	储量	储量基础	储量	储量基础	储量	储量基础	储量	储量基础
朝鲜	58000	77000						
葡萄牙	25000	25000	25000	25000	4700	62000	4700	62000
俄罗斯	250000	420000	250000	420000	250000	420000	250000	420000
泰国	30000	30000	30000	30000				
乌兹别克斯坦	NA	20000						
总计	1900000	3100000	2900000	6200000	2900000	6300000	3000000	6300000

根据我国国土资源部公布的数据，我国钨矿物资源的储量及近年来的变化如表 1 - 36 所示。2007 年国内各省市自治区的储量如表 1 - 37 所示。

表 1 - 36　我国钨储量及近年来的变化（WO_3）／ $\times 10^4$ t

年份	储量	储量基础	资源量	资源储量
2002	144. 9	292. 5	286. 2	578. 6
2003	140. 47	286. 36		
2004				
2005	132. 35	260. 46	308. 81	569. 27
2006	135. 73	241. 43	316. 92	558. 35
2007	139. 86	240. 87	310. 68	551. 55

除表 1 - 36 中的数据外，据报道，近年来，在我国多处发现新的钨矿床，如甘肃省北祁连山地区发现大型白钨矿、东秦岭地区发现大型钨钼矿、新疆东昆仑发现特大型钨矿、安徽青阳县、内蒙古额济纳旗等地都发现大型钨矿。尽管历年来新发现不少的钨资源，但从表 1 - 36 可看出，其储量基础仍以每年几万吨左右的速度减少，这种形势应予以重视。

应当指出，国内外钨矿物资源中都是以白钨矿为主。据 1980 年的统计，国外白钨矿床占总钨资源的 73.0%，黑钨占 27.0%。我国由于长期来对黑钨矿的开发利用，加上新发现的钨资源大多是白钨，因此保有资源中白钨占大多数。据 2002 年的统计，我国的钨储量基础中白钨占 70.4%，黑钨占 29.0%。一般来说黑钨矿资源易于开采，选冶的难度均较小，而我国白钨矿中大部分矿区的组分复杂、品位低、外部建设条件也较差，不易开采，以致大部分白钨储量回收利用的难度较大。

表 1-37 2007 年国内各省市自治区的储量(以 WO_3 计)／ $\times 10^4$ t

省(区)	矿区数	基础储量	储量	资源量	查明资源储量
北京	3			0.15	0.15
河北	1			0.08	0.08
内蒙古	19	5.03	1.95	13.41	18.44
辽宁	2			0.06	0.06
吉林	4	0.03		1.00	1.03
黑龙江	8	4.88	3.59	14.58	19.46
浙江	7	0.11	0.08	0.38	0.49
安徽	2	0.63		1.02	1.65
福建	13	13.81	11.60	16.58	30.39
江西	121	49.64	35.28	47.06	96.70
山东	2	0.03		4.68	4.71
河南	3	36.89	27.07	12.33	49.22
湖北	8	1.60	0.66	3.90	5.50
湖南	59	108.25	53.15	84.33	192.58
广东	51	2.69	0.78	32.36	35.05
广西	20	7.30	0.33	24.54	31.84
海南	1	0.03	0.02	0.12	0.15
四川	1			0.02	0.02

4. 钨冶金矿物原料的成分

钨冶金矿物原料的成分是多种多样的,它随具体产出的矿山而异,同时也随一定历史时期钨冶金、钨选矿的水平而异。

20 世纪 90 年代以前,由于当时钨冶金中分解钨矿物原料的技术水平及分离除去杂质的水平有限,再加上当时开采的矿石易于选别,因此钨冶金的矿物原料主要是通过选矿过程得到的标准精矿。对 NaOH 分解法而言,为符合或优于 GB 2825—81 规定的一级 Ⅱ 类黑钨精矿,具体成分要求为 $w_{WO_3} \geqslant 65\%$,主要杂质 $w_{Ca} \leqslant 1.0\%$、$w_{Mo} \leqslant 0.05\%$、$w_P \leqslant 0.1\%$、$w_{As} \leqslant 0.1\%$、$w_{SiO_2} \leqslant 5.0\%$ 和 $w_S \leqslant 0.7\%$。对盐酸分解法而言,为符合或优于 GB 2825—81 规定的一级 Ⅱ 类白钨精矿,具体成分要求为 $w_{WO_3} \geqslant 65\%$,主要杂质 $w_S \leqslant 0.7\%$、$w_{Mn} \leqslant 1.0\%$、$w_P \leqslant 0.1\%$、$w_{As} \leqslant 0.1\%$ 和 $w_{Si} \leqslant 5.0\%$。

20 世纪 90 年代以后,由于冶金过程对原料的适应能力提高,例如 NaOH 分解法发展成为能适应包括黑钨精矿、白钨精矿、难选钨中矿在内的各种钨矿物原料,同时开采的钨资源越来越复杂难选,降低选矿产品的品位有利于大幅度提高选矿回收率,因此对钨冶炼而言,上述精矿成分的限制已失去了意义,所用矿物原料的成分已突破上述精矿成分的界线,当前用于钨冶炼的钨矿物原料一般含 WO_3 为 50%～60%,其中杂质 P、As、SiO_2、Mo 的含量限制大幅度提高,约为上述规定值的 2～10 倍,甚至更高。此外冶炼中往往不得不处理某些难选钨中矿,其中 WO_3 含量可低至 20%,甚至更低。根据上述情况,我国 2007 年新制定的钨精矿行业标准如表 1–38 所示。

表 1–38　钨精矿的化学成分(质量分数/%)

(中华人民共和国有色金属工业行业标准 YS/T 231—2007)

品　种			WO_3, 不小于	杂质含量,不大于									用　途　举　例
类型	类别	品级		S	P	As	Mo	Ca	Mn	Cu	Sn	SiO_2	
黑钨精矿	I类	特级	68	0.4	0.03	0.10	—	5.0	—	0.06	0.15	7.0	优质钨铁、直接炼合金钢
		一级	65	0.7	0.05	0.15	—	5.0	—	0.13	0.20	7.0	钨铁
		二级	60	0.7	0.05	0.20	—	5.0	—	0.15	0.20	—	
	II类	一级	65	0.7	0.10	0.10	0.05	3.0	—	0.25	0.20	5.0	仲钨酸铵、硬质合金、钨材、钨丝、触媒
		二级	65	0.8	0.10	0.15	0.05	—	—	0.25	0.25	7.0	
		三级	60	0.9	0.10	0.15	0.10	—	—	0.30	0.30	—	
		四级	55	1.0	0.10	0.15	0.20	5.0	—	0.30	0.35	—	
		五级	50	1.2	0.12	0.15	0.20	6.0	—	0.35	0.40	—	
白钨精矿	I类	特级	68	0.4	0.03	0.03	—	—	0.5	0.03	0.03	2.0	直接炼合金钢、优质钨铁
		一级	65	0.7	0.05	0.15	—	—	1.0	0.13	0.20	7.0	钨铁
		二级	60	0.7	0.05	0.20	—	—	1.5	0.15	0.20	—	
	II类	一级	65	0.7	0.10	0.10	0.05	—	1.0	0.25	0.20	5.0	仲钨酸铵、硬质合金、钨材、钨丝、触媒
		二级	65	0.8	0.10	0.15	—	—	1.5	0.25	0.20	7.0	
		三级	60	0.9	0.10	0.15	—	—	2.0	0.30	0.20	—	
		四级	55	1.0	0.10	0.15	—	—	2.0	0.30	0.35	—	
		五级	50	1.2	0.12	0.15	—	—	2.0	0.30	0.40	—	
混合钨精矿			65	0.7	0.10	0.10	—	—	—	0.25	0.20	5.0	仲钨酸铵、硬质合金等
钨细泥			30	2.0	0.50	0.30	—	—	—	0.5	—	—	

注:1. 表中"—"为杂质含量不限;2. 精矿中钽铌为有价元素,如有需要,供方应报出分析数据;3. 混合钨精矿、钨细泥的 Mo、Ca、Mn 虽不限制,但供方应报出分析数据;4. 供需双方对表中规定的个别杂质含量及其他杂质(如 Fe、Sb、Pb、Bi 等)有特殊要求时,可协商解决。

1.4.2 钨的二次资源

钨的二次资源包括所有废旧的有回收价值的含钨物料，如废钨合金钢、废钨催化剂、废硬质合金、废钨材，以及历来冶炼过程、选矿过程遗留下来的含钨较高、有回收价值的各种废渣。

二次钨资源的回收不仅具有较大的经济价值，更重要的是具有重大的社会意义。它一方面能延长作为战略元素钨的资源为人类的服务年限，保证国民经济的可持续发展；另一方面废旧物质将对环境造成危害，例如据报道废旧的钨钴硬质合金在空气中长期存放将产生有毒物质，因此各国都十分重视钨二次资源的回收利用。

21 世纪以来，美国二次钨资源的回收利用量占其钨总使用量的 35% ~ 40%，如表 1 - 39 所示，在欧洲国家亦达到类似水平。

表 1 - 39 美国二次资源利用情况[28]

年　份	2001	2002	2003	2004	2005	2006	2007	2008
二次资源量/t	6000	4500	4300	3600	4600	4500	4400	5000
二次资源占美国当年总钨消费量的比例/%	43	35	37	30	40	34	31	35

我国对二次钨资源的回收利用非常重视，国土资源部每年下达了二次钨资源的利用回收指标，2008 年达 7410 t 钨，相当于当年钨总消费量的 30% 左右，应当说其回收量还具有一定潜力。

钨冶金二次资源的成分是多种多样的，决定于它在报废以前所应用的领域和具体用途以及对二次资源的分类管理水平。不同类别钨冶金二次资源的大致成分如表 1 - 40 所示。

表 1 - 40 某些钨冶金二次资源的大致成分

物料名称	大 致 成 分/%
废旧硬质合金	钨钴类：80 ~ 97 WC；3 ~ 20 Co 钨钴钛类：66 ~ 85 WC；5 ~ 30 TiC；4 ~ 10 Co 钨钴钛钽类：82 ~ 84 WC；4 TaC；6 TiC；6 ~ 8 Co
废旧合金钢	高速工具钢类：12 ~ 18 W；4 Cr；0.7 ~ 1.5 C；5 ~ 8 Co；1 ~ 5 V 热作工具钢类：9 ~ 18 W；2 ~ 12 Cr；0.25 ~ 0.5 C 钼热作工具钢类：1.5 ~ 6 W；5 ~ 8 Mo；4 Cr；1 ~ 2 V；0.6 C 铬热作工具钢类：1.5 ~ 7 W；5 ~ 7 Cr；0.35 ~ 0.55 C
废旧金属钨制品	约 100 W
废催化剂	20 ~ 30 WO_3；> 60 Al_2O_3；1 ~ 7 NiO；此外可能含 Mo、V 等有价元素

表中废旧合金钢及废旧金属钨制品的回收处理方法主要是回炉熔铸，重新制备合金钢，因此钨冶金中很少处理。当前钨冶金中回收处理的主要是废旧硬质合金和废催化剂，以及某些冶炼废渣和选矿废渣。

1.5 钨冶金的工艺综述

1.5.1 钨冶金的传统流程

由于技术发展的连续性，某些传统的钨冶金技术经过改进、发展，仍然为现代钨冶金流程中的组成部分，因此机械地划分为"传统流程"和"现代流程"是不可能的。本书主要将钨冶金技术变化最快的 20 世纪 80 年代以前的流程统称为传统流程。

钨冶金传统的原则流程如图 1-16 所示。它大体上可分为钨精矿分解、纯钨化合物制备及钨粉生产三阶段，其有关工艺简述如下：

1. 钨精矿的分解

早在 20 世纪初，第一次世界大战前后，人们就在工业规模下处理黑钨精矿生产钨粉以作为炼钢的添加剂和生产灯丝的原料。早期分解黑钨矿的工艺是 NaOH 熔合法和苏打烧结法，后者在加入一定量 SiO_2 的条件下也能处理白钨矿。后来前苏联学者发明了在苏打烧结配料时加入返渣，将炉料中 WO_3 含量降低到 20% ~25%，防止了高温烧结过程中物料的熔融，使苏打烧结法得以连续化和大型化，从而成为处理黑钨精矿、白钨精矿和钨中矿的主要方法之一，而 NaOH 熔合法逐步被淘汰。

1918 年和 1939 年，E·M·汉密尔顿和 N·N·马斯列尼斯基先后提出了利用 Na_2CO_3 分解白钨矿的方案。1941 年，美国联合碳化物公司 Bishop 厂将苏打压煮法正式产业化，用以处理白钨精矿和低品位（含 WO_3 10% ~15%）白钨中矿，并逐步发展到当白钨原料中含有部分黑钨矿时，加入按黑钨矿计算理论量的 NaOH，则黑钨同样得以分解。近 70 年来，本工艺一直在国外许多钨冶金企业如乌兹别克难熔与耐热金属公司斯柯平湿法冶金厂、联合碳化物公司等应用。

20 世纪 50 年代至 60 年代，NaOH 溶液分解法开始用于处理优质低钙含量的黑钨精矿。与此同时，白钨矿的盐酸分解法亦实现了产业化，因此到 20 世纪中期对钨精矿的分解已形成苏打烧结法、NaOH 分解法（针对优质低钙黑钨精矿）、苏打压煮法、盐酸分解法（针对优质白钨精矿）等多种方法共存的局面。

2. 纯钨化合物的制备

20 世纪 60 年代以前，各种碱法分解钨矿物原料所得的粗 Na_2WO_4 溶液通常用镁（或铝）盐沉淀除 P、As、Si 后（或进一步用 MoS_3 沉淀法除钼后），再用 $CaCl_2$

黑钨精矿　　　　　白钨精矿(或中矿)　　　　二次钨原料

（优质低钙）　　　　　　　　（优质低铁）

| NaOH分解 | 苏打烧结 | 苏打压煮 | HCl分解 |

水浸

粗Na$_2$WO$_4$溶液

镁盐法除P、As、Si

MoS$_3$沉淀法除钼

沉淀合成白钨　　　　叔胺萃取　　　氨溶　　　处理

酸分解　　　　　　钨酸铵溶液

煅烧　　　纯钨酸

氨溶

蒸发结晶

仲钨酸铵

煅烧

WO$_3$（或蓝钨）

氢还原

钨粉

粗钨酸

混合料
（返回制取硬质合金）

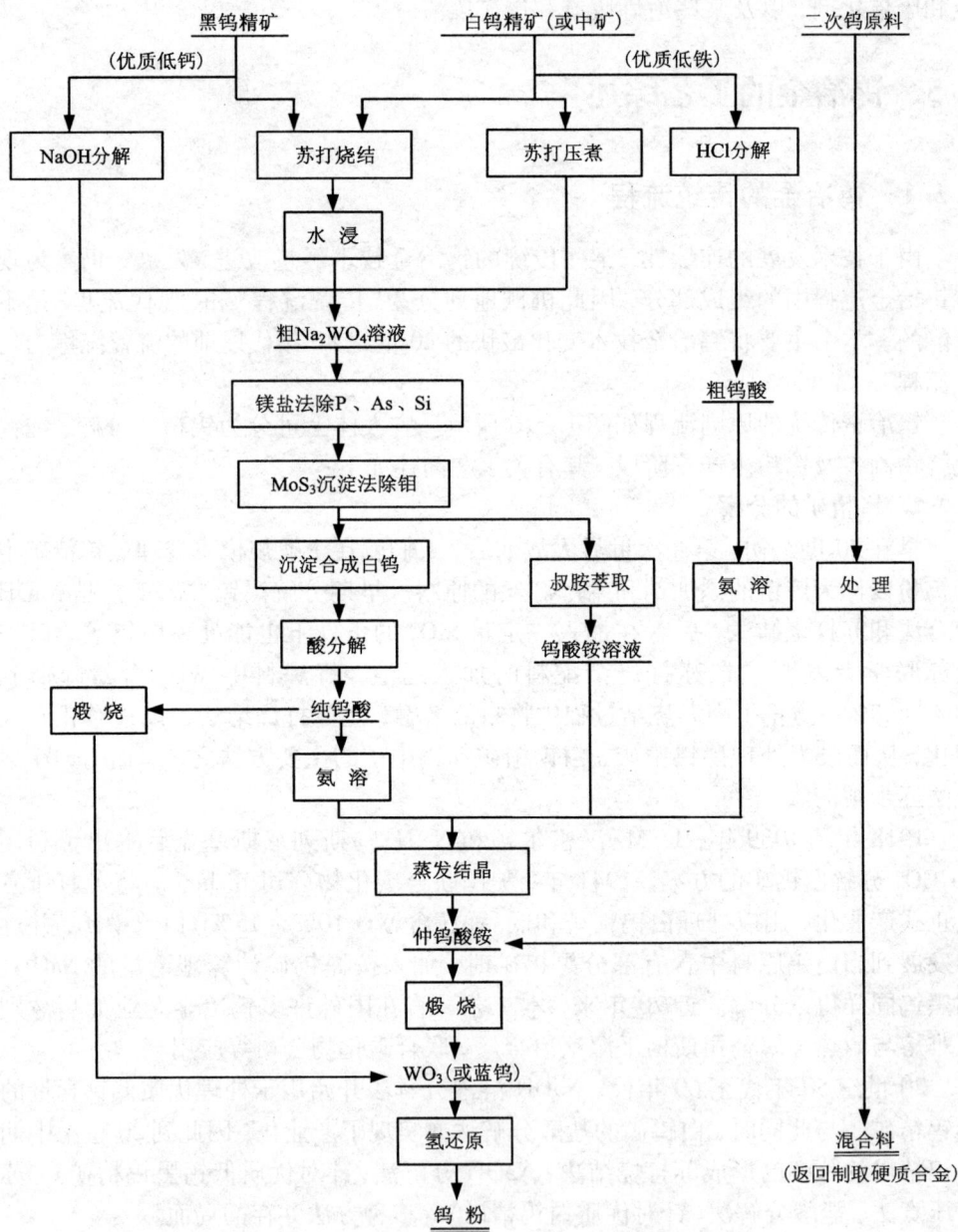

图 1-16　传统的钨冶金原则流程图

沉淀得人造白钨，进而酸分解得到钨酸。所得的纯钨酸往往直接煅烧成 WO_3，作为氢还原生产钨粉的原料，在 20 世纪 60 年代至 70 年代改为氨溶、蒸发结晶后得 APT，APT 再煅烧成 WO_3 作为氢还原的原料。由于蒸发结晶过程中大部分杂质留在母液中，因而产出的 WO_3（或蓝钨）相对于钨酸直接煅烧而言，纯度大大提高，同时其物理形态亦易于控制。

与此同时，到 20 世纪 60 年代，净化除磷、砷、硅和除钼后的纯 Na_2WO_4 溶液用萃取法转型成 $(NH_4)_2WO_4$ 的工艺亦实现产业化，从而取代了化工原材料消耗多、三废排放量大的经典化学法转型工艺，即沉淀合成白钨—合成白钨酸分解—氨溶工艺，得到广泛的应用。

至于白钨精矿盐酸分解所得的粗钨酸，则主要是直接氨溶后再蒸发结晶制取 APT，在蒸发结晶过程中除去部分杂质。

3. 钨粉生产

钨粉生产都是用氢还原法，早期为黄钨氢还原法，20 世纪 70 年代前后发展为蓝钨氢还原法。

传统流程的缺点主要是：流程冗长，WO_3 回收率低（一般处理精矿时总回收率不到 94%），化学试剂消耗量大，三废排放量大，成本高。

1.5.2　钨冶金的现代工艺

基于 1.1 节所述的一系列钨冶金技术的进步，使钨冶金工艺得到全面革新，如图 1-17 所示。

从图 1-17 可知，当前工业上分解钨矿物原料的方法主要是 NaOH 分解法和苏打压煮法。某些工厂亦采用 $NaOH - Na_3PO_4$ 分解法，个别工厂采用 NaF 分解法。除 NaF 分解法只限于处理白钨精矿外，原料分解过程的特点是突破了传统流程对矿物原料成分的限制，能处理各种类型的钨矿物原料。

上述各种分解方法所得的钨中间产品都是粗钨酸钠溶液，其成分的共同点是含主元素化合物 Na_2WO_4，以及杂质 P、As、Si、Sn 等杂质。不同处仅是由于分解方法的不同而含残余分解试剂不同，如 NaOH 分解法产出的粗 Na_2WO_4 溶液中含较多的 OH^-，苏打压煮法产出的粗 Na_2WO_4 溶液中含较多的 CO_3^{2-}，$NaOH - Na_3PO_4$ 分解法则含较多的 PO_4^{3-}，对这些溶液的净化除杂和转型过程应具有某些共同的规律性。当前工业生产中对 NaOH 分解母液而言，主要是采用强碱性阴离子交换工艺和镁盐净化—叔胺萃取转型或弱碱性阴离子交换转型工艺。苏打压煮母液主要是采用镁盐净化—叔胺萃取转型或弱碱性阴离子交换转型工艺，至于季铵盐净化除杂并转型工艺，目前正在产业化过程中。

相对于传统工艺而言，现代工艺的特点是：对原料在品位、黑白钨比例、杂质特别是钼含量等方面的适应能力大幅度提高，流程短，回收率高。当前处理品

```
黑白钨混合中矿        白钨精矿          黑钨精矿            二次钨原料

NaOH-磷酸盐分解    苏打压煮        NaOH分解

              粗Na₂WO₄溶液

镁盐法                    稀释
除P、As、Si
                  强碱性阴离子         季铵盐萃取        处理
  除钼             交换法除P、        除P、As、Si
                  As、Si并转型       并转型
纯钨酸钠溶液

叔胺萃取转型      弱碱性阴离子              除钼
                 交换法转型

              纯(NH₄)₂WO₄溶液

                蒸发结晶

                  APT

                制取紫钨

                氢还原                      混合料

                钨 粉                  (返回制硬质合金)
```

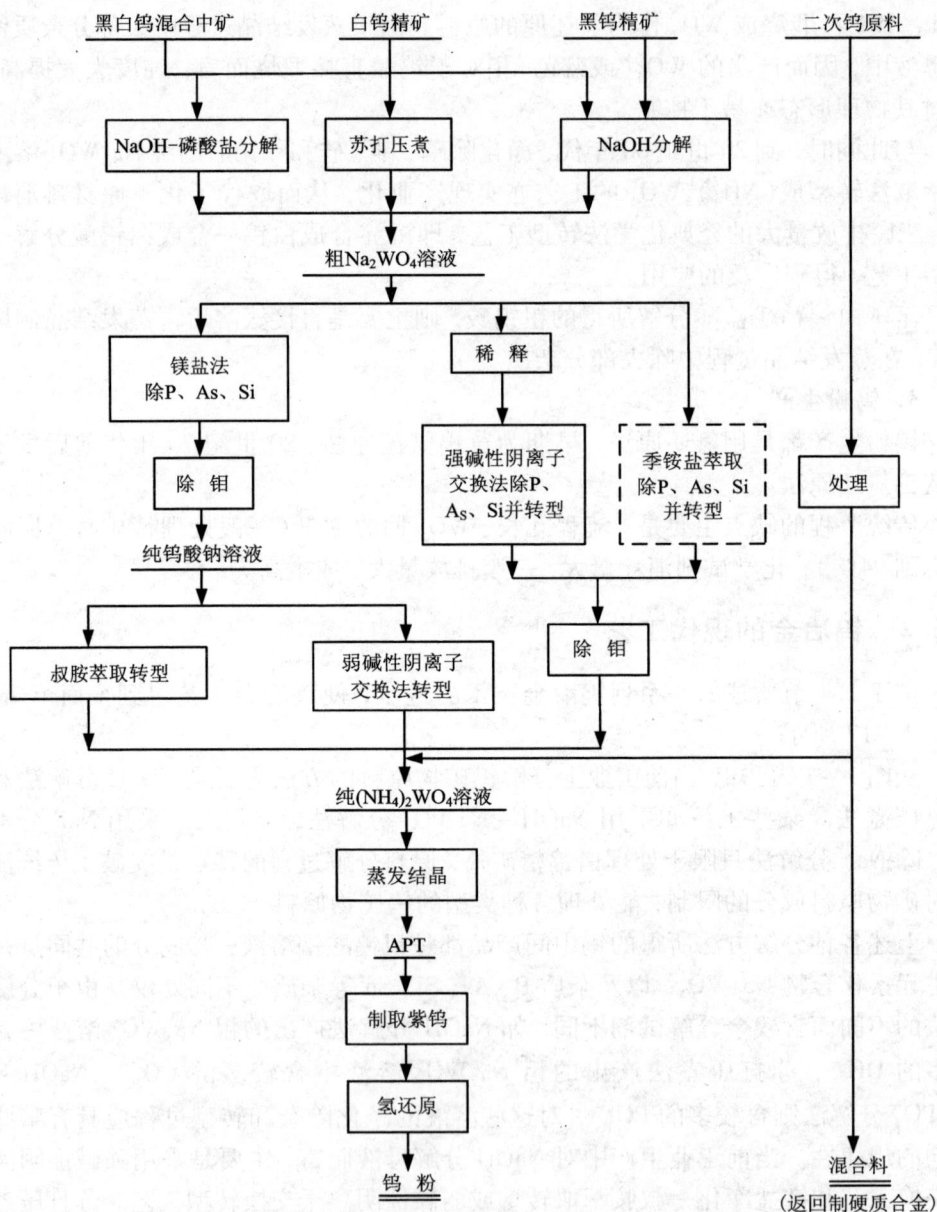

图 1-17　由钨矿物原料生产钨粉的现代工艺流程

（图中用虚线表示的为正在产业化过程中工艺）

位为 50% ~60% 的黑白钨混合矿时，由矿至 APT 的回收率可达 96% ~97%。特别是由于对原料适应能力的提高，相应地对选矿过程的要求降低，大幅度提高了选矿过程中的回收率，因而选矿－冶金的总回收率更是大幅度提高；产品的质量提高，一般来说产出 APT 中主要杂质的含量比 20 世纪 80 年代都要降低一个数量级左右，同时产品的物理形态亦能按用户要求妥善控制；三废排放量大幅度减少，但在三废治理等方面仍有待进一步努力。

本书将主要介绍现代钨冶金流程中主要方法的原理及工艺。对仍有一定适用价值的传统工艺亦进行简单介绍。

参 考 文 献

[1]《有色金属提取冶金手册》编辑委员会. 有色金属提取冶金手册. 稀有高熔点金属（上）[M]. 北京：冶金工业出版社，1999：第1篇.

[2] Anna W, Anders N, Ingemar O. Oxidation of tungsten and tungsten carbide in dry and humid atmospheres[J]. Int. J. of Refractory Metals & Hard Materials, 1996, 14: 345 – 353.

[3] Erik L, Wolf D S. Tungsten[M]. New York：Kluwer Academic/Plenum Publishers, 1999: 1 – 56, 133 – 176.

[4]《稀有金属材料加工手册》编写组. 稀有金属材料加工手册[M]. 北京：冶金工业出版社，1984：195 – 197.

[5] 张启修，赵秦生. 钨钼冶金[M]. 北京：冶金工业出版社，2005：第1章.

[6] Алкацева В М. Электропроводность щелочныхраствopoв вольфрамата и молибдата натрия[J]. Изв. Вузов. Цв. металлург, 2005(4): 28 – 31.

[7] Alant A A, Anufrieva G I. Electrical conductivity of ammonium hydroxide aqueous solutions containing tungsten and molybdenum ions[J]. Hydrometallurgy, 1996 (42): 435 – 439.

[8] 杨安享. 铵钠复盐氢还原制取钨粉过程中的粒度控制及其性能研究[D]. 长沙：中南大学，2008, 12.

[9] 刘士军. 几种钨同多酸盐及钨同多酸离子的热力学性质研究[D]. 长沙：中南大学，1999, 3.

[10] 张文朴. 钨钼基础工业化学(1 ~10)[J]. 中国钨业，1996 (6): 20 – 30; 1996 (7): 17 – 26; 1996 (10): 20 – 28; 1996 (11): 14 – 21; 1997 (2): 19 – 23; 1997 (3): 17 – 28; 1997 (6): 22 – 31.

[11] 彭少方. 钨冶金学[M]. 北京：冶金工业出版社，1981：第2章.

[12] 蒋安仁，蒋伟中，庞震. 仲钨酸 B 的形成及其在钨钼分离中的应用[J]. 高等学校化学学报，1990(8): 793 – 796.

[13] John W, Van Put. Crystallisation and processing of ammonium paratungstate(APT)[J]. Int. J of Refractory Metals & Hard Materials, 1995 (13): 61 – 76.

[14] 刘士军，陈启元，张平民. 单斜仲钨酸铵热分解的热化学测定[J]. 物理化学学报，2000

(16): 1046 – 1050.

[15] 刘士军, 陈启元, 张平民. 三斜仲钨酸铵热分解的热力学研究[J]. 湘潭大学自然科学学报, 2001(23): 37 – 41.

[16] Зеликман А Н. Металлургия тугоплавких редких металлов [M]. Москва: Металлургиздат, 1986, CTP: 10 – 20.

[17] John W van Put, Willem P C Duyvesteyn, Floris G J Luger. Dissolution of ammonium paratungstate tetrahydrate in aqueous ammonia before and after low temperature calcination[J]. Hydrometallurgy, 1991(26): 1 – 18.

[18] 万林生, 肖学有, 石忠宁. $NH_3 \cdot H_2O - H_2O$ 系仲钨酸铵溶解度研究[J]. 中国钨业, 2001, 16 (3): 18 – 21.

[19] 万林生, 石忠宁, 肖学有, 等. $NH_4Cl - NH_3 \cdot H_2O - H_2O$ 系仲钨酸铵溶解度研究[J]. 中国钨业, 2002, 17 (1): 35 – 37.

[20] Шапиро К Л, Юркевич Ю И, Кулакова В. Растворимость в системе паравольфрамат аммония – хлористый аммоний – вода при 25℃[J]. ЖНХ, 1965, 10(2): 555 – 559.

[21] Лупейко Т Г, Ивлева Т И, Савина Т А, Физико – химическое исследование вольфрамат – силикатных систем кальция и натрия[J]. ЖНХ, 1982, 27(11): 2921 – 2925.

[22] De Medeiros F F P, Da Silva A G P, De Souza C P, Gomes U U. Carburization of ammonium paratungstate by methane: the influence of reaction parameters [J]. International Journal of Refractory Metals and Hard Materials, 2009 (27): 43 – 47.

[23] Nasr E Fouad, Ahmed K H Nohman, Mohamed A Mohamed, et al. Characterization of ammonium tungsten bronze $[(NH_4)_{0.33}WO_3]$ in the thermal decomposition course of ammonium paratungstate[J]. Journal of Analytical and Applied Pyrolysis, 2000 (56): 23 – 31.

[24] Bartha L, Kiss A B. Chemistry of tungsten oxide bronzes[J]. Int. J. of Refractory Metals & Hard Materials, 1995 (13): 77 – 91.

[25] Dickens P G, Neild D J. Thermochemistry of ammonium tungsten bronze, $(NH_4)_{0.25}WO_3$[J]. Journal of Solid State Chemistry, 1973 (7): 474 – 476.

[26] Зеликман А Н, Никитина Л С. Вольфрам [M]. Металлургиздат: Москва, 1978, глава 4.

[27] 李洪桂. 钨及其伴生元素氧化物氯化过程的热力学探讨[J]. 中南矿冶学院学报, 1982 (增刊): 131 – 137.

[28] Charles G Groat. Mineral commodity summaries 2002—2009. U. S. Department of the Interior, U. S. Geological Survey[M]. Washington: United States Government Printing Office.

[29] 黄小娥. 我国钨矿找矿的新发现及其启示[J], 中国钨业, 2009, 24(5): 33 – 37.

第 2 章　钨矿物原料的分解及二次资源回收

2.1　氢氧化钠分解法及氢氧化钠－磷酸盐分解法

　　氢氧化钠分解法的实质是将钨矿物原料(含黑钨精矿、白钨精矿、黑白钨混合的难选中矿)磨细至小于 43 μm 后，再在一定温度下与 NaOH 溶液作用。此时黑钨矿((Fe、Mn)WO_4)和白钨矿($CaWO_4$)中的 WO_3 均转化成 Na_2WO_4 进入水溶液，而铁、锰、钙等均以难溶的 FeO、Ca(OH)$_2$、Mn(OH)$_2$ 等形态进入渣相与钨分离。

　　氢氧化钠分解法为工业上钨矿物原料分解中应用最早的方法之一。据报道，早在 20 世纪 60 年代前后，美国西尔韦尼亚化学冶金公司、李钨公司，日本的东京钨公司、日本钨公司等当时著名的钨冶金厂就用氢氧化钠分解法处理黑钨精矿。我国在 20 世纪 80 年代初就用氢氧化钠分解法取代苏打烧结法处理黑钨精矿。至 90 年代，由于我国钨冶金工作者的努力，在理论研究取得突破的基础上，氢氧化钠分解法在工艺上取得根本性的进展，它由过去只能处理单一的标准黑钨精矿发展到能处理包括黑钨精矿、白钨精矿、黑白钨混合的难选中矿在内的各种钨矿物原料，成为钨矿物原料处理应用最广的通用工艺。当前国内除部分厂家外，几乎全部采用 NaOH 分解法。美国最大的钨冶金厂——全球钨及粉末公司等多个工厂都采用 NaOH 分解法，因此可以说全世界一半以上的钨矿物原料都是采用本方法进行分解。另外，近年来俄罗斯某些学者鉴于他们用苏打压煮黑钨精矿时能耗高及对某些复杂原料适应能力不理想等不足，亦在研究用 NaOH 分解黑钨精矿。

　　此外，鉴于 NaOH 分解白钨矿时产生 Ca(OH)$_2$，后者在分解后的卸料、稀释、过滤等一系列操作过程中将与溶液中的 Na_2WO_4 反应，生成二次白钨损失，近十年来我国冶金工作者开发了用氢氧化钠－磷酸盐联合分解法，将 NaOH 和磷酸盐共同与白钨矿反应使之生成较稳定的 Ca$_5$(PO$_4$)$_3$OH，从而防止了二次白钨的生成，在生产实践中取得较好的效果。

　　本节全面介绍这两种方法的理论基础和工艺。

2.1.1 氢氧化钠分解的理论基础

1. 热力学基础

（1）$Na_2WO_4 - NaOH - H_2O$ 系的平衡

不论是白钨矿或黑钨矿，其 NaOH 分解所得水相中，主要组分为 Na_2WO_4、NaOH 和水，因此了解该三元系的平衡情况有较大意义。

1）$Na_2WO_4 - H_2O$ 二元系

M·A·乌鲁索娃[2] 在测定了 100 ~400℃下 Na_2WO_4 在水中的溶解度的基础上，结合前人的数据绘出了 $Na_2WO_4 - H_2O$ 二元系的平衡图，如图 2 - 1 所示。

从图可看出，随着温度的升高，Na_2WO_4 在水中的溶解度呈现比较复杂的变化。从常温至 100℃ 左右，随着温度的升高，溶解度升高，100℃ 左右时达到最高点，以后发生下降的趋势，最后继续随着温度的升高而升高。同时可看出在不同温度下，平衡的 Na_2WO_4 的形态不同。在温度高于 100℃ 时，为 Na_2WO_4，在 100℃ 时发生 Na_2WO_4 与 $Na_2WO_4 \cdot 2H_2O$ 的平衡

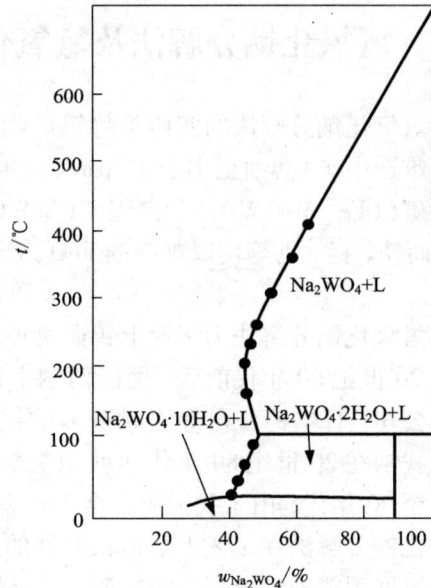

图 2 - 1　二元系 $Na_2WO_4 - H_2O$ 平衡图

反应；20 ~ 100℃ 时，稳定存在的为 $Na_2WO_4 \cdot 2H_2O$；小于 20℃ 左右时，则为 $Na_2WO_4 \cdot 10H_2O$。

2）$Na_2WO_4 - NaOH - H_2O$ 三元系

编者及其同事[3] 全面研究了 $Na_2WO_4 - NaOH - H_2O$ 三元系的平衡情况，测定了 Na_2WO_4 在 NaOH 溶液中的溶解度，并用 XRD 和 DTA 等手段查明了不同条件下 Na_2WO_4 的形态，得出以下规律性。

①根据测定的三元系溶解度图（图 2 - 2），Na_2WO_4 在 $NaOH - H_2O$ 中的溶解度随温度而变化的规律性与上述在纯水中的规律性相似，即首先随着温度的升高溶解度增加，达到最高点后则下降，但到一定程度后又进一步升高。

②对最高点（以 NaOH 6 $mol \cdot L^{-1}$ 时的 C 点为代表）两边的平衡钨酸钠晶体进行 XRD 分析及 DTA 分析的结果表明，低于最高点温度时，平衡的为 $Na_2WO_4 \cdot 2H_2O$，高于最高点温度时，平衡的为不含结晶水的 Na_2WO_4。故在最高点的温度下存在 $Na_2WO_4 \cdot 2H_2O$ 和 Na_2WO_4 的平衡反应：

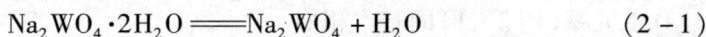

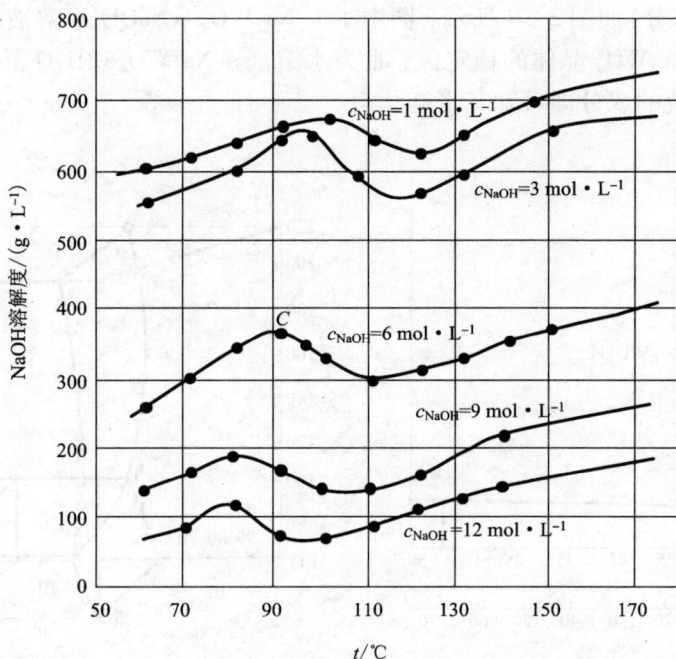

$$Na_2WO_4 \cdot 2H_2O \Longrightarrow Na_2WO_4 + H_2O \qquad (2-1)$$

图 2 - 2　Na_2WO_4 溶解度、温度与 c_{NaOH} 的关系

图中 $Na_2WO_4 \cdot 2H_2O$ 的脱水温度随着溶液中 NaOH 浓度的升高而降低，这种情况可解释如下：随着溶液中 NaOH 浓度的升高，溶液中水的平衡蒸气压降低或者说其活度降低，相应地有利于 $Na_2WO_4 \cdot 2H_2O$ 脱水反应的进行。

③Na_2WO_4 的溶解度随 NaOH 浓度的升高而降低，例如在 150℃时，当 NaOH 浓度由 1 $mol \cdot L^{-1}$ 升至 9 $mol \cdot L^{-1}$ 时，Na_2WO_4 的溶解度由 708 $g \cdot L^{-1}$ 降至 229 $g \cdot L^{-1}$。因此在实际钨精矿 NaOH 分解过程中，当碱用量较大、而液固比较小以至于系统中碱浓度很大时，产生的 Na_2WO_4 将过饱和，部分 Na_2WO_4 将以固态析出，这些将在一定程度上对钨矿物原料 NaOH 分解过程的热力学和动力学条件带来影响，同时这种情况对工艺过程也将带来一定影响。

根据图 2 - 2 的数据及 $Na_2WO_4 - NaOH - H_2O$ 系中的密度与成分的关系(见2.1.1 第 3 节)，可换算出在当 NaOH 浓度用质量分数表示时，一定 NaOH 浓度下 Na_2WO_4 的溶解度与温度的关系，进而根据上述 $Na_2WO_4 \cdot 2H_2O$ 和 Na_2WO_4 的相转变关系，可得一定 NaOH 浓度下，假二元系 $Na_2WO_4 - H_2O$ 的平衡图，其中 NaOH 浓度为 25％时的平衡图如图 2 - 3 所示。从图可知，假二元系的结构与 NaOH -

H_2O 二元系(图2-1)的基本相似。

将上述多个假二元系组合,得 Na_2WO_4 – NaOH – H_2O 三元系平衡图(NaOH 为 0~33%部分)如图2-4所示,图中 I 为 Na_2WO_4 – NaOH 水溶液的稳定区,II 为水溶液 + Na_2WO_4 晶体的稳定区,III 为水溶液 + $Na_2WO_4 \cdot 2H_2O$ 晶体的稳定区,因此给定系统的成分即可知其平衡状态。

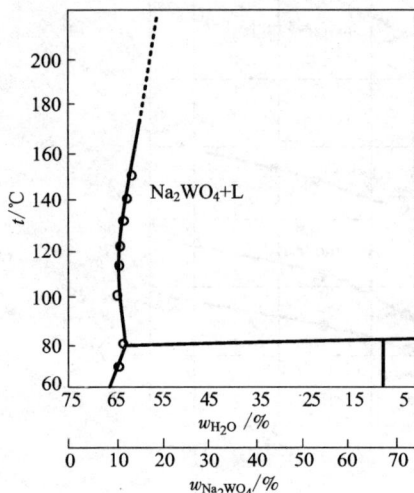

图 2 – 3 $\mathbf{Na_2WO_4 - H_2O}$
假二元系的平衡图
(w_{NaOH} 为 25%)

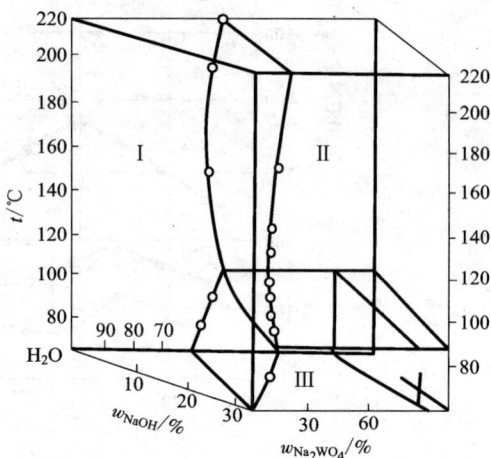

图 2 – 4 $\mathbf{Na_2WO_4 - NaOH - H_2O}$
三元系溶解度图
(其中 NaOH 为 0 的断面根据文献[2])

(2)钨矿物碱分解反应的热力学分析

1)黑钨矿

关于黑钨矿 NaOH 分解反应的热力学问题在有关专著[1]及文献[4]中已有详细的介绍,本书不重复,这里仅简单归纳其中某些结论。

①黑钨矿 NaOH 分解的反应。具体说来,即分解后铁化合物和锰化合物的形态,文献[4]经过热力学分析指出,对铁化合物而言,在没有氧化剂存在的条件,温度高于102℃时稳定的为 FeO,低于102℃时稳定的为 $Fe(OH)_2$;对锰化合物而言,在没有氧化剂存在的条件下,在黑钨矿碱分解的温度范围内稳定的均为 $Mn(OH)_2$。因此在没有氧化剂存在的条件下,黑钨矿碱分解的反应为:

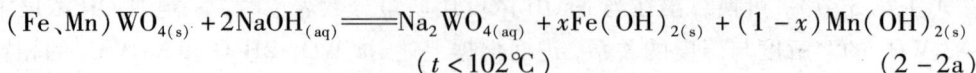

$$(Fe、Mn)WO_{4(s)} + 2NaOH_{(aq)} = Na_2WO_{4(aq)} + xFe(OH)_{2(s)} + (1-x)Mn(OH)_{2(s)}$$
$$(t < 102℃) \tag{2-2a}$$

$$(Fe、Mn)WO_{4(s)} + 2NaOH_{(aq)} = Na_2WO_{4(aq)} + xFeO_{(s)} + (1-x)Mn(OH)_{2(s)} + xH_2O$$
$$(t > 102℃) \tag{2-2b}$$

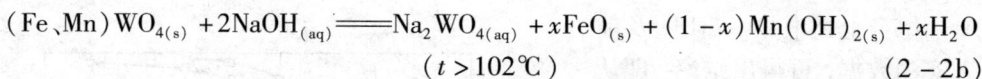

（设黑钨矿分子中铁的摩尔数为 x）

②黑钨矿 NaOH 分解的热力学条件。为研究黑钨矿 NaOH 分解的条件，K. Osseo Asare[5] 绘制了 25℃ 时 W - Fe - H_2O 系和 W - Mn - H_2O 系的电势 - pH 图，分别如图 2 - 5 和图 2 - 6 所示。分析上述图可得如下结论。

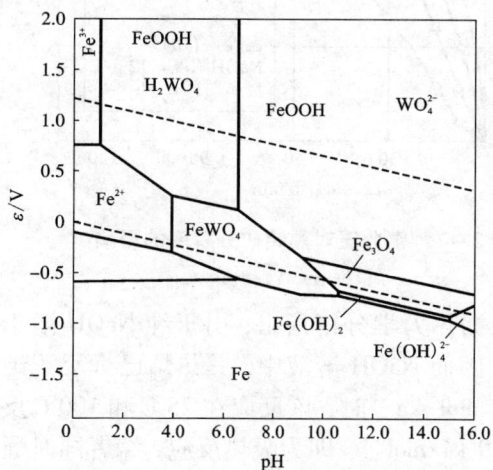

图 2 - 5　W - Fe - H₂O 系的电势 - pH 图
$(25℃，a_w = a_{Fe} = 10^{-3})$

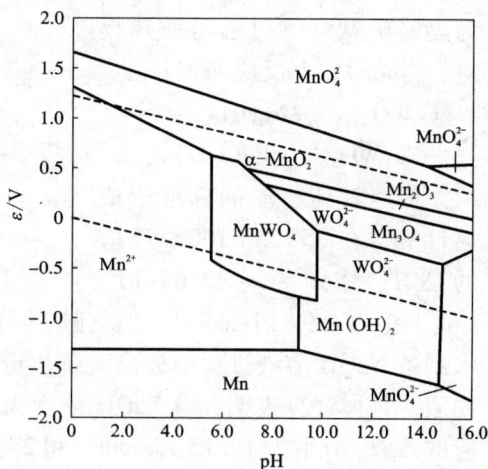

图 2 - 6　W - Mn - H₂O 系的电势 - pH 图
$(25℃，a_w = a_{Mn} = 10^{-3})$

（a）即使在弱碱性的条件下，$FeWO_4$、$MnWO_4$ 都不稳定，例如在 pH 为 8 ~ 10、氧化还原电势 $\varphi = 0 \sim 0.5$ V 的条件下，它们都将转化为 $Fe(OH)_2$（或 $Mn(OH)_2$）和 WO_4^{2-}。

（b）随着氧化还原电势的提高，铁和锰将氧化为高价氧化物，$FeWO_4$、$MnWO_4$ 在更低的 pH 下就能被分解，因此氧化剂的存在对分解过程有利。

这一结论得到国外学者的实验及我国生产实践的证实。A·M·阿默[6] 在研究希腊黑钨精矿（含 WO_3 55.82%）的 NaOH 分解时，发现分解率随系统中氧分压的升高而增加，如图 2 - 7 所示。俄罗斯学者 A·C·梅德维杰夫[7] 的研究也指出，在 NaOH 分解黑钨精矿时加入矿重 10% 的 $KMnO_4$ 能使分解率大幅度提高。我国的生产实践也证明：加入 $NaNO_3$ 有利于提高分解率。

此外，早期（1960 年）前苏联学者曾测定钨锰矿与 NaOH 反应的表观平衡常数 K_c，得出在 90、120、150℃ 时分别为 0.686、2.233、2.27，但由于试验方法的原因，这些数据可能偏低。

综合上述电势 – pH 图及前人实测数据，可得出结论：即从热力学上分析，黑钨矿的氢氧化钠分解过程较容易进行。

③黑钨矿与 NaOH 水溶液反应的热效应。许多文献根据纯物质的标准生成焓计算，认为黑钨矿碱分解过程为放热反应，例如对以下反应而言：

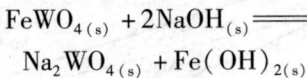

$$FeWO_{4(s)} + 2NaOH_{(s)} = Na_2WO_{4(s)} + Fe(OH)_{2(s)}$$

根据其纯物质的标准生成焓计算，在 25℃ 和 100℃ 反应的 $\Delta_r H_m^{\ominus}$ 分别为 – 72.65 kJ·

图 2 – 7 氧分压对黑钨矿分解率的影响
（根据 A·M·阿默）

mol^{-1} 和 –74.97 kJ·mol^{-1}。但文献[4]根据热力学分析指出，由于纯 NaOH 溶于水制备 NaOH 溶液过程中放出大量热量，因而 NaOH 溶液中，其热焓已远小于纯物质。具体计算表明，当 NaOH 浓度为 1 mol·kg^{-1} 时，该反应在 25℃ 和 100℃ 反应的 $\Delta_r H_m^{\ominus}$ 分别为 10.15 kJ·mol^{-1} 和 27.59 kJ·mol^{-1}，即为吸热反应，编者同时通过试验证明了这一点。其具体的热效应数值则与 NaOH 的浓度有关。

2）白钨矿

白钨矿被 NaOH 分解的反应为：

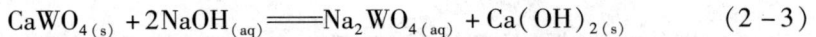

$$CaWO_{4(s)} + 2NaOH_{(aq)} = Na_2WO_{4(aq)} + Ca(OH)_{2(s)} \tag{2－3}$$

根据热力学计算，上述反应在 25℃ 和 90℃ 时的平衡常数 K 分别为 2.5×10^{-4} 和 0.7×10^{-4}，孙培梅等[8]通过试验得到不同温度下，上述反应的平衡常数如表 2 –1 所示。

表 2 –1 反应（2 –3）的平衡常数 K 的实测值

温度/℃	70	90	130	150
$K/(mol^{-1} \cdot L)$	1.0×10^{-3}	1.8×10^{-3}	6.0×10^{-3}	10.5×10^{-3}

20 世纪 90 年代末以前，国内外许多学者根据上述平衡常数值很小，同时根据在当时 NaOH 分解黑钨精矿的技术条件下，白钨矿的确未能被分解的事实，因此断定用 NaOH 分解白钨精矿在工业上是不可能实现的。

但是热力学平衡常数只能从量的角度描述当溶液中生成物和反应物的活度系数均为 1 的情况（例如极稀溶液），在实际过程中具有现实指导意义的为反应平衡

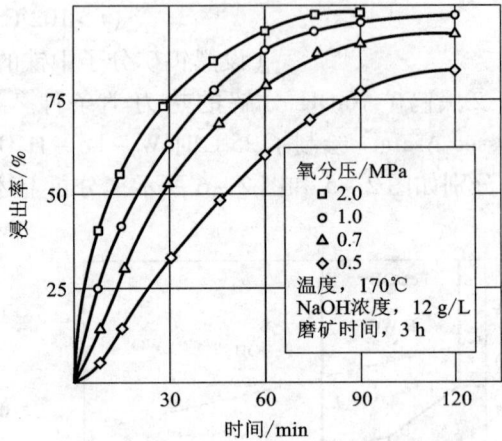

时的平衡浓度商或表观平衡常数(亦称浓度平衡常数)K_c。K_c 的定义如下:

$$K_c = c_{Na_2WO_4}/c_{NaOH}^2$$

式中:$c_{Na_2WO_4}$、c_{NaOH} 分别为反应平衡后 Na_2WO_4 和 NaOH 的摩尔浓度。

K_c 为温度和浓度的函数。前苏联学者 B·T·什柯金[9]曾报道用人造白钨与 NaOH 反应的平衡数据,指出在 25℃时,当 NaOH 浓度分别为 1.25 $mol·L^{-1}$ 和 5 $mol·L^{-1}$时,溶液中 Na_2WO_4 的平衡浓度分别为 0.204 × 10^{-2} $mol·L^{-1}$ 和 4.630 × 10^{-2} $mol·L^{-1}$。按照上述数据计算,则得到 25℃时,NaOH 浓度分别为 1.25 $mol·L^{-1}$ 和 5 $mol·L^{-1}$ 时 K_c 值分别为 0.13 × 10^{-2} $L·mol^{-1}$ 和 0.18 × 10^{-2} $L·mol^{-1}$。

孙培梅等运用从正反应和逆反应两个方向逼近平衡点的方法找到了不同条件下白钨精矿 NaOH 分解反应的平衡点及相应的 K_c 值,进而求出反应(2-3)的 K_c 与温度及 NaOH 浓度的关系,如图 2-8 所示。

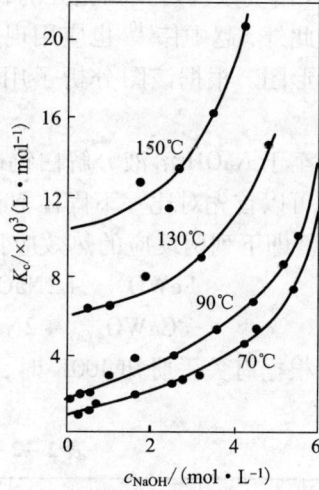

图 2-8　反应(2-3)的 K_c 与温度及 c_{NaOH} 关系曲线

由图 2-8 可知,K_c 随反应温度的升高而增大,随 NaOH 浓度的增高而增大。将 150℃不同 NaOH 浓度下的 K_c 值进行回归处理,得 150℃下 K_c 与 NaOH 浓度 c_{NaOH} 的关系可用式(2-4)表示。

$$K_c = 0.0014 c_{NaOH}^2 - 0.0027 c_{NaOH} + 0.0105 \qquad (2-4)$$

将式(2-4)向 NaOH 浓度高的方向外延,可算出 150℃下当 NaOH 浓度为 6.0 $mol·L^{-1}$时

$$K_c = 0.0014 × 36 - 0.0027 × 6.0 + 0.0105 = 0.0447 \ (L·mol^{-1})$$

相应地求出平衡时 Na_2WO_4 浓度:

$$c_{Na_2WO_4} = K_c × c_{NaOH}^2 = 0.0447 × 36 = 1.61 \ (mol·L^{-1}) \ 或 473.4 \ (g·L^{-1})$$

参照图 2-2 可知,在上述浓度下 Na_2WO_4 已经过饱和,因而系统中将同时发生白钨矿分解反应和生成的 Na_2WO_4 从溶液中结晶的反应:

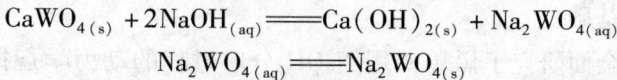

$$CaWO_{4(s)} + 2NaOH_{(aq)} =\!=\!= Ca(OH)_{2(s)} + Na_2WO_{4(aq)}$$

$$Na_2WO_{4(aq)} =\!=\!= Na_2WO_{4(s)}$$

由于 Na_2WO_4 的结晶反应不断使溶液中的 Na_2WO_4 浓度降低,从而使上述分解反应不断向右进行,理论上当 NaOH 足够过量时,反应可进行至其中 $CaWO_4$ 基本上消耗完全为止。

根据上述分析可知,用 NaOH 溶液分解白钨矿的必要条件是较高的 NaOH 浓

度和较高的温度,其中最主要的是 NaOH 浓度。NaOH 浓度的升高有双重的效益,即一方面导致 K_c 增加,Na_2WO_4 平衡浓度增加;另一方面使 Na_2WO_4 溶解度降低,使反应生成的 Na_2WO_4 过饱和析出,从而使分解反应不断进行。当然温度条件和 NaOH 浓度条件是互相相关的,在 NaOH 浓度升高时,温度可相应降低。

此外,赵中伟[10]也应用现有热力学数据,绘制了 $CaO – Na_2O – WO_3 – H_2O$ 赝三角形图。根据该图分析了用 NaOH 溶液分解白钨矿的可能性,得出了同样的结论。

至于 NaOH 溶液分解白钨矿时反应的热效应,目前未见有关的研究报道,但我们可以首先对比一下固体 NaOH 分解黑钨矿(以 $FeWO_4$ 为代表)和白钨矿的热效应,即下列两反应的热效应:

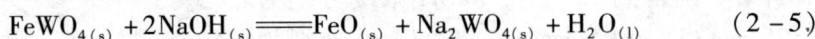

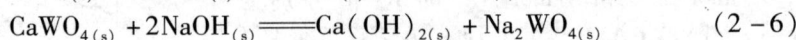

$$FeWO_{4(s)} + 2NaOH_{(s)} = FeO_{(s)} + Na_2WO_{4(s)} + H_2O_{(1)} \qquad (2-5)$$

$$CaWO_{4(s)} + 2NaOH_{(s)} = Ca(OH)_{2(s)} + Na_2WO_{4(s)} \qquad (2-6)$$

根据有关手册知 400K 时,上述反应有关物质的标准焓如表 2-2 所示。

表 2-2 某些物质的标准焓 $H_m^\ominus$(400K)

物质	$FeO_{(s)}$	$FeWO_{4(s)}$	$NaOH_{(s)}$	$Na_2WO_{4(s)}$	$CaWO_{4(s)}$	$Ca(OH)_{2(s)}$	$H_2O_{(1)}$
$H_m^\ominus$/(kJ·mol^{-1})	-266.59	-912.06	-421.14	-1528.22	-1609.08	-975.748	-277.88

根据表 2-2 的数据求得 400K 时:

对于反应(2-5)而言:

$$\Delta_r H_{m(2-5)}^\ominus = -318.35 \ kJ·mol^{-1}$$

对于反应(2-6)而言:

$$\Delta_r H_{m(2-6)}^\ominus = -52.6 \ kJ·mol^{-1}$$

即两者均为放热反应,但白钨矿与固体 NaOH 反应放出的热量比黑钨矿少,而根据上述对黑钨矿分解反应的分析知,当与 NaOH 溶液反应时,由于 NaOH 溶液的热焓远小于固态 NaOH,因而导致黑钨矿与 NaOH 溶液反应时变为吸热反应。因此完全可以肯定白钨矿与 NaOH 溶液反应时,亦为吸热反应,具体数值随 NaOH 浓度而异。

2. 动力学基础

李军等[11]全面研究了黑钨矿用 NaOH 分解过程的动力学规律性,试验在搅拌速度足够快、以至外扩散不成为反应速度的控制性步骤的条件下进行,结果发现:

(1)对反应后的矿粒用电子探针分析表明,NaOH 与黑钨反应后生成的铁锰氧化物自动脱落,未反应完的残余矿粒表面没有铁锰氧化物膜,因此固体生成物对反应的进行不带来大的阻碍。李运姣在研究白钨矿 NaOH 分解时，亦有类似的现象。

(2) 在 75 ~ 105℃ 温度范围内，浸出率与温度、矿粒粒度以及 NaOH 浓度的关系可用下式表示：

$$x = 1 - \left\{ 1 - 0.502 \frac{\tau}{D_p} c_{NaOH}^2 \exp\left[-\frac{77404}{R}\left(\frac{1}{T} - \frac{1}{363}\right) \right] \right\}^{2.20} \qquad (2-7)$$

式中：x 为浸出分数；τ 为浸出时间，min；D_p 为矿粒的起始直径，cm；c_{NaOH} 为 NaOH 的浓度，mol·L^{-1}。

从式 (2 - 7) 可知，浸出分数 x 随 NaOH 浓度平方的增加、时间的延长以及温度的升高而增加。

在浸出过程中当浸出剂 NaOH 大大过量以致 c_{NaOH} 可视为不变，同时在矿粒的起始直径一定的条件下，可将式 (2 - 7) 转化为以下形式：

$$1 - (1 - x)^{\frac{1}{2.2}} = k\tau$$

式中：$k = \dfrac{0.502}{D_p} c_{NaOH}^2 \exp\left[-\dfrac{77404}{R}\left(\dfrac{1}{T} - \dfrac{1}{363}\right) \right]$。

从式 (2 - 7) 可知，在搅拌速度足够快以至外扩散不成为控制性步骤的条件下，黑钨矿 NaOH 分解过程符合核收缩模型中化学反应过程控制的方程式，过程属于化学反应控制。反应的表观活化能为 77.4 kJ·mol^{-1}。

李军同时将上述经常规磨矿后的矿粒进行退火后，再研究其浸出动力学规律，发现未退火的浸出速率比退火后的快，同时反应的表观活化能为 95.8 kJ·mol^{-1}，比未退火的增加 18.4 kJ·mol^{-1}，说明常规的磨矿过程对黑钨矿亦有机械活化作用。

与此同时，李运姣等[12] 亦研究了白钨矿用 NaOH 分解的动力学，结果表明，在搅拌速度足够快的条件下，浸出分数同样符合下列方程，即：

$$1 - (1 - x)^{\frac{1}{3}} = k\tau \qquad (2-8)$$

同时根据 k 与温度的关系，求得反应的表观活化能为 58.83 kJ·mol^{-1}，因此在上述条件下白钨矿与 NaOH 反应亦属于化学反应控制。

上述结论与 A·M·阿默[6] 的研究结果相一致。A·M·阿默在研究经振动磨磨细的黑钨精矿 NaOH 分解动力学时，发现它同样符合式 (2 - 8) 所表征的规律性，其表观活化能为 34 kJ·mol^{-1}。

应当指出，严格说来上述结论只在有关作者进行试验研究的具体条件下是正确的，但当工作条件改变（如温度、搅拌强度、浓度及矿粒的粒度、粒形等），则控制步骤也可能发生转移。

3. $Na_2WO_4 - NaOH - H_2O$ 溶液的蒸气压和密度

(1)蒸气压

编者[13]测定了 $Na_2WO_4 - NaOH - H_2O$ 系的蒸气压与温度、Na_2WO_4、NaOH 浓度的关系，得出在 NaOH 浓度为 $0 \sim 10$ mol·L^{-1}，Na_2WO_4 浓度为 $0 \sim 10$ mol·L^{-1}，温度为 $0 \sim 100℃$ 范围内，溶液的蒸气压与 Na_2WO_4、NaOH 浓度及温度的关系可用以下方程式表示：

$$\lg p = 10.5979 - 2.7978 \times 10^{-2} c_{NaOH} - 4.5586 \times c_{Na_2WO_4} - 2088.96/T \ (0 \sim 100℃)$$

$$(2-9)$$

式中：p 为蒸气压，Pa；c_{NaOH} 为 NaOH 浓度，mol·L^{-1}；$c_{Na_2WO_4}$ 为 Na_2WO_4 浓度，mol·L^{-1}；T 为温度，K。

利用此方程可计算 NaOH 分解过程反应釜中的压力及其变化，遗憾的是所测的温度范围太小，实际工作中，工作温度往往在 150℃ 以上，因此只有参考的作用。

(2)密度

刘志立[14]测定了 $Na_2WO_4 - NaOH - H_2O$ 系溶液的密度与溶液成分及温度的关系，得出溶液的密度与 Na_2WO_4、NaOH 浓度及温度的关系可用下式表示：

$$\rho = 1.00 + 3.418 \times 10^{-2} c_{NaOH} + 3.143 \times 10^{-1} c_{Na_2WO_4} - 5.326 \times 10^{-4} t$$

$$(2-10)$$

式中：ρ 为密度，g·cm^{-3}；t 为温度，℃。

4. NaOH 分解过程中杂质行为及抑制杂质浸出的途径

钨矿物原料中存在辉钼矿、钼酸钙矿等钼矿物，存在着锡石、黝锡等锡矿物，与此同时还存在磷酸盐、硅酸盐、砷酸盐等脉石矿物，查明在浸出过程中这些矿物的行为，并探明抑制其浸出的途径，以保证得到纯度较高浸出液，为 NaOH 分解的重要任务，文献[15～17]中全面介绍了有关研究结果。

(1)NaOH 分解过程中钼锡矿物的行为

钨矿物原料中杂质锡主要有两种形态，即氧化物形态的锡石(SnO_2)和硫化物形态的黝锡(Cu_2FeSnS_4)，杂质钼亦有两种形态，即氧化物形态的钼酸钙矿($CaMoO_4$)和硫化物形态的辉钼矿(MoS_2)。它们在 NaOH 分解过程中浸出率各不相同，文献[15]的实验数据如表 2-3 和表 2-4 所示。

表 2 - 3　温度对钼、锡矿物浸出率的影响(浸出 2 h)/%

温度/℃	80	100	120	140	150	160	170
钼酸钙矿(NaOH 100 g·L^{-1})	26.62	—	33.82	40.62		41.18	—
黝锡(NaOH 300 g·L^{-1})	4.78	5.67	6.71	11.11	18.09	45.86	—
辉钼矿(NaOH 500 g·L^{-1})	0.21	0.27	0.34	0.43		0.58	—
锡石(NaOH 400 g·L^{-1})	—	—	0.30	0.33	—	0.34	0.42

表 2 - 4　NaOH 浓度对钼、锡矿物浸出率的影响(浸出 2 h)/%

NaOH 浓度/(g·L^{-1})	100	200	300	400	500	600
钼酸钙矿(80℃)	26.62	91.43	95.85	96.67	98.83	
黝锡(80℃)	2.84	3.29	4.78	5.06	5.48	
辉钼矿(160℃)		0.54	0.42	0.46	0.58	0.71
锡石(170℃)	0.24	0.35	0.40	0.42	0.46	

从表 2 - 3、表 2 - 4 可知,对锡矿物而言,锡石即使在 NaOH 浓度为 500 g·L^{-1}、170℃的条件下,其浸出率也仅 0.46%,而黝锡则容易被浸出,即使在 80℃、NaOH 浓度为 200 g·L^{-1} 的条件下,其浸出率也达 3.29% 左右,因此在 NaOH 分解钨精矿时,不应单纯看原料中锡的总含量,更重要的是要看其中锡的存在形态,这种规律性在工业生产中得到证实,尹树普等在 2 m^3 高压釜中,在起始 NaOH 浓度为 500 g·L^{-1} 的条件下处理两种黑钨精矿,其中 A 矿含 Sn 0.18%,Sn 的形态主要为黝锡;B 矿含 Sn 0.117%,主要为锡石。结果在 150℃ 和 179℃ 下,A 矿中 Sn 的浸出率分别为 13.6% 和 21.91%,B 矿则仅为 2.2% 和 5.6%。我们在工业条件下用热球磨碱分解法处理广西珊瑚矿的钨中矿时,即使其中总锡含量达 10% 左右,而由于其中锡以锡石形态存在,以至在温度为 150~160℃、NaOH 浓度为 400 g·L^{-1} 以上的条件下,锡基本上未被浸出,产品 APT 中锡含量能达到 GB 10116—88 APT 0 级要求。同时,当原料中黝锡形态的锡含量过高,以至于按常规流程和工艺无法处理时,可考虑将其进行氧化焙烧,使其中黝锡转化为锡石。我们曾将含 Sn 为 17.24% 的黝锡矿在 NaOH 浓度为 500 g·L^{-1}、160℃ 直接浸出,则浸出率为 97.6%,而在 750~800℃ 下焙烧,转化成锡石后,在同样的条件下,浸出率仅为 8.56%。

对钼矿物而言,其中钼酸钙矿极容易浸出,而辉钼矿则难浸出,即使在 170℃、NaOH 浓度为 500 g·L^{-1} 的条件下,其浸出率也不到 0.6%,因此当原料中以辉钼矿形态存在的钼含量较高时,NaOH 分解过程中不宜加入氧化剂。

（2）NaOH 分解过程中磷、砷、硅矿物的行为及其抑制

在钨矿物原料 NaOH 分解过程中，原料中的磷、砷、硅都在不同程度上被浸出，因此研究 NaOH 分解过程中如何抑制杂质的浸出，从而提高溶液的质量有较大的意义。

考虑到钙的磷酸盐、砷酸盐、硅酸盐以及锡酸盐溶解度都很小，因此编者对 $Ca(OH)_2$ 以及 $CaWO_4$（$CaWO_4$ 在 NaOH 分解过程中产生 $Ca(OH)_2$）在 NaOH 分解过程抑制杂质的可能性及实际效果进行了全面研究。

首先为查明其可能性，对下列反应进行了热力学分析。

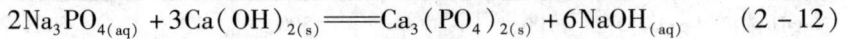

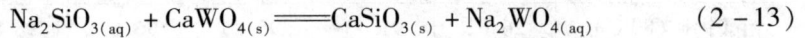

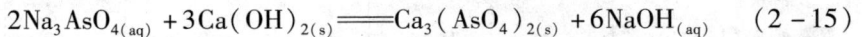

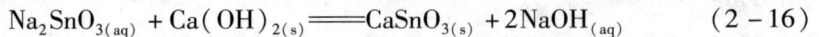

$$Na_2SiO_{3(aq)} + Ca(OH)_{2(s)} =\!=\!= CaSiO_{3(s)} + 2NaOH_{(aq)} \qquad (2-11)$$

$$2Na_3PO_{4(aq)} + 3Ca(OH)_{2(s)} =\!=\!= Ca_3(PO_4)_{2(s)} + 6NaOH_{(aq)} \qquad (2-12)$$

$$Na_2SiO_{3(aq)} + CaWO_{4(s)} =\!=\!= CaSiO_{3(s)} + Na_2WO_{4(aq)} \qquad (2-13)$$

$$2Na_3PO_{4(aq)} + 3CaWO_{4(s)} =\!=\!= Ca_3(PO_4)_{2(s)} + 3Na_2WO_{4(aq)} \qquad (2-14)$$

$$2Na_3AsO_{4(aq)} + 3Ca(OH)_{2(s)} =\!=\!= Ca_3(AsO_4)_{2(s)} + 6NaOH_{(aq)} \qquad (2-15)$$

$$Na_2SnO_{3(aq)} + Ca(OH)_{2(s)} =\!=\!= CaSnO_{3(s)} + 2NaOH_{(aq)} \qquad (2-16)$$

热力学分析表明：在 100℃、150℃、200℃的平衡常数 $K_{(2-11)}$、$K_{(2-12)}$、$K_{(2-13)}$、$K_{(2-14)}$ 如表 2-5 所示，从表 2-5 可知，对 Na_2SiO_3 和 Na_3PO_4 而言，反应 (2-11)~(2-14) 很容易进行，因而 Si、P 将成难溶的钙盐进入渣相，根据 K 值可求出，在反应达到平衡后，当溶液中 NaOH 活度为 1 时，Na_2SiO_3 和 Na_3PO_4 的活度可分别降至 10^{-10} 左右和 10^{-8} 左右。

表 2-5 反应(2-11)~(2-14)的平衡常数 K 值

温度/℃	100	150	200
$K_{(2-11)}$	1.7×10^{11}	1.4×10^{10}	2.1×10^9
$K_{(2-12)}$	9.34×10^{16}	4.1×10^{17}	1.93×10^{18}
$K_{(2-13)}$	2.05×10^8	4.4×10^6	1.79×10^5
$K_{(2-14)}$	1.52×10^8	1.17×10^7	1.10×10^6

至于 AsO_4^{3-} 和 SnO_3^{2-}，由于缺乏必要的热力学数据，不能进行有关计算，但考虑到 AsO_4^{3-} 和 PO_4^{3-} 性质上的相似性，SnO_3^{2-} 和 SiO_3^{2-} 性质上的相似，可预计它们将有类似的行为。

在上述热力学分析的基础上，进而将 $Ca(OH)_2$ 分别与单一的 Na_3PO_4 溶液、Na_3AsO_4 溶液、Na_3SiO_4 溶液和 Na_3SnO_3 溶液在 160℃下作用，证实了上述结论的正确性。同时用 XRD 对生成物的形态进行了检测，具体结果综合如表 2-6 所示。

表 2 - 6 用 Ca(OH)$_2$ 抑制溶液中单个杂质的反应情况

原料成分/(g·L^{-1})	Na$_3$PO$_4$ 溶液 含 P 20	Na$_3$AsO$_4$ 溶液 含 As 20	Na$_2$SiO$_4$ 溶液 含 Si 20	Na$_2$SnO$_3$ 溶液 含 Sn 20
反应后溶液成分/(g·L^{-1})	P 0.247	As 0.034	Si 0.288	Sn 0.02
抑制率(沉淀率)/%	98.76	99.83	98.56	99.9
渣的物相分析	Ca$_3$(PO$_4$)$_2$ Ca$_5$(PO$_4$)$_3$(OH) Ca$_5$(PO$_4$)$_2$·4(OH)	NaCaAsO$_4$ Ca$_3$(AsO$_4$)$_2$	CaSiO$_3$	CaSnO$_3$ CaSn(OH)$_6$

从表 2 - 6 可知，Ca(OH)$_2$ 的确能使溶液中的磷、砷、硅、锡进入渣相，其具体生成物对磷而言，除 Ca$_3$(PO$_4$)$_2$ 外，还有 Ca$_5$(PO$_4$)$_3$(OH)、Ca$_5$(PO$_4$)$_2$·4(OH)；对砷而言，除 Ca$_3$(AsO$_4$)$_2$ 外，还有 NaCaAsO$_4$；对锡而言，除 CaSnO$_3$ 外，还生成 CaSn(OH)$_6$；硅则生成 CaSiO$_3$。

上述研究结果得到工艺研究的证实，用 NaOH 分解不同钙含量的钨精矿时，砷、硅的浸出率及 Na$_2$WO$_4$ 溶液的质量如表 2 - 7 所示。从表 2 - 7 可看出，随着原料中钙含量的提高，杂质 As、Si 的浸出率下降，浸出液的质量提高。

表 2 - 7 用 NaOH 分解不同钙含量钨精矿时砷、硅的浸出率及粗 Na$_2$WO$_4$ 溶液的质量[17]

NO.	原料成分/%		粗 Na$_2$WO$_4$ 溶液成分					杂质浸出率/%	
			g·L^{-1}			$m_{WO_3}/m_{杂质}$			
	WO$_3$	Ca	WO$_3$	As	Si	As	Si	As	Si
1	64.58	1.57	151.13	0.05	1.17	3022	129	22.99	19.07
2	64.33	2.57	153.89	0.02	0.51	7694	301	9.28	7.83
3	64.09	3.57	148.05	0.016	0.373	9253	397	8.91	5.67
4	63.84	4.59	146.75	0.011	0.187	13340	784	5.64	2.74

注：分解条件为 160℃、2.0 h，NaOH 用量为理论量的 2 倍。

应当指出，Ca(OH)$_2$ 除作为 NaOH 分解过程中杂质的抑制剂外，也能考虑直接用以净化粗 Na$_2$WO$_4$ 溶液除去上述杂质。编者曾将含 SiO$_2$ 20 g·L^{-1}、As 6 g·L^{-1}、P 6 g·L^{-1} 的 Na$_2$WO$_4$ 溶液先加适量 H$_2$O$_2$ 将 3 价砷氧化成更容易沉淀的 5 价砷后，再加入 Ca(OH)$_2$，在 160℃ 下保温 2 h，其中 As、P、Si 的沉淀率如表 2 - 8 所示。

表 2-8　用 $Ca(OH)_2$ 沉淀 Na_2WO_4 溶液中杂质的情况

杂质	As	P	Si
沉淀率/%	71.78	98.89	95.21

上述试验都充分证明了 $Ca(OH)_2$ 或 $CaWO_4$ 能有效地将 P、As、Si 等杂质以难溶钙盐的形态抑制在渣中，为提高溶液的质量创造条件。但是应当指出，溶液中应保持足够的 NaOH 浓度，以防止 Ca^{2+} 与 WO_4^{2-} 作用形成 $CaWO_4$ 沉淀。

5. NaOH 分解过程中影响分解率的因素分析

根据浸出过程动力学原理，各种参数如温度、搅拌速度、浸出剂浓度等对分解率都有一定影响，对这些共同的规律性，我们不准备详细介绍，主要结合钨矿物原料 NaOH 分解的具体情况，介绍主要因素的影响。

(1)原料的成分(主要指钙含量)及其形态

正如 2.1.1 第 1 节指出的，黑钨矿与 NaOH 反应的平衡常数大，反应容易进行，因而工业上处理黑钨精矿、低钙黑钨精矿以及黑钨中矿时，一般是在低碱用量(或低碱浓度)下进行，相应地其对原料中可能夹杂的 $CaWO_4$ 及某些其他钙化合物的适应能力小，或者说在工业上分解黑钨精矿的条件下，原料中钙的含量及钙的化学形态对分解率有明显影响。而工业上分解白钨精矿或白钨中矿是在高碱用量(或高碱浓度)的条件下进行，因此对 $CaWO_4$ 及其他形态的钙有一定的适应能力，但在含量过高的情况下，某些钙化合物(如 $CaCO_3$ 等)亦有一定的负作用。

1)黑钨精矿 NaOH 分解过程中，原料中钙含量及其形态对分解率的影响[18]

国内外大量实践表明，黑钨精矿中钙含量增高，则 NaOH 分解过程中分解率明显下降。柯家骏等[19]以不同钙含量的黑钨精矿在温度为 110℃、NaOH 用量为理论量 2 倍、NaOH 起始浓度 430 $g \cdot L^{-1}$ 的条件下分解 5 h，最终渣含 WO_3 量及分解率与黑钨精矿中钙含量的关系如表 2-9 所示。

表 2-9　黑钨精矿 NaOH 分解的分解率与原料中钙含量的关系

黑钨矿中 Ca 含量/%	0.32	0.72	0.84	2.59	3.56
浸出渣含 WO_3/%	3.45	13.6	14.7	17.8	18.7
分解率/%	98.4	90.2	90.0	85.5	84.6

编者在热球磨反应器中在温度为 160℃、NaOH 用量为理论量 1.5 倍的条件下，对钙含量分别为 0.85% 和 3.15% 的黑钨精矿进行分解试验，结果渣含 WO_3 分别为 0.75% 和 6.14%，也证实了上述结论。这些都说明在工业上处理黑钨精矿常用的碱

用量(理论量 1.5 ~ 2 倍)范围内, 黑钨精矿中钙含量明显地影响分解率。

为查明上述情况的原因并找出解决问题的途径, 柯家骏等[19]在 WO_3 69.8% 、Ca 0.32% 的黑钨精矿中分别加入不同的钙化合物, 在 110℃、$NaOH$ 浓度 430 $g \cdot L^{-1}$、$NaOH$ 用量为理论量 2 倍的条件下分解 5 h, 结果如表 2 - 10 所示(为便于分析问题, 表中同时列入了有关化合物的溶度积)。

从表 2 - 10 可知, 钙化合物对分解率的影响程度随其溶度积而异, 对溶度积比 $CaWO_4$ 大的如 $CaCO_3$、$CaSO_4$ 而言, 它使分解率降低; 而溶度积比 $CaWO_4$ 小的如 CaF_2、$Ca_3(PO_4)_2$ 等则不仅不使分解率降低, 反而有增加的趋势。其原因主要是钙化合物与溶液中的 Na_2WO_4 发生以下反应:

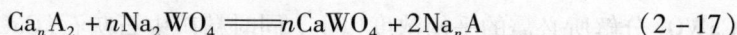

$$Ca_nA_2 + nNa_2WO_4 \longrightarrow nCaWO_4 + 2Na_nA \qquad (2-17)$$

对不同钙化合物而言, 其反应(2 - 17)的平衡常数可根据下式计算:

$$K = \frac{[A^{n-}]^2}{[WO_4^{2-}]^n} = \frac{[Ca^{2+}]^n \cdot [A^{n-}]^2}{[Ca^{2+}]^n \cdot [WO_4^{2-}]^n} = \frac{K_{sp(Ca_nA_2)}}{K_{sp(CaWO_4)}^n} \qquad (2-18)$$

按式(2 - 18)计算, 不同钙化合物发生反应(2 - 17)的平衡常数亦列入表 2 - 10 中, 从表可知, $CaCO_3$、$CaSO_4$ 等溶度积大于 $CaWO_4$ 的钙化合物将发生反应(2 - 17)使钨成为 $CaWO_4$(二次白钨)(这一情况编者亦通过试验得到证实, 向含 Na_2WO_4 400 $g \cdot L^{-1}$ 的溶液中加入 $CaCO_3$ 5 g, 在温度 95℃下搅拌 5 h, 过滤得渣中不溶 WO_3 含量达 64.14%, 且经 XRD 证明其主相为 $CaWO_4$)。而在分解黑钨精矿的条件下, $NaOH$ 用量少, 在后期其浓度已降至 200 $g \cdot L^{-1}$ 以下, 不可能将二次白钨分解, 因而导致渣含 WO_3 升高。

表 2 - 10　某些钙化合物对黑钨精矿 NaOH 分解率的影响

化合物种类	加入量(换算成黑钨精矿中 Ca 含量)/%	分解率 /%	溶度积	反应(2 - 17)的平衡常数 K
CaF_2	2.23	98.6	3.95×10^{-11}	0.018
$Ca_3(PO_4)_2$	2.22	98.9	1.2×10^{-29}	1.24×10^{-3}
$CaWO_4$	2.05	94.7	2.13×10^{-9}	—
CaO	2.23	91.6	$3.1 \times 10^{-5}(Ca(OH)_2)$	1.45×10^4
$CaCO_3$	2.17	90.1	4.8×10^{-9}	2.25
$CaSO_4 \cdot 2H_2O$	2.16	98.9	$6.1 \times 10^{-5}(CaSO_4)$	2.86×10^4
$CaSiO_3$	2.19	76.1	2.5×10^{-8}	11.7
不加入	0.32	98.4		

至于溶度积小的 CaF_2、$Ca_3(PO_4)_2$ 等则不可能使 Na_2WO_4 生成二次白钨沉淀，相反地 $Ca_3(PO_4)_2$ 还可以与 NaOH 作用产生 Na_3PO_4，反应为：

$$5Ca_3(PO_4)_2 + 3NaOH = 3Ca_5(PO_4)_3OH + Na_3PO_4$$

生成的 Na_3PO_4 可以进行反应(2-17)的逆反应，使 $CaWO_4$ 分解。

根据上述研究，柯家骏等[19]提出了处理高钙黑钨精矿的方法，即加入 Na_3PO_4，其加入量按矿中总钙量转化成 $Ca_5(PO_4)_3OH$ 的理论量的 0.7~1 倍。实践证明这一方案是有效的。

2)白钨中矿 NaOH 分解过程原料中钙含量及其形态对分解率的影响[20, 21]

在 NaOH 分解白钨精矿的过程中，由于 NaOH 用量大，其浓度始终保持在使 $CaWO_4$ 分解所必需的平衡浓度以上，同时精矿中石灰石($CaCO_3$)等有害组分含量相对较少，因此没有发现伴生的石灰石等对分解率的明显影响。但处理白钨中矿时，原料中上述有害钙化合物含量相对较大，因此往往造成明显影响。我们发现处理白钨中矿时，在相近的条件下，渣中 WO_3 含量往往随矿源而异，例如用热球磨分解法处理 4 种不同的原料时，分解结果如表 2-11 所示。

表 2-11　用热球磨 NaOH 分解法处理 4 种不同白钨中矿的分解结果

（分解条件：160℃、1.5 h）

白钨中矿成分及特点	NaOH 用量/理论量倍数	渣含 WO_3/%	分解率/%
含 WO_3 32.8%、Ca 6.16%，伴生的钙主要不是 $CaCO_3$ 形态	3.0~3.5	1.1~1.6	97~98
柿竹园难选中矿含 WO_3 27.35%、Ca 9.54%，伴生的钙主要为方解石	4.0	13.5	64.48
莲花山钨中矿含 WO_3 24.1%	3.5	0.32~1.37	96~99
上述莲花山钨中矿加 10% $CaCO_3$	3.5	18.43	<50

从表 2-11 中可明显看出，即使在 NaOH 用量足够大，以致从热力学角度看来，完全有可能将二次白钨分解的条件下，渣含 WO_3 量也明显随原料中 $CaCO_3$ 的增加而增加，其原因可能如下。在上述物料 NaOH 分解的过程中，存在多种反应，主要是：

白钨的分解反应：

$$CaWO_4 + 2NaOH = Ca(OH)_2 + Na_2WO_4 \qquad (2-19)$$

二次白钨的生成反应：

$$Na_2WO_4 + CaCO_3 = Na_2CO_3 + CaWO_4 \qquad (2-20)$$

Na_2CO_3 的生成反应：

$$2NaOH + CaCO_3 \rightleftharpoons Na_2CO_3 + Ca(OH)_2 \qquad (2-21)$$

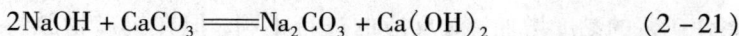

其中反应(2-19)有利于减少渣含 WO_3；反应(2-21)产生 Na_2CO_3，有利于抑制反应(2-20)的进行，相应地也有利于减少渣含 WO_3。

实际上，在整个分解过程的前期与后期，这些反应进行的速率是不同的。在前期 Na_2WO_4 浓度小，NaOH 浓度大，故对生成二次白钨不利，对消除二次白钨有利。同时由于 NaOH 浓度大，相应地平衡的 Na_2CO_3 浓度大，也有利于抑制二次白钨的生成。后期则相反，Na_2WO_4 浓度大，NaOH 浓度小，有利于二次白钨的生成，而不利于其分解，因此在处理含 $CaCO_3$ 量大的矿物原料时，在分解率已足够高、原有白钨已绝大部分被分解的情况下，过分延长时间将反而导致渣含 WO_3 提高。以含 WO_3 27.35%、Ca 9.54%(主要为 $CaCO_3$)的中矿进行试验的结果为例，当反应时间为 30 min，渣含 WO_3 6.44%。反应时间为 90 min 时，渣含 WO_3 反而增至 11.82%。

综上所述，在处理含 $CaCO_3$ 高的中矿时，为减少二次白钨可采用下列措施：

①正确控制反应时间。

②适当补加 Na_2CO_3 以抑制二次白钨的生成。某中矿含 WO_3 24.0%，$m_{黑钨}:m_{白钨}=1:1$，$CaCO_3$ 19%，直接用 NaOH 分解则分解率为 36.6%，另加矿量 7% 的 Na_2CO_3 则分解率为 56.4%。

③补加 Na_3PO_4 使 $CaCO_3$ 转化为稳定的 $Ca_5(PO_4)_3OH$。

(2)矿的粒度

根据多相化学反应原理，不论过程属于化学反应控制或是扩散控制，反应速率均与两相间接触面积成正比，因此减小矿的粒度、加大 NaOH 溶液与矿的接触面积将提高分解率。我国处理黑钨精矿时，其渣含 WO_3 由 20 世纪 80 年代的 5%~7% 甚至更高降到当前的 0.5%~1.0%，其主要原因之一就是磨矿技术的进步使分解前矿的粒度由 74 μm 左右降到当前的 43 μm 左右。

当然磨矿粒度也有一定限制，过细则导致能耗增加，同时增加过滤困难。

(3)NaOH 浓度及用量

NaOH 浓度、NaOH 用量以及液固比 3 个参数是彼此相关的，例如在 NaOH 用量一定的情况下，减小液固比将使 NaOH 浓度升高，因此我们将三者合并讨论。

在 NaOH 分解高钙黑钨精矿或白钨精矿的过程中，NaOH 的浓度对分解率的影响，不仅是动力学的问题，即 NaOH 浓度的增加，不仅加快反应速率，更重要的是对分解 $CaWO_4$ 而言，它在热力学条件方面起着关键性的作用，因此首先应保证足够的 NaOH 浓度，才能保证足够的分解率。

而 NaOH 浓度一方面决定于 NaOH 的用量，另一方面决定于液固比，在 NaOH 用量一定的条件下，液固比降低，则 NaOH 浓度提高。虽然减小液固比也将使矿浆的黏度增加，对反应的进行不利，但在钨矿物原料分解的具体情况下，减小液固比使 NaOH 浓度提高所带来的有利作用往往大于黏度增加而带来的不利作用。因此在钨矿物原料碱分解过程中总是力求在保证搅拌器能正常工作的条件下，尽可能降低液固比，减少加水量，以保证较大的 NaOH 浓度。对热球磨分解而言，液固比可降至 0.6 ~ 0.7（水矿比为 0.5 ~ 0.6）；对高压釜搅拌分解（碱压煮）而言，一般为 1.0 ~ 1.2。

（4）温度

对钨矿物原料的 NaOH 分解而言，温度升高，无论在热力学方面或动力学方面，都是有利的。从热力学上分析，黑钨矿、白钨矿与 NaOH 溶液的反应均为吸热反应（见 2.1.1 第 1 节），根据化学反应等压方程：

$$\left(\frac{\partial \ln K_p}{\partial T}\right)_p = \frac{\Delta_r H_m^\ominus}{RT^2}$$

对吸热反应而言，$\Delta_r H_m^\ominus$ 为正，故温度升高使平衡常数增大，这一点对白钨矿而言尤为重要。从动力学的角度分析，无论黑钨矿或白钨矿的 NaOH 分解过程，属化学反应控制或扩散控制，温度升高都将使化学反应速率或扩散速率迅速提高，或者说将使分解率大幅度提高。编者进行热球磨分解的试验结果证明了这一点，在处理含 WO_3 为 31.84%、黑钨白钨质量比为 3∶1 的黑白钨混合中矿时，当碱用量为理论量 3 倍，反应时间为 3 h 时，分解率与温度的关系如表 2 - 12 所示。

表 2 - 12　温度对分解率的影响

温度/℃	100	120	140	160
分解率/%	81.75	87.62	98.62	97.69

此外生产实践也表明，用 NaOH 分解标准黑钨精矿时，当温度为 105℃ 左右、碱用量为理论量 2 倍左右，则渣含 WO_3 为 3% ~ 5%；而温度升高至 160 ~ 170℃，碱用量降至理论量 1.6 倍左右，渣含 WO_3 为 0.5% ~ 1%，也充分证明了温度升高的有利作用。

（5）卸料过程的操作制度及逆反应的控制

在研究 NaOH 分解过程的分解率时，对白钨精矿及黑白钨混合矿而言，还应当注意到卸料、稀释过滤过程中逆反应可能带来的不利作用。正如 2.1.1 第 1 节所指出的，$CaWO_4$ 被 NaOH 分解的反应是可逆的，在反应釜内控制为高温、高 NaOH 浓度，因此反应向生成 Na_2WO_4 的方向进行，但是在卸料及稀释过滤过程中，由于温度及 NaOH 浓度的降低，溶液中的 Na_2WO_4 将与渣中的 $Ca(OH)_2$ 作用转化为 $CaWO_4$（二次白钨），从而使很多已进入溶液的钨重新进入渣，使渣含 WO_3

升高。例如在工业条件下，NaOH 分解含 Ca 3.32%、WO$_3$ 69.09% 的黑钨精矿，在碱用量为理论量 1.8 倍的情况下，当正确控制条件，抑制逆反应，则渣含 WO$_3$ 为 1.44%；若卸料时控制不好，则渣含 WO$_3$ 达 6% ~ 7%。为解决此问题，工业上的措施主要有：①降低 Ca(OH)$_2$ 的表面活性，如加入 PO$_4^{3-}$ 使其表面产生 Ca$_5$(PO$_4$)$_3$OH，从而使 Ca(OH)$_2$ 表面钝化。②减慢逆反应的速度，主要是使卸出的料浆迅速降温到 70 ~ 80℃ 以下，使逆反应速度降低。③缩短逆反应可能进行的时间，主要是迅速过滤、迅速洗涤，使 Na$_2$WO$_4$ 溶液与含 Ca(OH)$_2$ 的渣迅速分离。

但应当指出，在白钨精矿或黑白钨混合中矿 NaOH 分解过程中，往往由于人为地加入的添加剂（如 PO$_4^{3-}$）或矿中某些组分在反应釜内已与 Ca(OH)$_2$ 形成某种稳定化合物，因而在卸料及过滤过程中并不发生逆反应，例如碱分解广西珊瑚矿的白钨细泥（品位 40% 左右）以及处理某些低品位难选中矿时，就没有发现逆反应的不利作用。

此外俄罗斯学者 A·C·梅德维杰夫[22] 的小型试验表明，在 NaOH 分解黑钨中矿或精矿的过程中，掺入返渣能较大幅度地提高分解率。为了证实返渣的效果，进行了 3 组试验，其配料分别为：①钨中矿（含 WO$_3$ 16.8%）加浓度为 15% 的 NaOH。②在上述①配料的基础上加入矿量 20% 返渣。③在上述①配料的基础上加矿量 20% 的石英砂。

每组试验的具体作法为：将上述配料先在行星式离心磨中活化 4 min 后，再转入搅拌反应器进行分解。同时考虑到混合料在活化过程中已发生了部分分解反应，因此分别计算在活化过程和搅拌反应过程的分解率，结果如表 2 - 13 所示：

表 2 - 13 钨中矿不同条件下的分解率

配料组别	活化过程分解率/%	搅拌过程分解率/%	总分解率/%
①	34.53	53.33	87.86
②	21.14	76.33	97.47
③	23.94	53.53	77.47

从表 2 - 13 可知，掺入矿量 20% 的返渣其分解率明显提高，而掺入其他惰性物质（如石英）则无效。同时多次改变返渣的加入量都证明了返渣对提高分解率是有效的。

A·C·梅德维杰夫认为上述现象的理论基础是：对固液相的交互反应而言，其机理为固体反应物先溶解于水，再与液相的反应剂反应，以 FeWO$_4$ 与 NaOH 的反应为例：

$$FeWO_{4(s)} \Longrightarrow FeWO_{4(aq)}$$

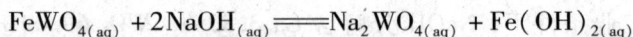

$$FeWO_{4(aq)} + 2NaOH_{(aq)} = Na_2WO_{4(aq)} + Fe(OH)_{2(aq)}$$

水溶液中的 $Fe(OH)_2$ 再通过结晶过程转化为固体 $Fe(OH)_2$，而加入返渣（即 $Fe(OH)_2$ 渣）的作用主要是作为 $Fe(OH)_2$ 结晶的晶种。因此返渣的存在强化了其结晶过程。

根据上述理论，A·C·梅德维杰夫认为对某些其他固-液反应过程都有参考价值。以上结论有待进一步通过试验的证实。

2.1.2 氢氧化钠分解的工业实践

氢氧化钠分解的工艺按其主体设备的不同分为碱压煮工艺和热球磨（亦称机械活化）碱分解工艺，它们在流程、工艺过程等方面大同小异，现综合介绍如下。

1. 原则流程

钨矿物原料氢氧化钠分解的原则流程如图2-9所示。

钨矿物原料有时先进行预处理，如在600~650℃左右进行煅烧以除去残留的浮选剂及部分杂质 As、S、P 等，或常温下用稀酸浸出以除去部分 P、As 等。这些预处理过程对改善浸出过程和过滤过程都有一定作用。但由于增加了一个工序，操作繁琐，因此一般很少采用。

钨矿物原料直接（或经预处理后）用碱压煮工艺或热球磨碱分解工艺分解，所得矿浆经稀释过滤后，滤液可直接送净化制取 APT。当处理白钨精矿或白钨中矿以至滤液中残留碱过多时，往往经过回收碱后再送净化制取 APT。现将碱压煮工艺和热球磨碱分解工艺以及 NaOH 回收介绍如下。

2. 碱压煮工艺[24]

碱压煮为当前钨冶金中应用最广的工艺，它分为磨矿、压煮、过滤等过程。

（1）磨矿

钨矿物原料首先应磨细至98%左右小于 $43~\mu m$，磨矿过程可在三筒振动球磨机或双筒振动球磨机中进行。但是前者逐步被淘汰，越来越多的企业采用双筒振动球磨机，双筒振动球磨机的结构如图2-10所示。

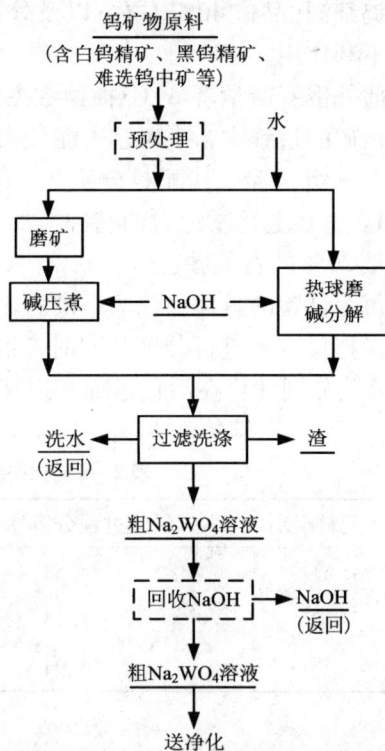

图2-9 钨矿物原料
氢氧化钠分解的原则流程图

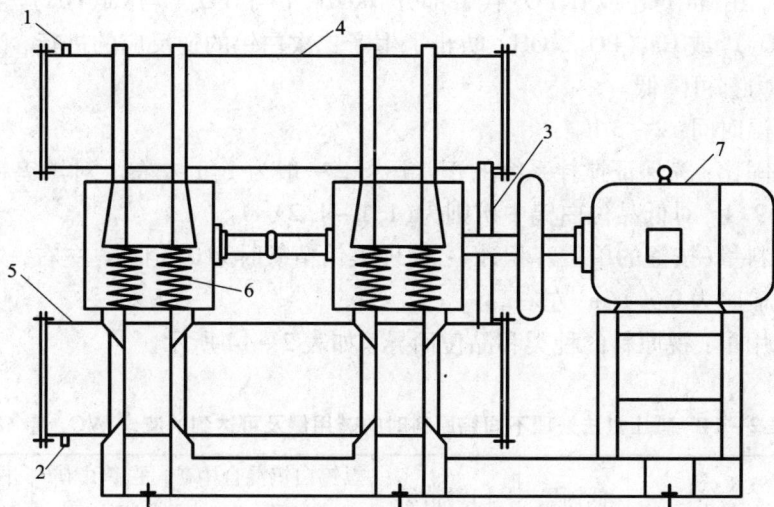

图 2 – 10　双筒振动球磨机结构示意图

1—进料口；2—出料口；3—过料管；4—筒体 1；5—筒体 2；6—弹簧；7—电极

图中 4、5 为球磨机筒体，内装钢球，筒体固定在弹簧架上，经过马达传动装置进行偏心的振动，使筒中的矿磨碎。工作时，矿和水（一般对钨矿而言，矿与水的质量比为（4 ~ 5）∶1）由进料口连续加入。经过筒体 4 后，再连续进入筒体 5，最后由排料口排出。对 800 L 的双筒振动磨而言，每小时可磨矿 800 kg 左右。

（2）碱压煮

碱压煮过程在高压釜内进行。高压釜的简单结构如图 2 – 11 所示。釜体一般由锰钢制成，设有搅拌器进行搅拌，密封良好。最高工作温度可达 200 ~ 220℃，相应地耐压为 2.5 MPa 左右。高压釜可用夹套蒸汽加热（相应地应配备高压锅炉）、高温油加热或远红外加热。目前远红外加热的应用最广。采用远红外加热时，对 10 m³ 釜而言，为保证迅速升温，加热器的功率为 300 ~ 400 kW。

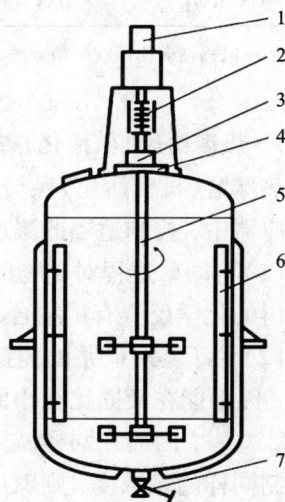

图 2 – 11　高压釜结构示意图

1—电动机及减速机；2—联轴节；
3—机械密封；4—中间轴承；
5—搅拌装置；6—挡板；7—出料口

处理钨矿物原料时，其主要参数为：

①温度：160℃ 左右。应当指出当前许多企业在碱压煮处理白钨矿或黑白钨

混合矿时，用 Na_3PO_4 或 H_3PO_4 代替部分 NaOH，由于 PO_4^{3-} 与 $Ca(OH)_2$ 生成稳定的 $Ca_3(PO_4)_2$ 或 $Ca_5(PO_4)_3OH$，防止了生产二次白钨的逆反应的进行，因此工作温度或压力都可降低。

②保温时间：2~3 h。

③液固比：为保证搅拌系统的正常运行，一般为 1:1 左右。对黑钨精矿而言可小至 0.9:1，对低品位白钨中矿则为 (1.1~1.2):1。

④加料量（按釜的单位容积计）：处理黑钨精矿时为 0.5 t/m³ 左右，处理低品位白钨中矿时为 0.4 t/m³ 左右。

⑤碱用量：视原料的种类和品位而异，如表 2-14 所示。

表 2-14　碱压煮法处理不同钨原料时的碱用量及可达到的渣含 WO_3 量/%

原　料	低钙黑钨精矿	白钨精矿（WO_3 > 60%）	黑钨白钨混合中矿（WO_3 为 50% 左右）	白钨中矿（WO_3 为 50% 左右）	白钨中矿（WO_3 为 30% 左右）
碱用量/（理论量倍数）	1.5~1.6	2.5~2.8	3.5 左右	3.5~4.0	4.0~4.5
渣含 WO_3/%	0.5~1	1.5~2.0	1.5~2.0	1.5~2.0	1.5~2.0

注：一般钨锰矿比钨铁矿难分解，因此分解钨锰矿时渣含 WO_3 偏高。

3. 热球磨（机械活化）碱分解工艺[25~27]

热球磨（机械活化）碱分解工艺实质是将钨矿物原料及 NaOH 溶液加入热球磨反应器中，控制适当的温度在磨矿的同时进行浸出，其特点是：

(1) 将磨矿过程对矿物的磨细作用、机械活化作用、对矿浆的强烈搅拌作用与浸出的化学反应有机结合，为浸出过程创造了良好的物理化学条件。

(2) 由于其对矿浆的搅拌作用是通过磨矿过程本身实现的，而不需要通过搅拌器，因而能在液固比很小的条件下工作，一般其正常工作的液固比仅为碱压煮的 1/2 左右，因而在同样碱用量的条件下，起始碱浓度可提高 1 倍左右，或者说为控制同样的碱浓度，则碱用量可大幅度降低。

因而相对于机械搅拌浸出而言，它的优点主要是：分解率高，一般其渣含 WO_3 比碱压煮低 0.5 个百分点以上；碱用量低，低品位矿的碱用量约为碱压煮工艺的 50%~60%；流程短，没有单独的磨矿工序。

热球磨碱分解过程在热球磨反应器中进行，热球磨反应器外形如图 2-12 所示。它外观类似一般磨矿用的球磨机，其筒体由锰钢制成，密封良好，能承受 0.5~1.2 MPa 的压力，筒体内壁设筋条，以改善球的运动状态，提高筒体寿命。筒体端盖上设有加料阀、排料阀和安全阀。筒体外用工频感应加热使矿浆温度达

到 150 ~ 180℃。考虑到工作温
度为热磨反应器工作的关键参
数，它不仅涉及到分解过程的效
果，而且涉及到设备的安全，因
此设有两套测温系统，以保证测
温的可靠性。筒体通过马达和传
动系统进行转动，其转速约为临
界转速的 0.9 左右。

在具体的生产过程中将钨矿
物原料及计量所需的 NaOH 和水
通过加料口加入筒体内。一般对

图 2 - 12　热球磨反应器结构示意图

容积为 0.96 m³ 的筒体而言，每次加入钨矿物原料量为 0.6 ~ 0.7 t(黑钨精矿密度
大，加 0.7 t 左右；钨细泥密度小，加 0.5 ~ 0.6 t 左右)。加料完成后，密闭，开始
转动筒体，升温进行正常分解过程，过程中控制的指标主要为：

(1)水矿比：对黑钨精矿而言为(0.4 ~ 0.5):1，对白钨精矿而言为(0.55 ~
0.6):1。

(2)温度：150 ~ 170℃。

(3)保温时间：1 ~ 2 h，具体测定表明，在保温时间为 1 h 时，渣含 WO_3 量已
达到最低值，故 1 h 以后进一步延长的时间主要是为留有余地。

当前在工业条件下处理品位分别为 50% 左右和 30% 左右的白钨中矿时，碱
用量分别为理论量的 2.5 倍左右和 2.8 ~ 3.0 倍，比碱压煮法低得多，渣含 WO_3
为 1.5% 左右。

4. 碱分解母液中过剩 NaOH 的回收

在钨矿物原料 NaOH 分解过程中，由于 NaOH 用量超过理论量，因此碱分解
母液中还有过剩的 NaOH。对处理黑钨精矿而言，过剩 NaOH 量相对较少，一般
没有回收价值，因而分解母液直接送净化处理。这些 NaOH 最终被酸中和后排
放。当处理白钨精矿或中矿时，碱分解母液中 NaOH 与 WO_3 的质量比达 0.7 ~
1.2，甚至更高，如果不回收，不仅对后续工序带来不利影响，而且最终还要消耗
H_2SO_4 将其中和后才能排放。因此不论从降低原材料单耗、降低成本或是从环境
保护、节能减排的角度来说都有必要进行回收，即应进行钨碱分离。

为进行钨碱分离，当前在工业上主要是浓缩结晶法，此外膜电解法是有一定
工业前景的方法，后者在本书第 3 章参考文献[3]中有详细介绍，这里主要介绍
浓缩结晶法的原理和工业实践。

浓缩结晶法的实质是将含 NaOH 和 Na_2WO_4 的碱分解母液进行蒸发结晶，随
着浓缩过程的进行，NaOH 和 Na_2WO_4 的浓度都成比例提高，而 NaOH 浓度的提

高又导致 Na_2WO_4 的溶解度降低，因而浓缩到一定程度后冷却，则过饱和的 Na_2WO_4 成固体结晶析出，而 NaOH 则主要保留在溶液中，实现钨碱分离。

当前钨冶金工业中碱分解母液的浓缩结晶过程都是在带搅拌的蒸发结晶锅内进行，用蒸汽间接加热。对 WO_3 与 NaOH 质量比为 1:1 左右的碱分解母液而言，当 NaOH 浓度达到 $250 \sim 300 \ g \cdot L^{-1}$ 时（亦有的工厂测定高温下溶液的密度，当高温溶液密度达到 $1.45 \sim 1.5$ 则停止蒸发），即冷却过滤，可分别得固体 Na_2WO_4 和碱母液。

固体 Na_2WO_4 中 NaOH 含量及 WO_3 的回收率与原始母液中 WO_3 与 NaOH 的质量比有关，当原始母液中两者质量比为 1:1 左右时，则 Na_2WO_4 晶体中含 NaOH 为 $7\% \sim 10\%$，WO_3 $50\% \sim 60\%$（注：纯 $Na_2WO_4 \cdot 2H_2O$ 中理论含 WO_3 为 70.3%）。WO_3 的结晶率为 $90\% \sim 95\%$，固体 Na_2WO_4 中带走的碱量约占总碱量的 $5\% \sim 10\%$，所得的液碱中含 NaOH 为 $300 \sim 350 \ g \cdot L^{-1}$，$WO_3$ 为 $30 \sim 50 \ g \cdot L^{-1}$。

当前工业实践证明，浓缩结晶法处理 WO_3 与 NaOH 质量比为 $1:(1 \sim 1.2)$、WO_3 浓度为 $100 \sim 120 \ g \cdot L^{-1}$ 的碱分解母液时，除社会效益外还有一定经济效益，但有待进一步提高，其主要努力方向如下。

（1）引进制碱工业的先进技术，降低能耗

能耗为浓缩结晶过程的重要指标。当前我国钨冶金行业的浓缩结晶过程都是采用最原始的蒸发技术，因而能耗高，严重影响到成本和环境保护。而制碱工业中液碱的浓缩和除 NaCl 过程与本工艺十分相近，制碱工业中是将含 NaCl 和 NaOH 的溶液进行浓缩，使 NaOH 和 NaCl 的浓度提高，与此同时 NaCl 溶解度降低，从而过饱和析出，最后得 NaOH 浓度为 $42\% \sim 50\%$（相当于 NaOH $609 \sim 760$ $g \cdot L^{-1}$）的液碱；而钨冶金中为将含 NaOH 和 Na_2WO_4 的溶液进行浓缩，使 NaOH 和 Na_2WO_4 的浓度提高，与此同时，Na_2WO_4 过饱和析出，得 NaOH 浓度为 $300 \sim 350 \ g \cdot L^{-1}$ 的返回碱。因此在工程技术上十分相似，完全可以借鉴。根据文献 [28] 的介绍，制碱工业处理含 NaOH $125 \sim 135 \ g \cdot L^{-1}$，NaCl $190 \sim 210 \ g \cdot L^{-1}$ 的溶液制取 NaOH 浓度为 $42\% \sim 50\%$ 的液碱时，采用三效顺流蒸发则按每吨 NaOH 计消耗蒸汽 $3.5 \sim 3.8 \ t$，采用三效逆流蒸发则为每吨 NaOH 消耗蒸汽为 $2.6 \sim 2.8 \ t$（换算成标准煤则分别为 $0.6 \ t$ 左右和 $0.45 \ t$ 左右）。而当前钨冶金中处理 NaOH 浓度相近的碱分解母液达到 NaOH 浓度为 $300 \sim 350 \ g \cdot L^{-1}$ 的返回碱时，其单位能耗远远超过制碱工业。因此引进制碱工业的相关技术，有可能大幅度降低能耗。

（2）将净化除杂过程与浓缩结晶过程相结合

工厂实践表明，浓缩结晶过程本身有一定除去 P、As、Si 等杂质的效果，即 P、As、Si 化合物的结晶率远低于 Na_2WO_4，它们大部分保留在碱母液中，但分离效果有限。而 2.1.1.4 节，特别是表 2-8 表明，$Ca(OH)_2$ 能有效地从 Na_2WO_4 溶液中以难溶钙盐的形态除去 P、As、Si 等杂质，遗憾的是 $Ca(OH)_2$ 也能与

Na_2WO_4 形成 $CaWO_4$ 沉淀，造成钨的损失。只有在溶液中 NaOH 浓度足够大，以致生成的 $CaWO_4$ 又能被 NaOH 分解，则工业上才有意义。而在浓缩结晶过程的后期，NaOH 的浓度和温度条件足以使 $CaWO_4$ 被分解。因此在浓缩结晶过程中加入 $Ca(OH)_2$ 除杂是完全可能的，许多试验都证明了这种可能性，例如：某厂产出的粗 Na_2WO_4 溶液含 WO_3 147 $g \cdot L^{-1}$、P 0.275 $g \cdot L^{-1}$、As 0.3 $g \cdot L^{-1}$、Si 0.7 $g \cdot L^{-1}$（$m_P/m_{WO_3} = 1870 \times 10^{-6}$、$m_{As}/m_{WO_3} = 2040 \times 10^{-6}$、$m_{Si}/m_{WO_3} = 4760 \times 10^{-6}$），在小型试验条件下进行蒸发结晶，并加入 $Ca(OH)_2$，最后得 Na_2WO_4 晶体（结晶率 90% ~ 93%）。经分析 Na_2WO_4 晶体中 $m_P/m_{WO_3} = (50 \sim 70) \times 10^{-6}$、$m_{As}/m_{WO_3} = (40 \sim 50) \times 10^{-6}$、$m_{Si}/m_{WO_3} = (50 \sim 110) \times 10^{-6}$，接近镁盐净化的要求。

因此将浓缩结晶过程与钙盐除杂过程相结合，使溶液纯度直接达到镁盐净化的水平是完全可能的。

（3）分解所得的矿浆直接低温过滤进行钨碱分离

当处理品位为 50% ~ 60% 的白钨矿或黑白钨混合矿时，由于碱用量达理论量的 3 倍左右，因此当分解过程中矿水比 = 1:1，则高压釜内反应结束后，釜内液相含 NaOH 大体上仍达 400 $g \cdot L^{-1}$ 左右。而根据图 2 - 2 知，在如此高的 NaOH 浓度下，在 150℃时，Na_2WO_4 的溶解度仅 200 $g \cdot L^{-1}$ 左右，折合成 WO_3 仅 150 $g \cdot L^{-1}$ 左右。说明分解过程中产出的 Na_2WO_4 的 80% 以上是以固体的形态保留在渣中；当温度降至 70 ~ 80℃时，在渣中的 Na_2WO_4 将占总钨的 90% 左右。这一情况说明在高压釜内反应结束后，实际上钨和碱是处于基本上分离的状态，碱基本上在液相，而 Na_2WO_4 大部分在渣相，只是传统工艺在过滤前的稀释过程才导致 Na_2WO_4 晶体的溶解而使钨碱重新混合，以致最后还要进行一次钨碱分离。

基于上述情况，彭泽田[29]等在工业条件下研究成了两次过滤方法，即分解矿浆不进行稀释，直接进行一次过滤，此时得到的液相主要是 NaOH，返回碱分解。一次滤渣含 WO_3 达 47.2% ~ 48.6%，加水浸出使 Na_2WO_4 溶解后，进行二次过滤，得 Na_2WO_4 溶液，其中含 WO_3 180 ~ 216 $g \cdot L^{-1}$，NaOH 41 ~ 48 $g \cdot L^{-1}$，送离子交换工序。二次过滤滤渣含 WO_3 1.2% ~ 1.4%。由于一次过滤渣（Na_2WO_4 渣）的水溶过程中可在温度较低的条件下进行，亦可在水相预先加入 PO_4^{3-}，因此逆反应（Na_2WO_4 与渣中 $Ca(OH)_2$ 反应得二次白钨）速度慢，因而渣含钨较低。该工艺能耗低，已在国内生产线上应用。

2.1.3 氢氧化钠 – 磷酸盐分解法

NaOH 能有效地分解黑钨矿，但在分解白钨矿时，由于生成的 $Ca(OH)_2$ 在卸料、稀释、过滤过程中与 Na_2WO_4 发生逆反应，生成二次白钨以致渣中含 WO_3 升高。针对上述不足，近十年来我国钨业工作者开发了氢氧化钠 – 磷酸盐联合法处理黑白钨混合矿及白钨精矿，其中 NaOH 主要解决黑钨矿的分解，同时与 Na_3PO_4 一道高效地分解白钨矿。

1. 理论基础

(1) 主要反应及热力学条件[30~32]

①黑钨矿。在氢氧化钠－磷酸盐分解过程中，黑钨矿的反应及其条件与单纯氢氧化钠分解相同。

②白钨矿。柯家骏等对白钨矿与 $1\ mol\cdot L^{-1}$ NaOH、$0.032\ mol\cdot L^{-1}$ Na_3PO_4 溶液反应的生成物进行了全面分析，证实其为 $Ca_5(PO_4)_3OH$，因此分解过程的反应为：

$$3Na_3PO_{4(aq)} + 5CaWO_{4(s)} + NaOH_{(aq)} = Ca_5(PO_4)_3OH_{(s)} + 5Na_2WO_{4(aq)}$$

$$(2-22)$$

已知常温下 $Ca_5(PO_4)_3OH$ 和 $CaWO_4$ 的溶度积分别为 3.16×10^{-58} 和 2.13×10^{-9}，可计算出当 NaOH 浓度为 $1\ mol\cdot L^{-1}$ 时，上述反应在常温下的平衡常数达 1.38×10^{14}，因此 $NaOH-Na_3PO_4$ 分解白钨矿的反应很容易进行。

但是实际上系统是十分复杂的，在白钨矿用 $NaOH-Na_3PO_4$ 分解的过程中，固相存在 $Ca_5(PO_4)_3OH$、$CaWO_4$ 等化合物，水相可能存在 WO_4^{2-}、HWO_4^-、PO_4^{3-}、Ca^{2+}、$Ca(OH)^+$、$CaPO_4^-$、OH^- 等多种离子及他们之间的各种平衡反应。为查明水相的平衡情况，从而创造条件使反应向 WO_4^{2-} 的方向进行，王识博等[31]根据共同平衡原理及已有热力学数据绘制了 $25℃$ 总磷浓度为 $0.01\ mol\cdot L^{-1}$ 时 $Ca-W-P-H_2O$ 系的热力学平衡图，全面查明了常温下各种离子平衡浓度与 pH 的关系。

(2) 动力学分析

柯家骏等用回转圆盘法对过程的动力学进行了研究。首先通过实验发现当圆盘转速超过 $1100\ r\cdot min^{-1}$ 后，进一步增加转速对浸出速率基本上没有影响，即外扩散过程已不成为控制性步骤，故试验均在 $1350\ r\cdot min^{-1}$ 进行。正式试验证明，温度对过程的速率有较大的影响，如图 2－13 所示。同时发现浸出速率常数与 NaOH 浓度的 0.2 次方及 Na_3PO_4 浓度的 0.5 次方成正比，最终得出其动力学方程为：

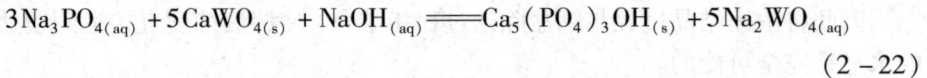

$$k = 2.17\times10^5\cdot c_{NaOH}^{0.2}\cdot c_{Na_3PO_4}^{0.5}\cdot\exp(-42700/RT)$$

式中：k 为表观速率常数。

由上式得表观活化能 E_a 为 $42.7\ kJ\cdot mol^{-1}$。

(3) $Na_2WO_4-Na_3PO_4-NaOH(-H_2O)$ 系的溶解度[33]

Na_3PO_4-NaOH 分解过程中形成的水溶液体系为 $Na_3PO_4-Na_2WO_4-NaOH$ $(-H_2O)$ 体系。这些组元将互相影响到彼此在水中的溶解度，为防止因此而造成

Na_2WO_4 或 Na_3PO_4 的沉淀析出而进入固体残渣,有必要了解混合体系的溶解度。M·A·乌鲁索娃[32]等对 230℃温度下的 $Na_2WO_4 - Na_3PO_4 - NaOH - H_2O$ 系的溶解度进行了测定,结果如表 2 - 15 所示。

从表 2 - 15 可知,随着 Na_2WO_4 的质量浓度由 5.6% 增至 37.5%,则 Na_3PO_4 溶解度由 15.6% 减少至 7.6%。在此范围内饱和的为 Na_3PO_4,即平衡的固相为 Na_3PO_4;溶液中 Na_2WO_4 浓度增至 44.3% 左右时,Na_2WO_4 亦达到饱和,两者同时达到平衡,析出的为 $Na_3PO_4 - Na_2WO_4$ 的共晶,进一步增加 Na_2WO_4 浓度,则 Na_2WO_4 将过饱和,析出 Na_2WO_4 晶体。

根据表 2 - 15 可知,在 Na_3PO_4 分解过程中生成物 Na_2WO_4 浓度过高将较大幅度降低 Na_3PO_4 的溶解度,导致其结晶析出。实际分解精矿的过程中,Na_2WO_4 的质量浓度达 30% 左右,因此 Na_3PO_4 的溶解度已减少 1/2。

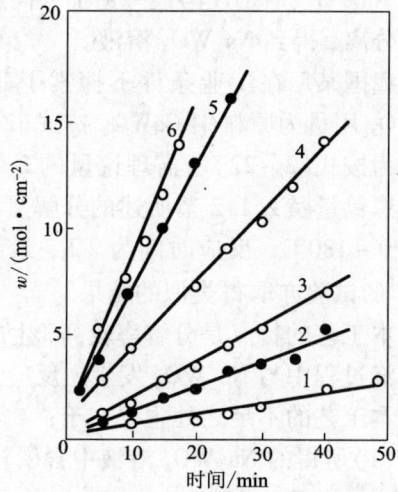

图 2 - 13　浸出速率与温度的关系

NaOH 1.0 $mol·L^{-1}$, Na_3PO_4 0.032 $mol·L^{-1}$,

圆盘转速 1350 $r·min^{-1}$

浸出温度/℃:1—25;2—40;3—50;
4—60;5—80;6—90

表 2 - 15　230℃下 $Na_2WO_4 - Na_3PO_4 - H_2O$ 系的溶解度/%

Na_2WO_4	Na_3PO_4	Na_2WO_4	Na_3PO_4	
—	18.9	34.9	7.1	析出 Na_3PO_4
—	19.3	37.5	7.6	
5.6	15.6	44.3	6.3	析出 Na_3PO_4 + Na_2WO_4 共晶
8.2	15.0	44.7	6.8	
10.6	13.3	44.3	6.2	
16.5	12.1	45.1	4.9	析出 Na_2WO_4
22.4	10.6	45.7	3.6	
30.2	9.4	46.9		

（注：左侧第2列中部标注"析出 Na_3PO_4"）

2. 工业实践

钨矿物原料的 Na_3PO_4 – NaOH 分解一般在高压釜内进行，其工艺过程与 2.1.2 介绍的碱压煮过程基本相同，即钨精矿经振动球磨至 98% 以上小于 43 μm 后与 Na_3PO_4、NaOH 溶液一道加入高压釜，控制一定工艺条件进行反应后，卸料、液固分离，得到 Na_2WO_4 溶液。

我国某厂在工业条件下探索了其最佳工艺条件，认为当处理白钨精矿时，Na_3PO_4 用量为原料中 $CaWO_4$ 按式(2-22)所需的理论量的 1.5 ~ 1.8 倍，NaOH 用量为按式(2-22)所需理论量的 2 倍左右，处理黑钨白钨混合矿时，还应根据矿中黑钨量及 2.1.2 节所述的分解黑钨矿条件配入 NaOH，液固比 2.5 ~ 3，温度为 170 ~ 180℃，反应时间为 2 h，最终渣含 WO_3 可降至 0.5% ~ 1.0%。杨幼明等[33]的试验亦取得类似的结果。

本工艺的特点是分解率较高，生成的渣 $Ca_5(PO_4)_3OH$ 性能稳定，不会在卸料和洗涤过程中与 Na_2WO_4 发生逆反应。其堆放过程中也不至造成二次污染。

本工艺的不足之处主要在于：

(1)所得的 Na_2WO_4 溶液中含磷较高，达 $2 g \cdot L^{-1}$ 左右，给后续工序带来一定的困难。

(2)相对于 NaOH 分解而言，当处理白钨精矿时，由于按同样的 WO_3 量计算生成物 $Ca_5(PO_4)_3OH$ 的摩尔质量为 $Ca(OH)_2$ 的 1.35 倍。因此渣率大体上为 NaOH 分解法的 1.3 倍，相应地在同样渣含 WO_3% 的条件下，实际钨损失大 30% 左右。

(3)根据溶度积，$Ca_5(PO_4)_3OH$ 远比 $CaCO_3$ 等钙化合物稳定。因此处理低品位复杂矿时，当其中含 $CaCO_3$ 脉石矿物多时，Na_3PO_4 同样能与它们反应，因此对处理含 $CaCO_3$ 等过多的中矿时，Na_3PO_4 用量将大幅度增加。

本工艺已在工业上得到应用，其经济效益决定于 Na_3PO_4 或 H_3PO_4 的价格。

2.2 苏打压煮法

苏打压煮法为工业上用以分解白钨矿应用最早和最成熟的方法之一[34]。据报道，早在 1941 年在美国联合碳化物公司 Bishop 厂实现了产业化，随后在美国、前苏联、韩国等许多钨冶金厂得到应用。

苏打压煮法的特点主要是对原料的适应能力强，能有效地处理白钨精矿以及低品位(WO_3 含量小于 5% 甚至更低)的白钨中矿，在适当提高苏打用量和加入适量 NaOH 的条件下，亦可处理黑钨白钨混合矿；回收率高，一般渣含 WO_3 都可降至 0.5% 左右；杂质 P、As、Si 等的浸出率低。

苏打压煮法不足处是温度较高(200℃左右)同时要求液固比大，相应地矿浆体积大，设备体积大，因而能耗较高。

2.2.1 苏打压煮的理论基础

1. 主要反应及热力学基础

（1）主要反应

①白钨矿：白钨矿与 Na_2CO_3 溶液的反应为：

$$CaWO_{4(s)} + Na_2CO_{3(aq)} \Longrightarrow Na_2WO_{4(aq)} + CaCO_{3(s)} \qquad (2-23)$$

②黑钨矿：黑钨矿与 Na_2CO_3 溶液的反应较白钨矿复杂，前苏联学者 Т·Ш·阿格诺柯夫[35] 和 А·Н·节里克曼[36] 先后以人造 $FeWO_4$、$MnWO_4$、人造（Fe、Mn）WO_4 以及天然的黑钨精矿为原料，在 200～275℃ 的条件下研究它们与 Na_2CO_3 溶液的反应，发现对人造 $FeWO_4$ 及天然黑钨矿而言，其分解后的渣中主要为 FeO 和 Fe_3O_4，因此反应为：

$$FeWO_{4(s)} + Na_2CO_{3(aq)} \Longrightarrow Na_2WO_{4(aq)} + FeCO_{3(s)}$$

$$FeCO_{3(s)} + H_2O \Longrightarrow FeO_{(s)} + H_2CO_{3(aq)} \qquad (2-24)$$

$$4FeO_{(s)} \Longrightarrow Fe_3O_4 + Fe_{(s)} \qquad (2-25)$$

$$Fe_{(s)} + H_2O \Longrightarrow FeO_{(s)} + H_2$$

对人造 $MnWO_4$ 和锰铁矿而言，产物中主要为 $MnCO_3$，仅 3%～11% 水解为氧化锰。

А·С·梅德韦杰夫[37] 研究了在有空气（O_2）存在的条件下人造 $FeWO_4$ 和 $MnWO_4$ 与 Na_2CO_3 的反应，用 XRD 对残渣进行分析表明：在温度为 120～180℃，空气压力为 1.5 MPa 的条件下，$FeWO_4$ 的反应生成物为 $\alpha - Fe_2O_3$，而 $MnWO_4$ 的反应生成物为 Mn_2O_3、Mn_3O_4（在温度高于 200℃ 时还有 MnO_2），因此在有 O_2 存在的条件下，反应分别为：

$$4FeWO_4 + 4Na_2CO_3 + O_2 \Longrightarrow 2Fe_2O_3 + 4Na_2WO_4 + 4CO_2$$

$$4MnWO_4 + 4Na_2CO_3 + O_2 \Longrightarrow 2Mn_2O_3 + 4Na_2WO_4 + 4CO_2$$

$$3MnWO_4 + 3Na_2CO_3 + 1/2O_2 \Longrightarrow Mn_3O_4 + 3Na_2WO_4 + 3CO_2$$

由于黑钨矿 Na_2CO_3 分解过程中产生 H_2CO_3，后者进一步与 Na_2CO_3 反应得 $NaHCO_3$，消耗了 Na_2CO_3，因此黑钨矿分解的效果远比白钨矿差。

（2）热力学基础

根据有关化合物的溶度积计算，有关反应 25℃ 时的平衡常数 K 见表 2-16。

为具体研究有关反应的平衡条件，前苏联学者 П·М·佩尔诺夫、Т·Ш·阿格诺柯夫等先后进行了大量试验，以测定反应的浓度平衡常数 K_c。他们共同的试验方法是：将欲研究的物料（如白钨矿、黑钨矿、人造 $FeWO_4$、$MnWO_4$ 等）磨细至小于 74 μm 后与 Na_2CO_3 溶液混合，Na_2CO_3 用量相当于理论量或理论量的 2 倍，在高压釜内控制一定温度进行反应。系统研究浸出液 $[Na_2WO_4]/[Na_2CO_3]$（摩尔浓度，下同）随反应时间的延长而增加的规律性，当达到一定时间以至上述比值

表 2 – 16　钨矿物苏打浸出过程中某些反应的 K

反　　　　应	K
$CaWO_{4(s)} + Na_2CO_{3(aq)} = Na_2WO_{4(aq)} + CaCO_{3(s)}$	0.426
$FeWO_{4(s)} + Na_2CO_{3(aq)} = Na_2WO_{4(aq)} + FeCO_{3(s)}$	0.43
$MnWO_{4(s)} + Na_2CO_{3(aq)} = Na_2WO_{4(aq)} + MnCO_{3(s)}$	75
$FeCO_{3(s)} + 2H_2O = Fe(OH)_{2(s)} + H_2CO_{3(aq)}$	4.4×10^4
$MnCO_{3(s)} + 2H_2O = Mn(OH)_{2(s)} + H_2CO_{3(aq)}$	98

不再随时间的延长而增加时，则认为反应已达到平衡，此时溶液中 $[Na_2WO_4]$/ $[Na_2CO_3]$ 则视为浓度平衡常数 K_c。例如 T·Ш·阿格诺柯夫在测定225℃下 $FeWO_4$ 与 Na_2CO_3 反应的 K_c 值时，是将两者按理论量加入高压釜，在 225℃下分别控制反应时间为 0.5 h、1 h、3 h、5 h，测定相应的 $[NaWO_4]$/$[Na_2CO_3]$ 分别为 1.06、1.21、1.51 和 1.51。说明反应 3 h 后，比值不再随时间的延长而增加，因此认为反应 3 h 时已达到平衡，此时的 $[NaWO_4]$/$[Na_2CO_3]$（1.51）即为 225℃、Na_2CO_3 用量为理论量的条件下 $FeWO_4$ 与 Na_2CO_3 反应的浓度平衡常数 K_c。

应用上述方法，不同学者测定的白钨矿与 Na_2CO_3 反应的浓度平衡常数 K_c 如表 2 – 17 所示。T·Ш·阿格诺柯夫等测定的人造 $FeWO_4$、$MnWO_4$ 以及天然黑钨矿与 Na_2CO_3 反应的浓度平衡常数 K_c 如表 2 – 18 所示。

表 2 – 17　反应式 (2 – 23) 的浓度平衡常数

温度/℃	90	175	200				225				250			275	300
苏打用量（理论量的倍数）	1.0	1.0	1.0	1.5	2.0	2.5	0.75	1.0	1.5	2.0	1.0	1.5	2.0	1.0	1.0
K_c （Π·M·佩尔诺夫）(1958)	0.46	1.21	1.45	1.19	0.96	0.67	1.56	1.52	1.49	0.99	1.85	1.61	0.97		
K_c （T·Ш·阿格诺柯夫）(1986)			0.97					1.46			1.52	1.37	0.99	1.63	1.57
K_a （T·Ш·阿格诺柯夫）											1.15	1.34		1.51	1.66

表 2 – 18　$FeWO_4$、$MnWO_4$、$(Fe、Mn)WO_4$ 与 Na_2CO_3 反应的 K_c（T·Ш·阿格诺柯夫）

物料	苏打用量为理论量 1 倍				苏打用量为理论量 2 倍
	200℃	225℃	250℃	275℃	225℃
$FeWO_4$	1.10	1.51	2.25	3.00	0.80
$MnWO_4$	1.39	1.51	1.56	1.53	0.94
人工合成 $(Fe、Mn)WO_4$ $n_{Fe} : n_{Mn} = 1:1$		约 1.3			
天然黑钨矿		1.1			

但应当指出,用上述方法确定平衡点是不够严谨的,因为反应过程中 $[NaWO_4]/[Na_2CO_3]$ 不再随时间的延长而增加的原因有两种可能性:其一是的确已达到平衡;但也不能排除另一种可能性,即随着反应的进行,其动力学条件已越来越差,如反应剂 Na_2CO_3 浓度的减小、固体反应物(如白钨矿等)的比表面积减小,甚至可能由于固体残渣将矿粒的表面覆盖以致反应剂或反应产物难以扩散等。这些可能导致上述反应速率极小,以致它虽然仍在继续进行,但由此而产生的 $[NaWO_4]/[Na_2CO_3]$ 的增加值在测定的时间间隔内无法检测出来,因此单纯根据正反应(指钨矿物与 Na_2CO_3 的反应)的进展情况确定平衡点,其理由是不够充分的。对上述类型交互反应平衡点的确定一般应采用将正反应与逆反应相配合的方法,参见 2.1.1。

另外还应当指出的是,对上述类型反应而言,为保证平衡的建立,反应剂(指 Na_2CO_3)的用量不宜过多,否则可能对试验带来两方面的不良后果:一方面当 Na_2CO_3 过多,则可能导致系统中固体反应物(指钨矿物)消耗殆尽,因此正反应速度极小,无法达到平衡;另一方面根据化学反应过程的物料平衡,我们很容易推导出反应过程中任何时刻 $[Na_2WO_4]/[Na_2CO_3]$ 与 Na_2CO_3 用量将服从下列关系:

$$[Na_2WO_4]/[Na_2CO_3] = x/(N-x)$$

式中:x 为钨矿的反应分数;N 为 Na_2CO_3 用量相当于理论量的倍数(下同)。

试验中当钨矿全部消耗完毕,即 $x=1$,则 $[Na_2WO_4]/[Na_2CO_3] = 1/(N-1)$,说明不论实际 K_c 值如何大,但试验测定的 $[Na_2WO_4]/[Na_2CO_3]$ 只能达到 $1/(N-1)$,以 Na_2CO_3 用量为理论量 2 倍,即 $N=2$ 为例,测定的值的上限为 1.0。如果实际 K_c 值大于 1,则试验结果根本不可能反映出来。因此在 N 过大的情况下所测的 K_c 值没有实际意义。

尽管如此,表 2-17 和表 2-18 中 $N=1$ 的数据仍表征了钨矿与 Na_2CO_3 反应的某些规律性,有一定的参考价值。

2. 动力学基础

(1)白钨矿

许多学者对白钨矿与 Na_2CO_3 反应的机理进行了研究,倾向性的看法是:当温度在 150℃以上时,生成的 $CaCO_3$ 膜疏松多孔,内扩散不成为过程的控制性步骤。А·Н·节里克曼亦指出,由于生成物 $CaCO_3$ 的摩尔体积远小于反应物 $CaWO_4$ (两者比值为 36.9/48 = 0.768),因而生成的 $CaCO_3$ 不可能致密地覆盖 $CaWO_4$ 的未反应核,即使膜厚达 100~130 μm,也不会严重影响扩散过程,因此在搅拌速度足够快,以致外扩散不成为控制性步骤时,过程属化学反应控制。恩华柯[38]以含 $CaWO_4$ 达 98.4%,粒度为 74~104 μm 的白钨精矿为原料系统地研究了 150~190℃白钨矿与 Na_2CO_3 反应的动力学,得出反应分数(或分解分数)x 与温度的关系如图 2-14 所示,将图 2-14 的数据进行拟合得函数 $1-(1-x)^{1/3}$ 与时间的关系如图 2 - 15 所示。

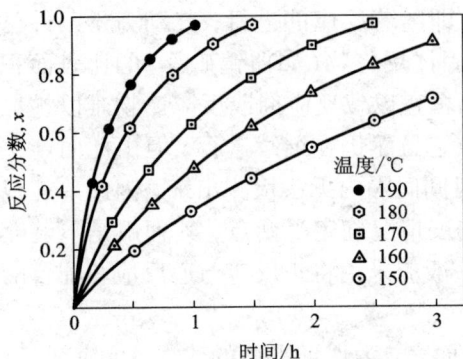

图 2 - 14　白钨矿与 Na_2CO_3 反应
的反应分数与时间的关系[38]

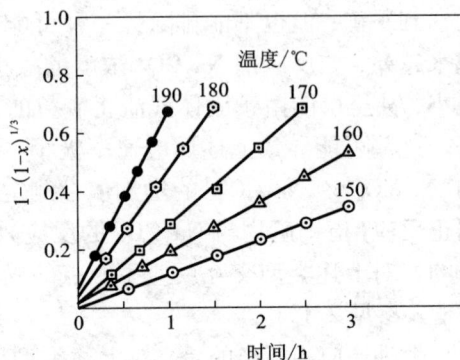

图 2 - 15　函数 $1-(1-x)^{1/3}$
与时间的关系

从图 2 - 15 可知，温度在 150 ~ 190℃时，函数 $1-(1-x)^{1/3}$ 与时间成直线关系，且各直线均通过原点，因此可以认为在上述温度范围内，过程符合核收缩模型化学反应控制的动力学方程，属化学反应控制。

某些其他学者对白钨矿与 Na_2CO_3 反应机理的研究结果综合如表 2 - 19 所示。

表 2 - 19　白钨矿与 Na_2CO_3 反应机理

作者及发表年代	研究结果	表观活化能/(kJ·mol^{-1})
Ｂ·Ｂ·贝利科夫等(1965 年)	在 150 ~ 250℃时，生成物膜对反应速率无明显影响，属化学反应控制	59.38 ~ 92.00(对片状料)，73.57(对磨细料)
Ｐ·Ｂ·奎缪等(1969 年)	100 ~ 155℃，单位面积上浸出的钨量与时间的关系服从抛物线规律，过程为 Na_2CO_3 通过产物层的扩散控制，155℃以上服从直线规律	58.79
Φ·Ｍ·别列马恩(1972 年)	分别用 Na_2CO_3 和 K_2CO_3 分解人造白钨，温度为 40 ~ 80℃，发现在上述温度范围内反应速率很慢	95.94 (Na_2CO_3) 105.34 (K_2CO_3)
Ａ·Ｈ·节里克曼等(1978 年)	150 ~ 230℃	54.78

综合上述资料，可以认为在温度为 150 ~ 230℃，有关学者的研究结果大体一致，即搅拌速度足够快的条件下，过程为化学反应控制，但低于 150℃，则有待进一步研究查证。

此外 Ｊ·Ｐ·马廷斯[39] 以含 WO_3 5.8% ($CaWO_4$ 7.8%) 的白钨中矿为原料，系统地研究了其苏打分解过程中温度、苏打用量等对分解率的影响，在此基础上应用核收缩模型的有关方程式进行拟合，发现初期属化学反应控制，经过不长时间（250℃下仅 10 min）迅速转为内扩散控制。但是考虑到马廷斯所用原料品位很低，白钨矿的体积含量仅 5% 左右，绝大部分为脉石矿物，白钨矿颗粒的部分表面可能被脉石所覆盖，不可能全部与 Na_2CO_3 溶液接触并发生反应，在这种情况下能否用核收缩模型处理是值得商榷的。

（2）黑钨矿

T·Ш·阿格诺柯夫指出，天然钨锰矿的浸出速率明显低于天然钨铁矿，对钨铁矿（含 16.14% FeO 和 6.49% MnO）而言，其起始浸出速率与温度的关系在 225 ~ 250℃符合反应控制的规律，表观活化能为 100 $kJ·mol^{-1}$；温度高于 250℃则符合扩散控制的规律，表观活化能为 25 $kJ·mol^{-1}$。对钨锰矿（含 13.75% MnO、4.89% FeO）而言，在 225 ~ 300℃均为反应控制，表观活化能为 100 $kJ·mol^{-1}$。对上述两种矿而言，在一定温度下随着反应的进行，由于生成物膜增厚，逐步过渡到扩散控制。

A·C·梅德维杰夫研究了在有空气存在的条件下黑钨矿与 Na_2CO_3 反应的动力学，得出以下结论：

①有氧存在的条件下黑钨矿与 Na_2CO_3 反应的速率明显加快，不同条件下分解俄尔罗夫斯克黑钨精矿的初始速率如表 2 - 20 所示，不同温度和空气压力下分解机械活化后的俄尔罗夫斯克黑钨精矿的动力学曲线如图 2 - 16 所示。

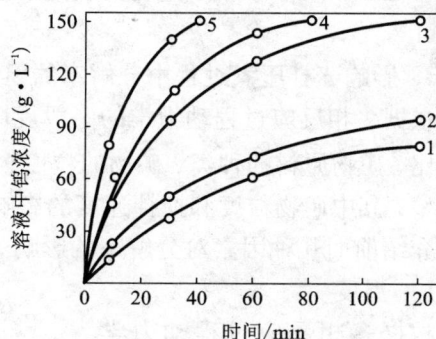

图 2 - 16 不同温度和空气压力下 Na_2CO_3 分解机械活化后的俄尔罗夫斯克黑钨精矿的动力学曲线

（Na_2CO_3 浓度 2.5 $mol·L^{-1}$、固液比 = 1:4）

1—189℃，$p_{空气}$ = 0.5 MPa；

2—180℃，$p_{空气}$ = 1.9 MPa；

3—225℃，$p_{空气}$ = 0.5 MPa；

4—250℃，$p_{空气}$ = 0.1 MPa；

5—250℃，$p_{空气}$ = 0.5 MPa

表 2 - 20 在不同条件下分解俄尔罗夫斯克黑钨精矿的起始速率/（ $×10^{-4}$ $mol·L^{-1}·s^{-1}$）

（225℃、苏打用量为理论量 3 倍、总压 2.9 MPa）

分解条件	精矿不预磨	预磨至 <74 μm	预磨后在行星式离心磨机内活化 5 min
无氧化剂	1.3	1.6	5.2
有氧化剂	6.5	12.1	29

②整个反应经历下列步骤。

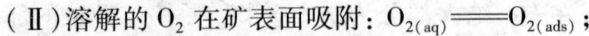

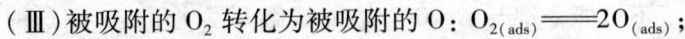

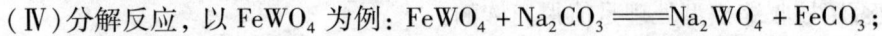

（Ⅰ）氧由气相溶入溶液：$O_{2(g)} \rightleftharpoons O_{2(aq)}$；

（Ⅱ）溶解的 O_2 在矿表面吸附：$O_{2(aq)} \rightleftharpoons O_{2(ads)}$；

（Ⅲ）被吸附的 O_2 转化为被吸附的 O：$O_{2(ads)} \rightleftharpoons 2O_{(ads)}$；

（Ⅳ）分解反应，以 $FeWO_4$ 为例：$FeWO_4 + Na_2CO_3 \rightleftharpoons Na_2WO_4 + FeCO_3$；

（Ⅴ）铁、锰碳酸盐的氧化：$2FeCO_3 + O_{(ads)} \rightleftharpoons Fe_2O_3 + 2CO_2$。

150℃时，当 $p_{空气} \leqslant 1$ MPa，则过程的控制步骤为步骤Ⅰ、Ⅱ，反应速率对 Na_2CO_3 浓度的级数为1.0，对空气压强的级数为0.5；当 $p_{空气} > 1$ MPa 时，控制步骤为步骤Ⅲ，反应速率对 Na_2CO_3 浓度的级数为1.0，对空气压强的级数为0。

③在 190～250℃时，过程的初期属于化学反应控制，表观活化能 E_a 约为 80 $kJ \cdot mol^{-1}$。

3. 影响苏打压煮过程中分解率的因素分析

根据多相反应过程动力学的一般规律知，温度、Na_2CO_3 用量、Na_2CO_3 浓度、液固比、矿物原料的种类、矿物的粒度、搅拌速度等都将影响到苏打压煮过程的分解率，其中矿物粒度和搅拌速度的影响及具体要求与 NaOH 分解大同小异，故主要介绍前面几种因素对分解率的影响。

（1）温度

根据多相反应过程动力学的一般规律及上述白钨矿、黑钨矿与 Na_2CO_3 反应的机理可知，温度升高将使白钨矿、黑钨矿用 Na_2CO_3 分解的分解率提高。恩华何的试验结果如图 2－14 所示。P·B·奎缪[40] 用 Na_2CO_3 分解加拿大坎通矿（品位为31%的白钨中矿）在 $m_{Na_2CO_3}/m_{WO_3} = 1.2$ 的条件下的试验结果如图 2－17 所示。图 2－17 中各曲线为等分解率曲线，从图可知，在 Na_2CO_3 的起始浓度一定的条件下，升高温度则分解率提高。

图 2－17　温度对分解率的影响

（试验条件：每 kg WO_3 用 Na_2CO_3 1.2 kg

或理论量 2.63 倍，保温 2 h）

根据上述情况，前苏联学者曾将提高温度以提高分解率作为降低苏打用量、缩短反应时间的努力方向，Π·M·佩尔诺夫[41] 曾在 280～300℃温度下用 Na_2CO_3 分解品位为 2.3%～25.1% 的白钨中矿，小型试验表明 15 min 时间内，渣含 WO_3 都可降到 0.06%～0.25%。在此基础上进行了每小时处理矿浆（固液比 = 1∶4）

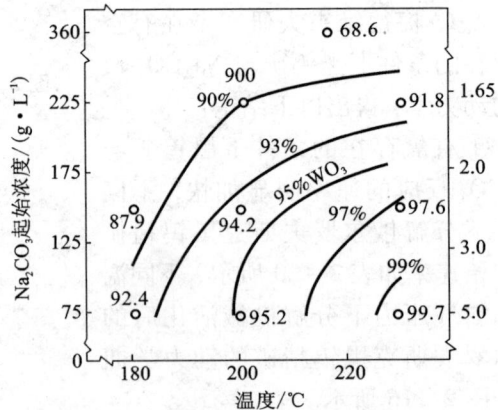

0.5 ~ 1 m³ 连续压煮的半工业试验，所用原料分别为含 WO_3 2.3%、5.37% 和 25.1% 的白钨中矿，实际温度不到 280℃，渣含 WO_3 分别为 0.03%、0.06% 和 0.25%，充分体现了温度升高带来的效益。

但温度过高将一方面导致杂质浸出率的提高，如图 2 - 18 所示。与此同时还将导致设备的工作压力大幅度增加。以纯水的饱和蒸气压为例，其在 220℃ 时为 2.29 MPa，而 280℃ 时高达 6.33 MPa，这些对设备制造及安全操作制度都带来了苛刻的要求。

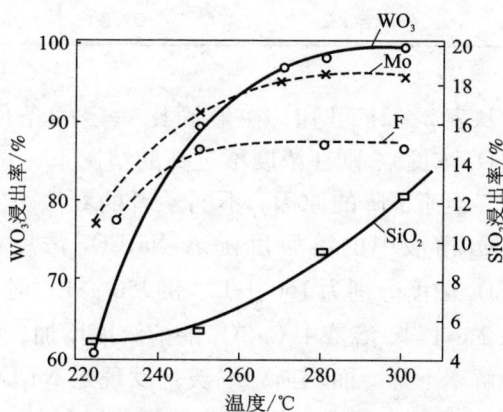

图 2 - 18　温度对 WO_3 及杂质浸出率的影响

（试验条件：白钨中矿含 WO_3 43.5%，固液比 = 1 : 2，苏打用量为理论量 2 倍，保温 15 min）

（2）Na_2CO_3 的起始浓度

Na_2CO_3 的起始浓度对分解率的影响情况比较复杂，其原因在于：

① 实践中 Na_2CO_3 的起始浓度、液固比、Na_2CO_3 用量 3 个参数是相互关联的。Na_2CO_3 用量一定时，增加 Na_2CO_3 浓度，则势必减少液固比，因此所得的研究结果实际上是 Na_2CO_3 浓度与液固比的共同影响；同样当维持液固比不变而增加 Na_2CO_3 浓度，则势必增加 Na_2CO_3 用量，因此在这种情况下所得的结果实际上是 Na_2CO_3 浓度与 Na_2CO_3 用量的共同影响。

② 在 Na_2CO_3 - $CaCO_3$ 体系中，当 Na_2CO_3 浓度超过一定值后，则产生 $Na_2CO_3 \cdot CaCO_3 \cdot 5H_2O$ 复盐。产生复盐的 Na_2CO_3 平衡浓度随温度的升高而增加，在 15℃、25℃、35℃、37.5℃ 时，生成 $Na_2CO_3 \cdot CaCO_3 \cdot 5H_2O$ 饱和溶液所需的 Na_2CO_3 浓度分别为 14.11、15.81、19.49、20.53 g Na_2CO_3/100 g 溶液。

考虑到上述因素，我们以 P·B·奎缪的实验为实例，介绍不同条件下 Na_2CO_3 浓度的影响。

1）在苏打用量一定的条件下起始 Na_2CO_3 浓度及液固比对分解率的影响

图 2 - 17 同样表明了苏打用量一定的条件下，Na_2CO_3 浓度及液固比对分解率的影响，从图中各等分解率曲线可看出，一定温度下随着 Na_2CO_3 浓度的升高（相应地液固比降低）分解率降低。

2）在液固比一定的条件下起始 Na_2CO_3 浓度及 Na_2CO_3 用量对分解率的影响

P·B·奎缪处理品位为 29% 的白钨中矿的试验结果如表 2 - 21 所示。

表 2 – 21　液固比一定的条件下，起始 Na_2CO_3 浓度及苏打用量对分解率的影响

起始 Na_2CO_3 浓度/$(g \cdot L^{-1})$	150	175	200	225	250
苏打用量/理论量倍数	2.6	3.0	3.5	3.9	4.3
分解率/%	97.3	98.9	99.8	96.6	95.6

从表 2 – 21 可知，在液固比一定的条件下，增加苏打用量（相应地提高 Na_2CO_3 浓度），则在浓度不过高的情况下，分解率提高。但过高，则分解率反而下降。至于下降的原因，不同学者的看法不完全一致，部分学者发现 $CaCO_3$ 在 Na_2CO_3 溶液中的溶解度随着 Na_2CO_3 浓度的升高而增加，例如 197℃ 时，当 Na_2CO_3 浓度分别为 150 $g \cdot L^{-1}$ 和 250 $g \cdot L^{-1}$ 时，$CaCO_3$ 的溶解度分别为 0.7 $g \cdot L^{-1}$ 和 1.2 $g \cdot L^{-1}$，溶液中 $CaCO_3$ 的溶解度增加，就有利于分解过程逆反应的进行，导致分解率下降。而玛斯列尼茨基发现当 Na_2CO_3 浓度过大时，在分解残渣中存在 $Na_2CO_3 \cdot CaCO_3$ 和 $Na_2CO_3 \cdot 2CaCO_3$ 两种复盐，因此他认为复盐的生成消耗了溶液中的 Na_2CO_3 所致。此外 J·P·马廷斯针对 Na_2CO_3 浓度过高的负面影响的原因进行了试验，提出了自己的看法[42]。

综上所述，在苏打压煮过程中 Na_2CO_3 浓度不宜过高，一般不超过 230 $g \cdot L^{-1}$ 为宜。这一特点使苏打压煮过程不得不保持较大的液固比，对处理标准白钨精矿（$w_{WO_3} \geq 65\%$）而言，液固比一般达 3～4，相应地增加了所需的设备体积和能耗。

3）矿物原料的种类

苏打对白钨矿能有效地分解，对黑钨矿特别是锰铁矿则分解效果较差，佩尔洛夫对不同矿物原料的分解结果如表 2 – 22 所示。

表 2 – 22　不同原料用苏打分解时的效果

编号	原料特点	浸出条件			渣含 WO_3 /%	浸出率 /%
		温度 /℃	苏打用量（理论量倍数）	NaOH 用量（理论量倍数）		
1	白钨，含 25.1% WO_3	280	2.25	0	0.048	99.86
2	白钨为主，加少量黑钨，含 25% WO_3	300	4.0	0	0.43	98.7
3	黑钨为主，含 32% WO_3	300	5.0	0	17.6	51.0
4	黑钨为主，含 57.5% WO_3	300	5.0	0	4.3	97.06
5	同 3 号	300	5.0	4.0	0.88	98.47
6	同 4 号	300	5.0	3.0	0.5	99.69

根据 T·Ш·阿格诺柯夫试验,黑钨矿的分解率与成分的关系如图 2 – 19 所示。

从表 2 – 22 知,黑钨矿苏打分解的效果比白钨矿差得多,其原因在 2.2.1 第 1 节已进行说明,为解决原料中黑钨矿的分解问题,通用的方法是加入适量的 NaOH,实际上是利用 NaOH 分解黑钨矿。

对比图 2 – 19(a)和图 2 – 19(b)还可知,含锰高的黑钨矿比含锰低的黑钨矿难分解,在黑钨矿 NaOH 分解过程中也有此规律性。

以上为苏打压煮过程中影响分解率的主要因素,此外溶液的 pH 过低则其中 Na_2CO_3 的实际含量减少,$NaHCO_3$ 含量增加(浓度为 100 $g·L^{-1}$ 纯 Na_2CO_3 溶液的 pH 为 12 左右,当 pH 降至 11 左右,则 CO_3^{2-} 的相对含量将为 85.7% 左右,其他 14.3% 为 HCO_3^-)将导致分解率降低。此时应补加 NaOH 使 pH 升高。

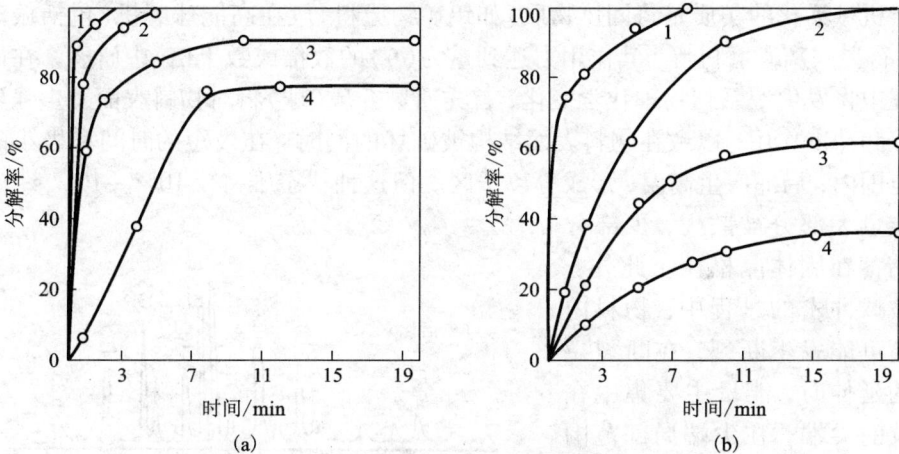

图 2 – 19　黑钨矿分解率与矿成分关系[35]

(a)含 16.14% FeO、6.49% MnO;(b)含 4.89% Fe、13.75% Mn

1—300℃;2—275℃;3—250℃;4—225℃

4. 矿物原料的机械活化

当前各种矿物原料分解过程中(含 NaOH 分解、Na_2CO_3 分解、酸分解以及某些火法分解等)面临的共同问题之一是强化过程的速率以降低试剂的消耗,从而减少废弃物的排放量,降低成本,这一问题对钨矿物原料的苏打压煮过程尤为突出,当前即使是在 220℃ 左右的高温下,对品位为 60% 以上的白钨精矿而言,为保证高的分解率,其苏打用量一般应在理论量的 3 倍左右,相应地生产废水中有害物质排放量成比例地增加。因此许多学者致力于强化反应速度,以降低 Na_2CO_3 用量的研究。但是仅依靠传统的方法改善过程工艺条件以提高反应速率都是有限的,例如将温度提高,势必使工作压力提高,给设备的制造及安全操作都带来许多困难；降低矿物原料的粒度，则受工业上磨矿技术及相关费用的制约，同时过细将给渣的过滤，洗涤过程带来困难；加强搅拌亦有一定限制。为此对液固反应过程(包括各种矿物的浸出过程)而言，许多学者研究采用各种物理化学措施进行活化，其中包括：矿物原料的机械活化(亦称力活化)；超声波活化，即在系统内利用超声波的作用产生更有利的动力学条件；热活化，主要是将原料升温至一定高温后，迅速淬火使之内部因热应力而产生裂纹或保持高温相(相应地在常温下为不稳定状态)，从而具有高的化学活性；电磁波照射活化，如利用 γ 射线照射等。

其中机械活化研究最多，而且对许多矿物浸出过程都取得明显效果，以下将结合钨矿物的浸出过程简单介绍其原理和前人的部分研究成果。

(1)简单原理及活化效果

机械活化的实质是将固体物质(如钨矿物原料)放在高能球磨机(包括振动磨机、行星式离心磨机等，其作用力达到重力(G)的数倍或数十倍)中研磨。在研磨过程中将发生一系列物理化学变化，首先研磨介质(球)将对物料表面发生强烈的摩擦和冲击作用，以致在物料表面结构被破坏的同时，在极短的时间和极小的空间范围内，局部产生高温，形成等离子区。但这种状态维持仅 $10^{-8} \sim 10^{-7}$ s，然后其能量大部分被散失，少部分则储蓄在固体晶格内。此外，在被球冲击的过程中，物料内部还可能发生断裂，在断裂裂纹的延伸时，能量主要集中在裂纹的尖端。在尖端局部范围内(10 nm 左右)产生高温(据前人研究，对玻璃而言可达1600K)，这种局部高温的产生和消失也仅发生在 10^{-10} s 左右的时间内。由于上述瞬时的局部高温等离子区的产生及热冲击作用，使晶格内部发生一系列变化，主要有：

①晶体内应力增加，晶格缺陷增加，且出现非晶化倾向。A·H·节里克曼将黑钨矿在行星式离心磨中活化后的 XRD 图如

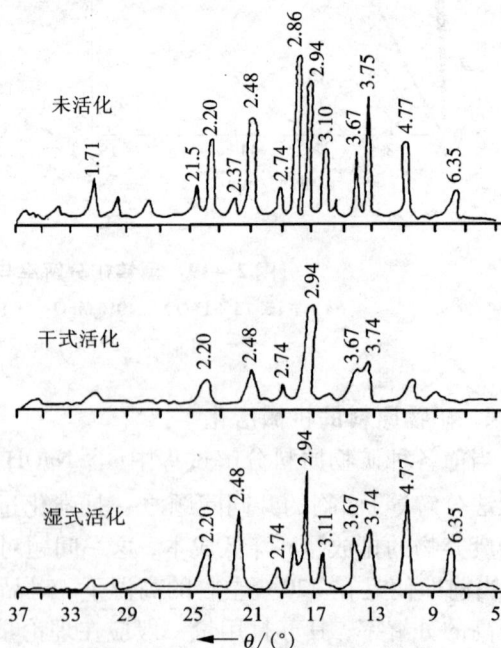

图 2-20　黑钨矿的 X 射线衍射图

图2-20 所示。李希明[45]将白钨矿在立式磨机中活化后的 XRD 如图 2-21 所示。从图中可知，活化后衍射线明显变宽。此外节里克曼还发现白钨矿在行星式离心磨机内活化 5 min 后，晶体的嵌镶块尺寸由 76 nm 减小为 23 nm。

上述非晶化的程度一般随活化时间的延长而加剧，在一定条件下可使被活化物质完全成为非晶态，因而在材料制备领域中往往将机械活化作为制备非晶态材料的手段之一。

②晶体内能量增加，化学活性增加，相应地其浸出反应的速率增加，反应活化能降低。A·H·节里克曼及 A·C·梅德维杰夫[46]分别对多种钨矿物原料机械活化后用不同方法进行浸出的效果如表 2-23 所示。

从表 2-23 可知，对各种钨矿物原料以及各种分解方法而言，机械活化都能使浸出率大幅度提高。同时许多学者通过多种试验证明，这种浸出率的提高主要不是由于磨矿过程中粒度的变细，而是由于物料活性的提高。例如，A·H·节里克曼等对黑钨矿分别在空气中（干式）和水中（湿式）进行活化，其比表面积及用 10% NaOH 溶液在 90℃浸出的起始速度分别如图 2-22 所示。从图可明显看出，虽然干式活化后比表面积远小于湿式活化，但其反应速率却远比湿式活化的大，因此浸出速率的提高主要不能通过比表面积的增大来解释。

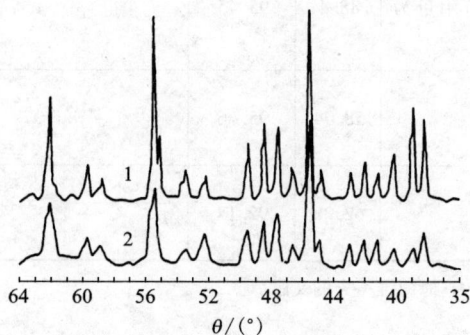

图 2-21　白钨矿的 X 射线衍射图谱

1—活化前；2—活化后

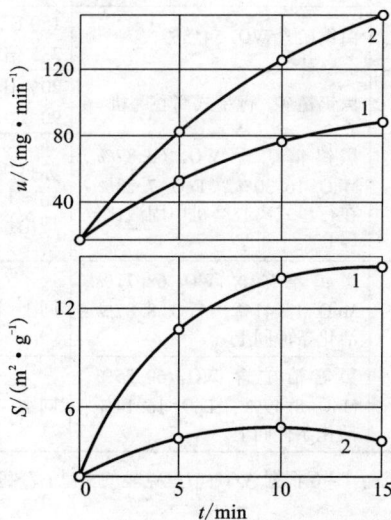

图 2-22　黑钨矿干式活化及湿式活化后比表面积（S）及浸出起始速率（u）与活化时间（t）的关系（NaOH 浓度 10%，温度 90℃）

1—湿式；2—干式

表 2 – 23 机械活化对钨矿物浸出的效果

序号	研究对象及活化条件	浸出条件	活化效果		
			钨浸出率/%		其他
			未活化	经活化	
1	白钨精矿，行星式离心磨机活化 15 min，固液比 = 1:1	Na_2CO_3 为理论量 200%，200℃，固液比 = 1:4	84.9	96.9	表观活化能：由 52.7 kJ·mol^{-1} 降为 16.7 kJ·mol^{-1}
2	低品位矿含 2% WO_3，行星式离心磨机中活化 15 min，固液比 = 1:1	10% NaOH 120℃	26.5	湿活化 61.8 干活化 34.5	
3	白钨精矿含 WO_3 54.5%	$NH_4F + NH_4OH$ 200℃，4 h	90.75	93.2	表观活化能：由 66 kJ·mol^{-1} 降为 34 kJ·mol^{-1}
4	白钨精矿	17.5% HNO_3 浸出 2 h，80℃	53	~100	表观活化能：由 53.5 kJ·mol^{-1} 降为 25.5 kJ·mol^{-1}
5	黑钨精矿 干活化	10% NaOH 浸出 20 min，90℃	12	99	
	黑钨精矿含 WO_3 69.52%	225℃，Na_2CO_3 为理论量 3 倍，固液比 = 1:4	62.4	92.2	
	白钨矿含 WO_3 54.5%	150℃，NH_4F 为理论量 2.5 倍，固液比 = 1:4	95.4	97.5	
6	黑钨精矿，行星式离心磨机	20% H_2SO_4，90℃，50 min	10	干活化 91 湿活化 80	比表面积：干磨小，湿磨大
7	黑钨精矿含 WO_3 66.87%，MnO 16.30%，FeO 7.23%；在行星式离心磨机中固液比 = 1:1	苏打压煮，225℃，固液比 = 1:4，苏打用量为理论量 3 倍	88.4	95.45	
8	黑钨精矿含 WO_3 68.71%，MnO 13.41%，FeO 8.87%；活化条件同上	同上	58.44	95.36	
9	黑钨精矿含 WO_3 69.25%，MnO 8.49%，FeO 16.14%；活化条件同上	同上	62.38	92.17	

注：1~6 根据 A·H·节里克曼的文献；7~9 根据 A·C·梅德维杰夫的文献。

节里克曼的试验还表明，白钨矿机械活化后，其与 Na_2CO_3 反应的表观活化能降低，而且活化时间愈长，则降低愈多，如图 2 – 23 所示。

从图 2 – 23 可知，当活化时间由 0 min 增至 15 min，则与 Na_2CO_3 反应的表观活化能 E 由 52.5 kJ·mol^{-1} 降至 12.7 kJ·mol^{-1}，A·C·梅德维杰夫也指出，在行星式离心磨中在加速度为 45 g、固液比 = 1:1 的条件下将白钨矿分别活化 0、2、10、

15 min 后再与 HNO$_3$ 作用，其反应表观活化能分别为 54、38、37、24 kJ·mol^{-1}。

除对湿法分解过程外，机械活化对矿物原料的高温烧结同样有效，例如用苏打烧结法分解黑钨精矿时预先将精矿进行机械活化，则分解温度可降低 100℃ 左右，同样锆英石苏打烧结的温度亦可通过机械活化而大幅度降低。

（2）影响活化效果的因素

机械活化作用体现在矿物原料浸出过程的效果，受一系列因素的影响，主要有：

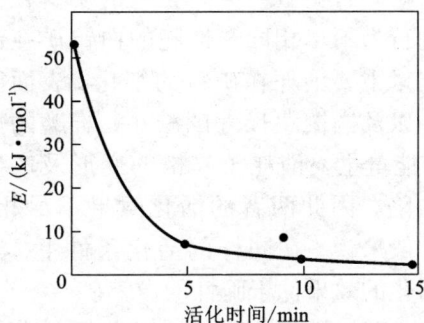

图 2 - 23　白钨矿与 Na$_2$CO$_3$ 反应的
表观活化能与活化时间的关系

①磨机类型。一般说来各种磨机包括依靠重力作用的普通滚筒式球磨机和依靠离心力作用的行星式离心磨机、搅拌磨机等在磨矿过程中对矿物都有一定的活化作用。但是依靠离心力作用的较好，因一定条件下，可使离心力达到重力的数十倍。

②活化时间。活化时间延长则活化效果增加，但对行星式离心磨机而言，活化时间为 5 ~ 15 min 为好。A·C·梅德维杰夫用行星式离心磨活化黑钨精矿，所得活化矿用 H$_2$SO$_4$ 分解时，分解率与活化时间的关系如图 2 - 24 所示。从图可知，时间超过 15 min 后，对分解率的提高并不明显。

③活化介质。在水中进行湿式活化（湿磨）与在空气中进行干式活化（干磨）其效果有两方面的差异。一方面湿式活化时，由于矿

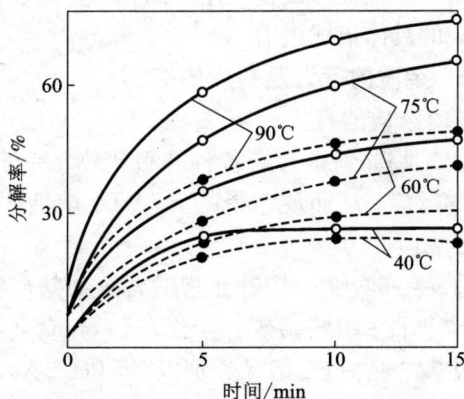

图 2 - 24　黑钨精矿用 H$_2$SO$_4$ 分解的
分解率与活化介质及活化时间的关系[45]

浆对球的缓冲作用，使矿粒的活化效果变差，A·H·节里克曼在不同介质中将黑钨矿进行活化后，其 X 衍射线对比如图 2 - 20 所示。从图可知干式活化后，其谱线的改变较湿式大。另一方面湿式磨矿的磨细效果一般比干式磨矿为好。因此，最终体现在浸出效果上，则往往是上述两因素的综合结果。在许多场合下，干式活化后，浸出率比湿式活化为高。

④活化温度。在高温活化时，同时存在去活化过程，故高温活化时效果较低温时为差。同理机械活化后的物料若长期存放亦存在去活化过程。

⑤矿石类型。不同类型的矿石在活化时的行为不尽相同。性脆的白钨矿在活化时能量主要消耗在矿粒的细化、表面能的增加以及嵌镶块尺寸的减小；难磨的黑钨矿，能量主要消耗于晶格的变形及产生各种缺陷。因此两者的活化效果不尽相同。但一般来说，在同样的活化条件下，黑钨矿活化的效果优于脆性的白钨矿。

由于机械活化过程对矿物原料分解的良好效果，俄罗斯目前已开发生产能力为 1 t/h 的行星式离心磨机，其结构如图 2-25 所示[47]。该设备采用水介质湿式磨，矿物原料经圆盘给料机后，与水一道进入一对行星式离心球磨筒，球磨筒在绕公共轴公转的同时，又绕自轴自转。经磨矿活化后的矿进入卸料仓，再经分级，粒度合格的部分

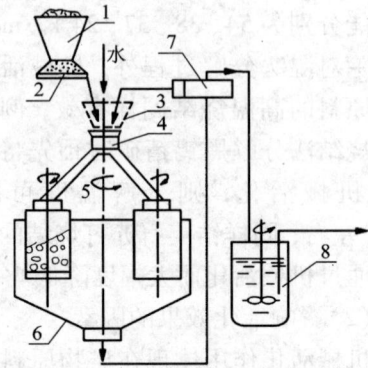

图 2-25　行星式离心磨机结构示意图
1—料仓；2—圆盘给料机；3—漏斗；
4—给料器；5—磨筒；6—卸料仓；
7—水力旋流器；8—再浆化槽

送分解。据报道该设备已用于活化 W、Ta、Nb、Mo 等价值较高的矿，但未见关于钨冶金中的具体指标报道。

5. 杂质的行为及杂质的抑制

（1）杂质的行为

钨矿物原料中含有各种脉石矿物，在苏打压煮过程中它们也在不同程度上发生化学反应，从而使获得的 Na_2WO_4 溶液中含有某些杂质。这些脉石矿物的行为可分为如下几类。

①磷、砷、硅、钼等元素的含氧酸盐矿物如硅酸盐矿、磷灰石（$Ca_5(PO_4)_3F$）、羟基磷灰石、钼酸钙矿、臭葱石（$FeAsO_4$）等在苏打压煮的技术条件下能部分反应，使磷、砷、硅、钼等分别以 Na_3PO_4、Na_2HPO_4、Na_3AsO_4、Na_2HAsO_4、Na_2SiO_3、Na_2MoO_4 等形态进入溶液。

②硫化矿物如黄铁矿、辉钼矿、辉锑矿、黄铜矿、黝锡等在苏打压煮的技术条件下，在没有氧化剂存在时，一般都不发生反应，保留在分解后的残渣中。据报道黄铜矿可能部分反应生成不稳定的 $Cu(CO_3)_2^{2-}$，但很容易水解成 $Cu(OH)_2$ 沉淀。

③萤石少量与 Na_2CO_3 发生反应：

$$CaF_{2(s)} + Na_2CO_{3(aq)} \Longrightarrow CaCO_{3(s)} + 2NaF_{(aq)}$$

其在 15℃和 214℃时的浓度平衡常数 K_c 分别为 0.83×10^{-2} 和 3.51。

④稀有元素钪在黑钨矿中呈类质同相形态存在，苏打压煮过程中主要转化为 $Sc_2(CO_3)_3$ 进入残渣。

相对于 NaOH 分解而言，苏打压煮过程中杂质的溶出率较低，一般除钼酸钙

的分解率可达 90% 以上以外，视矿成分及压煮条件的不同，Si 的溶出率一般为 0.4% ~10% ，P、As 溶出率为 1% ~5% 。

(2)杂质的抑制

在苏打压煮过程中加入 Al_2O_3 或铝土矿有利于抑制硅及部分 P、As 的浸出，其反应为 Al_2O_3 首先与 Na_2CO_3 溶液作用得 $NaAlO_2$ ，后者再与 Na_2SiO_3 作用：

$$2Na_2SiO_3 + 2NaAlO_2 + (n+2)H_2O =\!=\!= Na_2O \cdot Al_2O_3 \cdot 2SiO_2 \cdot nH_2O + 4NaOH$$

添加镁的化合物有利于抑制硅的浸出，如表 2 - 24 所示。

表 2 - 24　苏打压煮时抑制杂质的效果(L·W·贝克斯梯德)

编号	原料成分/%				添加剂种类及质量/矿重/%	效　果		
	WO_3	SiO_2	P	As				
1	47.51	3.58			$NaAlO_2$, 2	不加 $NaAlO_2$ ，浸出液含硅 1.31 $g \cdot L^{-1}$ ；加 $NaAlO_2$ ，浸出液含硅 0.06 $g \cdot L^{-1}$		
2	12.75	13.7	0.49	0.019	Al_2O_3 , 4	浸出液成分/($g \cdot L^{-1}$)		
							Si	P	As
						不加 Al_2O_3	0.86	0.013	0.011
						加 Al_2O_3	0.0092	0.006	0.0065
3	31.7	1.08			镁盐, 5.2	浸出液含 SiO_2 降至 $(100 \sim 500) \times 10^{-6}$		

在压煮过程中用活性 MgO 抑制杂质的效果参见表 2 - 26 最后一栏。

上述各种添加剂除硅亦可在浸出后的矿浆或浸出液中进行(见表 2 - 25)。用 Al_2O_3 从矿浆中除硅时 $m_{Al_2O_3}/m_{SiO_2}$ 最好为 0.8 ~ 1.7 。

表 2 - 25　从溶液或浸出矿浆中添加剂除硅效果

条　　　件	效　果
溶液含 1 ~ 2 $g \cdot L^{-1}$ SiO_2 ，每升加 $Al(NO_3)_3 \cdot 9H_2O$ 8 ~ 12 g，90 ~ 95℃，保温 1 h	净化液含 0.1 ~ 0.2 $g \cdot L^{-1}$ SiO_2
用 $AlCl_3$ 溶液从 Na_2WO_4 液中除硅	净化液含 Si < 0.01 $g \cdot L^{-1}$
$Fe(OH)_3$ 共沉淀法从 Na_2CO_3 分解液中除硅	Si < 10^{-5}

2.2.2　苏打压煮的工业实践[48~52]

1. 原则流程

钨矿物原料苏打压煮的具体工艺流程在各个工厂不尽相同，但一般来说，它包括以下阶段。

（1）钨矿物原料的预处理，主要是：

磨矿，以减小矿物的粒度，其具体要求及设备与 2.1.2 第 1 节大同小异。

煅烧除有机物（主要是浮选剂）及部分磷、砷、硫等杂质：矿物原料在选矿过程中，一般残留少量浮选剂，将对分解过程的分解率及过滤操作带来不利影响。Т·Щ·阿格诺柯夫[49]的试验表明，采用高温煅烧的方法除去浮选剂后能使渣含钨降低，过滤速度提高。例如，处理某品位 33.32% 的白钨中矿时，当不进行煅烧直接在 225℃、苏打用量为理论量 2.5 倍条件下分解 2 h，则渣含 WO_3 1.8%，过滤速度为 69.9 $mL \cdot min^{-1}$。如果预先在 650℃ 下煅烧 1 h，则在同样条件下，渣含 WO_3 降至 0.213%，过滤速度提高至 184 $mL \cdot min^{-1}$。此外煅烧过程也能使矿物原料中部分磷、砷、硫等杂质以挥发性氧化物形态除去。

煅烧过程增加了一个工序及相应的消耗，也带来了 WO_3 的机械损失。因此采用本工艺的企业不多，大部分是矿物原料直接经磨矿后送压煮。

（2）苏打压煮。

（3）废渣的处理。当压煮后的废渣中含 WO_3 不太高时，一般是经洗涤后进行排放；当 WO_3 含量较高，有回收价值时，则有的工厂还用选矿法将渣中的 WO_3 回收。

（4）母液中过剩 Na_2CO_3 的回收。

以下主要将压煮过程及母液中过剩 Na_2CO_3 的回收过程的设备和工艺进行简单介绍。

2. 工艺和设备

目前苏打压煮过程有多种设备和工艺。

压煮设备有立式釜和卧式釜两种。立式釜的结构与 2.1.2 第 2 节 NaOH 分解所用的高压釜大同小异。卧式釜 1941 年就在联合碳化物公司投产，其结构如图 2 - 26 所示。釜体由低合金钢焊成，直径 1.5 ~ 1.8 m，长 10 ~ 15 m，壁厚 25 ~ 30 mm，一般转速为 23 $r \cdot min^{-1}$，釜内装球，在旋转过程中能清除釜壁上的结垢，蒸汽及料浆分别通过蒸汽管及料浆管通入釜内。

具体工艺过程有周期性作业和连续作业两种。周期性作业又分为一段压煮和两段逆流压煮。

采用卧式釜周期性作业的系统图如图 2 - 27 所示。经预热的矿浆和蒸汽一道加入釜，经过反应一定时间后，卸料进入自动蒸发器，在蒸发器中利用高温矿浆的热量进行部分蒸发。蒸发过程能使液相 WO_3 浓度提高 10% ~ 20%，蒸发产生的二次蒸汽则送往预热矿浆。

采用立式釜连续作业的过程大体为经过二次蒸汽预热的矿浆（固液比 = 1:(3.5 ~ 4)）连续流过由 4 ~ 6 个釜组成的反应系统，系统内用蒸汽直接加热。矿浆

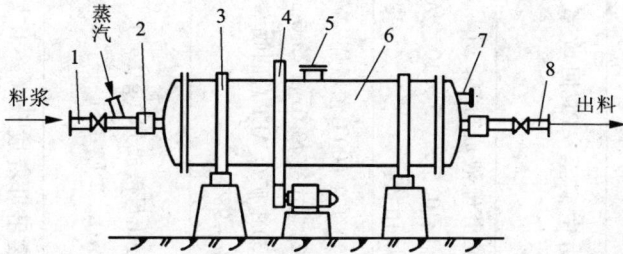

图 2 – 26　卧式釜的结构示意图

1—进料管；2—填料密封箱；3—滚圈；4—齿轮；5—人孔；6—筒体；7—视孔；8—出料管

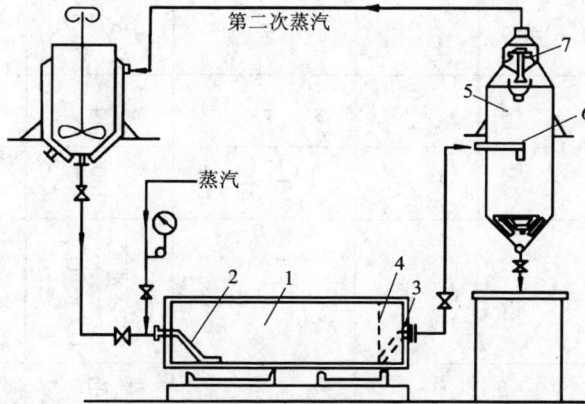

图 2 – 27　卧式回转式釜间断操作的设备系统图

1—高压釜；2—进料进气管；3—卸料管；4—孔板（做隔离钢球用）；

5—自动蒸发器；6—料液入口；7—液滴分离器

依次经过各釜时，温度逐步升高至 200~225℃，反应总时间约 5 h，最后卸料进入自动蒸发器。生产实践证明，本系统有较高的效率。前苏联某公司改用本系统后，生产能力提高 1 倍。西尔韦尼亚电器公司曾采用连续作业系统处理含 WO_3 为 0.6% 的选矿尾渣，最终渣含 WO_3 为 0.1%~0.2%。

关于苏打压煮法在某些工厂生产实践的技术条件及具体指标归纳如表 2 – 26 所示。表中同时归纳了某些大型试验的数据。

表中最后一项为中南大学在热磨反应器中分解柿竹园矿产出的难选钨中矿的半工业试验结果。将其与表中相关数据对比可知，其苏打用量和温度是最低的，而分解率是最高的，同时由于添加了杂质抑制剂，溶液中杂质 P、As、Si 的含量已达到镁盐净化后的要求。

表2-26 苏打压煮法处理钨矿物原料的技术条件及指标

企业名称	原料	技术条件				浸出结果		备注
		Na_2CO_3用量(理论的倍数)	液固比	温度/℃	时间/h	浸出率/%	渣含WO_3/%	
美国联合碳化物公司[1]	低品位白钨中矿,含10%~25% WO_3	约5		190~200	1.5~2	98	0.2~0.6	由中矿至APT回收率为96%
美国泰勒丹·华昌公司[1]	低品位白钨中矿,含10%~25% WO_3	3~5		200~250	4~6			浸出母液成分/$(g \cdot L^{-1})$: 2.7 F, 0.5 Si, 5×10^{-3} As, 2.9×10^{-3} P
美国AMAX公司[1]	低品位白钨中矿,含10%~25% WO_3			200~210	3	99		(1)矿在600℃预煅烧 (2)立式釜φ3.05 m×3.6 m^3 (3)中矿至APT总回收率97%~98%
韩国矿业公司化学处理厂	低品位白钨中矿,含10%~25% WO_3	4~5,另加理论量0.5倍的NaOH	矿浆密度1.7 $g \cdot cm^{-3}$	180	4	97.5~98.7	约0.1	浸出母液成分$(g \cdot L^{-1})$: 45 WO_3, 2 F, 1 Si
前苏联纳利金斯克水冶厂[48]	钨中矿含45%~50% WO_3, 5%~6% Mo	3.5~4,当用两段浸出时为2.5~3	~3			99		浸出母液成分/$(g \cdot L^{-1})$: 100~130 WO_3, 5~8 Mo, 80~90 Na_2CO_3, 1.5~2 SiO_2, 3~4 F

续表 2-26

企业名称	原　料	技术条件				浸出结果		备　注
		Na_2CO_3 用量(理论的倍数)	液固比	温度/℃	时间/h	浸出率/%	渣含WO_3/%	
斯科平水冶厂[48]	12%~22% WO_3	4	2	225	4	96		浸出液成分：20~25 (g·L⁻¹)
	28%~48% WO_3	3.5	4	220	5	97~99		
	58%~68% WO_3	3~3.5	3~3.5	225	4	95~98		浸出液成分/(g·L⁻¹)：100~200 WO_3, 100~150 Na_2CO_3
王岛白钨公司化学处理厂	低品位白钨中矿含约20% WO_3	约3.0		200	1~2	98		
湖南有色金属研究所	柿竹园钨细泥含12.6% WO_3,其中白钨与黑钨各占50%左右：0.019% As, 0.14% Mo, 0.49% P, 13.7% SiO_2	3.85 另加矿量3%的NaOH	1.3~1.5	210	2~3	98.06	0.3	两段错流浸出扩大试验
		3.85 另加矿量3%的Al_2O_3				97.61	0.35	两段错流浸出扩大试验
中南工业大学	难选白钨中矿,含16.47% WO_3, 0.28% P, 2.04% SiO_2, 0.031% As 加活性MgO抑制杂质	3	3	185~195	2	98.6~99	0.18~0.3	溶液中杂质含量(按 WO_3 100 g·L⁻¹的换算值)：P 0.056~0.01 g·L⁻¹；As 0.0031~0.0053 g·L⁻¹；Si 0.003~0.023 g·L⁻¹

注：①根据中国稀有金属情报网编，国外钨业调研，1984。

3. 过剩苏打的回收[53,54]

在苏打压煮过程中,苏打用量一般为理论量的 3 倍以上,因而压煮后所得的 Na_2WO_4 溶液中含大量过剩苏打,其浓度与溶液中 Na_2WO_4 相近,甚至更高。如果后续工序是用季铵盐萃取法净化并转型,则过剩的 Na_2CO_3 将进入萃余液,返回苏打压煮;但当前许多企业采用的是镁盐净化 - 叔胺转型工艺,往往需用酸将其中和,最终进入废水排放,不仅成本增加,而且化学物质排放量增大,因此有必要预先将过剩的苏打回收利用,此问题当前在工业条件下并未完全妥善解决。现将人们在试验中认为效果较好的阳离子交换膜电解法和冷冻结晶法介绍如下。

(1)阳离子交换膜电解法

过程的简单原理为将电解槽的阴阳极用阳离子交换膜隔开,形成阴极室和阳极室,阳极室的电解质为待回收 Na_2CO_3 的苏打压煮液,阴极室的电解质为水或稀 NaOH 溶液,在直流电场作用下,阳极室的 CO_3^{2-} 在阳极放电:

$$CO_3^{2-} - 2e = CO_2 + 1/2O_2$$

阳极室的 Na^+ 则透过阳离子交换膜进入阴极室,在阴极室发生下列反应:

$$H_2O = H^+ + OH^- \qquad 2H^+ + 2e = H_2\uparrow$$

因而在阴极室得到 NaOH 溶液,如将阳极产生的 CO_2 与 NaOH 作用则得 Na_2CO_3 溶液返回浸出。

前苏联学者进行工业试验的设备示意图见图 2-28。为防止腐蚀,其阳极材料可用含 1% Ag 的金属铅。

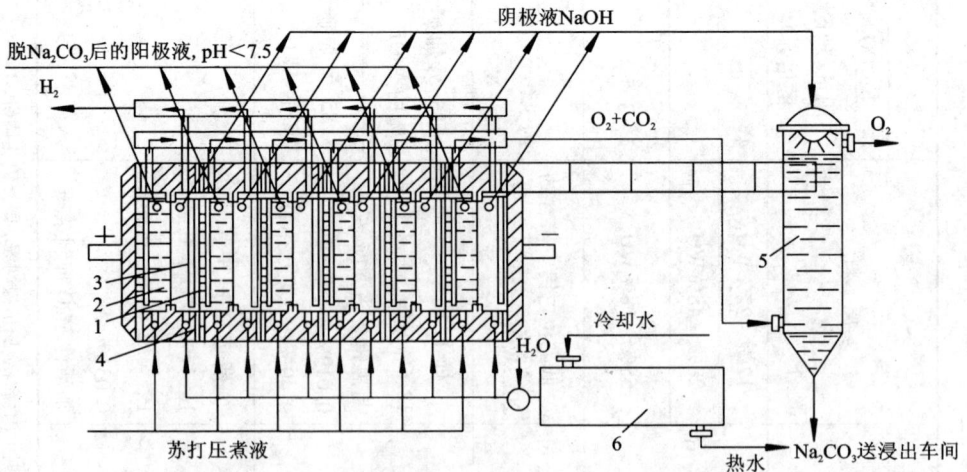

图 2-28　阳离子交换膜电解法回收 Na_2CO_3 的设备示意图

1—铅银阳极(含 1% Ag);2—阳离子交换膜;3—镍阴极;4—密封物;
5—淋洗塔;6—冷却阴极电解质的热交换器

在半工业规模下技术条件和指标为：阳极液含 $SiO_2 < 0.3$ $g \cdot L^{-1}$，否则在 pH 下降到 9 左右时将水解产生胶体硅酸，堵塞阳离子交换膜的孔隙。最佳电流密度为 525 $A \cdot m^{-2}$，当阳极液的 pH 由 11 降到 7.5 左右时，则阳极液中的 Na_2CO_3 基本上被电解完。连续电解的条件下，控制阳极液 pH 为 7~8。在阴极液 NaOH 浓度为 50~60 $g \cdot L^{-1}$ 时，电流效率为 84%~85%。再生 1 t 苏打耗电能 2000~2800 $kW \cdot h$（直流电）。

（2）冷冻结晶法

冷冻结晶法的基本原理是：在较低温度下在 $Na_2WO_4 - Na_2CO_3 - H_2O$ 三元系中，Na_2CO_3 溶解度较小，而 Na_2WO_4 则一直保持较大的溶解度，因而控制适当的温度可使大部分 Na_2CO_3 以 $Na_2CO_3 \cdot 10H_2O$ 的形态结晶析出，而 Na_2WO_4 保留在溶液中，实现回收过剩苏打的目的。

$Na_2WO_4 - Na_2CO_3 - H_2O$ 三元系的平衡图如图 2-29 所示，图中 $e_1EPP_1\rho_1e_1$ 为 $Na_2CO_3 \cdot 10H_2O$ 的初晶面，温度低于 $e_1EPP_1\rho_1e_1$ 面则为溶液与固体 $Na_2CO_3 \cdot$

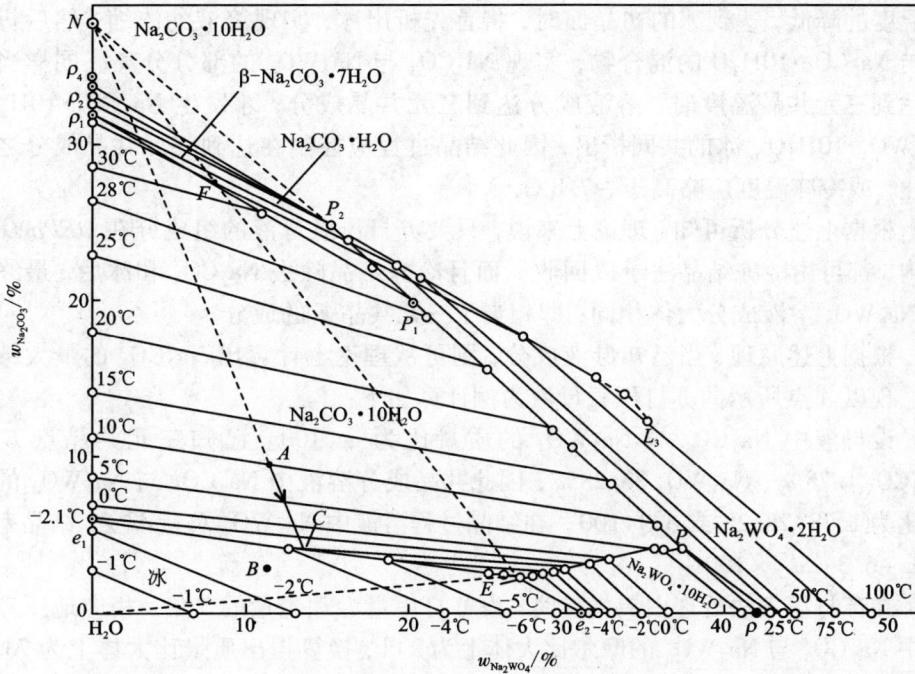

图 2-29　$Na_2CO_3 - Na_2WO_4 - H_2O$ 系的平衡图（3. T. 卡罗夫等）

e_1—冰 – $Na_2CO_3 \cdot 10H_2O$（-2.1℃，5.7% Na_2CO_3）；

e_2—冰 – $Na_2WO_4 \cdot 10H_2O$（-6.3℃，30.57% Na_2WO_4）；

E—冰 – $Na_2WO_4 \cdot 10H_2O$ – $Na_2CO_3 \cdot 10H_2O$（-7.8℃，1.78% Na_2CO_3，28.28% Na_2WO_4）；

P—$Na_2CO_4 \cdot 10H_2O$ – $Na_2WO_4 \cdot 10H_2O$ – $Na_2WO_4 \cdot 2H_2O$（5.6℃，3.75% Na_2CO_3，37.73% Na_2WO_4）；

P_1—$Na_2CO_3 \cdot 10H_2O$ – β – $Na_2CO_3 \cdot 7H_2O$ – $Na_2WO_4 \cdot 2H_2O$（28.4℃，19.4% Na_2CO_3，20.25% Na_2WO_4）；

P_2—β – $Na_2CO_3 \cdot 7H_2O$ – $Na_2CO_3 \cdot H_2O$ – $Na_2WO_4 \cdot 2H_2O$（35.0℃，24.65% Na_2CO_3，14.45% Na_2WO_4）

$10H_2O$ 共存；$e_1Ee_2Oe_1$ 为冰的初晶面，温度低于 $e_1Ee_2Oe_1$ 面则为冰与溶液共存；e_1E 为 $Na_2CO_3 \cdot 10H_2O$ 与冰的二元共晶线；N 为 $Na_2CO_3 \cdot 10H_2O$ 的组成分点；E 为 $Na_2CO_3 \cdot 10H_2O - Na_2WO_4 \cdot 10H_2O -$ 冰的三元共晶点，其温度为 $-7.8℃$。现在我们应用图 2-29 分析降温的过程中溶液的结晶过程。

设苏打压煮母液的组成相当于 A 点，当温度降低到 $10℃$ 左右则开始析出 $Na_2CO_3 \cdot 10H_2O$，相应地溶液成分将因 $Na_2CO_3 \cdot 10H_2O$ 的析出而发生变化。根据背向规则，随着系统温度的降低和 $Na_2CO_3 \cdot 10H_2O$ 的析出，溶液的成分将沿着 NA 线的延长线变化，直到与二元共晶线 e_1E 相交于 C 点，到达 C 点后进一步降温则将同时析出冰与 $Na_2CO_3 \cdot 10H_2O$ 的共晶体，平衡液相的成分则沿二元共晶线向 E 变化，最后达到三元共晶点 $E(-7.8℃)$ 才发生 $Na_2WO_4 \cdot 10H_2O$ 与 $Na_2CO_3 \cdot 10H_2O$、冰的共同析出。

同理设苏打压煮母液浓度非常稀，其组成点在冰的相区内，例如 B 点，则随着温度的降低，达到冰的初晶面时，将首先析出冰，实现溶液的浓缩，然后析出冰与 $Na_2CO_3 \cdot 10H_2O$ 的混合物，实现 Na_2CO_3 与 Na_2WO_4 的部分分离。同样当温度达到三元共晶温度时，溶液成分达到三元共晶成分，才发生 $Na_2CO_3 \cdot 10H_2O$、$Na_2WO_4 \cdot 10H_2O$、冰的共同析出，因此结晶过程应控制在达到三元共晶成分之前停止，或冷冻温度应略高于 $-7.8℃$。

根据上述分析可知，理论上来说，只要苏打压煮母液的组成分在 $OEP\rho_1O$ 范围内，都可用冷冻结晶法予以回收。而且冷冻结晶除去 Na_2CO_3 和冰后，最终得到 Na_2WO_4 溶液成分大体相同；即相当于三元共晶 E 的成分。

根据上述原理，当已知母液成分，则可从理论上计算出 Na_2CO_3 的最大结晶率。现以 A 点所示的苏打压煮母液为例计算如下：

设母液中 Na_2CO_3 与 Na_2WO_4 的质量比为 $a:100$。已知三元共晶点 E 含 Na_2CO_3 1.78%、Na_2WO_4 28.28%，因此共晶成分溶液中 Na_2CO_3 与 Na_2WO_4 的质量比为 $1.78:28.28$ 或 $6.3:100$。在结晶过程溶液中 Na_2WO_4 总量不变，结晶率 $= [(a-6.3)/a] \times 100\%$。

在苏打压煮法处理白钨精矿时，设苏打用量为理论量的 3 倍，相应地压煮母液中 Na_2CO_3 与 Na_2WO_4 的摩尔比大体上为 $2:1$，换算得出质量比大体上为 $73.5:100$，按上式计算，用冷冻结晶法回收 Na_2CO_3 时，其理论上的最大结晶率可达 $[(73.5-6.3)/73.5] \times 100\% = 67.2/73.5 = 91.14\%$。

实践中，温度难以达到 $-7.8℃$，同时结晶过程不可能在平衡态下进行，因此不可能达到上述结晶率。前苏联学者处理溶液含 $90 \sim 95$ $g \cdot L^{-1}$ WO_3、150 $g \cdot L^{-1}$ Na_2CO_3，冷却到 $3 \sim 5℃$，则 $70\% \sim 72\%$ 的 Na_2CO_3 以 $Na_2CO_3 \cdot 10H_2O$ 形态析出，晶体中带走 $4\% \sim 5\%$ 的 WO_3。

此外 3·T·卡罗夫根据图2-29，提出了将蒸发浓缩结晶与冷冻结晶相结合的方法，在一定程度上能将 Na_2CO_3 总结晶率提高，但工艺过程较繁琐。

2.3　白钨矿的其他湿法分解方法

从 2.1、2.2 可知，由于白钨矿与 $NaOH$、Na_2CO_3 反应的平衡常数小，不得不在 $NaOH$ 或 Na_2CO_3 过剩量很大的条件下进行，进而给后续工序带来一定的困难。同时当前国内外的钨资源大部分为白钨矿，因而许多学者针对白钨精矿，甚至包括含 $CaWO_4$ 极低（WO_3 0.5% 左右）的低品位白钨矿的湿法分解开拓了一系列新的方法，有的已经实现了产业化。

从反应的实质来说，这些方法都是设法降低水相 Ca^{2+} 或 WO_4^{2-} 的活度从而使 $CaWO_4$ 向溶解的方向迁移，大体上可分为三类：

（1）基于将 $CaWO_4$ 中 Ca^{2+} 转化为溶解度极小的稳定钙盐进入固相，使液相 Ca^{2+} 活度极小，从而保证了 WO_4^{2-} 进入溶液相。2.1.3 节所述的氢氧化钠 – 磷酸盐分解法实际上属于此类。

（2）通过配位体的作用使 $CaWO_4$ 中的 Ca^{2+} 成为稳定的配位化合物，降低其活度。

（3）使 $CaWO_4$ 中的 WO_4^{2-} 成为杂多酸根或偏钨酸根，降低 WO_4^{2-} 的活度，从而使钙和钨都能以不同的稳定形态进入溶液，再通过萃取或其他化学法分离。

本节将分别介绍这两类方法的原理及工业实践。此外传统的酸分解法尽管由于其在环保等方面的致命缺点，但还是有一定的参考价值，因此本节将同时对其进行简单介绍。

2.3.1　基于生成稳定钙盐的分解方法

这类方法的基本化学反应的通式可用式（2 – 26）表示：

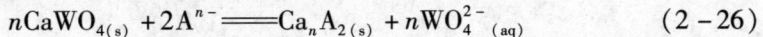

$$nCaWO_{4(s)} + 2A^{n-} = Ca_nA_{2(s)} + nWO_4^{2-}{}_{(aq)} \qquad (2-26)$$

即将白钨矿与含 A^{n-} 的分解试剂的水溶液作用，使 Ca^{2+} 成稳定的钙盐进入固相，而 WO_4^{2-} 进入水相。

上述反应的平衡常数（为简单起见用浓度代活度）：

$$K = [WO_4^{2-}]^n / [A^{n-}]^2$$

分子分母乘以 $[Ca^{2+}]^n$ 得：

$$K = ([Ca^{2+}]^n \cdot [WO_4^{2-}]^n) / ([A^{n-}]^2 \cdot [Ca^{2+}]^n) = K_{sp(CaWO_4)}^n / K_{sp(Ca_nA_2)}$$

$$(2-27)$$

式中：$K_{sp(CaWO_4)}$ 和 $K_{sp(Ca_nA_2)}$ 分别为 $CaWO_4$ 和 Ca_nA_2 的溶度积。

因此作为白钨矿分解试剂的条件是：①其阴离子与 Ca^{2+} 形成的化合物的溶度

积应足够小；②在水中的溶解度较大，以保证分解产物有较大的浓度，设备有较大的生产能力；③分解产物最好易与后续工序能很好衔接，例如：Na_2WO_4、$(NH_4)_2WO_4$ 等；因此分解试剂最好为一种钠盐或铵盐；④环境效益好；⑤经济、易获得。

现在再根据上述要求对有关钠盐（或铵盐）进行筛选。

有关钠盐或铵盐的溶解度及其与 $CaWO_4$ 反应后生成的钙盐的 K_{sp} 及按式(2－27)计算所得的平衡常数 K 如表 2－27 所示(2.1 节及 2.2 节已介绍的 NaOH 及 Na_2CO_3 不再列入)。

表 2－27　某些钠盐、铵盐的性质及其进行反应(2－26)的平衡常数

A^{n-}	PO_4^{3-}	F^-	$C_2O_4^{2-}$	SO_4^{2-}
钠盐(或铵盐)溶解度/ $(g \cdot (100\ g)^{-1}H_2O)$	Na_3PO_4：20(30℃) 55(60℃)	NaF 4.20(30℃) 4.63(60℃) NH_4F 50(0℃)	$Na_2C_2O_4$： 3.7(30℃) 6.33(100℃)	Na_2SO_4： 50.4(30℃)
钙盐溶度积	$Ca_3(PO_4)_2$：1.2×10^{-29} $Ca_5(PO_4)_3OH$：$10^{-57.5}$	3.95×10^{-11} (26℃)	3×10^{-9} (25℃)	6.1×10^{-5} (25℃)
分解白钨矿的平衡常数 (按式(2－27)的计算值)	生成 $Ca_3(PO_4)_2$：$K = 805$ 生成 $Ca_5(PO_4)_3OH$： $K = 1.38 \times 10^{14}$ (当$[OH^-] = 1\ mol \cdot L^{-1}$)	54	0.71	3.5×10^{-5}

注：$CaWO_4$ 的溶度积按 2.13×10^{-9}(20℃)计。

除表 2－27 中通过热力学计算所得的平衡常数外，A·H·节里克曼[55]将 $CaWO_4$ 与 Na_3PO_4 按化学计量比混合，在高压釜内具体测定了下列反应的表观平衡常数 K_c。

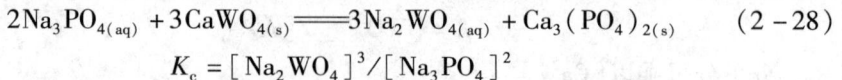

$$2Na_3PO_{4(aq)} + 3CaWO_{4(s)} =\!=\!= 3Na_2WO_{4(aq)} + Ca_3(PO_4)_{2(s)} \qquad (2-28)$$

$$K_c = [Na_2WO_4]^3 / [Na_3PO_4]^2$$

式中：$[Na_2WO_4]$、$[Na_3PO_4]$ 分别为 Na_2WO_4 和 Na_3PO_4 的平衡浓度，$mol \cdot L^{-1}$。

具体的结果为：温度为 120℃、150℃和 200℃时，K_c 值分别为 421、506 和 820，因此 K_c 值足够大，且升高温度更有利于反应式(2－28)的进行。

分析表 2－27 及上述实测的 K_c 值知，可作为 $CaWO_4$ 分解试剂的除了 2.1、

2.2 已介绍的 NaOH 和 Na_2CO_3 以及氢氧化钠 – 磷酸盐外，还可供考虑的有 NaF（NH_4F）和 $Na_2C_2O_4$。其中用 $Na_2C_2O_4$ 分解尚未见有关研究报道，故主要介绍 NaF（NH_4F）分解。

1. NaF 分解法[56, 57]

白钨精矿 NaF 分解的反应为：

$$CaWO_{4(s)} + 2NaF_{(aq)} \Longrightarrow Na_2WO_{4(aq)} + CaF_{2(s)}$$

前苏联学者具体测定了该反应在 225℃ 的表观平衡常数为 24.5。

为探索白钨精矿 NaF 分解时各种参数对分解率的影响，姚珍刚进行了小型试验（每批 200 g），发现在 190℃、保温时间为 1.5 h、固液比 =1∶3、并添加适量添加剂的条件下，NaF 用量对分解率的影响如图 2 – 30 所示。

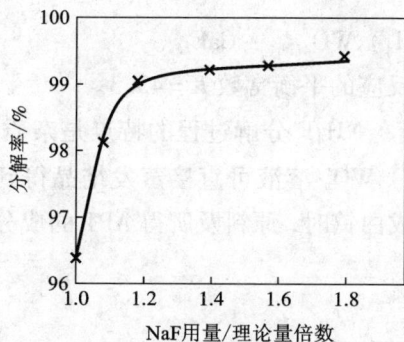

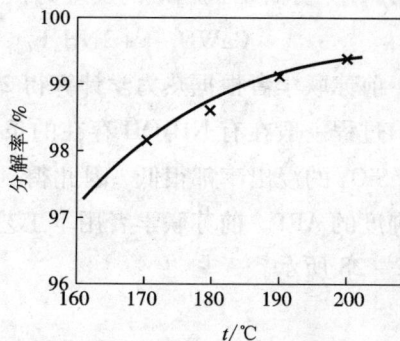

图 2 – 30　NaF 用量对分解率的影响　　图 2 – 31　温度对分解率的影响

从图 2 – 30 可知，当 NaF 用量为理论量 1.2 倍时，分解率已达 99% 左右。

在固液比 =1∶3、NaF 用量为理论量的 1.2 倍的条件下，温度对分解率的影响如图 2 – 31 所示。从图可知，当温度从 160℃ 升至 200℃，则分解率升高。在190℃ 的条件下，分解率能保持在 99% 以上。

过程中杂质的浸出率很低，根据姚珍刚处理川口矿的数据，得 P、As、Si 的浸出率分别为 3.8%、5.5% 和 1%。工业条件下，处理国内不同矿山的白钨精矿时，所得 Na_2WO_4 溶液含 WO_3 120 ~ 138 $g·L^{-1}$，P 0.0014 ~ 0.0032 $g·L^{-1}$，As 0.009 ~ 0.045 $g·L^{-1}$，SiO_2 0.01 ~ 0.05 $g·L^{-1}$，F^- 3 ~ 5 $g·L^{-1}$，其中 P、As、SiO_2 含量接近镁盐净化后的水平，但 F^- 含量高，仍需镁盐净化除去 F^-。

本工艺在我国已实现了工业化，分解率可达 99%。本工艺的不足是由于 NaF 在水中溶解度小，特别是随着溶液中 Na_2WO_4 浓度的升高和温度的升高，NaF 的溶解度降低，NaF 的溶解度与 Na_2WO_4 的浓度及温度的关系如图 2 – 32 所示。从

图 2 - 32 可知，在 225℃ 左右，当 Na_2WO_4 浓度为 22.1% 时，NaF 的溶解度降至 1.7%，因此为使加入的 NaF 能大部分保持溶液状态，应保持液相有足够体积。分解过程中液固比应在 3.0 以上，相应地设备生产能力低，单位能耗高，产出的浸出液中 WO_3 浓度低。

图 2-32 NaF 的溶解度与 $w_{Na_2WO_4}$ 及温度的关系

2. NH_4F 分解法[58,59]

NH_4F 分解白钨精矿的反应为：

$$CaWO_{4(s)} + 2NH_4F_{(aq)} = (NH_4)_2WO_{4(aq)} + CaF_{2(s)}$$

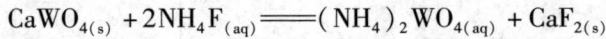

前苏联学者根据热力学计算得 20℃ 时，反应的平衡常数 $K = 43.3$。

过程一般在有 NH_4OH 存在的条件下进行。NH_4F 分解过程的特点是杂质 P、As、SiO_2 的浸出率都很低，因此得到的 $(NH_4)_2WO_4$ 溶液可直接蒸发结晶得到一定纯度的 APT。前苏联学者用本工艺处理合成白钨时，原料及所得 APT 的成分如表 2 -28 所示。

表 2 - 28 NH_4F 分解合成白钨时原料、浸出液及 APT 成分

成 分	WO_3	$Mo_{总}$	$Mo_{氧化}$	SiO_2	P	As
原料/%	50.7	4.18	3.93	4.51	0.12	0.006
$(NH_4)_2WO_4$ 溶液/$(g \cdot L^{-1})$	100 ~ 120		9 ~ 11	0.4 ~ 0.5	0.12	0.006
APT/%		0.04		0.006	< 0.001	< 0.001

因而这方面是很有意义的，但遗憾的是对矿物原料的分解率很不理想，因此只能针对活性较高的物料。作为活性高的物料是：

(1)预先经过机械活化的矿物原料。例如 A·H·节里克曼在处理品位为 50.7% 的德尔内乌兹白钨矿时，NH_4F 用量为理论量的 2.5 倍，NH_3 浓度为 10%，液固比 = 4:1，125℃ 下浸出 2 h，如果未活化则分解率仅 79.6%，如果预先在行星式离心磨机中湿式活化 15 min，则分解率可达 94.2%。

(2)合成白钨。前苏联学者曾进行半工业试验，采用两段逆流分解，其技术条件为 NH_4F 用量为理论量的 1.1 ~ 1.3 倍，液固比 = 4:1，NH_4OH 质量浓度 15%，温度 80 ~ 90℃，两段分解总时间 3 ~ 4 h，总回收率达 98% ~ 99%。

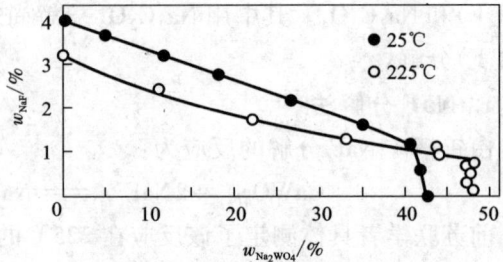

2.3.2　基于生成钙的稳定配位化合物或钨杂多酸的方法

1. 生成稳定的钙的配位化合物[60, 61]

其实质为加入配位体，使 $CaWO_4$ 分解过程中钙转化为稳定配合物进入溶液。由于形成配合物后，溶液中 Ca^{2+} 的活度很小，因此不至于与溶液中 WO_4^{2-} 形成 $CaWO_4$ 沉淀。在这方面代表性的研究为派恩进行的 $EDTA(H_4Y)$ 浸出，即将低品位白钨矿($2\% CaWO_4$)在 100℃ 与 H_4Y 的碱性溶液反应：

$$H_4Y + 4NaOH \Longrightarrow Na_4Y + 4H_2O$$

$$CaWO_4 + Na_4Y \Longrightarrow CaNa_2Y + Na_2WO_4$$

因此钙和钨均进入溶液，然后用萃取法(例如季铵盐萃取)将钨萃入有机相，与水相的钙分离，进而由有机相回收钨。含 $CaNa_2Y$ 的水相酸化后可回收 H_4Y。

为查明 EDTA 配合物分解的动力学规律，J·J·克等以合成白钨为原料，用旋转圆盘法进行了研究，发现反应速率与圆盘转速的平方根成正比。在 pH 为 12.5，圆盘转速为 620 $r \cdot min^{-1}$ 的条件下，反应的表观活化能为 22 $kJ \cdot mol^{-1}$。

2. 在酸性溶液中生成稳定的钨的同多酸(盐)或杂多酸

其实质是由于在酸性条件下，WO_4^{2-} 能聚合成偏钨酸根离子或与中心原子 P、As、Si 等形成杂多酸，因而溶液中 WO_4^{2-} 的活度大为降低，促进 $CaWO_4$ 被分解。在这方面前人进行了大量工作。

(1)生成钨杂多酸的分解过程[62, 63]

在酸性溶液中当有 PO_4^{3-} 存在时，$CaWO_4$ 将按下式反应被分解：

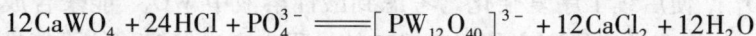

$$12CaWO_4 + 24HCl + PO_4^{3-} \Longrightarrow [PW_{12}O_{40}]^{3-} + 12CaCl_2 + 12H_2O$$

因而钨以杂多酸根 $[PW_{12}O_{40}]^{3-}$ 的形态进入溶液，通过过滤将溶液与残渣分离后，加入 NH_4OH，则钨将迅速以磷钨杂多酸盐($(NH_4)_xP_yO_z \cdot rWO_3 \cdot tH_2O$，例如 $(NH_4)_3P_2O_8 \cdot 6WO_3 \cdot 9H_2O$)的形态从溶液中析出，再从磷钨杂多酸盐制取 APT。

Gürman 等以含 WO_3 为 65.3%、粒度为小于 50 μm 占 78%、50 ～ −200 μm 占 22% 的白钨精矿为原料，研究了上述分解反应的条件，发现影响钨溶出率的因素主要有：

温度　温度对钨的溶出率的影响如图 2 – 33 所示。从图 2 – 33 可知，温度由 40℃ 升至 80℃，则钨溶出率可由 25% 增至 98%，进一步升高温度则影响不大。

PO_4^{3-} 用量　随着 PO_4^{3-} 用量的增加，或 $m_W/m_{PO_4^{3-}}$ 的减小，则溶出率增加。实践证明，PO_4^{3-} 的用量按 $m_W/m_{PO_4^{3-}}$ 为 7∶1 左右较好，进一步减小该比值，则对溶出率的影响不大。

HCl 浓度　HCl 浓度增加，则溶出率增加，当由 1 $mol \cdot L^{-1}$ 增至 2 $mol \cdot L^{-1}$ 则溶出率由 64% 增至 98%，但进一步提高 HCl 浓度对溶出率影响不大，相反地铁的溶出率增加。

综上所述,最佳的分解条件为温度 80℃,HCl 浓度 2 mol·L^{-1},液固比为 10∶1,$m_W/m_{PO_4^{3-}}$ = 7∶1,时间为 2 h。在这种条件下,钨的溶出率达 98%,为进一步提高溶出率,有待降低原料的粒度。

分解所得的磷钨杂多酸溶液中加入 NH$_4$OH 则得磷钨杂多酸盐沉淀。在沉淀过程中许多杂质保留在溶液中,按照 Gürman 的设想,含 PO$_4^{3-}$ 的沉淀母液经结晶 CaSO$_4$·2H$_2$O 及除铁后,可返回分解过程,实现闭路循环。

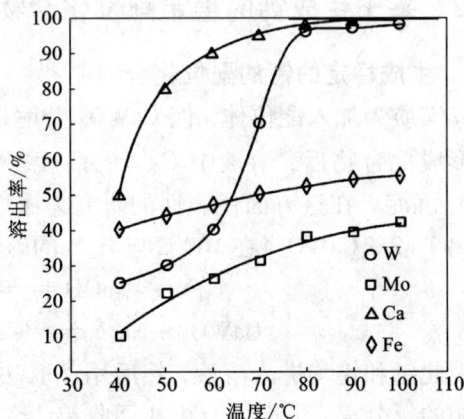

图 2 - 33　温度对钨溶出率的影响

针对上述分解过程,Kahruman 进行了动力学研究,所用的原料为合成白钨。结果认为过程属于化学反应控制,对 HCl 和 H$_3$PO$_4$ 的反应级数分别为 1/3 和 2/3,反应的表观活化能为 60 kJ·mol^{-1}。

(2)生成偏钨酸的分解过程[64]

上述生成杂多酸的分解过程虽然能有效地使钨进入溶液,但与此同时亦带入了大量 PO$_4^{3-}$,使后续工序复杂化。考虑到酸性溶液中 WO$_4^{2-}$ 能聚合成溶解度大的偏钨酸,故许多学者研究在分解白钨矿的过程中产出偏钨酸的可能性及其技术条件。

J·I·马廷斯等以合成白钨为原料,在小型试验的规模下对该过程进行了研究,发现影响 CaWO$_4$ 中 WO$_3$ 转化为偏钨酸溶出的主要因素为温度和 pH。温度对溶出率的影响如图 2 - 34 所示。从图可知,在 pH 为 1.9 的条件下,温度由 40℃ 升至 80℃,则 4 h 内溶出率由 50% 左右增至接近 100%。进一步升高温度则产生 H$_2$WO$_4$ 膜导致溶出率下降。因此认为最佳条件为温度 70 ~ 80℃,pH 为 1.5 ~ 2.2,同时指出本工艺相对于传统的 HCl 分解工艺而言可使酸用量减少 20% 左右,温度由 100℃ 降为 80℃,相应地使 HCl 的挥发损失及对环境的污染、对设备的腐蚀等都得到减轻。

与上述 J·I·马廷斯研究的同时,I·格金亦研究了在 HCl - C$_2$H$_5$OH 体系或 HCl - C$_2$H$_5$OH - H$_2$O 体系中分解白钨矿或合成白钨而不产生固体钨酸的可能性。指出在 70℃、HCl 浓度为 4 ~ 5 mol·L^{-1} 的条件下分解后,生成的固体钨酸量可忽略不计。

在湿法冶金中,堆浸法或槽浸法为处理某些低品位复杂矿(例如低品位铜矿或金矿）的有效方法之一。为考察用堆浸或槽浸法实现上述生成配合物的分解过程及生成杂多酸的分解过程的可能性，R. A. Gurdes de Carvalho 等研究了在室温、准停滞状态下（即不搅拌，自然反应）CaWO₄ 分解的可能性。先后选用了 18 种配位体，在酸性和碱性的条件下进行分解，其中结果较好的分别如表 2-29 和表 2-30 所示。

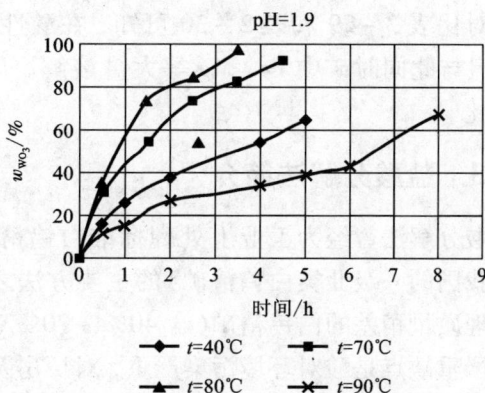

图 2-34 温度对合成白钨以偏钨酸形态溶出的溶出率的影响

表 2-29 在酸性条件下加配位体分解白钨矿的结果（1.0 mol·L⁻¹ HCl）

添加剂名称	浓度/(mol·L⁻¹)	钨提取率/%	时间/d
草酸①	0.67	100	1
酒石酸	0.33	100	15
苹果酸	0.74	100	15
乳酸	1.10	98	30
柠檬酸	0.52	94	50
葡萄糖酸	0.5	92	30
不添加	—	7	60

注：①HCl 浓度为 0.5 mol·L⁻¹。

表 2-30 在碱性条件下加配位体分解白钨矿的结果（2.5 mol·L⁻¹ Na₂CO₃）

添加剂名称	浓度/(mol·L⁻¹)	钨提取率/%	时间/d
CaO	2%(w)	100	100~200
EDTA①	0.17	100	30
酒石酸	0.33	65	90
水杨酸	0.36	57	90
五倍子酸	0.29	45	90
半乳糖	0.28	65	90
腐植酸	5%(w)	75	60
不添加	—	30	30

注：①Na₂CO₃ 浓度为 0.5 mol·L⁻¹。

对比表 2-29 和表 2-30 可知，在酸性介质中钨的提取效果比碱性介质的好，但与此同时矿中 Fe、Mg 等大量溶解。因此在具体进行堆浸时有待全面分析对比。

2.3.3 盐酸分解法简介[66]

酸分解法曾经为工业上处理标准白钨精矿（要求含黑钨及磷、砷等杂质低，例如我国的一级 Ⅱ 类白钨精矿）的主要方法之一，将流程作适当修改后，亦可用于处理质量稍差的白钨精矿（含 40% ~70% WO_3），具有流程短、成本低等特点。但其严重缺点是酸对环境污染严重，对厂房及设备腐蚀严重，同时产品质量进一步提高的难度大，因此作为主流程已被淘汰，但在处理某些特殊物料或某些中间产品时仍有一定参考价值。

白钨矿酸分解主要用盐酸，前苏联学者亦用硝酸进行了大量研究。考虑到无论是盐酸分解法或硝酸分解法在参考文献[66]中都有详细介绍。本书只对盐酸分解法的原理及工艺作归纳补充性简介。

1. 原则流程

盐酸分解法处理白钨精矿的原则流程如图 2-35 所示。

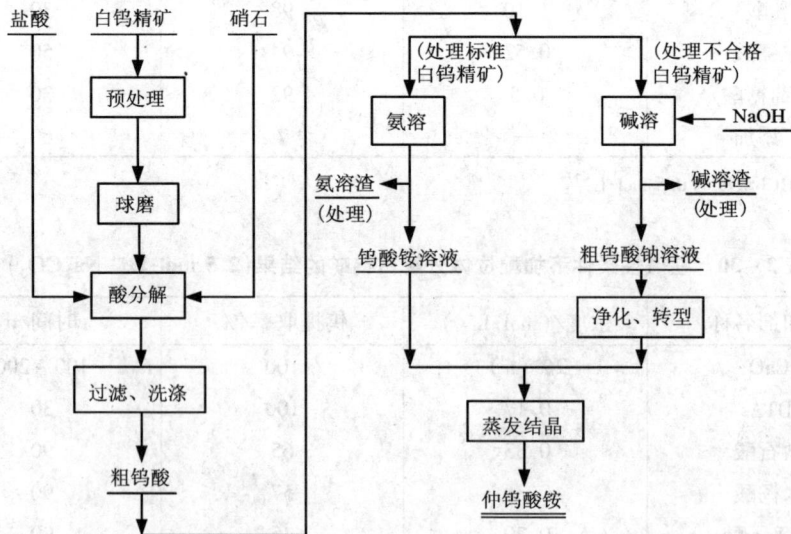

图 2-35 盐酸分解法处理白钨精矿生产 APT 的原则流程图

白钨精矿一般球磨至通过 325 目筛后，进行酸分解（有的企业则在球磨前进行焙烧预处理，在 800 ~900℃下除去浮选剂，并将夹杂的硫化物氧化，除去部分磷、砷等杂质）。酸分解后粗钨酸的处理有两种方案：当原料为标准白钨精矿时，所得粗钨酸可直接氨溶，得 $(NH_4)_2WO_4$ 溶液，进而蒸发结晶得 APT；当原料为非标准精矿，则用 NaOH 浸出得 Na_2WO_4 溶液，后者经净化、转型后得 $(NH_4)_2WO_4$ 溶液，再蒸发结晶得 APT。

2. 基本原理

（1）主要反应及其热力学条件

热力学计算及前苏联学者麦耶尔逊实际测定的表观平衡常数 K_c 都表明 $CaWO_4$、$FeWO_4$、$MnWO_4$ 与 HCl 反应生成 H_2WO_4 的热力学趋势很大，因此盐酸分解过程关键是保证良好的动力学条件。

（2）反应机理及影响分解率的因素

①反应机理。郑昌琼的研究表明，在白钨矿盐酸分解过程中，当搅拌速度足够快时，通过固态 H_2WO_4 膜的扩散为分解过程控制性步骤。

A·C·梅德维杰夫研究白钨矿硝酸分解过程时，认为过程的进行主要经历下列步骤：

（Ⅰ）固体 $CaWO_4$ 溶于水：$CaWO_{4(s)} \Longrightarrow CaWO_{4(aq)}$；

（Ⅱ）水溶液中的 $CaWO_4$ 与硝酸反应得溶解状态的钨酸：

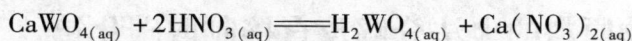

$$CaWO_{4(aq)} + 2HNO_{3(aq)} \Longrightarrow H_2WO_{4(aq)} + Ca(NO_3)_{2(aq)}$$

（Ⅲ）溶解状态的钨酸结晶得固体钨酸。

控制性步骤为钨酸的结晶过程。实验证实，当酸分解过程预先加入固体钨酸作晶种，则分解率明显提高。这一观点与梅德维杰夫研究钨矿物 NaOH 分解的看法类似（2.1.1 第 5 节），有待进一步证实。

②影响分解率的因素。按照多相反应动力学的一般规律知，提高分解温度、增加盐酸用量和延长时间都有利于提高分解率。但这些势必加剧 HCl 的挥发、对设备的腐蚀以及对环境的污染，因此这些措施是有限度的。由于过程属通过 H_2WO_4 膜的扩散控制，因此减小矿的粒度，相应地将减小 H_2WO_4 膜的厚度，有利于提高分解率。而且在球磨的同时进行分解有利于提高分解率。应当指出，盐酸、硝酸、硫酸对黑钨矿的反应速度极慢，因此除工艺参数及设备类型外，原料含黑钨高（含铁高），则分解率低。

彭少方的研究表明，采用超声波活化的方法能大幅度降低反应温度，提高分解率，在 HCl 浓度为 $2\ mol \cdot L^{-1}$、40℃ 的条件下，无超声波活化时，经 3 h 分解率仅 32.7%；超声波活化的条件下，分解率达 98.8%。

3. 工业实践

（1）酸分解过程

酸分解过程可在搅拌槽中或热球磨反应器中进行。

①搅拌酸分解。搅拌酸分解致命的缺点之一是分解过程中及高温物料运转过程中产生大量酸雾,针对传统酸分解在敞开式反应器中在负压下进行,HCl 挥发更为严重,我国科技人员开发了密闭酸分解,在一定程度上减小了操作环境中的酸雾,减少了 HCl 的损失,提高了白钨矿的分解率,但设备密封件的结构和材质有待进一步改进。

②热球磨酸分解。热球磨反应器的关键是其内衬材料及球的材质在工作温度下应耐盐酸腐蚀耐磨,目前尚未找到能同时满足上述要求的材料。有的工厂内衬石英砖,前苏联工作者建议用熔铸辉绿岩。我国科学工作者对研磨介质的材料进行了比较,发现在酸分解的具体条件下,钼球、钛球、卵石每小时的损耗量分别为 0.016%、0.36% 和 0.1% 以下,一个直径 20 mm 的钼球可使用 5000 h。

热球磨分解一般在 60℃ 左右进行,分解过程中球能不断磨去矿粒表面的 H_2WO_4 膜,故有较好的动力学条件。一般在 60℃ 左右分解 4~5 h,分解率能达 99% 左右,而盐酸用量仅为理论量的 1.3~1.5 倍,为搅拌分解的 50% 左右。

(2)氨溶过程

氨溶过程的技术条件参见文献[1]。

2.4 钨矿物原料的火法分解及直接制取碳化钨

2.4.1 钨矿物原料的火法分解

1. 苏打烧结法

苏打烧结法的实质是将钨矿物原料与苏打及其他添加剂混合,在 800℃ 左右进行反应,使钨转化为可溶于水的 Na_2WO_4,而其他伴生元素如铁、钙、锰等呈不溶于水的化合物,因而反应产物用水浸出,则 Na_2WO_4 进入水溶液,而矿物原料中其他组分则保留在渣中,它既适用于处理黑钨精矿,也适用于处理白钨精矿或黑钨、白钨混合的低品位中矿。缺点是许多技术经济指标(如回收率、能耗等)往往低于本章第 1~3 节所述的各种湿法分解的方法,同时对环境的污染也较严重,因此逐步被湿法取代。

但当前某些企业仍用以从废渣中或难处理低品位中矿中回收钨,故简单介绍如下。

(1)基本原理

关于黑钨矿及白钨矿苏打烧结过程的原理在参考文献[1]中已作详细介绍,其主要结论如下。

①根据热力学计算，在有氧化剂存在下，$FeWO_4$、$MnWO_4$ 与 Na_2CO_3 作用转化为 Na_2WO_4 的 $\Delta_r G_m^\ominus$ 值变得更负，即更有利于反应的进行，因此一般对黑钨矿而言，应加入适量的硝石。

②对白钨矿而言，当无 SiO_2 存在时反应为：

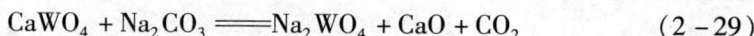

$$CaWO_4 + Na_2CO_3 = Na_2WO_4 + CaO + CO_2 \qquad (2-29)$$

热力学计算表明，在 $800 \sim 1200K$ 温度范围内，反应(2-29)的 $\Delta_r G_m^\ominus$ 为正值，因此在上述温度范围和标准状态下反应(2-29)不能自动进行。为保证反应的进行并避免浸出过程中 CaO 与 Na_2WO_4 进行二次反应生成 $CaWO_4$ 沉淀，应加入足够的 SiO_2，随着 SiO_2 量的不同而分别发生下反应：

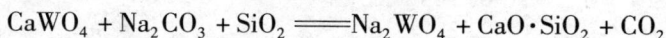

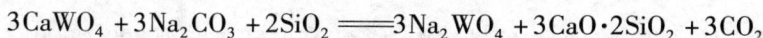

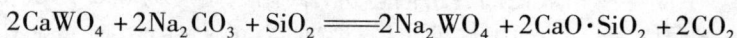

$$CaWO_4 + Na_2CO_3 + SiO_2 = Na_2WO_4 + CaO \cdot SiO_2 + CO_2$$

$$3CaWO_4 + 3Na_2CO_3 + 2SiO_2 = 3Na_2WO_4 + 3CaO \cdot 2SiO_2 + 3CO_2$$

$$2CaWO_4 + 2Na_2CO_3 + SiO_2 = 2Na_2WO_4 + 2CaO \cdot SiO_2 + 2CO_2$$

在 $800 \sim 1200K$ 温度范围内，上述反应的 $\Delta_r G_m^\ominus$ 均为负值，故处理白钨精矿时，一定要有 SiO_2 存在。

③原料中的硅、磷、砷、钼等杂质将发生下列反应，生成相应的钠盐：

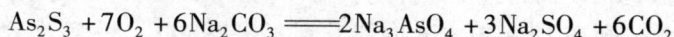

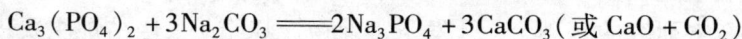

$$MoS_2 + 9/2 O_2 + 3Na_2CO_3 = Na_2MoO_4 + 2Na_2SO_4 + 3CO_2$$

$$As_2S_3 + 7O_2 + 6Na_2CO_3 = 2Na_3AsO_4 + 3Na_2SO_4 + 6CO_2$$

$$Al_2O_3 + Na_2CO_3 = 2NaAlO_2 + CO_2$$

$$SiO_2 + Na_2CO_3 = Na_2SiO_3 + CO_2$$

$$Ca_3(PO_4)_2 + 3Na_2CO_3 = 2Na_3PO_4 + 3CaCO_3(或 CaO + CO_2)$$

过量的苏打亦能与部分 SnO_2、Fe_2O_3 反应生成相应的锡酸盐和铁酸盐。

在烧结料浸出过程中，硅、磷、砷、钼的钠盐将与 Na_2WO_4 一道溶于水。$NaFeO_2$ 发生水解生成 $Fe_2O_3 \cdot H_2O$。

此外，$NaAlO_2$ 亦部分与 Na_2SiO_3 作用生成 $Na_2O \cdot Al_2O_3 \cdot 2SiO_2 \cdot 2H_2O$。

（2）工业实践

在工业上，苏打烧结过程主要分配料、烧结、水浸出 3 个阶段，简单介绍如下：

①配料。钨矿经粉碎后与硝石、石英（预先经粉碎）等进行配料，其配比如表 2-31 所示。应当指出由于 Na_2WO_4 的熔点仅 695℃，因此在 $800 \sim 900$℃ 下将熔化成液相。炉料中 Na_2WO_4 含量过多，则在高温区炉料将成糊状，在低温区不可能结块，无法实现连续化和大型化，为此配料时还应加入返渣，使炉料中 WO_3 含量不超过 20%。

表 2 – 31　苏打烧结法处理钨矿物原料的技术条件

原料名称	配料				烧结温度 /℃	分解率 /%
	苏打量/理论量倍数	硝石	石英	食盐		
黑钨精矿	1.3 ~ 1.6	精矿重的 1% ~ 4%		适量	800 ~ 900	约 98
白钨精矿	1.5 ~ 2.0		精矿的 10% 左右	适量	800 ~ 900	约 95
白钨混合矿(注)	8 ~ 9			适量	800 ~ 900	97.3

注：原料含 12.2% WO_3，9% CaO，25.3% SiO_2。

②烧结。工业生产一般在回转窑内进行，高温区温度为 800 ~ 900℃，用粉煤或重油加热。据某厂统计，处理标准黑钨精矿时，每吨 APT 消耗重油 0.42 t。

为提高苏打烧结过程的效率、降低能耗，乌兹别克学者 В·Г·柯列斯尼克[67] 曾研究利用微波加热的方法。微波加热能迅速在物料内部均匀升温，并能激发物料的各种物理化学过程，因而使烧结过程得到强化。实践表明，对含 WO_3 为 65% ~ 70% 的黑钨精矿而言，在苏打用量为矿量的 20% ~ 40% 的条件下，采用适当的微波场强度，则在 15 ~ 20 min 内能升到 820 ~ 980℃。一般在 800 ~ 850℃下保温 20 ~ 30 min，就能取得好的烧结效果，例如当苏打用量为矿量的 30%，在上述条件下所得烧结块用 80 ~ 90℃的水浸出，最终渣含 WO_3 为 0.88%。

在上述工艺研究的基础上，开发了工业微波烧结炉，烧结炉主要由微波室、履带式物料传送装置、抽风系统、控制系统组成。微波室由 4 个功率为 50 kW 的高频电源供电，试车时生产能力达每小时产出烧结块 1 t。试验表明其能耗大大低于传统的回转窑烧结，环境质量亦得到改善。

③水浸出。从回转窑出来的高温烧结块直接进入球磨机进行球磨。在球磨的同时，大部分 Na_2WO_4 被浸出，球磨后的矿再进入搅拌槽在 80 ~ 90℃下用水浸出，使 Na_2WO_4 进一步溶出，处理黑钨精矿时最终渣含不溶 WO_3 可降至 3.0% 左右。处理含 WO_3 为 3% ~ 4% 的冶炼废渣时，最终渣含不溶 WO_3 可降至 0.5%。

2. 熔炼法

钨矿物原料的熔炼的实质是将矿物原料与熔剂一道在高温下熔融，通过一系列物理化学反应使伴生的元素进入渣相，而 WO_3 进入富钨相(如钨酸盐相、铁合金相等)，从而实现钨与伴生元素的分离。

目前钨矿物原料熔炼的方法包括电热熔炼和热还原熔炼，处理的具体原料繁多，包括品位较高的精矿、钨渣和低品位至 2% 的难选钨中矿等，尽管与产业化还有很大距离，但其研究方法和具体工艺对研究钨矿物原料的处理有一定的参考价值，故将典型的研究结果简单介绍如下：

（1）白钨精矿的电热熔炼[68]

①基本原理。白钨精矿与石英、苏打在 1400 ~ 1500℃熔合，发生如下反应：

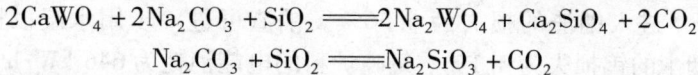

$$2CaWO_4 + 2Na_2CO_3 + SiO_2 \Longrightarrow 2Na_2WO_4 + Ca_2SiO_4 + 2CO_2$$

$$Na_2CO_3 + SiO_2 \Longrightarrow Na_2SiO_3 + CO_2$$

高温下，硅酸盐相与钨酸钠相不互溶。$CaSiO_3 - Na_2SiO_3 - Na_2WO_4$ 系在 1170℃下，Na_2SiO_3 含量为 2.5% ~ 98% 内为分层区，上层组分主要是 Ca_2SiO_4 和 $Na_2Ca_3Si_3O_9$ 和 $Na_2Ca_3Si_6O_{16}$，下层主要为 Na_2WO_4，还有少量钠钙的硅酸盐和二次白钨。将下层冷却用水浸得到 Na_2WO_4 溶液。

②主要技术条件。前苏联学者处理白钨精矿的技术条件和指标为：温度 1400 ~ 1500℃，苏打用量为理论量的 160% ~ 165%，炉料中氧化钨与氧化硅之比为 1.22 ~ 1.25（当炉料中含 1.5% ~ 3.0% Al_2O_3 时，此比值增为 1.35）。最终硅酸盐渣中含 WO_3 < 2.5%，同时，40% ~ 50% S、65% ~ 70% P 和全部铁转入硅酸盐渣，钨进入 Na_2WO_4 溶液的回收率为 98%，每吨精矿的电耗为 1100 kW·h。

（2）铝热还原法处理钨渣[69, 70]

A·H·节里克曼等曾用炉外铝热还原熔炼法处理黑钨矿分解渣，以回收其中的有价元素，钨渣含 WO_3 4.95%、Fe_2O_3 34.5%、Mn_3O_4 1.02%、Nb_2O_5 1.02%、Ta_2O_5 0.35%、SiO_2 12.9%、CaO 5.4%，预先在 800℃煅烧 2 h 后，加入金属铝。铝既是上述氧化物的还原剂，又是发热剂；通过上述氧化物铝热还原过程的放热及铝与氧化剂 BaO_2 反应发热，以保证系统的温度能达物料的熔化温度。为降低炉料的熔化温度，则加入适量的 CaO 和 CaF_2，它们的加入量一般不超过炉料量的 20%。

上述物料在混料器中混合 0.5 h 后，加入石墨坩埚中，用电火花点火后在 35 ~ 50 s 内反应结束，物料分层后，得铁合金相和渣相。每批处理炉料量为 1.3 kg 左右，合金相约 410 g，含 W 5.62%（换算成 WO_3 为 7.08%）、Fe 60%、Mn 16.8%、Ta 0.21%、Nb 0.53%，钨进入合金相的回收率为 86.8%，Ta、Nb 则为 40% 左右。试验表明，加大规模，有利于提高钨的回收率，其原因可能与散热速度变慢，相应地炉料在高温熔融状态下停留时间延长有关。

（3）电热熔炼法处理难选钨中矿制取铁合金

В·И·马斯洛夫等针对某些低品位中矿难以用选矿法富集，即使由品位 2% 选至品位 10% 也导致大量 WO_3 进入尾砂损失，因而研究用电熔炼法处理低品位矿，使钨富集到铁相，伴生元素进入熔渣相，以实现钨的富集并与主要伴生元素分离。

过程的实质是将矿物原料以 Na_2SO_4、Na_2CO_3 为熔剂，并加入适量碳，在矿热炉内进行熔炼，在 1150 ~ 1200℃下原料中铁化合物被还原成金属铁，而钨则被还原成金属钨，与铁一道形成铁合金。SiO_2、CaO 则与熔剂造渣，形成的钠渣与钨铁分离。

该工艺在炉膛面积为 5 m² 的矿热炉内完成了半工业试验，共处理中矿 20.9 t。

试验条件为:每 100 kg 含 WO_3 为 2.45%(折合 W 为 1.94%)的中矿,加 Na_2SO_4 43.8 kg、Na_2CO_3 9 kg、焦炭 12 kg;温度 1150 ~ 1200℃,结果产出的钠渣中含 WO_3 0.164%(折合 W 为 0.13%),产出铁合金中含 W 6.6%。钨进入铁合金回收率为 89.34%,进入钠渣的损失为 6.56%。钠渣可进一步用水浸以回收钠盐和 WO_3,进入烟尘的钨损失为 4.1%,每吨炉料的电能消耗为 646 kW·h。

相对而言,本工艺处理低品位矿回收率比选矿法高,但按单位钨产品计,其能耗、试剂消耗对环境的污染都是得不偿失的。至于处理品位较高的难选中矿的效果则有待进一步研究。

2.4.2 由钨精矿直接制取碳化钨[71~74]

按照传统的流程,由钨矿物原料生产碳化钨粉需经过钨矿物原料的分解、纯钨化合物(APT)制备、还原法制取金属钨粉以及金属钨粉的碳化等多道工序,流程冗长,金属总回收率低,成本高,同时对环境的污染也严重。因此许多学者进行了由钨精矿直接制取碳化钨的研究,其中有的成果已实现产业化。

根据钨精矿的成分及工业上对碳化物的要求可知,由钨精矿直接制取碳化钨的过程中应完成下列任务:

(1)将钨化合物与精矿中的主要伴生元素如 Ca、Mn、Fe、Si 等分离;为完成此任务,基本上都是通过加入熔剂在高温下进行造渣,使上述元素的化合物进入渣相。

(2)将钨化合物与碳化剂(碳或含碳的化合物)作用生成碳化钨。

(3)碳化钨的后处理,使之在纯度和粒度方面进一步符合用户的要求。

当前研究较成功的方法有铝热还原法和熔盐萃取 - 碳化法。

1. 铝热还原法制取碳化钨

铝热还原法的简单原理是将钨精矿(白钨精矿或黑钨精矿或黑钨白钨混合精矿)与铝粉及碳化剂(CaC_2 或炭)混合,放入坩埚内,通过电火花引发(点火),则钨、铁等对氧亲和力比铝小的元素的氧化物都被铝还原成金属,例如对黑钨矿而言,反应为:

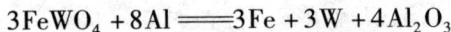

$$3FeWO_4 + 8Al = 3Fe + 3W + 4Al_2O_3$$

在铝热还原过程中,由于高的热效应,使物料的温度自动升高到 2500℃ 以上,因而 Al_2O_3、CaO 等造渣形成熔渣相,而钨则与碳化剂反应生成 WC。WC 与铁及少量 Mn、Ni、Cu 等杂质组成金属相,两相因密度不同而分层,冷却后将渣与金属相分开,金属相经粉碎、用 HCl 处理除去 Fe、Mn 等杂质后,即得 WC 粉。

铝热还原法制备 WC 的具体工艺过程是:将钨精矿(含 WO_3 60% ~ 65%)在 800 ~ 900℃ 煅烧 2 h,以除去挥发性杂质并使碳酸盐分解,然后配入按化学计量所需的铝粉以及 CaC_2 或碳粉,同时根据反应发热量计算的情况适当补充部分 Fe_3O_4 和相应的铝粉以保证足够的发热量。实践证明,配料过程中铝量增加有利于抑制

WC 晶粒的长大。将上述物料均匀混合后,加入石墨或钢坩埚,通过电火花引发,反应急剧进行,一般在 3 ~ 5 min 内完成。

反应完成分层后,冷却,取出物料,其渣相主要为 $CaO \cdot 2Al_2O_3$ 和 $CaO \cdot Al_2O_3$,金属相(含 WC 55% ~ 75%、Fe 15% ~ 30%、过剩 Al 1% ~ 4%)破碎至 $\leqslant$ 150 μm,用 HCl 在 90 ~ 95℃下浸出,除去 Fe、Al 等杂质,即得合格 WC 粉,可用以制取矿山工具或硬质合金。

铝热还原法制取 WC 的特点除工艺流程短、成本低外,其产品质量上还有某些优越性,主要是由于碳化过程在高温下进行,因而碳化完全,含游离碳仅 0.01% 左右,WC 的晶体结构完整,同时无 W_2C、Mo_2C 或 Fe_3W_3C 等杂相,Mo 等杂质一般以固溶体形态存在于 WC 晶格中,很少在晶粒边界富集。

据报道,本工艺在 20 世纪 40 年代就已经在美国 Kenna 金属公司投产,目前一直以工业规模生产,每批产出 WC 粉约 22 t。

2. 熔盐萃取 – 碳化法制取碳化钨

熔盐萃取 – 碳化法制取碳化钨主要分为高温熔体萃取和气体喷入碳化两阶段。

(1)高温熔体萃取

将钨精矿(黑钨精矿或白钨、黑钨混合精矿)与 Na_2SiO_3、NaCl 混合,在 1050 ~ 1100℃下熔融,并发生以下反应:

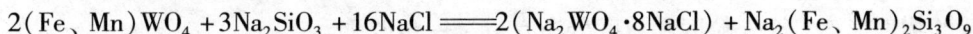

$$2(Fe、Mn)WO_4 + 3Na_2SiO_3 + 16NaCl = 2(Na_2WO_4 \cdot 8NaCl) + Na_2(Fe、Mn)_2Si_3O_9$$

当以白钨精矿为原料时,一般应加 Al_2O_3 和 NaF 作熔剂。

所得 $Na_2WO_4 \cdot 8NaCl$ 相与硅酸盐互不相溶,故按密度分层,分别为氯化物 – 钨酸盐相(又称白相)和硅酸盐相(又称黑相)。将两相用倾析法分离后,一般 98% ~ 99% 的 WO_3 及少量铁锰杂质进入钨酸盐相,其典型成分为(%):32 ~ 33 WO_3、0.001 ~ 0.1 CaO、0.02 ~ 0.04 Fe_2O_3、0.01 ~ 0.03 MnO。

(2)气体喷入碳化

将氯化物—钨酸盐相补加 NaCl 调整比例后,在 1050 ~ 1090℃通入天然气,发生如下反应:

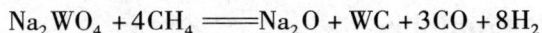

$$Na_2WO_4 + 4CH_4 = Na_2O + WC + 3CO + 8H_2$$

得 WC,WC 先后用 6 $mol \cdot L^{-1}$ HCl 和 3% NaOH 洗去杂质,得纯 WC 粉。

碳化过程半工业试验中所用的坩埚由 625 因科镍合金制成,锥形,上部直径 610 mm,下部直径 355 mm,高 762 mm,容量为 136 ~ 159 kg 氯化物—钨酸盐,上部加盖;插入四根气体喷入管和一根出气管,一根测温管。气体喷入管插入深度为 610 mm。每小时可产高纯 WC 5.45 kg。

过程的主要技术条件及指标为:

①高温熔体萃取。

配料:$m_{黑钨精矿} : m_{NaCl} : m_{Na_2SiO_3} = 33 : 47 : 20$。

温度和保温时间：1050～1100℃，2 h。

氯化物－钨酸盐相成分：WO_3 25%～30%、FeO 约 0.2%、MnO 约 0.3%。

硅酸盐相成分：WO_3 约 0.5%、(FeO + MnO)约 36%。

WO_3 进入氯化物－钨酸盐相回收率为 98%～99%。

②气体喷入碳化。

氯化物－钨酸盐相成分：WO_3 25%～30%(即 Na_2WO_4 31.7%～38.04%)。

反应温度：1050～1070℃。

CH_4 中碳利用率：2.2% 左右(半工业规模数据，下同)。

WO_3 进入 WC 的回收率：90% 左右。

WC 粉总成本：比传统方法少 30% 左右。

在半工业条件下产品 WC 经 HCl 洗涤去杂质后，其成分大体为：总碳 5.99%～6.14%、游离碳 0.06%～0.12%、氧 0.53%～0.55%、Al 0.001%～0.005%、Ca 0.005%～0.03%、Cr 0.01%～0.3%、Cu 0.007%～0.05%、Fe 0.003%～0.06%、Mg 0.001%～0.01%、Mn 0.1% 左右、Mo 0.1% 左右、Si 0.01% 左右、Ni 0.03%～0.1%。

陈绍衣等认为，根据制取硬质合金的要求，本工艺产出 WC 的化合碳还有待提高，WC 颗粒的外形有三角棱柱状结晶和爆玉米状团粒两种。因此应控制好一致的物理形态，另外粒度和粒度分布有待进一步改善。

除上述铝热还原法和熔盐萃取—碳化法直接从钨精矿制取 WC 外，许多学者亦在研究从精矿制取 WC 的其他方法。据报道 J. Temuujin[75] 在小型试验规模下研究成功直接从天然黑钨矿制备纳米碳化钨的方法：将黑钨矿首先进行机械活化，然后与活性炭混合在 1100℃、Ar 气氛下煅烧，得 WC 的平均粒径为 20～25 nm。R. F. Johnston 以白钨矿为原料与碳在 Ar 气氛或真空条件下，于 1500℃进行还原，得产物主要为 CaO、钨以及 WC。此外亦有许多学者研究以钨冶金的中间产品 Na_2WO_4 为原料直接碳化制取 WC，取得一定的效果。

2.5 钨二次资源的回收

处理钨二次资源，使钨及相关的元素循环利用，不论是从延长有限资源为人类的服务年限，保护环境或是从提高经济效益来看，都有重大的意义。

根据钨的应用情况，其 50%～70% 用于硬质合金领域，因此工业上钨二次资源的回收主要针对废硬质合金，本书主要介绍这方面的原理及工艺，结合介绍从废钨材中回收钨。至于从含钨废催化剂中回收钨及其他有价元素的原理及工艺，总的来说与 2.1～2.4 节及第 3 章大同小异，关键是根据原料的特点，灵活运用有关原理及工艺，拟定适当的流程，选用适当的工艺和设备。

废硬质合金处理的工艺繁多，因废合金原料的特性及用户要求而异，总的来说其技术路线或思路可分为如下几类：

（1）将废硬质合金粉碎以产出 WC 与 Co 的合金粉，直接送压型烧结制取硬质合金。对某些化学成分基本相同（如同为 YG 类）的硬质合金的废料而言，其中的化学成分及形态与制备该硬质合金的合金粉（如 WC＋Co）基本相同，因此将其粉碎即可直接送往硬质合金生产工序。

为实现上述目的，可直接粉碎，但往往由于硬质合金本身的特性，难以粉碎，因此粉碎前需进行某些预处理，如用高温处理法、锌熔法使之疏松化等。

（2）将黏结相钴用化学法或电化学法溶出，再磨细得 WC 粉（或 WC＋TiC＋TaC 等），然后再配入钴粉得合金粉，送硬质合金生产工序。

（3）将废合金高温氧化得 $CoWO_4$ 与 WO_3 的混合物，后者视其成分可直接还原碳化后得 WC＋Co 的合金粉。若成分复杂则可经过化学转化得 APT 及钴化合物。

（4）直接用硝石或芒硝在高温下氧化得 Na_2WO_4 和钴氧化物后，再按钨冶金流程生产 APT 及钴化合物，这种方法流程较长，但可处理各种硬质合金废料（包括废金属钨材），同时其产品 APT 适用于所有的钨用户。

有关技术路线及具体方法如表 2-32 所示，本书将对表中某些经实践证明效果较好的方法进行综合介绍。

表 2-32 处理废旧硬质合金回收钨钴的技术路线及具体方法[76,77]

技术路线	具体方法（工艺）	回收的钨产物形态	备　注
粉碎后直接返回	直接粉碎	WC＋Co 合金粉，直接配钴后返回制硬质合金	原料应预先进行分类及表面清洁处理
	锌熔—磨细		
	高温处理—磨细		
	冷流—粉碎		
	空气氧化—还原—碳化		
去黏结相钴后磨细	化学溶出法去钴—磨细	WC 粉返回制硬质合金	原料应预先进行分类及表面清洁处理
	电化学选择性阳极氧化法去钴—磨细		
制取 APT 和钴化合物	空气氧化得氧化物再按传统工艺处理	APT·$4H_2O$	原料品种不受限制
	硝石或芒硝氧化得 Na_2WO_4，接传统的 APT 生产工艺	APT·$4H_2O$	
	电化学阳极全氧化法得 Na_2WO_4 和 H_2WO_4，接传统的 APT 生产工艺	APT·$4H_2O$	

2.5.1 锌熔法[77~80]

锌熔法是当前处理废硬质合金的主要方法之一,其原理可用 Zn – Co 二元相图说明。Zn – Co 二元相图如图 2 – 36 所示,从图可知在 Zn – Co 二元系中,在温度为 850~900℃ 范围内,当锌含量达 80% 左右时,则视温度的不同钴将完全溶于液态锌中形成液态合金或形成 γ 相加液态相合金,因此将硬质合金浸入液态锌中时,则其黏结相钴将被萃入液锌中,因而整个硬质合金成为松散状态,进一步用真空蒸馏法除去锌,则留下的碳化物(主要为 WC)与钴的混合物疏松易磨,经磨细后得到合金粉,可直接用于硬质合金生产。实践证明,用这种合金粉为原料产出的硬质合金的性能与原牌号合金相近。

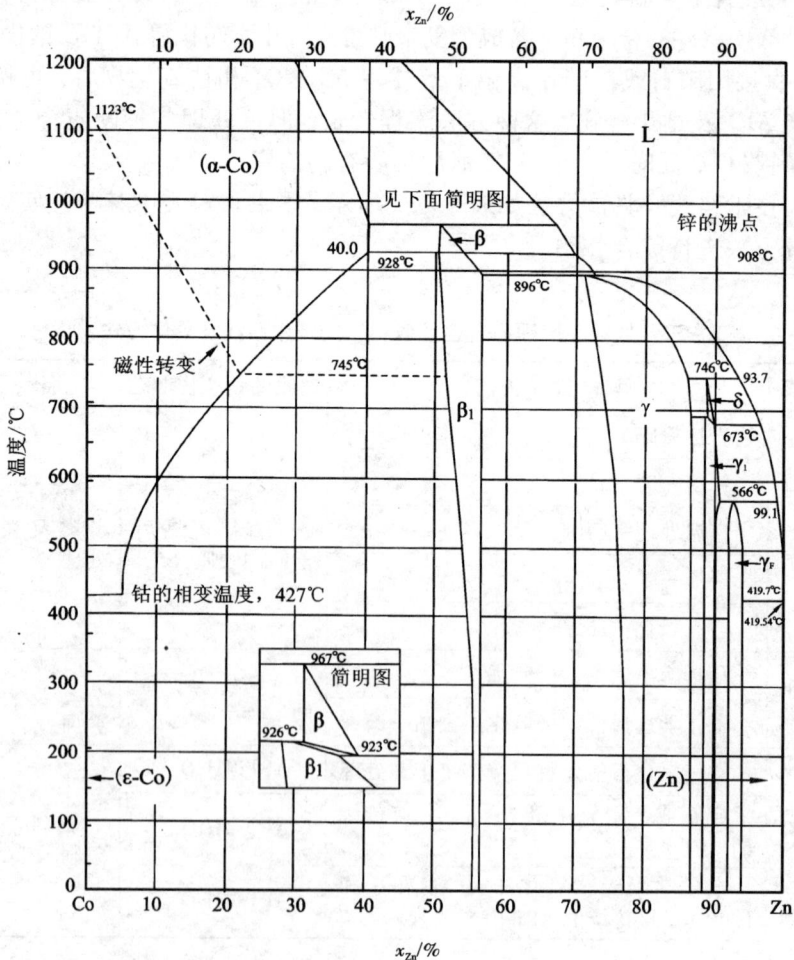

图 2 – 36　Zn – Co 二元相图

锌熔法在密封良好的炉内进行，炉外电加热，待回收的废旧硬质合金经分类并进行表面清洁处理后，与高纯锌一道装入坩埚，锌与废合金的质量比为(1~1.5)∶1。装料的坩埚放入炉内，抽真空，再在 Ar 或 N_2 的保护下升温，一般锌熔过程要求温度尽可能高，以保证传质过程的速率。但金属锌的沸点为 908 ℃，所以只能控制为 900 ℃，在 900 ℃的条件下保温 5~12 h 后再进行真空蒸馏脱锌。脱锌过程为真空下在 900 ℃保持 5 h 左右，再冷却，磨细后得合金粉。一般合金粉含 Zn 0.005%~0.01%，O_2 0.1%~0.15%，Fe 0.1%~0.2%(参见表 2-34)，碳损失 0.1%~0.3%，因而作为原料制备硬质合金时，应进行补碳。

在工业规模下，锌熔法的电能消耗约为 4 kW·h/kg^{-1}(合金)，钨回收率为 95% 左右。

为进一步降低能耗，缩短周期 M·N·阿尔卡采夫等[80]在小型实验条件下开发了用气态锌渗入废合金中与黏结相钴作用的方法，据报道，其反应速率可提高 4.5 倍，能耗可降低 1/2。

2.5.2 高温处理 - 细磨法[81, 82]

高温处理—细磨法是处理废硬质合金直接制取 WC + Co 合金粉的有效方法之一，在日本得到广泛使用。其实质是将经分类并表面清洁处理后的废合金在高达 1800~2300℃的温度下处理并淬火，则合金体积明显膨胀，内部变成疏松多孔，同时晶粒度明显变粗，因而为其粉碎创造了有利条件。同时，WC 的结晶形态更为完整，也为保证回收后所得的 WC + Co 合金粉的性能提供了有利条件。

一般废合金在上述温度下处理后，经粗碎再球磨 12 h 左右，即可得粒度小于 80 μm 的 WC + Co 合金粉，直接用于制造与之相同牌号的硬质合金。

陈梵等以废合金顶锤为原料研究了高温处理的技术条件，发现在 1800~2200℃的温度范围内，晶粒度明显随温度的升高而增大，而与保温时间关系不大，因此认为以 2000℃保温 2 h 为宜。

为检验用上述方法回收的合金粉的性能，陈梵用它制备了 YG8HT 合金和 YG20HT 合金，并与由传统合金粉制备的相同成分牌号合金 YG8C、YG20C 进行了性能对比，如表 2-33 所示。

表 2-33 YG8HT 及 YG20HT 与 YG8C、YG20C 的性能对比

性　能	YG8C	YG8HT	YG20C	YG20HT
密度/(g·cm^{-3})	14.7	14.7	13.61	13.54
硬度 HRA	88.7	87.8	83.2	83.1
抗弯强度/MPa	2238	2679	2547	2493
晶粒度/μm	2.4	3.2	3.2	3.6

从表 2-33 可知，用两种合金粉制备的同牌号产品性能基本相同。同时所得合金产品的具体使用过程也表明，两者的使用性能亦大体相同。

此外，日本新金属有限公司 Takeshi Kobayashi 曾将 4 种不同的废合金分别用锌熔法和高温处理法进行回收，产品的化学成分对照如表 2-34 所示。

从表 2-34 可知，两种方法都基本上能保持原废合金的主要化学成分，锌熔法脱碳稍高于高温处理法，而高温处理法含 Si、Ca、S 稍高，可能为操作过程污染所致。

表 2-34　高温处理法与锌熔法所得粉末的化学成分与粒度的比较

废合金类别	项目	费氏平均粒度/μm	化学含量/%						
			总 C	Co	Fe	O_2	Si	Ca	S
WC-Co	废合金	—	5.41	15.71	—	0.47			
	高温处理	1.01	5.43	15.75	0.13	0.28	46×10^{-4}	9×10^{-4}	4×10^{-4}
	锌熔法	1.51	5.48	15.01	0.05	—	10×10^{-4}	14×10^{-4}	11×10^{-4}
WC-Co	废合金	—	5.89	5.18	0.09	—			
	高温处理	1.02	5.90	5.20	0.08	0.33	58×10^{-4}	15×10^{-4}	2×10^{-4}
	锌熔法	1.30	5.85	5.15	0.04	0.27	10×10^{-4}	9×10^{-4}	2×10^{-4}
WC-Co	废合金	—	5.65	10.02	0.07	—			
	高温处理	1.00	5.65	9.58	0.09	0.39	86×10^{-4}	6×10^{-4}	2×10^{-4}
	锌熔法	1.07	5.63	9.45	0.03	0.34	21×10^{-4}	7×10^{-4}	2×10^{-4}
WC-TaC-TiC-Co	废合金	—	6.16	6.79	0.14	—	(TiC 2.83)	(TaC 4.83)	
	高温处理	0.87	6.20	6.93	0.20	0.48	75×10^{-4}	10×10^{-4}	2×10^{-4}
	锌熔法	1.10	6.15	7.00	0.10	0.34	10×10^{-4}	13×10^{-4}	2×10^{-4}

2.5.3　冷流法

冷流法的实质可用图 2-37 所示工艺说明：经过初步粉碎粒度为 3~4 mm 的废合金用高压气体携带至粉碎室，以极高的速度（音速的 2 倍左右）撞击在觇板上，因而被进一步粉碎，粉碎后随气流至第一分级室。分级得粗颗粒部分返回再粉碎，细颗粒部分进入第二分级室，得两种粒级的产品分别进入两个料仓收集。

冷流法不足之处是产品中含 Fe、O_2 较高，同时处理钴含量较高的废合金时，效果较差。

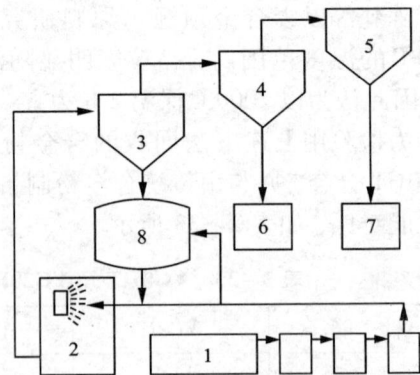

图 2-37　冷流法处理废硬质合金的示意图

1—空气压缩机；2—粉碎室；3—第一分级；
4—第二分级；5—细粒级产品料仓；
6—粗粒级产品；7—细粒级产品

2.5.4 选择性酸溶法[83~88]

选择性酸溶法是基于废合金中的碳化物相不与酸作用，而黏结相钴能被酸溶出，以硝酸为例，其反应为：

$$Co + 4HNO_{3(aq)} = Co(NO_3)_{2(aq)} + 2NO_{2(g)} + 2H_2O$$

$$3Co + 8HNO_{3(aq)} = 3Co(NO_3)_{2(aq)} + 2NO_{(g)} + 4H_2O$$

当黏结相钴被溶出后，硬质合金的碳化物骨架变得疏松，易于磨细成碳化物粉末返回利用。

当前人们对酸种类的选择、最佳工艺制度的确定以及过程的机理进行了大量研究，简单介绍如下。

1. 酸种类的选择

人们对多种酸的适用性进行了研究，概括如表 2 – 35 所示。

表 2 – 35 某些酸从废合金中选择性溶出钴的性能

酸类别	废合金牌号及粒度	溶钴效果及技术条件	备　　注
H_3PO_4	YG8, 2 ~ 3 mm	H_3PO_4 浓度为 1 mol·L^{-1}，每 50 mL 溶液加 30% H_2O_2 2 ~ 4 mL，加合金量 10 g（相当于 H_3PO_4 用量为按 Co 计理论量的 3 ~ 4 倍），在震荡条件下溶出 28 ~ 35 h，Co 溶出率 99.7% ~ 99.8%	设备防腐问题易解决。H_3PO_4 与 Co^{2+} 能形成配离子，有利于反应的进行
H_2SO_4	YG10, YG15, YG20 块状	浓硫酸 120 ~ 150℃温度下长期浸泡。袁书玉的试验结果表明，在同样条件下 H_2SO_4 介质中钴溶出率比 H_3PO_4 介质低 8% ~ 10%	效率较低设备防腐问题难解决
HNO_3	YG10, YG15, YG20 块状	1：2 HNO_3 室温下长期浸泡，Co 回收率 92% ~ 94%，WC 回收率 94% ~ 96%	产出有毒气体 NO、NO_2
HAc	YG 合金 WC - (Ti、Ta、Nb)C - Co 合金	对含 Co 为 10%、TiC 为 3%、(TaC + NbC) 为 7%、厚度为 3 mm 的 WC - (Ti、Ta、Nb)C - Co 屑而言，在 80℃、氧分压 0.1 MPa，则 6 天可将钴完全溶出；氧分压 0.5 MPa，则需 2.6 天，对超细晶粒硬质合金而言，在氧分压 0.5 MPa、80℃，需 6.5 天	HAc 能与 Co^{2+} 形成配离子，有利于反应进行，同时属弱酸，设备防腐问题易解决

从表 2 – 35 可知，HNO_3 虽对钴有一定的溶出能力，但产生有毒气体；H_2SO_4

的溶钴能力不及 H_3PO_4，同时设备防腐问题难以解决；HCl 同样也面临着设备的防腐问题，而 H_3PO_4 虽为弱酸，但由于能与 Co^{2+} 形成配离子，有利于反应的进行，因而钴有较大的溶出率，因而相对而言，最具有工业前景。醋酸具有与 H_3PO_4 类似的性质，因此值得进一步研究。

2. 影响钴溶出率的因素

对不同酸而言，各种因素对钴的影响情况不尽相同，但基本规律大体一致。

(1)酸浓度的影响

总的规律是随着酸浓度的提高，则钴的溶出率提高，瞿昕等[87]在规模为 20 $kg \cdot 批^{-1}$ 的条件下，以 $H_3PO_4 + 0.1\%$ HNO_3 处理某 YG 类合金，发现在溶出时间一定时，H_3PO_4 浓度对溶液中钴浓度的影响如表 2-36 所示。

表 2-36　H_3PO_4 浓度对溶液中钴浓度的影响

H_3PO_4 浓度/%	5	10	15	20	30	35
Co 浓度/$(g \cdot L^{-1})$	15.3	21.2	34.6	42.9	49.5	54.2

从表 2-36 可知，H_3PO_4 浓度由 5% 增至 35%(大体上相当于由 0.5 $mol \cdot L^{-1}$ 增至 4.5 $mol \cdot L^{-1}$)，则钴的浓度一直在随 H_3PO_4 浓度的增加而增加。

但袁书玉的试验表明，当 H_3PO_4 浓度由 0.1 $mol \cdot L^{-1}$ 增至 1 $mol \cdot L^{-1}$ 左右时，溶出率随之增加，但进一步增加 H_3PO_4 浓度，将反而导致溶出率下降，如表 2-37 所示。

表 2-37　H_3PO_4 浓度对钴溶出率的影响

H_3PO_4 浓度/$(mol \cdot L^{-1})$		0.1	0.5	1.0	2.0	5.0	10.0
钴溶出率/%	不加 H_2O_2	20.5	24.4	23.0	19.2	12.8	5.1
	每升溶液加 20 mL H_2O_2		82.1	80.8	88.5	76.9	

C·埃德迈尔在研究废硬质合金的醋酸溶出时，曾发现对某些牌号的硬质合金而言，出现反常现象，据他分析这些是由于该硬质合金的结构本身造成的。

(2)H_2O_2 添加量或氧分压的影响

废合金中钴的溶出过程为氧化过程，因此加入氧化剂 H_2O_2 或提高系统中氧的分压，有利于提高钴的溶出率。袁书玉的试验表明，在 1 L 浓度为 1 $mol \cdot L^{-1}$ 的 H_3PO_4 溶液中，分别加入不同量的 H_2O_2，H_2O_2 的加入量对钴溶出率的影响如表 2-38 所示。

表 2 – 38　H₂O₂ 加入量对钴溶出率的影响

H₂O₂ 加入量/mL		0	20	40	80	120	200
钴溶出率/%	震荡 8 h	12.3	49.5	82.1	94.4	94.4	92.8
	震荡 18 h	23.8	59.9	88.1	97.3	99.6	96.5
	震荡 35 h	41.9	76.2	99.7	99.8	99.6	99.5

C·埃德迈尔研究在醋酸中钴的溶出过程时，也发现提高气相氧分压有利于缩短所需的时间。

（3）合金的成分及结构

许多学者的研究表明，选择性酸溶过程中，当表层的钴溶出后，其内层钴的溶出过程属内扩散控制，即过程的速率决定于物质在部分钴溶出后形成的孔隙中的扩散速率，孔隙愈大则钴溶出愈快，而孔隙的大小一方面决定于原始合金的晶粒度，晶粒愈细则在钴含量相同的情况下孔隙愈小，愈不利于钴的溶出。C·埃德迈尔在用醋酸处理不同成分

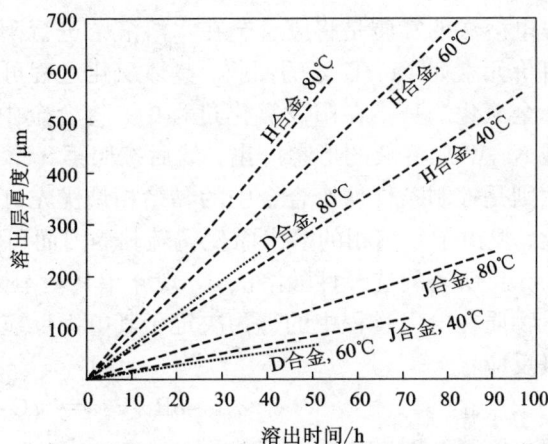

图 2 – 38　不同合金中钴的溶出层厚度

（HAc 浓度为 3.6 mol·L⁻¹，通氧速度 25 L·h⁻¹）

的废合金时，对不同成分的合金而言，钴的溶出层厚度与时间及温度的关系如图 2 – 38 所示。图中合金 H、J、D 的含钴量分别为 14.6%、11.0% 和 7.9%，晶粒度分别为 2 μm、2 μm 和 <0.5 μm。图中大体上表明含钴量愈高，则在同一温度下钴溶出层的厚度愈大；晶粒度愈大，则溶出厚度亦愈大。因此选择性酸溶法一般宜于处理含钴量较高（如 YG15 等）、晶粒度较大的废合金。

（4）温度

关于温度对钴溶出率的影响，不同学者在不同条件下的研究结果不完全一致。C·埃德迈尔在 HAc 介质中试验发现提高温度有利于加快传质速度，相应地有利于加快钴的溶出速度，参见图 2 – 38。但 Sabahattin Grümen 在 0.5 mol·L⁻¹ 的 HNO₃ 溶液中处理粒度为小于 90 μm 的废合金颗粒时，发现温度由 25℃ 升至 70℃，则 2 h 的溶出率由 91.5% 降至 78.2%，他认为其原因可能是高温下形成保护膜，妨碍了反应的进行。

此外，减小废合金的粒度（如酸溶前进行预粉碎）、加快两相之间的相对运动

速度、当处理粉状料时加强搅拌或在研磨设备中进行、处理块状料时用脉冲法使液相不断运动等,都将有利于提高钴的溶出率。

一般用磷酸溶液进行选择性溶出时,WC 的回收率可达 98%,钴回收率达 92.4%,电耗约 2000 $kW \cdot h \cdot t^{-1}$(废合金)。翟昕等在 30 $kg \cdot 批^{-1}$ 的条件下用 H_3PO_4 加 0.1% HNO_3 处理含 Co 3% ~ 8% 的废合金块时,经 36 h 合金块外层 40% 左右因钴的溶出而完全粉碎,溶液含 Co 52.1 $g \cdot L^{-1}$、W 1.79 $g \cdot L^{-1}$。

2.5.5 电溶法[89~100]

1. 基本原理

电溶法的实质是将废合金在水溶液中进行阳极氧化,从而进行钨、钴以及其他有价元素如 Ta、Ti 等的回收,具体氧化过程可分为全氧化法和选择性氧化法两种。全氧化法是指在阳极氧化过程中,将合金中的 WC、钴等全部氧化,钨以钨酸或 Na_2WO_4 溶液的形态产出,然后按照第 3 章所述的方法生产 APT。选择性氧化法则是控制条件使废合金中的黏结相钴优先氧化溶解,而碳化钨相不发生阳极氧化,但由于黏结相的溶出而变得疏松,因而可磨细得到碳化钨粉末返回(类似于 2.5.4 所述的选择性酸溶法)。现介绍其基本原理。

物质在电极过程中的行为决定于其电极反应的平衡电势,根据电化学原理对电极反应:

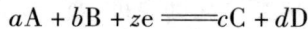

$$aA + bB + ze \Longrightarrow cC + dD$$

而言,其 25℃时的电极电势:

$$\varphi_{(298)} = \varphi_{(298)}^{\ominus} - \frac{0.0591}{z} \lg \left(\frac{a_C^c \cdot a_D^d}{a_A^a \cdot a_B^b} \right) \tag{2-30}$$

式中:$\varphi_{(298)}^{\ominus}$ 为反应在 25℃时的标准电极电势。现根据式(2-30)研究在不同条件下废合金中的金属钴相、碳化钨相,以及当处理废金属钨材时,金属钨的电极电势。

(1)金属钴

金属钴的电极反应为:

$$Co^{2+} + 2e \Longrightarrow Co \tag{2-31}$$

其电极电势 $\varphi_{(2, 298)} = \varphi_{(2, 298)}^{\ominus} + \frac{0.0591}{2} \lg(a_{Co^{2+}})$

式中:$\varphi_{(2, 298)}^{\ominus}$ 为反应(2-31)在 25℃时的标准电极电势。已知 $\varphi_{(2, 298)}^{\ominus} = -0.277$ V。

当反应在酸性介质中进行,同时 $a_{Co^{2+}} = 1$ 时,

$$\varphi_{(2, 298)} = \varphi_{(2, 298)}^{\ominus} = -0.277 \text{ V}$$

当反应在碱性介质中进行时,Co^{2+} 将水解产生 $Co(OH)_2$ 沉淀。已知 $Co(OH)_2$ 的溶度积为 1.6×10^{-18},设碱性溶液中 OH^- 的活度为 1,则 Co^{2+} 的活度

为 1.6×10^{-18}，因此在 OH^- 的活度为 1 的条件下，

$$\varphi_{(2, 298)} = \varphi_{(2, 298)}^{\ominus} + \frac{0.0591}{2} \lg(1.6 \times 10^{-18}) = \varphi_{(2, 298)}^{\ominus} - \frac{0.0591}{2} \times 17.8 = -0.80 \text{ V}$$

（2）WC

有关 WC 的电极反应尚未见具体的研究报道，学者们有两种推测，即：

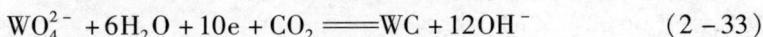

$$WO_4^{2-} + 4H_2O + 6e + C \Longrightarrow WC + 8OH^- \tag{2-32}$$

$$WO_4^{2-} + 6H_2O + 10e + CO_2 \Longrightarrow WC + 12OH^- \tag{2-33}$$

上述两个电极反应的标准电势都未见实际测定的报道，只能用热力学数据进行计算。根据文献[91]提供的热力学数据计算得出：

反应（2-32）在 298K 的标准电极电势 $\varphi_{(3, 298)}^{\ominus} = -0.987$ V。

反应（2-33）在 298K 的标准电极电势 $\varphi_{(4, 298)}^{\ominus} = -0.840$ V。

根据两者的标准电极电势的相对大小知，在阳极氧化过程中反应（2-32）将优先进行。以下讨论中将以反应（2-32）为准。

故 25℃ 时 WC 的电极电势：

$$\varphi_{(3, 298)} = -0.987 - \frac{0.0591}{6} \lg\left(\frac{a_{OH^-}^8}{a_{WO_4^{2-}}}\right)$$

当反应在碱性介质中进行，同时 WO_4^{2-}、OH^- 活度均为 1 时，

$$\varphi_{(3, 298)} = \varphi_{(3, 298)}^{\ominus} = -0.987 \text{ V}$$

当反应在酸性介质中进行时，若 H^+ 活度为 1，则 OH^- 活度为 10^{-14}；同时在酸性介质中 WO_4^{2-} 将变成 H_2WO_4 沉淀，因此系统中 WO_4^{2-} 的活度亦将降低，根据文献[1]所介绍的关于 H_2WO_4 的溶解度和电离常数，求出在 H^+ 活度为 1 时，WO_4^{2-} 的活度为 1.3×10^{-10}。

故在 H^+ 活度为 1 的酸性溶液中：

$$\varphi_{(3, 298)} = \varphi_{(3, 298)}^{\ominus} - \frac{0.0591}{6} \lg\left(\frac{a_{OH^-}^8}{a_{WO_4^-}}\right)$$

$$= -0.987 - \frac{8 \times 0.0591}{6} \lg 10^{-14} + \frac{0.0591}{6} \lg(1.3 \times 10^{-10})$$

$$= -0.987 + 1.103 - \frac{0.0591}{6} \times 9.88 = 0.019 \text{ (V)}$$

（3）金属钨

当处理废旧钨材或钨基合金时，其中钨以金属钨形态存在，电解时其电极反应为：

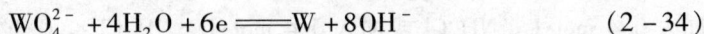

$$WO_4^{2-} + 4H_2O + 6e \Longrightarrow W + 8OH^- \tag{2-34}$$

根据上述求 WC 电极电势的类似方法，求出金属钨在 298K 时的标准电极电势 $\varphi_{(5, 298)}^{\ominus} = -1.045$ V。

在碱性条件下，当 OH^- 活度、WO_4^{2-} 活度均为 1 时，$\varphi_{(5,298)} = \varphi^{\ominus}_{(5,298)} = -1.045\ V$。

在酸性条件下，当 H^+ 活度为 1，OH^- 活度为 10^{-14} 时，参照上述酸性条件下 WC 电极电势的计算方法得：

$$\varphi_{(5,298)} = \varphi^{\ominus}_{(5,298)} + 1.103 - 0.097 = -0.039\ (V)$$

根据上述电极电势的数据，我们可以分析阳极溶出时在不同介质的条件下，废合金中 Co 和 WC 的行为。

在碱性介质的条件下，钴的电极电势为 $-0.80\ V$，而 WC 的电极电势为 $-0.987\ V$，两者相差很小，因此 Co 与 WC 将同时发生阳极氧化，WC 以 WO_4^{2-} 形态进入溶液，而 Co 以 $Co(OH)_2$（或 $Co(OH)_3$）形态保留在阳极泥中。

在酸性条件下，钴的电极电势为 $-0.277\ V$，而 WC 的电极电势为 $+0.019\ V$，两者相差 $0.296\ V$，因而有可能控制不同条件，使钴选择性氧化溶出或钴与 WC 同时氧化。

2. 电化学法选择性溶出钴

电化学法选择性溶出钴在酸性条件下进行，为全面掌握其条件，Jing – Chie – Lin 等[92]对 WC – Co 硬质合金的阳极电化学行为进行了研究，主要结论如下。

（1）含 Co 14% 的合金在不同介质中的阳极极化曲线如图 2 –39 所示。从图可知，随着阳极电势的升高，则阳极电流密度升高，但达到某一最大值（D_{crit}）时，则电流密度急剧下降，即发生阳极钝化。对不同电解质而言，发生钝化时，D_{crit} 值

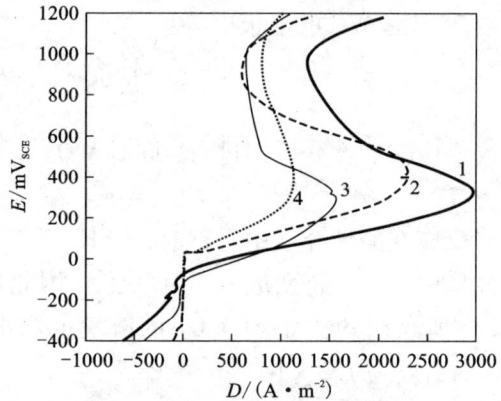

图 2 –39　含 Co 14% 的合金在不同介质中的阳极极化曲线

1—1 $mol \cdot L^{-1}$ HCl；2—1 $mol \cdot L^{-1}$ HNO_3；
3—0.5 $mol \cdot L^{-1}$ H_2SO_4；4—2 $mol \cdot L^{-1}$ H_3PO_4

各不相同，其中 HCl 介质中 D_{crit} 值最大，因此 HCl 为最佳的电解质。

（2）HCl 浓度不同，则 D_{crit} 值不同，其中 HCl 浓度为 $1 \sim 3\ mol \cdot L^{-1}$ 时，D_{crit} 值最大，因此电解质中 HCl 浓度以 $1 \sim 3\ mol \cdot L^{-1}$ 为宜。

（3）进行了加入添加剂以抑制钝化过程的研究，所用的添加剂有醋酸、草酸、酒石酸、柠檬酸、水杨酸、EDTA、NH_4Cl 等，发现对 2 $mol \cdot L^{-1}$ H_3PO_4 溶液而言，加入 0.4 $mol \cdot L^{-1}$ NH_4Cl 或加入 0.4 $mol \cdot L^{-1}$ $NH_4Cl + (0.1/3)\ mol \cdot L^{-1}$ 柠檬酸有抑制钝化的效果，对 HCl 溶液则加入 $(0.1/3)\ mol \cdot L^{-1}$ 柠檬酸有抑制钝化效果，其他添加剂则效果不明显。

根据上述情况，认为 WC – Co 硬质合金选择性阳极溶解钴的电解质可采用 $1\ mol \cdot L^{-1} HCl + (0.1/3) mol \cdot L^{-1}$ 柠檬酸或 $2\ mol \cdot L^{-1} H_3PO_4 + 0.4\ mol \cdot L^{-1} NH_4Cl$，采用上述两种电解质时，其阳极电势应分别控制为 $0.20 \sim 0.60$ V 和 $0.40 \sim 0.60$ V（均相对于饱和甘汞电极，下同）。

上述结论得到了实验的证实，以 0.1 kg 含 Co 20% 的废合金为原料，以 $1\ mol \cdot L^{-1} HCl + (0.1/3) mol \cdot L^{-1}$ 柠檬酸为电解质，控制阳极电势 $0.40 \sim 0.60$ V，电解 24 h，则电解质中含 Co $16 \sim 18\ g \cdot L^{-1}$，W 为 $550 \sim 650\ mg \cdot L^{-1}$，钴的溶出率达 80% ～90%，如果电解质中不加柠檬酸，则电解 24 h 后，电解质含 Co $10 \sim 12\ g \cdot L^{-1}$，相当于钴溶出率 50% ～60%。当采用 $H_3PO_4 + NH_4Cl$ 电解质时，则效果略差于 HCl – 柠檬酸电解质。

在工业条件下废合金块往往装入钛质的转筒或固定的栏筐内。转筒表面钻有许多小孔以便溶液流通，钛转筒和栏筐接阳极，以不锈钢片作阴极。柴立元等[93]指出，采用转筒式阳极时，由于在转动过程中阳极内的废合金块互相摩擦，亦可消除钝化膜，相应地防止阳极钝化。电解过程中随着废合金中黏结相的溶出，废合金块变得疏松，因而定期取出，磨细。难磨的部分则返回溶出。电解质中 Co^{2+} 浓度随电解时间的延长而增加。当 Co^{2+} 浓度超过 $20\ g \cdot L^{-1}$ 时，则在阴极开始析出钴，因此部分钴以金属钴片的形态产出，其他则以 Co^{2+} 形态保存在电解质中，用草酸沉淀法回收。

除在 HCl 电解质和 H_3PO_4 电解质中进行钴的选择性溶出外，汤青云[94]亦在 H_2SO_4 电解质中选择性溶出钴并回收 WC，也取得一定的效果。

电化学选择性溶出法的特点是能耗相对较低、成本低、流程短，在我国广泛采用，据文献[89]介绍，其主要指标为：WC 的回收率达 97% 以上，Co 回收率达 96% 以上，电流效率与原料含钴量及钴的溶出率有关。对含 Co 11% ～15% 的合金而言，在溶出初期（即钴溶出率低时）可达 99%。对含 Co < 10% 的合金，则初期仅 87% ～90%。关于其电耗值，不同学者报道有较大差距。文献[93]报道为 $2140\ kW \cdot h \cdot t^{-1}$（废合金），而文献[89]报道为 $300\ kW \cdot h \cdot t^{-1}$（废合金）。

电化学选择性溶出法不足之处是难以处理 Co 含量 <10% 的合金。其原因可能与 2.5.4 节所述的选择性酸溶相同。

3. 酸性介质中的阳极全氧化

废合金在酸性介质中阳极溶解时，当控制阳极电流密度较大或电解质中有氧化剂存在，则将发生 WC 与 Co 同时被氧化，钨以钨酸形态保留在阳极中，可通过经典的湿法制取 APT。Co 以 Co^{2+} 形态进入电解质，并部分以金属钴的形态在阴极析出。

前人对废合金在酸性介质阳极全氧化过程中电解质的选择及技术条件进行过某些研究，现将其中部分结果综合如表 2 – 39 和表 2 – 40 所示。

从表 2 – 39 可知，对 $400\ g \cdot L^{-1} HNO_3$、$300\ g \cdot L^{-1} HCl$、$350\ g \cdot L^{-1} H_2SO_4$ 而言，以 $400\ g \cdot L^{-1} HNO_3$ 的电流效率最高，同时当采用半波的交流电时，其电流效

率可达96%～98%，从表中也可看出，在 H_2SO_4 电解质中加入氧化剂 H_2O_2，可使电流效率明显提高。

表 2-39　酸性介质中阳极全氧化时不同电解质的电流效率[95]

电解质/(g·L⁻¹)	电流强度/A	温度/℃	电流效率/%
直流			
HNO₃, 400	1.5	30	67
HCl, 300	1.5	20	57
H₂SO₄, 350	1.5	20	49
交流(正弦波)			
HNO₃, 400	3	12	9
	4	29	19
	5	38	22
HCl, 300	3	35	0
H₂SO₄, 350	2	30	0
交流(半波)			
HNO₃, 400	2	24	97
	3	27	96
	5	29	98
HCl, 300	5	29	5
H₂SO₄, 350	2.5	20	0
H₂SO₄, 350; H₂O₂, 30	2.5	20	15

表 2-40　废合金在酸性介质中阳极全氧化的试验结果

电解质	试验条件		指标			钴的行为	参考文献
	温度/℃	阳极电流密度	槽电压/V	回收率/%	电耗/(kW·h·kg⁻¹(废合金))		
5% HCl - H₂O₂	25			85～90 (最终产品)	10		[90]
10～12 g·L⁻¹ H₂SO₄ + 20～30 g·L⁻¹ (NH₄)₂SO₄	25	15～30 A·kg⁻¹ (废合金)	8～10	W: 94	10～12	大部分钴在阴极析出，纯度为92%左右	[89]
10% HNO₃	28	10 kA·m⁻²		WC 氧化的电流效率为90%左右，随着 HNO₃ 浓度的增加、电流密度的增加而提高，加入 NH₄NO₃ 等氧化剂有利于提高电流效率		[Co²⁺] 为 10～15 g·L⁻¹ 时开始在阴极析出，阴极电流效率13.5%～30%	[96]

4. 碱性介质中的阳极全氧化

碱性介质中阳极全氧化过程可用以处理废硬质合金，亦可处理废金属钨材或钼材，现分别介绍如下：

(1)废硬质合金。在碱性介质的条件下，当以废硬质合金作阳极，则其中的 WC 将被氧化成 Na_2WO_4(或$(NH_4)_2WO_4$)进入电解质，Co、TaC 等将被氧化以水合氧化物的形态保留在阳极渣中。文献[89]、[90]介绍了前人的研究情况，其结论为：

①就废合金而言，当分别采用 NaOH、NH_4OH、Na_2CO_3、$(NH_4)_2CO_3$ 为电解质，浓度均为 2 $mol \cdot L^{-1}$，则室温下的电流效率分别为 0.06、0.27、0.6、0.22 $g \cdot h^{-1}$。因此认为以 Na_2CO_3 为电解质最好。

②电流效率随温度的升高和电流密度的升高而降低，当温度由 25℃ 升高至 80℃ 则电流效率由 0.6 $g \cdot h^{-1}$ 降为 0.2 $g \cdot h^{-1}$。

③500A 左右规模的扩大试验表明，以 Na_2CO_3 为电解质时，在最佳工艺条件下，电耗约 10 $kW \cdot h \cdot kg^{-1}$(废合金)。碳酸钠浓度对电流效率影响不大。

(2)废钨(钼)材。废钨材的阳极氧化的电解质可采用 NH_4OH 溶液或 NaOH 溶液，前者的产品即为 $(NH_4)_2WO_4$ 溶液，可直接蒸发结晶得 APT。

对于 NH_4OH 溶液中的阳极氧化，A·A·巴拉恩特等[97,98]在小型试验的基础上完成了规模为 1.2~1.4 kA 的扩大试验，其设备如图 2-40 所示。

所用的电解质为 NH_4OH 溶液，为保证其导电性，预先加入部分钨酸，其成分大体为 15%~20% NH_4OH + 24 $g \cdot L^{-1}$ WO_3，待处理的废钨加入栏框 4 内，接阳极进行氧化，电解液循环并通过冷却器使其温度 <50℃，过程中电流强度为 1.2~1.4 kA，槽电压为 14~24 V，每小时可溶出钨 1.1 kg，电耗约 12300 $kW \cdot h \cdot t^{-1}$(钨)，所得的$(NH_4)_2WO_4$ 溶液含 W 大于 120 $g \cdot L^{-1}$，进行蒸发结晶得 APT。

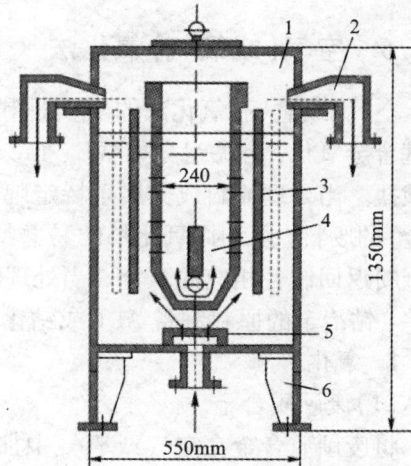

图 2-40　阳极溶解废钨(钼)材的扩大试验设备

1—电解槽盖；2—接排风系统；
3—阴极；4—装可溶阳极的栏框；
5—电解循环口；6—电解槽支架

对于在 NaOH 溶液中的阳极氧化，S·海伦尼莎等[99]以 W 88%、Ni 7.5%、Fe 4%、Mo 0.3% 的合金废屑为原料进行了研究，指出在小型试验的条件下，当 NaOH 浓度为 2.5 $mol \cdot L^{-1}$ 左右，电流密度为 6A·kg^{-1}(废屑)时，钨的回收率大于 90%。

关于废硬质合金及废钨材的阳极氧化(包括在酸性介质和碱性介质中的阳极氧化)问题,还应当指出的是:当采用直流电场且电流密度较大时,阳极极化严重,甚至发生钝化,限制了电流密度的提高,相应地限制了电解槽生产能力的提高,因此许多学者研究了采用交流电取代直流电以去极化、提高电流密度的可能性。A·A·巴拉恩特[100]以 12.5% $NH_4OH + 0.2$ $mol·L^{-1}$ $(NH_4)_2WO_4$ 为电解质进行了研究,发现以 50 Hz 的交流电效果最高。频率高于或低于 50 Hz 都导致钨的溶解速率下降,指出在上述电解质体系中用交流电时,当频率为 50 Hz 电流密度可达 3.5 $kA·m^{-2}$。

采用交流电时,一般两个电极均采用待阳极氧化的物料,以充分利用正半周和负半周的电能。

阳极全氧化法(含在酸性介质及碱性介质中的全氧化法)的主要缺点是能耗高,每吨废合金耗能在 10000 $kW·h$ 以上,而考虑到 WC、W 以及其他碳化物的氧化反应本身属于强放热反应,其化学潜能不但不能利用,反而要消耗电能,显然从能源的角度来说是不合理的。另外其设备也复杂,因此只有对空气氧化等方法不能处理的原料才考虑用阳极全氧化的问题。

2.5.6 空气(或氧气)氧化法

空气(或氧气)氧化法的实质是利用空气或氧气在高温下将废硬质合金或废钨基合金氧化,有关组分如 WC、TaC、Co 等均转化成相应的氧化物或进而转化为钨酸盐。当处理原料成分属于特定牌号的合金(如 YG 类硬质合金或高密度钨基合金)的废料,则利用氧化料的易磨特性磨细后再还原并进一步碳化,直接得到合金粉返回制备相应的合金。当处理的原料为多种废合金的混杂物,则氧化料作为钨、钴冶金的原料制备 APT 或钴化合物。

1. 氧化

(1)废硬质合金

将废硬质合金在空气或氧气中加热,则发生氧化反应,以 YG 类合金为例,反应为:

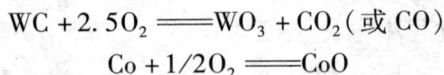

$$WC + 2.5O_2 =\!=\!= WO_3 + CO_2(或\ CO)$$
$$Co + 1/2O_2 =\!=\!= CoO$$

上述反应放出大量的热,按每 kg WC 计算,25℃ 的发热量达 6190 kJ,因而对 YG 类废硬质合金而言,在工业规模下,一旦升温至 1000℃ 左右,则可自热进行。

A·3·哈扎恩等[101]对 YG 类合金的氧化过程进行了全面的研究,对 32 mm × 10 mm × 2 mm 的致密 YG6 合金片而言,其氧化率与温度及气相氧浓度的关系分别如图 2 - 41 和图 2 - 42 所示。

从图 2 - 41 可知,当在空气中进行时,温度以 1000℃ 左右为最好,而在氧气

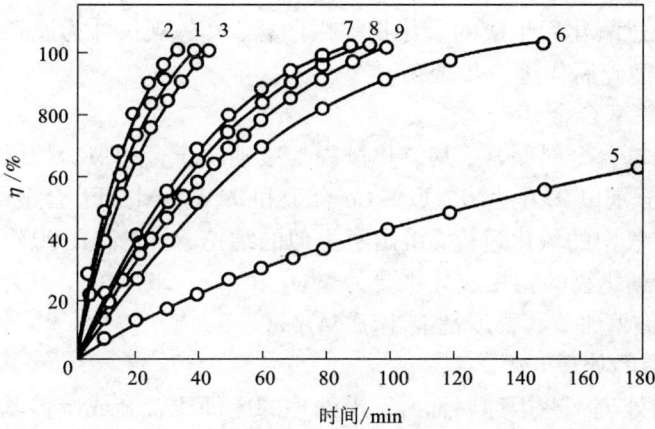

图 2 - 41　YG6 合金(32 mm × 10 mm × 2 mm)的氧化率与温度的关系

在氧气中: 1—800℃; 2—900℃; 3—1000℃; 4—1100℃;

在空气中: 5—800℃; 6—900℃; 7—1000℃; 8—1100℃

(原文中曲线编号"9"可能是"4"之误, 编者)

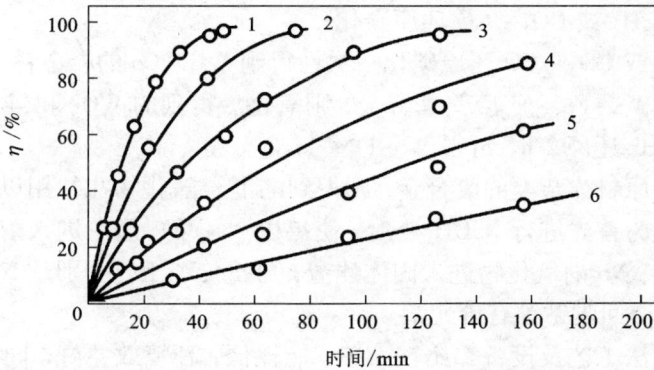

图 2 - 42　YG6 合金(32 mm × 10 mm × 2 mm)的氧化率与气相浓度的关系

1—40% ~ 100%; 2—31.6%; 3—21%; 4—14%; 5—7%; 6—3%

中进行时, 以 900℃ 左右为最好。但这仅是指测示的炉温, 物料的实际温度则由于放热反应而偏高。在氧气条件下的实际温度的偏高值将高于空气中的偏高值。

从图 2 - 42 可知气相中氧浓度提高有利于提高氧化率。但氧浓度 40% 左右已足够。

从图 2 - 41 和图 2 - 42 亦可知, 致密合金的氧化速度非常迅速, 对上述 32 mm × 10 mm × 2 mm(10 g)的合金而言, 在空气中, 1000℃ 左右的条件下, 1.5 h 左右可全部氧化, 对 43 mm × 23 mm(530 g)的物料而言, 在 950℃ 下在空气中约需 33 h 左右。

废合金经过氧化后生成的氧化物呈松散状，其外观尺寸为原料的 5 ~ 6 倍，极易磨碎，因此磨碎后作进一步处理。

(2)废旧钨基合金

对废旧钨基合金料而言，其氧化过程与废硬质合金相似。贺跃辉等[103]和 D·切埃特等[101]分别以 93W – Ni – Fe – Co 合金和 94W – Ni – Fe 合金的车屑为原料，研究了其在空气中的氧化过程，得出了类似的结论，即它们在 900℃左右经 2 h 都能完全氧化，氧化物的物相成分主要为 WO_3 和($Fe,Ni)WO_4$，其外观较松散易磨细，经 2 h 左右磨细，其粒度都能小于 74 μm。

2. 氧化料的处理

氧化料的处理工艺因原料而异，当处理的废硬质合金或废钨基合金属于一定牌号，则可通过还原 – 碳化过程(或还原过程)处理，直接得到合金粉返回。例如当原料为 YG 类废合金，则处理的方法为：

(1)氢还原 – 碳化

氧化产物 $CoWO_4 + WO_3$ 在 800 ~ 900℃还原得 Co_7W_6 和 α – W，然后按 WC 生产的工艺加入碳进行碳化，得 WC – Co 合金粉。

(2)$CH_4 + H_2$ 或 $CO_2 + CO$ 还原碳化

$CH_4 + H_2$ 或 $CO_2 + CO$ 还原碳化一次性得到 WC – Co 的合金粉。

当原料为 W – Fe – Ni 废钨基合金，则氧化后得到的 WO_3 和($Fe,Ni)WO_4$ 在 900℃左右用 H_2 还原 2 h，可得 W – Fe – Ni 合金粉。

当处理的原料为杂类的废合金，则得到的混合氧化物往往用以制取 APT，其处理流程一般为首先进行 NaOH 浸出，使钨以 Na_2WO_4 形态进入溶液，钴的氧化物以及 Ti、Ta、Nb 的氧化物进入固体残渣，再按传统工艺分别从 Na_2WO_4 溶液制取 APT，从残渣回收钴等有价元素。

空气氧化法工艺及设备都比较简单，能耗低，环境效益好，同时原料不需先破碎，块状料可直接氧化，其不足处是氧化过程中仅对 YG 类合金能保证足够的氧化速度，但其他硬质合金氧化速度慢，对原料的适应能力受到限制。

2.5.7　硝石氧化法

硝石氧化法的实质是将废硬质合金或废钨材料在 800 ~ 1000℃温度下与熔融硝石作用，则钨被氧化成 Na_2WO_4 进入熔体，其反应为：

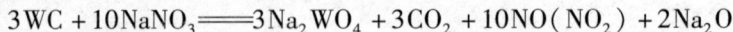

$$3WC + 10NaNO_3 = 3Na_2WO_4 + 3CO_2 + 10NO(NO_2) + 2Na_2O$$

得到的熔体含 Na_2WO_4 和 Na_2O 及少量硝石。经水浸后，按传统工艺分别制取 APT 和钴化合物。

硝石氧化法对原料的适用性广，对原料的种类和形态无特殊要求，块状、粉状的废硬质合金或废钨材料都能处理，工艺简单、能耗低，但产生大量有害气体 $NO(NO_2)$，有待妥善治理。

为实现 NO、NO_2 废气的处理，变废为宝，它们的下列化学性质是值得注意的。即它们容易与氧作用转化为 N_2O_5，而后者又容易与 $NaOH$ 溶液作用转化为 $NaNO_3$，或与水作用转化为 HNO_3。

$$4NO + 3O_2 \Longrightarrow 2N_2O_5$$
$$N_2O_5 + 2NaOH \Longrightarrow 2NaNO_3 + H_2O$$

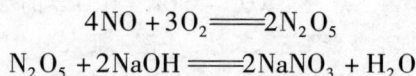

得到的 $NaNO_3$ 又可经浓缩结晶后返回硝石氧化过程。因而过程中实际消耗的是 O_2。$NaNO_3$ 仅是中间化合物或起催化剂作用。

此原理已在辉钼矿高压氧浸的过程中成功应用。该过程是在高压釜内先加入辉钼精矿和少量硝酸，并通入 O_2。首先 HNO_3 将辉钼矿部分氧化，产生的 NO、NO_2 再与 O_2 作用，形成 N_2O_5，后者再转化成 HNO_3 继续进行辉钼矿的氧化，最终 HNO_3 基本上不消耗，消耗的仅仅是 O_2。

另外据报道，与硝石相似，芒硝（Na_2SO_4）同样可作为废合金的氧化剂，相对而言其成本较低。

参 考 文 献

[1]《有色金属提取手册》编辑委员会. 有色金属提取冶金手册[M]. 北京：冶金工业出版社，1999：第 1 篇，第 2 章.

[2] Урусова М А, Валяшко В М, Ракова Н Н и дру. Растворимость Na_2WO_4 в воде и растворах NaF при повышенных температура[J]. ЖНХ, 1975, 20(8)：2239 – 2242.

[3] 李洪桂，孙培梅，刘茂盛，等. Na_2WO_4 在 $NaOH - H_2O$ 系中的溶解度[M]//李洪桂，等. 钨矿物原料碱分解基础理论及新工艺. 长沙：中南工业大学出版社，1997：41 – 53.

[4] 李洪桂. 关于钨矿物原料氢氧化钠分解的若干基本理论问题的分析[M]//李洪桂，等. 钨矿物原料碱分解基础理论及新工艺. 长沙：中南工业大学出版社，1997：1 – 10.

[5] Osseo Asare K. Solution chemistry of tungsten leaching systems[J]. Metallurgical Transaction B, 1982 (13B)：555 – 563.

[6] Amer A M. Investigation of the direct hydrometallurgical processing of mechanically activated low – grade wolframite concentrate[J]. Hydrometallurgy, 2000, 58：251 – 259.

[7] Медведев А С, Богатырёва Е В. Особенности разложения низкосортного вольфрамитового концентрата растворами щелочи[J]. Цв. Мет., 1999, 12：66 – 68.

[8] 孙培梅，李运姣，李洪桂，等. 白钨矿碱分解过程的热力学[J]. 中国有色金属学报，1993，3(2)：37 – 39.

[9] Шкодин В Г. Автоклавно – Щелочые Методы Вскрытия Волъфрамовго Сыръя[J]. Компл. испоъз минер Сыръя, 1990, 3：69 – 73.

[10] 赵中伟，等. $NaOH$ 分解白钨矿的热力学 – 赝三元相图法及其应用[C]//第五届全国稀有

金属学术交流会论文集, 2000, 11: 319 – 325.

[11] 李军, 李洪桂, 刘茂盛, 等. 氢氧化钠与黑钨矿反应的动力学[J]. 中南矿冶学院学报, 1985(4).

[12] 李运姣, 李洪桂, 刘茂盛. 白钨矿碱分解过程的热力学和动力学[J]. 中南矿冶学院学报, 1990, 1.

[13] 李洪桂, 刘志立, 孙培梅, 等. $Na_2WO_4 - NaOH - H_2O$ 系的蒸气压[M]//李洪桂, 等. 钨矿物原料碱分解基础理论及新工艺. 长沙: 中南工业大学出版社, 1997: 54 – 60.

[14] 刘志立. $Na_2WO_4 - NaOH - H_2O$ 系的密度[M]//李洪桂, 等. 钨矿物原料碱分解基础理论及新工艺. 长沙: 中南工业大学出版社, 1997: 61 – 71.

[15] 李洪桂, 银瑰, 孙培梅, 等. 钨矿物原料碱分解过程中伴生的钼、锡矿物的行为[M]//李洪桂, 等. 钨矿物原料碱分解基础理论及新工艺[M]. 长沙: 中南工业大学出版社, 1997: 12.

[16] 李洪桂. 钨矿物原料 NaOH 分解过程中抑制杂质的基础研究 [J]. 中国工程科学, 2000, 2(3): 59 – 61.

[17] 李运姣, 李洪桂, 孙培梅. 机械活化碱分解钨矿过程中钙对杂质磷、砷、硅的抑制效果 [J]. 稀有金属, 2001, 25(2): 103 – 107.

[18] 柯家骏. 钨矿的碱浸出[M]//陈家镛, 等. 湿法冶金的研究与发展. 北京: 冶金工业出版社, 1998: 67 – 76.

[19] 柯家骏, 蒙星辉, 龚延平. 含钙的钨矿物原料的处理方法[P]. 中国专利, 86100031 B.

[20] 刘茂盛, 孙培梅, 李运姣. 碱法热球磨分解高钙黑钨精矿[J]. 稀有金属, 1993(2): 85 – 88.

[21] 李洪桂, 孙培梅, 李运姣, 等. $CaCO_3$、CaF_2 对钨矿物原料碱分解的影响[M]//李洪桂, 等. 钨矿物原料碱分解基础理论及新工艺[M]. 长沙: 中南工业大学出版社, 1997: 84 – 90.

[22] Медведев А С, Богатырёва Е В. Разложение вольфрамитоевых концентрата раствором NaOH в присутствии части отвального кека[J]. Изв. Вузов. Цв. металлург, 2003(6): 20 – 24.

[23] Вальдман Г М. Исследование выщелачивания вольфрамитового концентрата раствором NaOH[J]. Цв. Мет., 2001(6): 91 – 94.

[24] 方奇. 苛性钠压煮法分解白钨矿[J]. 中国钨业, 2001(Z1): 5 – 6.

[25] 李洪桂, 刘茂盛, 李运姣, 等. 白钨矿及黑白钨混合矿 NaOH 分解的方法与设备[P]. 中国专利, ZL85100350.8.

[26] 李运姣, 李洪桂, 刘茂盛, 等. 机械活化 NaOH 分解白钨精矿的工业试验[M]//李洪桂, 等. 钨矿物原料碱分解的基础理论及新工艺. 长沙: 中南工业大学出版社, 1997: 156 – 164.

[27] 孙培梅, 李洪桂, 刘茂盛. 机械活化碱分解高杂钨细泥[M]//李洪桂, 等. 钨矿物原料碱分解的理论基础与新工艺. 长沙: 中南工业大学出版社, 1997: 139 – 146.

[28] 化学工业出版社. 化工生产流程图解[M]. 北京: 化学工业出版社, 1996: 164 – 165.

［29］彭泽田. 高钙黑钨精矿的低压高碱浸出［J］. 中国钨业，1996，10：16－19.

［30］柯家俊，等. 白钨矿碱浸的动力学［M］//陈家镛，等. 湿法冶金的研究与发展. 北京：冶金工业出版社，1998：181－187.

［31］王识博，赵中伟，李洪桂. 磷酸盐浸出白钨矿的热力学分析［J］. 稀有金属与硬质合金，2005（1）：1－4.

［32］Урубова М А，Валяшко В М，Ракова Н Н и дру. Система $Na_2WO_4 - Na_3PO_4 - H_2O$ при 230℃［J］. ЖНХ，1975，9：2585－2587.

［33］杨幼明，万林生，张子岩. 碱性条件下磷酸盐分解白钨试验研究［J］. 中国钨业，2006，21（5）：32－36.

［34］Зеликман А Н. Металлургия тугоплавких редких металлов［J］. Металлургиздат：Москва，1986，СТР：43－51.

［35］Агноков Т Ш，Журтов Ю Ш，Зеликман А Н и др. Равновесие и кинетика автоклавно－содового выщелачивания вольфрамовых концентратов［J］. Цв. Мет.，1987（9）：51－55.

［36］Зеликман А Н，Ракова Н Н，Журтов Ю Ш. Взаимодействие вольфраматов железа и марганца с растворами соды［J］. Цв. Мет.，1994（5）：37－41.

［37］Медведев А С，Макаров Е П，КаминСкий. Окислительное автоклавно－содовое выщелачивание вольфрамитовых концентратов［J］. Цвет металлы，1996，（11）：40－44.

［38］Eung Ha Cho. Kinetics of sodium carbonate leaching of scheelite［J］. JOM，1988（7）：32－35.

［39］Martins J P. Kinetics of soda ash leaching of low－grade scheelite concentrates［J］. Hydrometallurgy，1996，42：221－236.

［40］Queneau P B，Huggins D K，Beckstead L W. Soda ash digestion of scheelite concentrates［C］//Extrative Metallurgy of Refractory Metals，1981：237－267.

［41］Перлов П М，Медведев В В. Интенсификация гидрометаллургической переработки и вольфрамового сырья［J］. Цв. Мет.，1987（1）：61－64.

［42］Martins J P，Martins F. Soda ash leaching of scheelite concentrates：the effect of high concentration of sodium carbonate［J］. Hydrometallurgy，1997，46：191－203.

［43］Зеликман А Н，Медведев А С，Кадырова З О. Влияние предварительиого механического активирования вольфрамита на кинетику его разложения серной кислотой［J］. Изв. Вузов. Цв. мсталлург，1986，（3）：69－72.

［44］Зеликман А Н，Арамисова Ф А，Нагорныи В Г. Исследование механически активированных шеелитовых концентратов［J］. Цв. Мет.，1981（12）：80－81.

［45］李希明，陈家镛，R·卡迈尔. 细磨活化对白钨矿浸取行为的影响［J］. 金属学报，1991，27（6）：B371－B374.

［46］Медведев А С，Ракова Н Н. Механоктивация в гидрометаллургии вольфрама［J］. Изв. Вузов. Цв. мсталлург，2001（6）：18－24.

［47］赵秦生. 机械活化在俄罗斯钨精矿分解中的应用［J］. 稀有金属与硬质合金，2005（2）：
31 – 34.

［48］Зеликман А Н, Никитина Л С. Вольфрам［M］. Металлургиздат：Москва，1978，
глава 3.

［49］Агноков Т Ш, Атабиева Ж А, Зеликман А Н и др. О влиянии органических примесей
на показатели гидрометаллургической переработки щеелитовых концентратов［J］. Цв.
Мет. , 1989（8）：82 – 84.

［50］Медведев А С, Разыков Б 3, Родионов А О, Разыков Б 3, Родионов А О. Поисковые
исследования по переработке низкосортного щеелитового промпродукта［J］. Цв. Мет. ,
2008（6）：72 – 73.

［51］Пирматов Э А. О механизме разложения щеелитова автоклавно – содовым способом
［J］. Цв. Мет. , 2002（4）：57 – 60.

［52］Земикман А Н, Медведев А С, Кадырова 3 О. Разработка гидрометаллургической
способа извлечения вольфрама из бедных джидинских промпродуктов［J］. Цв. Мет. ,
1984（5）：59 – 61.

［53］Каров 3 Г, Агноков Т Ш, Хочуев И Ю и др. Регенерация избыточной соды из
автоклавных щелоков［J］. Цв. Мет. , 1989（6）：94 – 97.

［54］Палант А А, Априамов Р А, Резниченко В А и др. О регенерации соды при
гидрометаллургической переработке［J］. Цв. Мет. , 1993（4）：33 – 37.

［55］Зеликман А Н, Арамисова Ф А, Термодинамика разложепия вольфрамата калыция по
обмеппой реакции с раствором фосфата патрия［J］. Изв. Вузов. Цв. металлург, 1992
（5 – 6）：68 – 70.

［56］姚珍刚. 氟化钠压煮分解白钨精矿工艺研究［J］. 中国钨业，1999（5 – 6）：166 – 170.

［57］Ю·Ю 鲁利耶. 王正华, 席时佳译. 化学工作者计算手册［M］. 北京：化学工业出版
社，1957.

［58］Зеликман А Н, Ракова Н Н, Карнеева С Г. Исследование аммонийно – фторидного
способа получепие параволъфрамата аммония［J］. Цв. Мет. , 1975（9）：47 – 49.

［59］Зеликман А Н, Ракова Н Н. Исследование условий разложения волъфрамата и
молибдата колъция, а также шеелитовых и повеллитовых концентратов растворами
аммиака［J］. Цв. Мет. , 1966, 3：57 – 59.

［60］Ke J J, Ye L D, Liu W D. Kinetics of dissolution of synthetic scheelite by an alkaline EDTA
leach solution［J］. Hydrometallurgy, 1986, 16：325 – 334.

［61］Konishi Y, Katada H, Asai S. Leaching kinetics of tungsten from low – grade scheelite ore in
aqueous Na_4EDTA solutions［J］. Hydrometallurgy, 1990, 23：141 – 152.

［62］Sebahattin Gürmen, Servet Timur, Cüneyt Arslan, et al. Acidic leaching of scheelite
concentrate and production of hetero – poly – tungstate salt［J］. Hydrometallurgy, 1999, 51：
227 – 238.

［63］Cem Kahruman, Ibrahim Yusufoglu. Leaching kinetics of synthetic $CaWO_4$ in HCl solutions containing H_3PO_4 as chelating agent[J]. Hydrometallurgy, 2006, 81: 182 – 189.

[64] Marins J I, Moreira A, Costa S C. Leaching of synthetic scheelite by hydrochloric acid without the formation of tungstic acid[J]. Hydrometallurgy, 2003, 70: 131 – 141.

[65] Guedes de Carvalho R A, Otília R Neves. Leaching of scheelite ($CaWO_4$) under quasistagnant solution conditions[J]. Hydrometallurgy, 1992, 28: 45 – 64.

[66] 彭少方. 钨冶金学[M]. 北京: 冶金工业出版社, 1981, 34 – 38.

[67] Колесник В Г, Павлий К В, Урусова Е В. Спекание вольфрамитовых концентратов с содой в полях СВЧ[J]. Цв. Мет., 2001, No. 1: 8 – 10.

[68] Лупейко Т Г, Ивлева Т И, Савина Т А. Физико – химическое исследование вольфрамат – силикатных систем кальция и натрия[J]. ЖНХ, 1982, 27(11): 2921 – 2925.

[69] Зеликман А Н, Раков Н Н, Болисов Н А. Алюмининотермическое восстановление отвалов вольфрамитового производства[J]. Цв. Мет., 1996(11): 44 – 46.

[70] Маслов В И, Копылов Н И. Переработка труднообогатимого низкосортного вольфрамового сырья с получением железовольфрамового сырья сплава[J]. Цв. Мет., 1992(10): 42 – 46.

[71] 赵秦生. 钨精矿铝热还原法生产碳化钨——介绍一种新的碳化钨生产技术[J]. 稀有金属与硬质合金, 2003 (3): 49 – 50.

[72] Лазаренко В В, Паршия А П, Шаталов В В. Перспективы металлотермии в получепие тугоплавких металлов и их соединений[J]. Цв. Мет., 1999(5): 81 – 84.

[73] Паршин А П, Павлик В В, Лазаренко В В. О возможности получения высококачественного карбида вольфрама алюминотермией[J]. Цв. Мет., 1994(6): 36 – 38.

[74] 陈绍衣, 赵秦生. 由钨精矿直接制取碳化钨新工艺的评述[J]. 中国钨业, 1990 (8): 15 – 18.

[75] MacKenzie K J D, Temuujin J, McCammon C, et al. Mechanochemical activation of mixtures of wolframite ($FeWO_4$) with carbon, studied by [57]Fe Mössbauer spectroscopy[J]. Journal of the European Ceramic Society, 2006, 26(13): 2581 – 2585.

[76] 胡宇杰, 孙培梅, 李洪桂, 等. 废硬质合金的回收方法及研究进展[J]. 稀有金属与硬质合金, 2004(3): 53 – 56.

[77] Никитин Л С. Производство вольфрама из вторичного сырья[J]. Цв. Мет., 1989 (9): 84 – 89.

[78] 虞觉奇, 易文质, 陈邦迪, 等. 二元合金状态图集[M]. 上海: 上海科学技术出版社, 1987.

[79] 刘秀庆, 许素敏, 王开群. WC – Co 硬质合金废料的回收利用[J]. 有色金属, 2003(3): 59 – 61.

[80] Алкацев М И, Свистунов Н В, Троценко И Г. Регенерация твердого сплава WC – Co с использованием газообразного цинка[J]. Изв. Вузов. Цв. металлург, 2008 (3): 17 – 20.

[81] Takeshi Kobashi. Recliamed powder from Cemented Carbide scraps by high – temperature process[C]//Proceedings of the First International Conference on the Metallurgy and Materials Science of Tungsten, Titaminum, Rare Eearths and Antimony. Changsha, 1988 (Ⅱ): 645 – 648.

[82] 陈梵. 硬质合金高温处理回收工艺研究[J]. 硬质合金, 2001, 18(4): 193 – 195.

[83] Sebahattin Gürmen, Bernd Friedrich. Recovery of cobalt powder and tungsten carbide from cemented carbide scrap Part 1: kinetic of cobalt acid leaching[J]. World of Metallurgy – ERZMETALL, 2004, 57(3): 143 – 147.

[84] 汤青云, 段冬平. 硝酸法处理废硬质合金回收金属钴和碳化钨[J]. 益阳师专学报, 1996 13(6): 64 – 70.

[85] 汤青云, 文瑞明. 浓硫酸法从废硬质合金中回收金属钴和碳化钨[J]. 湖南教育学院学报, 1998 (2): 73 – 75.

[86] 袁书玉. 磷酸法处理废硬质合金回收钨和钴[J]. 现代化工, 1996 (3): 34 – 36.

[87] 瞿昕, 周长松, 苗兴军. 磷酸动态法处理低钴类废硬质合金的研究[J]. 稀有金属与硬质合金, 1996(2): 1 – 5.

[88] Edtmatier C, Shiesser R, Meissl C, et al. Selective removal of the cobalt binder in WC/Co based hardmetal scraps by acetic acid leaching[J]. Hydrometallurgy, 2005, 76(1 – 2): 63 – 71.

[89] 张长理. 电解法再生废硬质合金工艺进展[J]. 有色金属(冶炼部分), 1990(2): 40 – 42.

[90] 张长理. 电解法处理废硬质合金[J]. 中国物质再生, 1992(8): 13 – 15.

[91] 杨显万, 何霭平, 袁宝舟. 高温水溶液热力学数据计算手册[M]. 北京: 冶金工业出版社, 1983, 10.

[92] Lin J C, Lin J Y, Jou S P. Selective dissolution of the cobalt binder from scraps of cemented tungsten carbide in acids containing additives[J]. Hydrometallurgy, 1996, 43(1 – 3): 47 – 61.

[93] 柴立元, 钟海云. 电解法回收废旧硬质合金[J]. 稀有金属与硬质合金, 1996(3): 38 – 41.

[94] 汤青云, 段冬平. 电渗析电溶法处理废硬质合金回收金属钴和碳化钨[J]. 硬质合金, 2000(3): 147 – 150.

[95] Палант А А, Левин А М, Брюквин В А. Электрохимическая переработка вольфрамсодержащих карбидных отходов твердых сплавов[J]. Цв. Мет., 1999 (8): 42 – 45.

[96] Latha T Madhavi, Venkatachalam S. Electrolytic recovery of tungsten and cobalt from tungsten carbide scrap[J]. Hydrometallurgy, 1989, 22(3): 353 – 361.

[97] Палант А А, Павловский В А, Априамов Р А. Электрохимическая переработка металлических отходов вольфрама[J]. Цв. Мет., 1995 (10): 47 – 48.

[98] Палант А А, Брюквин В А. Электрохимическая переработка металлических отходов вольфрама и молибдена в аммиачных электролитах под действием переменного тока[J]. Металлы, 2004 (2): 79 – 82.

[99] Hairunnisha S, Sendil G K, Prabhakar Rethinaraj J, et al. Studies on the preparation of pure ammonium paratungstate from tungsten alloy scrap[J]. Hydrometallurgy, 2007, 85: 67 −71.

[100] Палант А А, Брюквин В А, Грачева О М. Оптимизация электрохимической переработки металлических отходов вольфрама при наложении переменного тока[J]. Цв. Мет. , 2006(11): 50 −52.

[101] Хазан А З, Резниченко В А, Липихина М С. Переработка отходов вольфрамкобальтовых твердых сплавов окислительно − восстановительным способом [J]. Цв. Мет. , 1989(7): 95 −98.

[102] Зарубицкий О Г, Орел В П, Дмитрук Б Ф. Пирохимическая Технология Переработки Вольфрами Кобальтсодержащего Сырья[J]. ЖПХ, 2004, 77(11): 1761 −1163.

[103] He Yuehui, Chen Libao, Huang Baiyun, et al. Recycling of heavy metal alloy turnings to powder by oxidation − reduction process[J]. International Journal of Refractory Metal & Hard Materials, 2003, 21(5 −6): 227 −231.

[104] Chaiat D, Gero R, Nadiv S. An oxidation − reduction process for reclamation of tungsten − base heavy metal alloys[J]. International Journal of Refractory Metal & Hard Materials, 1985 (3): 40 −42.

第3章 纯钨化合物的制取

3.1 概述

纯钨化合制取的任务是将钨矿物原料(或二次原料)分解所得的粗钨酸钠或其他初级产品中的杂质除去,以获得符合用户要求的中间产品或化工产品。因此它既包含提纯的任务,同时包含着控制产品的粒度、粒度分布及形貌的任务。

当前钨冶金纯化合物制备的产品品种主要有仲钨酸铵(APT)、偏钨酸铵、钨酸钠、三氧化钨等,其中 APT 为钨冶金及钨化工领域的重要中间产品,绝大部分钨冶金的终端产品如硬质合金、金属钨材、偏钨酸铵等都是通过它制取的,因此纯钨化合物制取的主要任务是由粗钨酸钠制取 APT。对 APT 的纯度要求,各相关用户并没有严格的科学依据,因此各国及有关企业的标准不尽一致,我国 APT 的纯度要求如表 3 - 1 所示。

表 3 - 1 我国的 APT 标准(GB 10116—88)

牌号		APT - 0	APT - 1	APT - 2
WO_3 含量不小于/%		88.5	88.5	88.5
杂质含量(以 WO_3 为基准)不大于/%	Al	0.0005	0.001	0.001
	As、Ca、Fe	0.001	0.001	0.002
	Bi、Pb	0.0001	0.0001	0.0002
	Co、Cr、Mn、Ti、V	0.001	0.001	0.001
	Cu	0.0003	0.0005	0.001
	K、Na	0.001	0.0015	0.002
	Mg、P	0.0007	0.001	0.002
	Mo	0.002	0.005	0.01
	Ni、S	0.0007	0.001	0.001
	Sb	0.0008	0.001	0.002
	Si	0.0001	0.001	0.003
	Sn	0.0001	0.0003	0.0005

美国全球钨及粉末公司(GTP)产出的 APT 纯度标准如表 3 - 2 所示。

乌兹别克难熔与耐热金属公司的 APT 和 WO_3 的牌号与杂质含量如表 3-3 所示。

根据纯度要求可知，由粗 Na_2WO_4 制备化学成分合格的 APT 应包括两方面的任务，即：①净化除杂，如除去 Si、P、As、Mo 等有害杂质，并将伴生的有价元素进行回收。②转型，使钨由钠盐形态转化为铵盐形态。

表 3-2　美国全球钨及粉末公司的 APT 纯度标准/%

所含杂质	Al	Cu	Fe	Mo	Si	Na
碳化钨级，含量不大于	0.002	0.001	0.003	0.006	0.004	0.002
钨丝级[①]，含量不大于	0.002	0.0003	0.002	0.002	0.001	0.002
所含杂质	Ca	As	K	Sn	P	
碳化钨级，含量不大于	0.002					
钨丝级，含量不大于	0.001	0.002	0.001	0.001	0.002	

注：根据美国全球钨及粉末公司发布的《技术信息通报》。
①纯度等级可变。

表 3-3　乌兹别克难熔与耐热金属公司 APT(ПBA)和 WO_3 牌号与杂质含量/%

杂质	ПBA ц-4	ПBA (再结晶)	WO_3(A 级)	ПBA4	ПBA(HГM3)	WO_3 BA
Fe	0.006	0.005	0.006	0.006	0.001	0.005
Al	0.003	0.003	0.003	0.001	0.001	0.013-0.018
Si	0.007	0.006	0.006	0.002	0.001	0.016-0.21
Ca	0.01	0.005	0.006	0.002	0.001	0.003
K	—	—	0.009	—	0.002	0.2-0.3
P	0.002	0.001	0.001	0.004	0.001	—
S	0.002	0.001	0.001	0.004	0.001	—
Mo	0.1	0.025	0.025	0.02	0.01	0.02
As	0.01	0.006	0.004	0.03	0.002	—
Na	0.06	0.006	0.006	0.01	0.003	0.05
C	—	—	—	—	—	0.003

在净化除杂方面，粗 Na_2WO_4 溶液中的主要有害杂质为各种以阴离子形态存在的 SiO_3^{2-}、AsO_4^{3-}、PO_4^{3-}、SnO_3^{2-}、MoO_4^{2-} 等；至于阳离子杂质，则由于除碱金属以外，几乎所有金属氢氧化物及正钨酸盐的溶度积都很小，因此在碱性或弱碱性 Na_2WO_4 溶液中残留的上述阳离子杂质含量极少，完全能满足制取有一定纯度的 APT(例如 GB 10116—88 APT-0 级)的要求。

上述阴离子杂质在粗 Na_2WO_4 溶液中的含量随矿物原料分解过程中所用原料的

成分、分解方法及技术参数而异，一般含 $w_P/w_{WO_3} = (5 \sim 50) \times 10^{-4}$，$w_{As}/w_{WO_3} = (5 \sim 50) \times 10^{-4}$，$w_{Si}/w_{WO_3} = (10 \sim 100) \times 10^{-4}$，Mo 的含量则随原料成分不同而变化很大，$w_{Mo}/w_{WO_3}$ 为 $5 \times 10^{-4} \sim 2 \times 10^{-2}$，净化后一般要求 $w_{Si}/w_{WO_3} = (18 \sim 20) \times 10^{-5}$，$w_{As}/w_{WO_3} = (5 \sim 6) \times 10^{-5}$，$w_P/w_{WO_3} = (5 \sim 6) \times 10^{-5}$，$w_{Mo}/w_{WO_3} = (10 \sim 20) \times 10^{-5}$，此溶液通过下工序蒸发结晶过程本身的提纯作用，在结晶率为 90% ~ 95% 的条件下，所得的 APT 即可达到 GB 10116—88 APT - 0 级要求。

为实现净化除杂，总的思路是通过一定的化学过程或物理过程，使杂质与主金属钨分别进入不同的相。例如，在一定条件下，加入沉淀剂 Mg^{2+} 使 P、As、Si 变成相应的难溶化合物进入沉淀相而与溶液相中的钨分离，或通过吸附剂(特别是离子交换树脂)对钨和杂质的相对吸附性能的不同而分离，或有机溶剂萃取时分配比的不同而分离。因而可供考虑的方法有各种沉淀法、离子交换法以及阴离子交换机理的有机溶剂萃取法。

但这里要特别注意的是，在酸性条件下，WO_4^{2-} 能与上述阴离子结合形成杂多酸，因此各种旨在除去以阴离子形态存在的 Si、P、As、Sn 等杂质的过程一般只能在碱性或弱碱性条件下才能实现，相应地当用离子交换法进行净化 Na_2WO_4 溶液时，一般只能采用强碱性阴离子交换树脂，萃取时也只能在碱性或弱碱性条件下用季铵盐作萃取剂。

在转型方面，实际上是一种用 NH_4^+ 替代 Na^+ 的过程，为实现这种替代，其总的思路是使 Na_2WO_4 (有时为偏钨酸钠、仲钨酸钠)中的 Na^+ 与钨酸根离子分别进入不同的相而分离，然后再使 NH_4^+ 与 WO_4^{2-} 结合而得 $(NH_4)_2WO_4$，根据这一思路，现行的方法有：

(1)离子交换法，即利用阴离子交换树脂从溶液中将钨酸根离子吸附，使之进入树脂相，Na^+ 则保留在交后液中排除，再利用 NH_4Cl 或 NH_4OH 从树脂相将钨解吸而得 $(NH_4)_2WO_4$ 溶液。

(2)萃取法，其实质与离子交换法相同，在萃取过程中通过阴离子交换机理使钨进入有机相，Na^+ 保留在萃余液中排除，再用 NH_4OH 溶液反萃得 $(NH_4)_2WO_4$ 溶液。

(3)传统的化学法，即通过化学反应使 WO_4^{2-} 进入固体化合物与水相的 Na^+ 分离，然后从固体化合物制取 $(NH_4)_2WO_4$。

综上所述，当前工业上净化粗 Na_2WO_4 溶液并进而制取 APT 的原则流程如图 3 - 1 所示。

图中 A 为传统化学法，粗 Na_2WO_4 溶液首先用化学沉淀法除去 P、As、Si、F 等杂质得纯 Na_2WO_4 溶液，然后用传统化学法转型为 $(NH_4)_2WO_4$ 溶液。B、C 两种方法实际上是传统化学法的改进，即保留其原有的化学沉淀除 P、As、Si、F 部

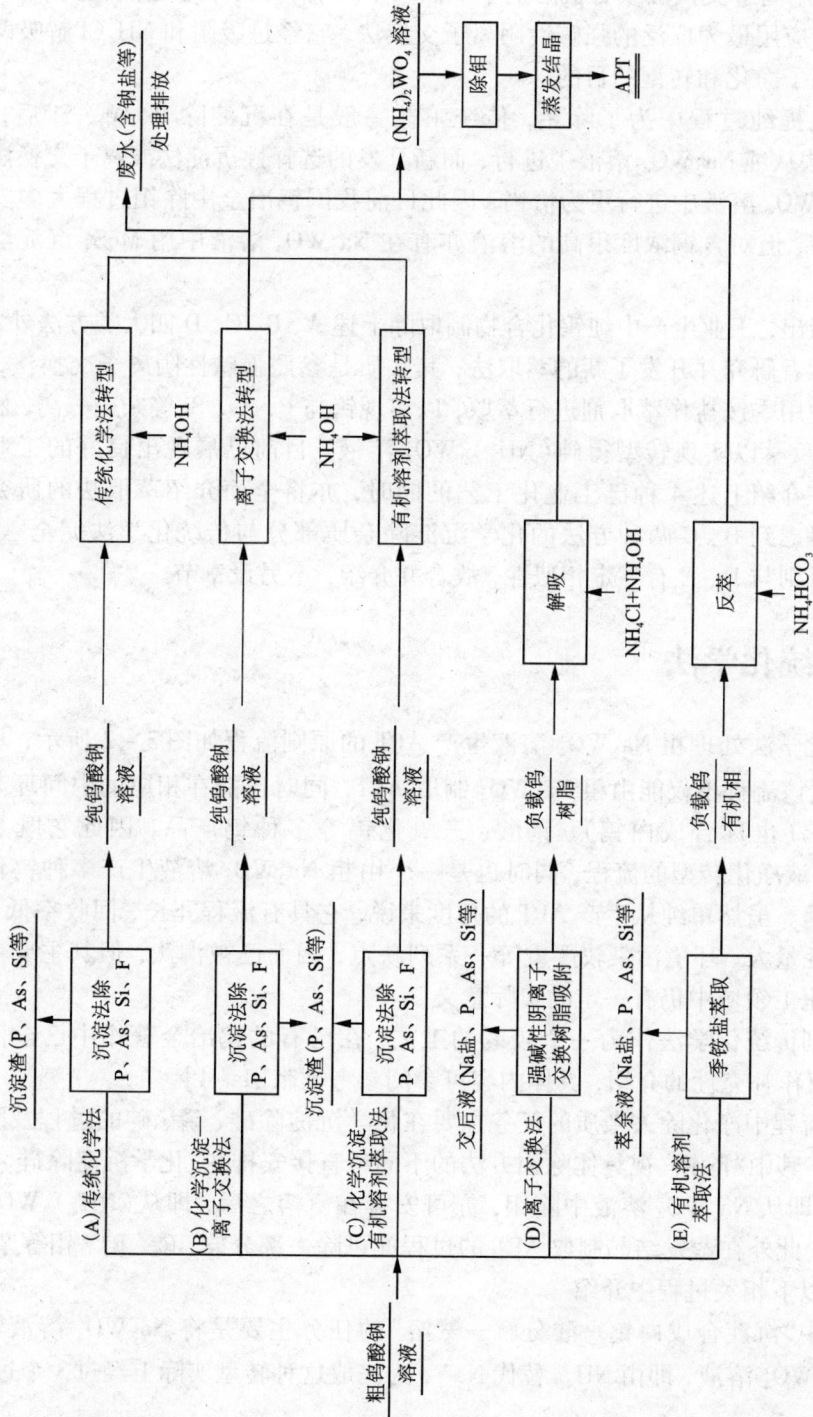

图3-1　净化粗钨酸钠溶液制取APT的原则流程

分，再分别用离子交换法或有机溶剂萃取法(以下均简称为萃取法)转型。D 为当前钨冶金中应用最为广泛的强碱性阴离子交换法，它经过吸附和 NH_4Cl 解吸两道工序即实现了净化和转型的目的。

在净化提纯过程中为了除钼，传统工艺一般是在沉淀除 P、As、Si 后，用 MoS_3 沉淀法从纯 Na_2WO_4 溶液中进行，而新开发的选择性沉淀法或离子交换法则从 $(NH_4)_2WO_4$ 溶液中进行更为恰当，因此目前我国钨冶金中除钼过程大多安排在转型之后，但对含铜浓度很高的溶液亦有在 Na_2WO_4 溶液中用 MoS_3 沉淀法除钼的。

应当指出，工业生产中纯钨化合物制取除上述 A、B、C、D 四大类方法外，近年来许多学者研究并开发了新的萃取法，其实质是参照强碱性阴离子交换法，在碱性介质中用季铵盐作萃取剂进行萃取，以实现钨与 P、As、Si 等杂质分离，然后用 NH_4OH 反萃以实现转型得纯 $(NH_4)_2WO_4$ 溶液，目前已展现出良好的工业前景。本书在介绍上述 4 种已工业化工艺的同时，亦将全面介绍萃取法的研究成果。此外考虑到 B、C 两种方法的化学沉淀除杂质部分与传统化学法完全一样，而转型部分则与 D、E 有一定相似性，故合并介绍，不另设章节。

3.2 传统化学法

传统化学法处理粗 Na_2WO_4 溶液生产 APT 的原则流程如图 3-2 所示，从图可知，通过该流程不仅能由粗 Na_2WO_4 制取 APT，同时也能在相应的中间环节产出人造白钨(也称合成白钨)、钨酸、三氧化钨等多种钨产品，因此它既是粗 Na_2WO_4 溶液净化转型的流程，同时也是一个由粗 Na_2WO_4 溶液生产多种钨化工产品的流程。虽然单纯从生产 APT 的角度来说，它具有流程冗长、回收率低、化学试剂消耗量大、环境污染较严重等一系列缺点，因而已被淘汰，但其主要单元过程在钨化工领域中仍有一定的实际意义。

考虑到传统化学法作为一个较老的工艺，在已有的钨冶金著作中已全面论述，本书仅作补充性的介绍，具体内容可参阅参考文献[1~4]。

上述流程中净化除去杂质的任务主要在化学沉淀除硅、磷、砷的过程及除钼过程完成，其中"除钼"视具体除钼方法的不同可直接安排在"化学沉淀除硅、磷、砷"之后，即从 Na_2WO_4 溶液中除钼，亦可安排在氨溶之后，即从 $(NH_4)_2WO_4$ 溶液中除钼，此外在蒸发结晶制取 APT 的过程亦可除去部分硅、磷、砷、钼等杂质，这些将在以下相关过程中介绍。

流程中"沉淀合成白钨—酸分解—氨溶"的任务主要是将 Na_2WO_4 溶液转型为 $(NH_4)_2WO_4$ 溶液，即由 NH_4^+ 替代 Na^+，为完成这种转型实际上经过 3 个过程，即：

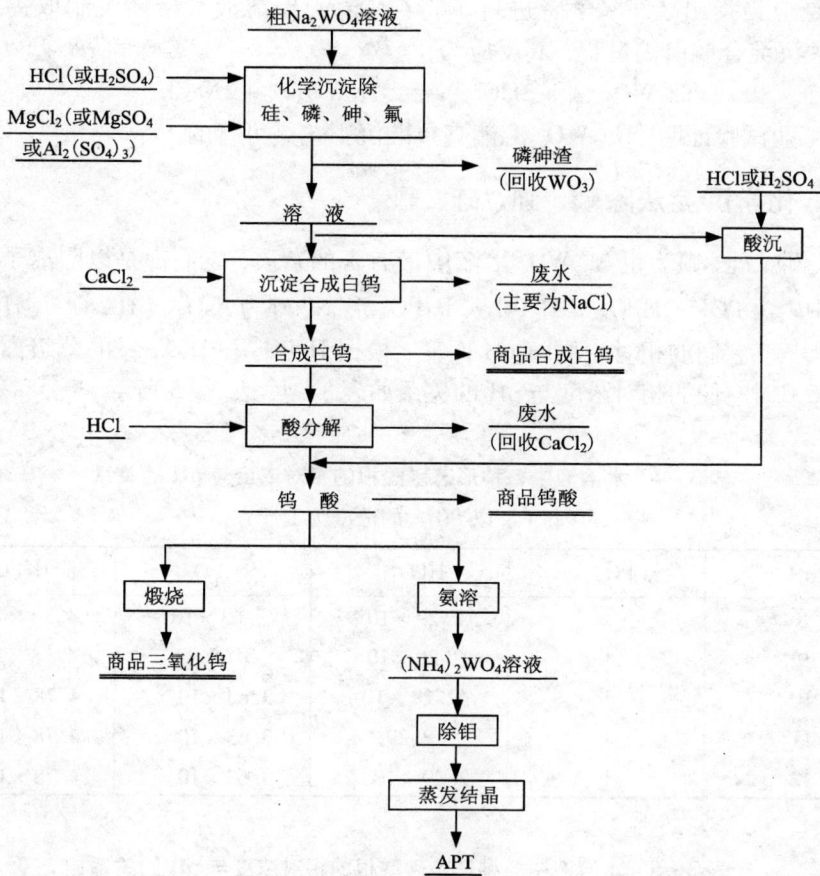

图 3 - 2　传统化学法净化 Na_2WO_4 溶液生产 APT 的原则流程

(1)沉淀合成白钨,反应为:

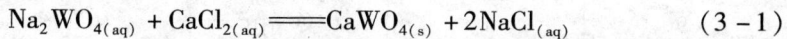

$$Na_2WO_{4(aq)} + CaCl_{2(aq)} \Longrightarrow CaWO_{4(s)} + 2NaCl_{(aq)} \qquad (3-1)$$

即将 Ca^{2+} 替代 Na^+,使 WO_4^{2-} 进入固相,而 Na^+ 保留在溶液中实现了 Na^+ 与 WO_4^{2-} 的分离。

(2)合成白钨的酸分解,反应为:

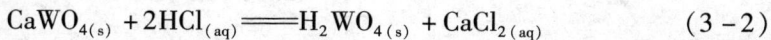

$$CaWO_{4(s)} + 2HCl_{(aq)} \Longrightarrow H_2WO_{4(s)} + CaCl_{2(aq)} \qquad (3-2)$$

即用 H^+ 替代与 WO_4^{2+} 结合的 Ca^{2+}。

(3)氨溶,反应为:

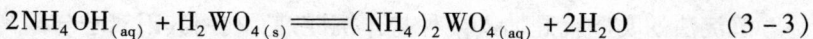

$$2NH_4OH_{(aq)} + H_2WO_{4(s)} \Longrightarrow (NH_4)_2WO_{4(aq)} + 2H_2O \qquad (3-3)$$

即用 NH_4^+ 替代 H_2WO_4 中的 H^+,最后实现转型得 $(NH_4)_2WO_4$,因而先后经

过三次替代过程。

但是应当指出,许多学者进行了将纯 Na_2WO_4 溶液直接酸沉制取钨酸的研究,省去沉淀合成白钨过程,其反应为:

$$Na_2WO_{4(aq)} + 2HCl_{(aq)} = H_2WO_{4(s)} + 2NaCl_{(aq)} \qquad (3-4)$$

半工业试验证明,Na_2WO_4 溶液直接酸沉工艺是可行的。

3.2.1 化学沉淀法除磷、砷、硅、氟

磷、砷、硅、氟为粗 Na_2WO_4 溶液中最有害的杂质,它们都是以阴离子形态存在,其中磷为 PO_4^{3-}、HPO_4^{2-}、$H_2PO_4^-$、H_3PO_4 形态,砷为 AsO_4^{3-}、$HAsO_4^{2-}$、$H_2AsO_4^-$、H_3PO_4 形态,它们的相对浓度随 pH 而变,根据 H_3PO_4 和 H_3AsO_4 的分级离解常数算出,25℃时它们的相对浓度与 pH 的关系如表 3-4、表 3-5 所示。

表 3-4 水溶液中各种形态磷酸根的相对浓度与 pH 的关系

(25℃,以 PO_4^{3-} 的浓度为 1 计)

pH	PO_4^{3-}	HPO_4^{2-}	$H_2PO_4^-$	H_3PO_4
8	1	2.29×10^3	3.63×10^2	4.78×10^{-4}
9	1	2.29×10^2	3.63×1	4.78×10^{-7}
10	1	2.29×10	3.63×10^{-2}	4.78×10^{-10}
11	1	2.29	3.63×10^{-4}	4.78×10^{-13}
12	1	2.29×10^{-1}	3.63×10^{-6}	4.78×10^{-16}

表 3-5 水溶液中各种形态砷酸根的相对浓度与 pH 的关系

(25℃,以 AsO_4^{3-} 的浓度为 1 计)

pH	AsO_4^{3-}	$HAsO_4^{2-}$	$H_2AsO_4^-$	H_3AsO_4
8	1	1.43×10^3	1.40×10^2	2.22×10^{-4}
9	1	1.43×10^2	1.40×1	2.22×10^{-7}
10	1	1.43×10	1.40×10^{-2}	2.22×10^{-10}
11	1	1.43	1.40×10^{-4}	2.22×10^{-13}
12	1	1.43×10^{-1}	1.40×10^{-6}	2.22×10^{-16}

从表 3-4 和表 3-5 知,钨冶金所得的粗 Na_2WO_4 溶液(pH 一般为 12~14)中,磷主要以 PO_4^{3-}、HPO_4^{2-} 形态存在,砷主要以 AsO_4^{3-}、$HAsO_4^{2-}$ 形态存在。

沉淀法的实质就是加入某种盐作沉淀剂,利用其阳离子与阴离子杂质结合成为难溶化合物沉淀。作为沉淀剂的条件应当是:①能提供与上述杂质形成难溶化

合物的阳离子。②不与 WO_4^{2-} 形成难溶化合物。③不给 Na_2WO_4 溶液带入新的杂质，或这些杂质很易除去。④不造成环境污染。⑤价廉易得。

根据上述条件，人们认为镁盐和铝盐比较合适。

有关化合物的溶度积如表 3 - 6 所示。

表 3 - 6　磷、砷、硅、氟有关镁盐、铝盐、钙盐的溶度积

化合物	$Mg_3(PO_4)_2$		$Mg_3(AsO_4)_2$	$MgSiO_3$	MgF_2
温度/℃	25	100	25	25	27
K_{sp}	1.62×10^{-25}	4.47×10^{-32}	2.04×10^{-20}	1.29×10^{-12}	6.4×10^{-9}
化合物	$MgNH_4PO_4$	$MgNH_4AsO_4$	$AlPO_4$	$AlAsO_4$	$Mg(OH)_2$
温度/℃	25	0			25
K_{sp}	2.5×10^{-13}	约 1.8×10^{-12}	6.3×10^{-19}	1.6×10^{-16}	5×10^{-12}
化合物	$Ca(OH)_2$		$Ca_3(PO_4)_2$	CaF_2	$Ca_5(PO_4)_3OH$
温度/℃	18	25	25	26	
K_{sp}	5.47×10^{-6}	7.9×10^{-6}	1.2×10^{-29}	3.95×10^{-11}	$10^{-57.5}$

根据表 3 - 6 的数据可知，为除去磷、砷、硅、氟可采用镁盐沉淀法、铵镁盐沉淀法和铝盐沉淀法，这些方法已都在工业中广为应用。

同时对比有关钙盐和镁盐溶度积可知，为从溶液中除去 PO_4^{3-}、F^-、AsO_4^{3-}、SiO_3^{2-} 等阴离子杂质，加入 Ca^{2+} 可能比 Mg^{2+} 更为有效。但对 Na_2WO_4 溶液而言，当溶液中 NaOH 浓度较小时，由于生成 $CaWO_4$ 沉淀，而使之无法实施，不过在 NaOH 浓度和温度条件达到足以分解白钨的情况下，钙盐沉淀法除去上述杂质是完全可能的。详细条件参阅 2.1。

1. 镁盐沉淀法

（1）热力学分析

①净化深度。运用热力学的原理分析，在 $MgCl_2$ 或 $MgSO_4$ 沉淀过程中，理论上可达到的净化深度。

$MgCl_2$（或 $MgSO_4$）加入含磷的溶液后，将首先发生如下反应：

$$2PO_4^{3-} + 3MgCl_{2(aq)} \Longrightarrow Mg_3(PO_4)_{2(s)} + 6Cl^-$$

因而 $[PO_4^{3-}]$ 降低。随着 $[PO_4^{3-}]$ 的降低，将破坏表 3 - 1 中所示的 $PO_4^{3-} - HPO_4^{2-} - H_2PO_4^- - H_3PO_4$ 之间的平衡，因而溶液中已有的 HPO_4^{2-}、$H_2PO_4^-$、H_3PO_4 等将向 PO_4^{3-} 迁移，并进而被 Mg^{2+} 沉淀，例如：

$$HPO_4^{2-} \longrightarrow H^+ + PO_4^{3-}$$

$$2PO_4^{3-} + 3Mg^{2+} \longrightarrow Mg_3(PO_4)_{2(s)}$$

因此由于 Mg^{2+} 的存在不仅使 $[PO_4^{3-}]$ 降低，同时 HPO_4^{2-}、$H_2PO_4^-$、H_3PO_4 浓度亦相应降低，最终残留的磷浓度为残留的各种形态磷酸根的总和，即：

$$[P]_T = [PO_4^{3-}] + [HPO_4^{2-}] + [H_2PO_4^-] + [H_3PO_4] \tag{3-5}$$

式中：$[P]_T$ 为残留磷的总浓度；$[PO_4^{3-}]$、$[HPO_4^{2-}]$、$[H_2PO_4^-]$、$[H_3PO_4]$ 分别为以 PO_4^{3-}、HPO_4^{2-}、$H_2PO_4^-$、H_3PO_4 形态存在的磷的浓度。

根据表 3-6 中所示的 $Mg_3(PO_4)_2$ 及 $Mg(OH)_2$ 的溶度积，并已知工业上镁盐净化 Na_2WO_4 溶液时 pH 为 10 左右，算出 25℃ 时溶液中：

$$[Mg^{2+}] = K_{sp(Mg(OH)_2)}/[OH^-]^2 = 5 \times 10^{-12}/(10^{-4})^2 = 5 \times 10^{-4}(mol \cdot L^{-1})$$

相应地

$$[PO_4^{3-}] = [K_{sp(Mg_3(PO_4)_2)}/(5 \times 10^{-4})^3]^{1/2}$$
$$= (1.62 \times 10^{-25}/125/10^{-12})^{1/2}$$
$$= 3.6 \times 10^{-8}(mol \cdot L^{-1})$$

进而根据式(3-5)及表(3-4)中所示各种形态磷酸根的浓度平衡关系得：

$$[P] = 3.6 \times 10^{-8} \times (1 + 22.9 + 3.63 \times 10^{-2} + 0.478 \times 10^{-9})$$
$$\approx 3.6 \times 10^{-8} \times 24 \approx 8.6 \times 10^{-7}(mol \cdot L^{-1})$$

或近似为 2.6×10^{-5} g·L^{-1}。

根据上述方法亦可算出当溶液 pH 为 10 左右时 25℃ 溶液中残留的 $[AsO_4^{3-}]$ 为：

$$[AsO_4^{3-}] = [K_{sp(Mg_3(AsO_4)_2)}/(5 \times 10^{-4})^3]^{1/2}$$
$$= (2.04 \times 10^{-20}/125/10^{-12})^{1/2}$$
$$= (1.63 \times 10^{-10})^{1/2}$$
$$= 1.27 \times 10^{-5}(mol \cdot L^{-1})$$

进而根据表(3-5)中所示各种形态砷酸根的浓度平衡比例得 pH = 10 时残留的总砷为：

$$[As] = [AsO_4^{3-}] + [HAsO_4^{2-}] + [H_2AsO_4^-] + [H_3AsO_4]$$
$$[As] = 1.27 \times 10^{-5} \times (1 + 14.3 + 1.40 \times 10^{-2} + 2.22 \times 10^{-10})$$
$$\approx 12.7 \times 15.3 \times 10^{-5}$$
$$\approx 19.4 \times 10^{-4}(mol \cdot L^{-1})$$
$$\approx 1.4 \times 10^{-1}(g \cdot L^{-1}) \tag{3-6}$$

实际生产过程中，经镁盐净化后溶液中砷含量可降至 0.01 g·L^{-1} 以下，即低于上述理论计算值，其原因可能与温度有关，$Mg_3(AsO_4)_2$、$Mg_3(PO_4)_2$ 的溶度积随温度的升高而减小，而生产过程往往在煮沸的条件下进行，有利于降低 P、As 的平衡浓度。

根据 25℃ HF 的离解常数 6.61×10^{-4} 可知，在 pH 10 左右 HF 可视为完全解离，故溶液中残留的总氟浓度：

$$[F]_T = (K_{sp(MgF_2)}/5/10^{-4})^{1/2} = (6.4 \times 10^{-9}/5/10^{-4})^{1/2} = (1.28 \times 10^{-5})^{1/2}$$
$$= 3.58 \times 10^{-3} (mol \cdot L^{-1}) \quad 或 \quad 6.8 \times 10^{-2} (g \cdot L^{-1})$$

根据 $MgSiO_3$ 的溶度积可算出在上述同样条件下硅的残余浓度：

$$[Si]_T = K_{sp(MgSiO_3)}/(5 \times 10^{-4}) = 1.29 \times 10^{-12}/(5 \times 10^{-4})$$
$$= 2.58 \times 10^{-9} (mol \cdot L^{-1}) \quad 或 \quad 7.2 \times 10^{-8} (g \cdot L^{-1})$$

综上所述，根据热力学分析，在镁盐净化过程中，当控制 pH 为 10 左右时，常温下 P、As、F、Si 可达到的极限值大体为：P 2.6×10^{-5} $g \cdot L^{-1}$、As 1.4×10^{-1} $g \cdot L^{-1}$、F 6.8×10^{-2} $g \cdot L^{-1}$、Si 7.2×10^{-8} $g \cdot L^{-1}$。

②影响沉淀效果的因素。根据上述分析亦可从热力学角度，得出影响沉淀效果的因素主要为：

（a）溶液中 OH^- 浓度或 pH。对 P、As 而言，pH 有两方面影响：

一方面根据：

$$[PO_4^{3-}] = (K_{sp(Mg_3(PO_4)_2)}/[Mg^{2+}]^3)^{1/2}$$
$$= [K_{sp(Mg_3(PO_4)_2)}/(K_{sp(Mg(OH)_2)}/[OH^-]^2)^3]^{1/2}$$

温度一定时 $K_{sp(Mg_3(PO_4)_2)}$、$K_{sp(Mg(OH)_2)}$ 为常数，将有关项归总为 A，故：

$$[PO_4^{3-}] = A \times [OH^-]^3$$

因此 $[PO_4^{3-}]$ 将随 $[OH^-]^3$ 的升高而升高，即 pH 升高对降低残余 $[PO_4^{3-}]$ 不利。

另一方面从表 3-4 可知，随着 pH 的升高，在 pH = 10 左右，式（3-5）中 $[P]_T$ 的主要组成项 $[HPO_4^{2-}]$ 将随 $[OH^-]$ 成比例降低，即 pH 增加 1 或 $[OH^-]$ 增加 10 倍，则 $[HPO_4^{2-}]$ 将降低至 1/10，或者说：

$$[HPO_4^{2-}] = B/[OH^-]$$

两方面综合可知：$[P]_T$ 将近似正比于 $[OH^-]^2$。对 As 而言其规律性与 P 相同。对 Si 和 F 而言，$[OH^-]$ 升高，则 $[Mg^{2+}]$ 降低，将使其残余浓度升高。

（b）温度。从表 3-6 知，温度升高，则 $Mg_3(PO_4)_2$ 的溶度积下降，对 $Mg_3(AsO_4)_2$、MgF_2 亦有类似现象。故温度升高有利于提高净化的效果，这也是镁盐净化过程通常在高温下进行的原因之一。

（2）工艺

镁盐沉淀法为传统工艺，其工艺过程及指标的控制在专著[1]、[2]、[3]中都有详细介绍。

我国的生产实践证明经过镁盐净化后，Na_2WO_4 溶液（含 WO_3 150 $g \cdot L^{-1}$ 左右）中 P、As、Si 含量可降到如下标准：$c_{As} \leqslant 0.01$ $g \cdot L^{-1}$，$c_P \leqslant 0.007$ $g \cdot L^{-1}$，$c_{Si} \leqslant 0.04$ $g \cdot L^{-1}$。溶液中含有一定量 Mg^{2+}，它在下阶段 Na_2WO_4 转型过程中将随 Na^+

一道进入废液，例如用萃取法转型时将进入萃余液。

镁盐净化产出的磷砷渣含 WO_3 约 6%。

2. 铵镁盐沉淀法

以除磷为例，其反应为：

$$PO_4^{3-} + NH_4Cl_{(aq)} + MgCl_{2(aq)} =\!=\!= MgNH_4PO_{4(s)} + 3Cl^-$$

详细工艺过程见文献[1，2]。

3. 铝盐沉淀法[4]

国外常用 $Al_2(SO_4)_3$ 和 $MgSO_4$ 从苏打压煮所得的 Na_2WO_4 溶液中除硅，其反应可近似表示为：

$$2Na_2SiO_{3(aq)} + Al_2(SO_4)_{3(aq)} + 2Na_2CO_{3(aq)} =\!=\!=$$
$$Na_2O \cdot Al_2O_3 \cdot 2SiO_{2(s)} + 2CO_2 + 3Na_2SO_{4(aq)}$$

典型技术条件为：苏打压煮母液加热到 $70 \sim 80℃$，控制 $pH = 9.0 \sim 9.5$，按每 kg WO_3 加入 0.08 kg $Al_2(SO_4)_3 \cdot 18H_2O$ 和 0.03 kg $MgSO_4 \cdot 7H_2O$，搅拌 1 h 后过滤。

也可将 $MgSO_4$ 和 $Al_2(SO_4)_3$ 分步加入，以同时除去 P、As、Si、F，第一步为 $60 \sim 110℃$ 下加入 $MgSO_4$，控制最终 Mg^{2+} 浓度为 $0.5 \sim 2.0 \ g \cdot L^{-1}$，$pH = 10 \sim 11$ 过滤，然后第二步在 $pH = 7 \sim 8$、温度为 $20 \sim 60℃$ 的条件下加入 $Al_2(SO_4)_3$，控制最终 Al^{3+} 浓度为 $0.2 \sim 0.3 \ g \cdot L^{-1}$。

按这种方式，当粗 Na_2WO_4 溶液含 Si $0.02 \sim 10 \ g \cdot L^{-1}$、P $0.01 \sim 0.12 \ g \cdot L^{-1}$、F $0.5 \sim 4 \ g \cdot L^{-1}$，则净化后可达 Si $\leqslant 0.01 \ g \cdot L^{-1}$，P $\leqslant 0.005 g \cdot L^{-1}$，F $\leqslant 0.2 \ g \cdot L^{-1}$。

上述工艺产出的渣一般难过滤，往往需加絮凝剂，也可在苏打压煮后，不进行过滤，直接将上述沉淀剂加入压煮的矿浆中，然后将苏打压煮的过滤过程与沉淀净化的过滤过程合并进行，两种渣混合在一起过滤排放。这种方法能简化流程、简化操作，但只有当净化渣中含 WO_3 很低（接近苏打压煮渣）、没有再回收价值时才有意义。

考虑到镁盐沉淀法除 F^- 的效果有限，一般经过镁盐沉淀后，Na_2WO_4 溶液 F 还可能有 $0.5 \sim 0.8 \ g \cdot L^{-1}$，它在下阶段用萃取法转型时，由于 pH 仅 $2 \sim 3$，形成 HF，一方面对设备腐蚀性强，另一方面影响钨的萃取，为此 A·A·巴拉恩特[5] 在上述酸性溶中加入 $CaCl_2$，由于 CaF_2 的溶解度比 MgF_2 低得多，因此溶液中 F 可降至 $0.06 \ g \cdot L^{-1}$，而在 pH $2 \sim 3$ 的条件下钨以偏钨酸根形态存在，故不会产生 $CaWO_4$ 的沉淀。

与 A·A·巴拉恩特不同的是，Б·Г·科尔舒诺夫以固体 CaO 为沉淀剂在碱性条件下（pH = 12）从溶液中有效地除去了 F^-。其具体条件为：Na_2WO_4 溶液含 WO_3 100 $g \cdot L^{-1}$，F^- 5 $g \cdot L^{-1}$，温度 80℃，则 F^- 沉淀率达 96%，WO_3 基本上不沉淀。

3.2.2　沉淀合成白钨

沉淀合成白钨(亦称为人造白钨)过程的反应见式(3-1),其在工业上的应用主要有两方面:①在钨冶金中用于 Na_2WO_4 溶液的转型和从某些含钨溶液中回收钨,在这方面的主要要求是回收率(沉淀率)高,同时粒度适当粗,以保证有良好的过滤洗涤性能。②由于 $CaWO_4$ 为重要的荧光材料和医学材料,因此本工艺亦用于从 Na_2WO_4 溶液直接制备上述材料,在制备上述材料时,除要求保证足够的沉淀率外,往往对粒度、粒形有一定要求。

因此沉淀合成白钨过程中沉淀率和粒度的控制是重要指标。

1. 沉淀合成白钨过程中沉淀率的控制

影响沉淀率的因素主要有:

(1)溶液的 pH

钨酸盐水溶液中钨的形态随 pH 而变,随浓度的不同,pH 大于 7~8,主要为 WO_4^{2-},它能与 Ca^{2+} 发生反应,生成白钨;而当 pH <7 则钨往往形成仲钨酸根甚至偏钨酸根离子,难以与 Ca^{2+} 形成白钨沉淀,故一般当 pH <8.5 时,随着 pH 的降低则沉淀率显著降低。J·I·马廷斯[6]的试验表明:在 $CaCl_2$ 浓度为 150 $g·L^{-1}$、Na_2WO_4 溶液中 WO_3 浓度为 100 $g·L^{-1}$、50℃的条件下、当 pH 分别为 8.5、7.0 和 6.0,则沉淀率分别为95%、35%和17%,甚至在 pH 为 1.5~2 时,即使加入固体 $CaWO_4$ 时,它也会转化为偏钨酸根离子而溶解,沉淀率为 0,因此 pH 不能过低。但 pH 过高将带来两方面的不利:

一方面在 pH 较高(例如 pH >9)以致溶液中钨几乎全部以 WO_4^{2-} 形态存在的条件下,溶液中残留的钨量决定于 $CaWO_4$ 的溶解度,已知常温下 $CaWO_4$ 的溶度积 $K_{sp(CaWO_4)} = [Ca^{2+}][WO_4^{2-}] = 2.13 \times 10^{-9}$。

因此溶液中平衡 WO_4^{2-} 浓度:

$$[WO_4^{2-}] = 2.13 \times 10^{-9}/[Ca^{2+}]$$

或

$$\lg[WO_4^{2-}] = -8.67 - \lg[Ca^{2+}]$$

而在 pH 较高时溶液中$[Ca^{2+}]$受以下反应的约制,即:

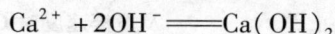

$$Ca^{2+} + 2OH^- \Longrightarrow Ca(OH)_2$$

常温下 $Ca(OH)_2$ 的溶度积为 5.47×10^{-6},即$[Ca^{2+}] = 5.47 \times 10^{-6}/[OH]^2$,故 $\lg[Ca^{2+}] = -5.26 - 2\lg[OH^-] = -5.26 - 2(-14 + pH) = 22.74 - 2pH$

代入得 $\lg[WO_4^{2-}] = -8.67 - \lg[Ca^{2+}] = -31.41 + 2pH$

因此 pH 愈高则 $\lg[WO_4^{2-}]$愈大,当 pH 分别为 13 和 14 时,$\lg[WO_4^{2-}]$分别达 -5.41 $mol·L^{-1}$,-3.41 $mol·L^{-1}$,相当于 WO_3 浓度分别约为 0.001 $g·L^{-1}$和 0.1 $g·L^{-1}$,故 pH 过高将导致溶液中钨损失加大。

另一方面 pH 过高将有利于 $CaCl_2$ 水解产生 $Ca(OH)_2$ 沉淀使白钨中 CaO 含量增加,根据 J·I·马廷斯[6]的测定,在 $CaCl_2$ 过量 15% 的条件下,当 pH 分别为 8、10 和 11,则 CaO 杂质分别为 1%,2.4% 和 3%。

因此沉淀白钨时 pH 不宜过高,一般为 8.5 ~ 9.0。

(2)温度

温度升高,有利于加快沉淀反应速度,同时 $CaWO_4$ 的溶解度随温度的升高而降低,例如 20℃时其溶度积为 2.13×10^{-9},而 90℃时溶度积仅 6.4×10^{-11},因此温度升高有利于提高沉淀率。

(3)搅拌速度

加大搅拌速度有利于提高传质速率,加快反应速率,相应地提高沉淀率。

2. 沉淀合成白钨过程中产品粒度的控制

根据沉淀结晶过程的动力学原理,产品的粒度决定于晶核形成与晶粒长大的相对速率,晶核形成速率快,晶核多,则容易形成细颗粒,而晶核形成速率和晶粒长大速率虽然都随过饱和度的加大而加快,但过饱和度特别是初始时期过饱和度对晶核形成速率的影响远大于其对晶粒长大速率的影响,因此试剂浓度大、试剂过量系数大、加料速度过快、搅拌速度过慢、温度低,都容易导致晶粒变细,同时加料方式亦将影响晶粒的大小。

沉淀白钨过程中晶粒度的变化基本上符合上述一般规律,J·I·马廷斯[7,8]在 Na_2WO_4 浓度为 250 $g·L^{-1}$、$CaCl_2$ 按理论量过量 30% 的条件下,系统研究了 $CaCl_2$ 浓度、搅拌速度 (v) 对 $CaWO_4$ 粒度的影响,结果如图 3 - 3 所示。

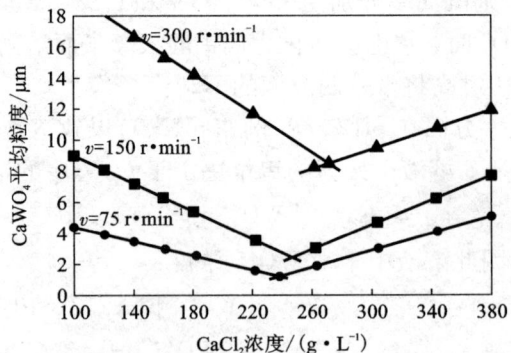

图 3 - 3　沉淀白钨过程中 $CaCl_2$ 浓度
及搅拌速度对 $CaWO_4$ 粒度的影响

(Na_2WO_4 浓度 250 $g·L^{-1}$ WO_3,$CaCl_2$ 过量 30%,
反应温度 50℃,加料 30 min,保温 30 min,pH = 9.0)

从图 3 - 3 可明显看出,随着搅拌速度的加快,$CaWO_4$ 粒度变粗;随着 $CaCl_2$ 浓度加大,则 $CaWO_4$ 粒度变细,但达到一最低点后,$CaCl_2$ 浓度进一步加大则粒度反而变粗,J·I·马廷斯对这一现象的解释为:$CaCl_2$ 浓度加大后,其原生颗粒粒度是非常细的,但由于其过细则容易发生陈化过程,即细颗粒由于其溶解度大,故溶解,然后在较大颗粒上结晶析出,使之长大,因而 $CaCl_2$ 浓度过大时,最终粒度反而粗。

J·I·马廷斯同时发现 $CaCl_2$ 过量系数大则粒度变细。

有关从 Na_2WO_4 溶液制取工业合成白钨的技术条件在参考文献[1，2]中已有详细介绍。

应当指出，随着现代高科技的发展，在光学领域及医疗领域对 $CaWO_4$ 在质量上的要求日益提高，许多高新领域对白钨不仅要求粒度为纳米级，而且对其形貌也有一定要求，因此许多学者致力于纳米级同时有一定形貌 $CaWO_4$ 的研制，Shu – Jian Chen[9] 等研究了用溶剂热法（solvothermal）合成不同形貌的纳米 $CaWO_4$，其合成过程为：先分别将 1 mmol $CaCl_2$ 溶于 2 mL 水和将 1 mmol Na_2WO_4 溶于 4.6 mL 水，分别制得 $CaCl_2$ 溶液和 Na_2WO_4 溶液，再将 34 mL 有机添加剂，例如乙二醇或 PEG – 200 与上述 $CaCl_2$ 溶液混合激烈搅拌后，再将上述 Na_2WO_4 溶液加入，用 NH_4OH 调节 pH = 9，混合溶液加入高压釜，不同样品分别在 60℃、120℃、180℃下保温 14 h，最后取出样品，脱除水和有机物。XRD 检测证明为正方晶型（tetragonal，亦称四方晶型，下同）的 $CaWO_4$，其 $a = b = 0.524$ nm，$c = 1.1372$ nm，在不同保温温度和不同有机添加剂的条件下，产品的形貌不同，分别为 20 ~ 45 nm 的颗粒或 20 × (100 ~ 250) nm 的纳米棒。

Lingna Sun 等[10] 用微乳水热法（microemulsion – mediated hydrothermal procedure）制备了不同形貌的纳米 $CaWO_4$，制备过程为先制备两份相同的溶剂，即将 2 g 十六烷基溴化物溶于由 50 mL 环已烷和 2 mL n – 戎烷组成的溶液，搅拌 20 min，直至透明，然后分别将 2 mL $CaCl_2$ 溶液和 Na_2WO_4 溶液分别加入上述两份溶剂中搅拌 15 min 得两份透明的微乳液，将两者混合再搅拌 15 min，加入高压釜内，在 140℃ 保温 24 h，冷却至室温，脱除水和有机物，XRD 检测证明为正方晶型 $CaWO_4$，$a = 0.5216$ nm，$c = 1.1313$ nm，TEM 检测表明为单分散的纳米粉末。其粒度视保温温度的不同分别为 20 ~ 30 nm 和 10 ~ 20 nm。

上述两种制备方法都易于大型化。

3.2.3　合成白钨的酸分解

合成白钨的酸分解原理及工艺与第 2 章所述的白钨精矿酸分解大体相同，但由于合成白钨的活性比一般白钨精矿强，因此，相对而言，更容易实施。

3.2.4　从钨酸钠溶液直接酸沉制取钨酸

上述由 Na_2WO_4 制取钨酸需经过沉淀合成白钨、合成白钨酸分解两个工序，因而三废排放量大，消耗化学试剂多，成本较高。早在 20 世纪 60 年代就有人尝试将 Na_2WO_4 直接与 HCl 作用可制备钨酸，但遇到的困难主要是生成的钨酸容易成胶态，难以过滤，同时 Na^+ 难洗干净。20 世纪后期许多学者从操作制度等方面进一步研究，解决了上述问题，相应地减少一个沉淀人造白钨的工序，省去了相应的费用，减少了废水排放量，提高了回收率。

由 Na_2WO_4 溶液直接制取钨酸的反应为：

$$Na_2WO_{4(aq)} + 2HCl_{(aq)} = 2NaCl_{(aq)} + H_2WO_{4(s)}$$

陈庭章等曾按上述反应在 $1.0~m^3$ 的反应釜中进行了半工业试验，粗 Na_2WO_4 溶液密度为 $1.40 \sim 1.45~g \cdot cm^{-3}$（含 WO_3 $380 \sim 430~g \cdot L^{-1}$）预先中和至 pH $8 \sim 9$，以除去 SiO_2 及 Fe^{3+} 等杂质，在 95℃ 以上与盐酸反应 1.5 h，盐酸用量约为理论量的 3 倍，母液中残余 HCl 量控制为 $140~g \cdot L^{-1}$ 左右，最终 $99.0\% \sim 99.5\%$ 的 WO_3 转化为 H_2WO_4，过滤后滤液含 WO_3 为 $0.42 \sim 1.0~g \cdot L^{-1}$，所得钨酸干燥后，其粒度为 $3 \sim 10~\mu m$，松装密度为 $1.74~g \cdot cm^{-3}$。

在酸沉过程中，粗 Na_2WO_4 溶液中原有的杂质 P、As、Si $60\% \sim 70\%$ 进入酸沉母液，故酸沉过程有一定的净化除杂作用，用这种钨酸作原料制取的 APT 中含 $Na < 10 \times 10^{-6}$，符合 GB 10116 – 88 APT – 0 级要求。

酸沉过程中加料方式是保证酸沉效果的关键之一，一般应将 Na_2WO_4 溶液加入热的 HCl 溶液中，这样母液含 WO_3 浓度低，同时所得的钨酸易于过滤洗涤，此外 HCl 用量直接影响着沉淀率，只有当酸用量达理论量 3 倍左右时，沉淀率才能达到 99% 以上。

3.3 离子交换法

3.3.1 离子交换法在钨冶金中的应用概况[11]

离子交换法作为一种高效吸附与分离技术，在钨冶金中得到广泛应用，主要是：①钨化合物的提纯。②钨钼分离。③钨酸钠的转型，实质上是将 Na_2WO_4 溶液中 WO_4^{2-} 与 Na^+ 分离转而与 NH_4^+ 结合变成 $(NH_4)_2WO_4$ 溶液。④从低浓度钨酸盐溶液或废液中回收钨。

上述应用领域中尽管处理的对象、目的及具体工艺有所不同，但作为离子交换的理论是基本一致的，因此将离子交换过程的理论研究成果集中在本节介绍，具体工艺过程将分别在相应的章节介绍。

3.3.2 离子交换在钨冶金中应用的理论基础

1. 树脂的筛选

（1）强碱性阴离子交换树脂

А·Г·霍尔莫戈罗夫[12] 较全面地研究了骨架为聚苯乙烯的大孔型 АВ – 17П 和凝胶型 АВ – 17Г 树脂对钨的吸附性能，其结论为：

①对凝胶型 АВ – 17Г 的总动力学交换容量（ПДОЕ）随树脂交联度的升高而迅

速降低，当交联度增至 16%，则其总动力学交换容量仅为交联度为 2% 时的 1/5 ～ 1/10，但考虑到树脂的强度一般随交联度的降低而降低，故交联度不宜太低。

②pH 对交换容量有很大影响，对凝胶型 AB－17Γ 而言，当 pH 降低到 3～7，则容量急剧降低，对大孔型 AB－17Π 而言，则在 pH 5～7 出现最高点，如图 3－4 所示(图 3－4 中显示出对大孔径树脂而言，含二乙烯苯愈低，即交联度愈低，其交换容量反而降低，其原因有待查明——编者)。

产生上述现象的原因对大孔径树脂而言，可解释如下，pH 5～8 时，WO_4^{2-} 聚合成大体积的仲钨酸根，其单位电荷的钨原子数大(例如 WO_4^{2-} 和 $H_2W_{12}O_{42}^{10-}$ 的单位电荷的钨原子数分别为 1/2 和 12/10)，因而按质量算，树脂上一个功能团可交换更多钨，所以对大孔径树脂表现为总交换容量随 pH 的降低而升高；对凝胶型树脂则主要由于聚离子体积大，而凝胶型树脂孔隙小，难以扩散进入树脂颗粒内部以致容量降低，因此对钨钼的离子交换而言，在酸性条件下，都不宜用凝胶型树脂。

③大孔型树脂 AB－17Π 对交前液中 NaCl(Cl^-) 的适应能力大大超过凝胶型 AB－17Γ，且 pH 越低这种适应能力越强，如图 3－5 所示。因此他们推荐采用交联度为 8～10 的 AB－17Π，我国生产实践也证明了这一点。采用 D201 树脂时，其对 Cl^- 等不利阴离子的适应能力远超过凝胶型的 201×7。

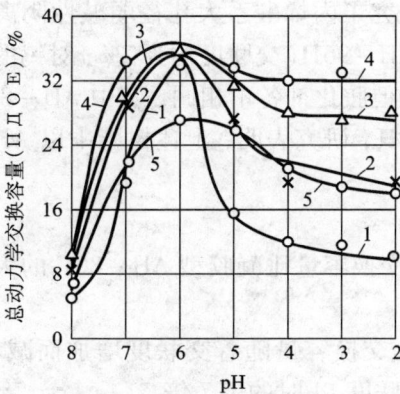

图 3－4　pH 对大孔型
AB－17Π 树脂吸附钨的影响
含二乙烯苯：1—4%；2—6%；
3—8%；4—10%；5—16%

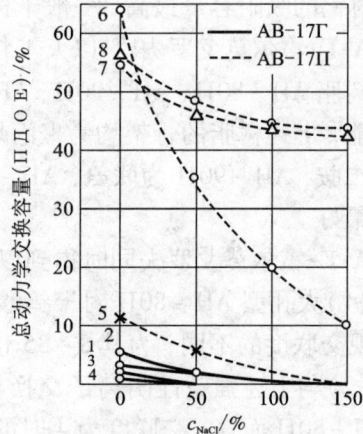

图 3－5　溶液中 NaCl 含量对
AB－17Γ 和 AB－17Π 吸附钨的影响
pH：1，5—7.9；2，6—5.1；
3，7—3.1；4，8—2.5

与 А·Г·霍尔莫戈罗夫的研究工作相一致，邓舜勤[13] 在交换柱内用动态吸附法对比了结构分别与 AB－17Γ、AB－17Π 树脂相似的 201×7 树脂和 W_A 树脂(201×7 与 W_A 的骨架相同，同为聚苯乙烯—二乙烯苯，但前者为凝胶型，后者为大孔型）。W_A 树脂的交换容量约为 201×7 的两倍，即分别为 168.75 mg（WO_3）·g^{-1}（树脂）和 337.5 mg（WO_3）·g^{-1}（树脂）。

谢武明等[14]对比了官能团同为—$N(CH_3)Cl$ 的 201×7、Amberlite IRA – 400 和 Amberlite IRA – 4200 树脂，发现在同样工作条件下，201×7 的穿透容量为 87 mg（WO_3）·mL^{-1}（湿树脂），后两种约为 112 mg（WO_3）·mL^{-1}（湿树脂）。

鉴于相对上述苯乙烯树脂而言，吡啶系强碱性阴离子交换树脂有较强的热稳定性和化学稳定性。C·C·卡拉别托夫[15]等研究了吡啶系强碱性大孔径树脂 $AM\Pi$ 对钨的吸附性能，发现 pH 及交联度对交换容量影响的规律性与 AB – 17Π 大体相似，在 pH 为 2 ~ 7 其动力学交换容量达 500 ~ 600 mg（WO_3）·g^{-1} 树脂，研究也表明：被吸附的钨用 6 mol·L^{-1} 的 HCl 能有效地进行解吸。被解吸的钨主要以偏钨酸根形态进入溶液。

2. 弱碱性阴离子交换树脂

弱碱性阴离子交换树脂只能在弱酸或酸性介质中工作，根据上述钨酸根离子的性质，在弱酸或酸性的条件下，它们都已聚合成大体积的聚离子，因此只有大孔径的弱碱性阴离子树脂才有意义。

我国产出的 Wc 树脂属于大孔径弱碱性阴离子交换树脂，在 pH 2.5 ~ 4 介质中，对钨的吸附容量最高，一般干树脂穿透容量可达 1000 mg·g^{-1}。

A·Γ·霍尔莫戈罗夫[16]以人工料液系统研究了丙烯酸系大孔径弱碱性阴离子交换树脂 AH – 80Π、AH – 90Π、AH – 95Π、AH – 96Π（交联度均为 7%）对钨的吸附性能，上述树脂的骨架均为聚丙烯酸甲脂，但胺化剂各不相同，其中 AH – 80Π 为乙二胺，AH – 90Π 为联氨，AH – 95Π 为羟氨，研究表明，上述树脂中以 AH – 80Π 最好。

A·Γ·霍尔莫戈罗夫同时得到以下规律性：

（1）大孔型 AH – 80Π 对聚钨酸根离子的交换容量比凝胶型 AH – 80Γ 的大得多，视交联度的不同，为其 8 ~ 35 倍。

（2）与上述强碱性阴离子交换树脂一样，交换容量随着交联度增加而减小，对 AH – 80Π 而言，交联度为 4 时的容量为交联度 14 时的 1.7 倍。

（3）红外光谱研究表明，树脂相吸附的钨的形态随着溶液 pH 和钨浓度而变，随着 pH 的降低和钨浓度的升高，树脂中吸附的钨的形态逐步由 HWO_4^- 聚合为 $H_2W_{12}O_{40}^{6-}$，在按 WO_4^{2-} 计浓度为 0.1 mol·L^{-1} 时，当 pH 为 6 ~ 7，则吸附形态为 $HWO_4^- + HW_6O_{21}^{5-}$；pH 5 ~ 6 时为 $HW_6O_{21}^{5-} + H_2W_{12}O_{40}^{6-}$；pH 为 1.5 ~ 3 时，为 $H_2W_{12}O_{40}^{6-}$。同时实验表明当用大孔径强碱性阴离子交换树脂 AB – 17 – 10Π，预先在碱性条件下吸附 WO_4^{2-} 至饱和后，再用 pH 1 ~ 3 的 Na_2SO_4 处理，则其中吸附的 WO_4^{2-} 同样聚合成 $H_2W_{12}O_{40}^{6-}$，同时原来对 WO_4^{2-} 已饱和的树脂，又能进一步吸

附钨，说明按钨的摩尔数计，聚合后交换容量增大。

Л·В·瓦西连柯[17]研究了胺代乙烯吡啶树脂 AH – 251、AH – 44、AH – 47、AH – 45 对钨和钼的吸附性能，指出：由于钨酸根及钼酸根的聚合过程与 pH 有关，因此对钨和钼的交换容量也随 pH 的变化而变，如图 3 – 6 所示。从图 3 – 6 可知，对钨而言在 pH 7 左右呈现最高点；对钼而言在 pH 3 左右呈现最高点，因此在不同 pH 下对钨与钼的吸附性能有较大差别。在 pH 3 ~ 5 时，钨钼分离因素为大孔径聚苯乙烯树脂的 10 ~ 15 倍，对具体样品的测定表明，钼的吸附率达 100%，而钨仅 4%，这些对钨钼分离是有意义的。

此外，鉴于弱碱性大孔径树脂 AM – 26 具有较大的交换容量、较强的机械强度和化学稳定性，C·Г·沃利德玛恩[18]建议将其用于钨的吸附过程，但不足处是吸附速率很慢，室温下接触时间要 48 h 才饱和，当升温到 50℃和 80℃则分别在 30 ~ 32 h 和 15 ~ 17 h 内可饱和 90%，而温度对 Si 的吸附影响不大，故高温下有利于脱硅。

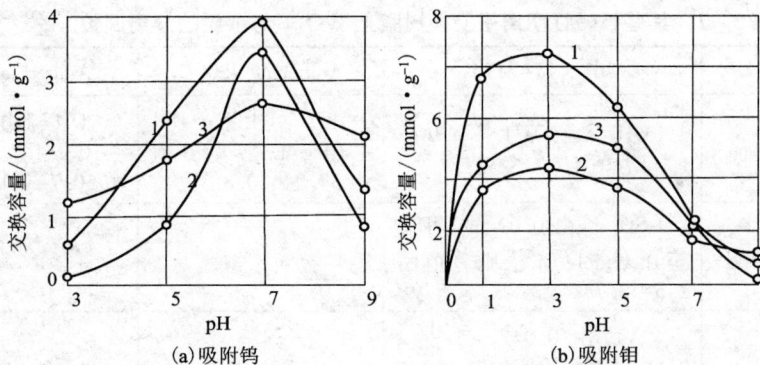

图 3 – 6　AH – 47(1)、AH – 45(2)、AH – 44(3)树脂对钨、钼的吸附性能与 pH 的关系

针对 $Na_2WO_4 – Na_2SO_4 – H_2O$ 体系中 WO_4^{2-} 与 SO_4^{2-} 的分离及转型，A·G·霍尔莫戈罗夫[19]等研究了树脂的结构的影响，发现以长链化合物季戊四醇的四乙烯脂和二甘醇二乙烯脂为交联剂的丙烯酸甲脂树脂的性能明显优于二乙烯苯为交联剂的聚苯乙烯树脂，视具体成分不同，前者的静态交换容量为 6.5 ~ 10.3 mmol $(Cl^-)·g^{-1}$(树脂)，后者仅为 4.6 ~ 5.1 mmol$(Cl^-)·g^{-1}$(树脂)，前者的钨的分配比 D 为后者的 6 ~ 10 倍，因此认为对上述溶液体系而言，最好采用长链化合物作交链剂的丙烯酸树脂。

2. WO_4^{2-} 及其他阴离子对强碱性阴离子交换树脂的相对亲和力

离子交换过程中分离不同离子的可能性及其最大分离效果决定于它们对树脂的相对亲和力(选择因素)，关于这方面的一般规律，在许多专著中都有介绍，不重复，本文主要结合钨冶金、钨化工的实践，介绍 WO_4^{2-} 与有关阴离子对树脂的相对亲和力，为表征这种相对亲和力的大小，我们采用分离因数 $\beta_{WO_4^{2-}/A^{n-}}$：

$$\beta_{WO_4^{2-}/A^{n-}} = \frac{[\overline{WO_4^{2-}}]/[WO_4^{2-}]}{[\overline{A^{n-}}]/[A^{n-}]}$$

式中：$[\overline{WO_4^{2-}}]$、$[\overline{A^{n-}}]$ 分别为交换平衡后 WO_4^{2-}、A^{n-} 在树脂相的浓度；$[WO_4^{2-}]$、$[A^{n-}]$ 分别为交换平衡后 WO_4^{2-}、A^{n-} 在水相的浓度。

显然当 $\beta_{WO_4^{2-}/A^{n-}} > 1$，则 A^{n-} 对树脂的亲和力小于 WO_4^{2-}，它将比 WO_4^{2-} 难以被吸附，在吸附过程中将优先进入交后液。目前关于 $\beta_{WO_4^{2-}/A^{n-}}$ 的测定报道甚少，同时测定的数据也有较大的差异，但总的规律大体相同，且与大量生产实践基本相符，简单介绍这些数据，并利用它对粗 Na_2WO_4 溶液的离子交换过程进行分析。根据我国学者[20~22]的测定，钨冶金中常用的某些强碱性阴离子交换树脂上 WO_4^{2-} 与杂质的分离因数如表 3-7 所示。

表 3-7 某些强碱性阴离子交换树脂上 WO_4^{2-} 与杂质的分离因数[14, 20~22]

牌号		$201 \times 17(717)$	Amberlite 4200C	Amberlite 400C
与不同阴离子的分离因数	$\beta_{WO_4^{2-}/OH^-}$	$[OH^-]$ 由 4 g·L^{-1}→10 g·L^{-1}，β 值 37.6→31.7	$[OH^-]$ 由 4 g·L^{-1}→10 g·L^{-1}，则 β 值由 37.9→30.8	$[OH^-]$ 由 4 g·L^{-1}→10 g·L^{-1}，则 β 值由 50.7→40.9
	$\beta_{WO_4^{2-}/SO_4^{2-}}$	$[SO_4^{2-}]$ 由 0.02 mol·L^{-1} 至 0.4 mol·L^{-1}，则 β 值由 2.5→3.78		
	$\beta_{WO_4^{2-}/AsO_4^{3-}}$	$[As]$ 由 0.04 g·L^{-1}→0.16 g·L^{-1}，则 β 值由 9.5→12.4；$[As]$ 由 0.37 g·L^{-1}→0.69 g·L^{-1}，则 β 值由 10.6→10.8($[WO_3]$ = 16 g/L)	$[As]$ 由 0.04 g·L^{-1}→0.16 g·L^{-1}，则 β 值由 10→14	$[As]$ 由 0.04 g·L^{-1}→0.16 g·L^{-1}，则 β 值由 12.8→20.5
	$\beta_{WO_4^{2-}/Cl^-}$	Cl^- 0.7 g·L^{-1}→3.7 g·L^{-1}，则 β 值由 1.09→0.66 ($[WO_3]$ = 25 g·L^{-1})		
	$\beta_{WO_4^{2-}/SnO_3^{2-}}$	3.78		

注：1. 表中 $\beta_{WO_4^{2-}/SnO_3^{2-}}$ 仅 3.78，与我国钨冶金离子交换生产实践中的除锡效果不一致。我国强碱性阴离子交换法净化 Na_2WO_4 溶液过程中除锡率达 90% 以上，即 $\beta_{WO_4^{2-}/SnO_3^{2-}}$ 应为 10 以上，因而 3.78 值偏低。其原因可能与溶液中锡的形态有关。2. 根据文献[14]具体介绍的试验方法，他们在测定砷酸根离子与 WO_4^{2-} 的分离因素时，溶液的 pH 没有用碱或酸调控，即保持为 Na_2WO_4 溶液本身的 pH，或者说为 pH 8 左右。参照表 3-5 知，在这种 pH 下砷的形态应主要为 $HAsO_4^{2-}$，因此严格说来表中的 $\beta_{WO_4^{2-}/AsO_4^{2-}}$ 应为 $\beta_{WO_4^{2-}/HAsO_4^{2-}}$。

某些树脂上 WO_4^{2-} 与 CO_3^{2-} 及 MoO_4^{2-} 的分离因数如表 3 - 8 所示。表中许多 β 值不是常数，其主要原因在于它不是根据溶液活度计算，而是根据溶液浓度计算的。

此外，可作为参考的是，牟德渊[23] 等在用 201 × 7 树脂净化 $(NH_4)_2MoO_4$ 溶液时，测定了 $MoSO_4^{2-}$、SO_4^{2-}、砷酸根离子、磷酸根离子和硅酸根离子在树脂相和溶液相的分配比 D，发现分别为 7.2、3.41、0.77、0.58 和 0.11。

应用表 3 - 7 和表 3 - 8 的 β 值，我们可从理论上粗略地解决强碱性阴离子交换法净化 Na_2WO_4 溶液过程中的一系列问题，主要有：

表 3 - 8　某些离子交换树脂的 $\beta_{WO_4^{2-}/CO_3^{2-}}$ 值和 $\beta_{WO_4^{2-}/MoO_4^{2-}}$ 值

树脂牌号	D204	D290	D201	D296	201 × 7	W_A
$\beta_{WO_4^{2-}/CO_3^{2-}}$	11.1	17.06	30.7	34.7	33.3	50
$\beta_{WO_4^{2-}/MoO_4^{2-}}$	0.85	0.89	0.8	0.83	0.85	

(1)阴离子对树脂相对亲和力的顺序

根据表中 β 值的大小，参照我国大量工业实践所证明的事实，即 Na_2WO_4 溶液中杂质 P、Si 比 As 更容易除去，Sn 的除去率超过 P(参见 3.3.4)，同时参照文献[24, 25]报道的强碱性阴离子交换树脂对各种阴离子的选择性因数的一般规律，可知，在 Na_2WO_4 溶液离子交换时，有关离子对强碱性阴树脂的相对亲和力顺序为：

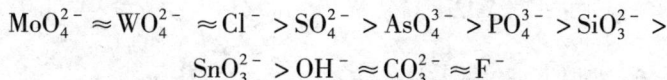

$$MoO_4^{2-} \approx WO_4^{2-} \approx Cl^- > SO_4^{2-} > AsO_4^{3-} > PO_4^{3-} > SiO_3^{2-} >$$
$$SnO_3^{2-} > OH^- \approx CO_3^{2-} \approx F^-$$

与之大体一致的是陈庭章等研究强碱性阴离子交换树脂 YE32 的吸附性能时，得出影响 WO_4^{2-} 吸附的离子顺序为 $WO_4^{2-} > SO_4^{2-} > Cl^- > CO_3^{2-} > OH^-$，杂质在 YE32 上亲和力的顺序为 $SiO_3^{2-} < PO_4^{3-} < AsO_4^{3-} < MoO_4^{2-}$。

至于 $\beta_{WO_4^{2-}/MoO_4^{2-}}$ 的数值，张才明等测定的为 0.69，与表 3 - 8 所示的值相近。但是有的文献认为 MoO_4^{2-} 对强碱性阴离子交换树脂的亲和力略小于 WO_4^{2-}，即 $\beta_{WO_4^{2-}/MoO_4^{2-}}$ 应大于 1，但没有提出具体数据作依据。还可供参考的是张贵清研究钨酸盐萃取过程时，测出季铵盐萃取的情况下 $\beta_{WO_4^{2-}/MoO_4^{2-}}$ 为 1.03(参见参考文献[47])。因此我们只能肯定 $\beta_{WO_4^{2-}/MoO_4^{2-}} \approx 1$，但具体大于 1 或小于 1 有待进一步测定。而可以肯定的是在吸附过程中 MoO_4^{2-} 与 WO_4^{2-} 的吸附性能相近，所以用本工艺直接除钼是不可能的；上述阴离子中除 MoO_4^{2-}、Cl^- 外，其他阴离子都能不同程度地优先进入交后液与 WO_4^{2-} 分离，在吸附过程能与 WO_4^{2-} 竞争吸附的离子主要

是 Cl^-，其次是 SO_4^{2-}、OH^-（AsO_3^{3-}、PO_3^{3-}、SiO_3^{2-} 含量极少，可不予考虑）。

（2）近似估算有竞争离子存在的条件下，不同竞争离子对吸附钨饱和容量的影响程度

在粗 Na_2WO_4 溶液中的 WO_4^{2-} 与树脂相交换时，溶液中的 Cl^-、OH^-、CO_3^{2-} 等也都将在不同程度上发生交换反应，相应地使 WO_4^{2-} 的交换容量降低，根据 β 值，应用共同平衡原理，即可从理论上算出有竞争阴离子存在的条件下，在交换柱内动态吸附时在吸附饱和带中树脂吸附 WO_4^{2-} 的饱和容量，并定量地分析各种阴离子的影响程度。现以溶液中有 WO_4^{2-}、Cl^-、OH^- 3 种离子存在的情况为例，计算交换柱动态交换时的交换容量。

设 $[WO_4^{2-}]_0$、$[Cl^-]_0$、$[OH^-]_0$ 分别为交前液中 WO_4^{2-}、Cl^-、OH^- 的浓度，$mol \cdot L^{-1}$。

$[\overline{WO_4^{2-}}]_0$、$[\overline{Cl^-}]_0$、$[\overline{OH^-}]_0$ 分别为交换平衡后吸附饱和带树脂相中 WO_4^{2-}、Cl^-、OH^- 的浓度，$mmol \cdot g^{-1}$（干树脂）或 $mol \cdot L^{-1}$（湿树脂）。

根据共同平衡原理，交换达到平衡后，溶液相和树脂相的 WO_4^{2-}、Cl^-、OH^- 将共同处于平衡状态。即同时存在下列平衡反应：

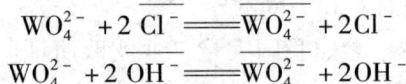

$$WO_4^{2-} + 2\,\overline{Cl^-} \Longrightarrow \overline{WO_4^{2-}} + 2Cl^-$$

$$WO_4^{2-} + 2\,\overline{OH^-} \Longrightarrow \overline{WO_4^{2-}} + 2OH^-$$

根据 β 的定义，同时已知在动态交换的条件下，平衡后水相的浓度即为交前液浓度。

故：

$$\beta_{WO_4^{2-}/Cl^-} = ([\overline{WO_4^{2-}}]_0/[WO_4^{2-}]_0)/([\overline{Cl^-}]_0/[Cl^-]_0)$$

$$[\overline{Cl^-}]_0 = [\overline{WO_4^{2-}}]_0 \times \frac{[Cl^-]_0}{[WO_4^{2-}]_0}/\beta_{WO_4^{2-}/Cl^-} \qquad (3-7)$$

同理，

$$[\overline{OH^-}]_0 = [\overline{WO_4^{2-}}]_0 \times \frac{[OH^-]_0}{[WO_4^{2-}]_0}/\beta_{WO_4^{2-}/OH^-} \qquad (3-8)$$

设树脂的理论交换容量[即单位树脂中含可交换阴离子的总摩尔量（按 1 价阴离子计）]为 Q，其具体单位为 $mmol$（1 价离子）$\cdot g^{-1}$（干树脂）或 mol（1 价离子）$\cdot L^{-1}$（湿树脂）。则在没有其他竞争离子存在的条件下：

$$Q = 2[\overline{WO_4^{2-}}]_0 + [\overline{Cl^-}]_0 + [\overline{OH^-}]_0 \qquad (3-9)$$

将式（3-7）~（3-9）联立，得有竞争离子 Cl^- 和 OH^- 存在下，WO_4^{2-} 的饱和容量 $[\overline{WO_4^{2-}}]_0$ 为：

$$[\overline{WO_4^{2-}}]_0 = Q/(2 + \frac{[OH^-]_0}{[WO_4^{2-}]_0}/\beta_{WO_4^{2-}/OH^-} + \frac{[Cl^-]_0}{[WO_4^{2-}]_0}/\beta_{WO_4^{2-}/Cl^-}) \qquad (3-10)$$

当已知交前液的成分和树脂的 Q 值,同时从表 3 – 7 可查得相应的 β 值,即可算出 $[\overline{WO_4^{2-}}]_0$ 值。

分析式(3 – 10)还可得出如下结论:

①某种竞争阴离子(如 OH^- 或 Cl^-)对 WO_4^{2-} 饱和容量的影响程度与交前液中该离子与 WO_4^{2-} 的摩尔浓度之比成正比,与 WO_4^{2-} 对其分离因数成反比。

②根据表 3 – 7 所示的 β 值可知,在同样摩尔浓度的情况下,Cl^- 对交换容量的影响程度为 OH^- 的 35 ~ 50 倍(随具体浓度而定)。这一理论分析结果在一定程度上得到孙培梅等[26]实验的证实。他们的研究表明,当交前液中 Cl^- 浓度为 0.022 $mol \cdot L^{-1}$ 时,其导致的交换容量降低值与 0.6 $mol \cdot L^{-1}$ OH^- 所导致的交换容量降低值大体相等。与此同时我们也可认为,我国钨冶金强碱性离子交换工艺中,一般规定交前液中有害 OH^- 的浓度上限达 2 $mol \cdot L^{-1}$ 左右(按 $NaOH$ 计为 8 $g \cdot L^{-1}$ 左右),而 Cl^- 的浓度上限仅为 0.02 $mol \cdot L^{-1}$ 左右(按 Cl^- 计为 0.7 $g \cdot L^{-1}$ 左右)是恰当的。

(3)含 Cl^- 或 OH^- 浓度高的交前液的处理

根据 $\beta_{WO_4^{2-}/Cl^-}$ 及 $\beta_{WO_4^{2-}/OH^-}$ 均随溶液中 Cl^- 或 OH^- 浓度的减少而增加,因此在交换过程中将交前液稀释,此时,虽然交前液中 WO_4^{2-} 与竞争离子浓度的比值(即 $[WO_4^{2-}]_0/[Cl^-]_0$、$[WO_4^{2-}]_0/[OH^-]_0$)没有改变,但其 β 值增加,更有利于 WO_4^{2-} 的吸附。我国许多工厂在生产实践中,当交前液中 OH^- 或 Cl^- 浓度过大时,往往采用将交前液稀释的办法,其原因可能与此有关。

(4)吸附平衡后的净化效果分析

根据

$$\beta_{WO_4^{2-}/A^{n-}} = \frac{[\overline{WO_4^{2-}}]/[WO_4^{2-}]}{[\overline{A^{n-}}]/[A^{n-}]} = \frac{[\overline{WO_4^{2-}}][A^{n-}]}{[WO_4^{2-}][\overline{A^{n-}}]}$$

换算得

$$\frac{[\overline{A^{n-}}]}{[\overline{WO_4^{2-}}]} = \frac{[A^{n-}]}{[WO_4^{2-}]}/\beta_{WO_4^{2-}/A^{n-}}$$

因此平衡后,树脂相 $[\overline{A^{n-}}]/[\overline{WO_4^{2-}}]$ 为水相 $[A^{n-}]/[WO_4^{2-}]$ 的 $1/\beta$,β 值愈大,则树脂相 WO_4^{2-} 愈纯。

在交换柱内进行动态吸附的条件下,在饱和带内平衡溶液的成分即为交前液的成分,$[WO_4^{2-}]$、$[A^{n-}]$ 分别为 $[WO_4^{2-}]_0$ 和 $[A^{n-}]_0$。故在饱和带内树脂相的杂钨比仅为交前液中杂钨比的 $1/\beta$,按近似推算,亦可知动态吸附平衡后,饱和带中杂质 A^{n-} 的除去率约为 $(1 - 1/\beta_{WO_4^{2-}/A^{n-}}) \times 100\%$。

例如根据 $\beta_{WO_4^{2-}/AsO_4^{3-}}$ 为 9.5 ~ 12.4,则动态吸附平衡后,在饱和带内,除砷率

可达 $\left(1-\dfrac{1}{9.5\sim12.4}\right)\times100\%$ 或者说接近 90%。

但在实际上交换柱内除饱和带外，在交换带内 AsO_4^{3-} 浓度将超过平衡值，故通过吸附过程实际除砷率将低于此数(参见 3.3.2 第 6 节)。

(5)现行强碱性阴离子交换过程中吸附时采用 Cl^- 型树脂而解吸时又采用 Cl^- 作解析剂的理论依据

从表 3 – 7 知，$\beta_{WO_4^{2-}/Cl^-}$ 为 0.66 ~ 1.09，接近于 1，同时它随溶液中 Cl^- 浓度的减小而增加，这一情况为吸附采用 Cl^- 型树脂，而解吸时又用 Cl^- 作解吸剂提供了理论依据。在吸附过程中由于水相 [Cl^-] 小，从两方面给吸附带来有利的作用：其一是由于树脂相 Cl^- 浓度大，水相 Cl^- 浓度小，即使在 $\beta_{WO_4^{2-}/Cl^-}$ 不变的情况下，也有利于以下反应的平衡向吸附方向迁移；其二是由于水相 Cl^- 浓度小，使 $\beta_{WO_4^{2-}/Cl^-}$ 增大，更有利于反应向吸附方向进行。

$$WO_4^{2-}+2\overline{Cl^-}=\overline{WO_4^{2-}}+2Cl^-$$

而在解吸的过程中则同样由于水相 Cl^- 的增加而给解吸反应的进行带来双重的有利作用。

由于上述有利作用，大大简化了 Na_2WO_4 溶液的离子交换过程。

(6)强碱阴离子交换法处理苏打分解母液的可能性

钨矿物原料苏打分解母液(含苏打压煮母液和苏打烧结浸出液)中含大量 CO_3^{2-}，而从表 3 – 8 可知 $\beta_{WO_4^{2-}/OH^-}$ 与 $\beta_{WO_4^{2-}/CO_3^{2-}}$ 大体相同，说明 OH^- 与 CO_3^{2-} 对树脂的亲和力大体相同，交换过程对 WO_4^{2-} 的竞争吸附能力大体相同，如果说在大量 OH^- 浓度($NaOH\ 0.05\sim0.5\ mol\cdot L^{-1}$)的情况下能进行 WO_4^{2-} 的吸附，则在大量 CO_3^{2-} 浓度下同样能进行，即苏打分解的母液同样能用本工艺进行净化提纯(参见 3.3.4 第 2 节)。

事实上苏打分解母液的离子交换法净化转型工艺已在我国产业化。

应当指出，以上介绍的都是在碱性或弱碱性溶液中 WO_4^{2-} 与某些阴离子的分离因数，至于在弱酸性或酸性介质中，由于钨的形态已不是 WO_4^{2-} 而是聚合钨酸根离子，如仲钨酸根离子、偏钨酸根离子，因此上述规律性是不能适用的。

至于各种聚钨酸根离子对大孔径阴离子交换树脂的相对亲和力，目前尚无公开报道，但是许多学者的工艺试验表明，在含有大量 Cl^-、SO_4^{2-}、NO_3^- 的酸性溶液中，钨都能顺利被吸附，故大体上可以认为聚钨酸根离子的亲和力将大于上述阴离子，其原因可能与聚钨酸根离子的电荷数多有关。

此外应当指出，对杂质而言其对树脂的亲和力与其存在的形态有关，当溶液的 pH 或氧化还原电势变化，则形态可能发生变化。例如，在酸性溶液中 As 可能随 pH 的不同而转化为 $HAsO_3^{2-}$、$H_2AsO_3^-$，同样在还原介质中它们可能转化为低价离子，如 AsO_3^{3-} 等，相应地其 β 值也将改变，因此不能在任意条件下随便应用。

3. 钨冶金离子交换过程的动力学

C·Γ·沃利德玛恩[18]研究了 SO_4^{2-} 型和 NO_3^- 型大孔径弱碱性阴离子交换树脂 AM-26 在 pH=2.0 的条件下吸附钨的动力学，指出搅拌速度对交换过程的影响很小，过程属大体积的偏钨酸根离子在树脂相内的扩散控制，进而测定了树脂相内的互扩散系数，对 SO_4^{2-} 型 AM-26 树脂而言：SO_4^{2-} 与偏钨酸根的互扩散系数与温度的关系为：

$$\ln \overline{D}_1 = -8.51 - 3270/T \text{ 或 } \overline{D}_1 = 2.0 \times 10^{-4} \exp(-27200/RT) \text{ (cm}^2 \cdot \text{s}^{-1})$$

对 NO_3^- 型 AM-26 树脂而言：

$$\ln \overline{D}_2 = -8.61 - 3240/T \text{ 或 } \overline{D}_2 = 1.8 \times 10^{-4} \exp(-26920/RT) \text{ (cm}^2 \cdot \text{s}^{-1})$$

从式中可知，相应的活化能都较大，达 27 kJ·mol^{-1} 左右，因此温度对交换速度有较大的影响，升高温度可显著提高交换速度。

与此同时，Γ·K·库尔穆哈麦多夫[27]测定了强碱性阴离子交换树脂 AB-17 分别在酸性(pH=2.5)和碱性条件下(pH=12.5)吸附钨的内扩散系数的大致范围如表 3-9 所示。

表 3-9　不同温度下强碱性阴离子交换树脂 AB-17 从酸性和碱性溶液中吸附钨的有效扩散系数

pH	2.5[①]				12.5[②]			
温度/K	293	300	318	338	293	300	318	338
扩散系数 /(cm^2·s^{-1})	0.01～0.03	0.05～0.08	0.6～2.0	1.0～1.7	0.06～0.13	0.06～0.2	0.09～0.12	0.09～0.2

注：①有关扩散系数的数据均应乘以 10^{-9}；②有关扩散系数的数据均应乘以 10^{-7}。

从表 3-9 可知，在碱性条件下的扩散系数比在酸性条件下高 2 个数量级左右。

按照库尔穆哈麦多夫拟合的酸性条件下 D 与温度关系的方程式计算，在 278～338K 时，库尔穆哈麦多夫的数据与上述 C·Γ·沃利德玛恩的数据在数量级上大体一致。

胡宇杰[29]用改进的间歇反应器研究了 201×7 树脂从高浓度 Na_2WO_4 溶液中吸附 WO_4^{2-} 的动力学，大量试验表明，搅拌速度对吸附速度影响不大，在 WO_3 浓度为 120～200 g·L^{-1} 的范围，吸附过程符合双驱动模型，即：

$$\ln(1-\eta^2) = kt$$

式中：t 为吸附时间，s；η 为吸附饱和率，即在 t 时间的吸附容量 C_t 与饱和吸附容量 C_0 之比（$\eta = C_t/C_0$）；k 为常数，随温度的升高而增大。

在树脂平均粒径为 0.72 ± 0.05 mm、WO_3 浓度为 200 g·L^{-1}、温度分别为 15℃、25℃、35℃、50℃ 时，k 值分别为 0.008 s^{-1}、0.0118 s^{-1}、0.0186 s^{-1}、0.0211 s^{-1}。

根据上述不同温度的 k 值，代入阿累尼乌公式，求出对 WO_3 浓度为 200 g·L^{-1} 的溶液而言，吸附反应的表观活化能 23.11 kJ·mol^{-1}。

试验同时发现 k 值随树脂粒度的增大而减小，对平均粒径分别为 0.46 mm、0.72 mm、0.88 mm 的树脂而言，k 值分别为 0.0218 s^{-1}、0.0089 s^{-1}、0.0058 s^{-1}。

以上都充分证明在上述条件下，交换过程符合粒扩散控制的规律，属粒扩散控制。

王识博[30]用上述同样方法研究了 201×7 树脂从中高浓度钨酸钠溶液中吸附 WO_4^{2-} 的动力学，试验表明在 WO_3 浓度为 40~150 g·L^{-1} 的条件下，交换过程仍属粒扩散控制，搅拌过程的强弱对交换过程速率影响不大，强化过程的主要途径应为减少树脂的平均粒径。

对解吸过程而言，C·Γ·沃利德玛恩[31]也研究了 AM-26 树脂和 ВП-14К 树脂从酸性溶液中吸附钨后，用 NH_4OH 解吸过程的动力学，树脂在 pH 2.0~2.5 的条件下吸附钨后，用 NH_4OH 进行静态解吸，解吸过程中控制温度和 pH 一定，试验中发现搅拌速度对解吸速度无明显影响，同时发现试验数据亦不符合外扩散过程的规律性，因此认为解吸过程也属内扩散控制。

C·Γ·沃利德玛恩发现影响解吸速度的因素主要为溶液的 pH 和温度，随着 pH 的增加和温度的升高，解吸速度迅速增加，根据动力学方程得出内扩散的扩散系数 D 与 pH 的关系为：

$$\lg D = A + n\text{pH}$$

D 与温度的关系为：

$$D = D_0 \exp(-E/RT)$$

式中：n 为解吸速度对 OH$^-$ 浓度的反应级数。

按一般规律，n 和 D_0 应为常数，但实际上发现与解吸率有关，解吸过程中随着解吸率的增加，n 值及 D_0 均增加，例如对 ВП-14К 树脂而言，解吸率由 10% 增至 40%，则 n 由 0.98 增至 1.074，活化能由 59.02 kJ·mol^{-1} 增至 68.63 kJ·mol^{-1}，与此同时扩散系数 D 也大幅度增加，沃利德玛恩对这种情况进行了解释，指出解吸过程进行的反应为：

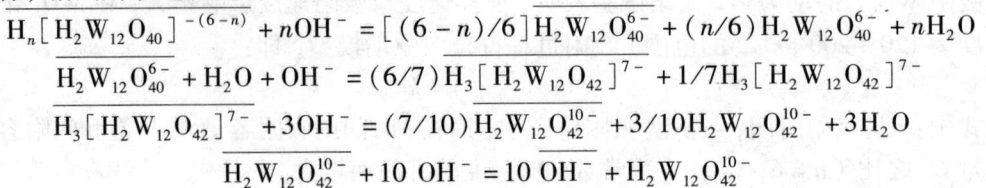

$$H_n\left[H_2W_{12}O_{40}\right]^{-(6-n)} + nOH^- = \left[(6-n)/6\right]\overline{H_2W_{12}O_{40}^{6-}} + (n/6)H_2W_{12}O_{40}^{6-} + nH_2O$$

$$\overline{H_2W_{12}O_{40}^{6-}} + H_2O + OH^- = (6/7)\overline{H_3\left[H_2W_{12}O_{42}\right]^{7-}} + 1/7H_3\left[H_2W_{12}O_{42}\right]^{7-}$$

$$\overline{H_3\left[H_2W_{12}O_{42}\right]^{7-}} + 3OH^- = (7/10)\overline{H_2W_{12}O_{42}^{10-}} + 3/10H_2W_{12}O_{42}^{10-} + 3H_2O$$

$$\overline{H_2W_{12}O_{42}^{10-}} + 10\ OH^- = 10\ \overline{OH^-} + H_2W_{12}O_{42}^{10-}$$

$$\overline{H_2W_{12}O_{42}^{10-}} + 14OH^- = \overline{5WO_4^{2-}} + 7WO_4^{2-} + 8H_2O$$

$$\overline{WO_4^{2-}} + 2OH^- = 2\overline{OH^-} + WO_4^{2-}$$

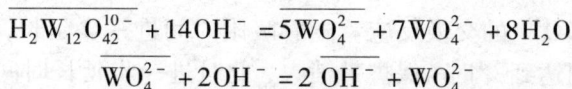

因此在解吸的前期，主要是大体积聚钨酸根离子的扩散，其扩散系数小，而后期则是小体积 WO_4^{2-} 的扩散，扩散系数大，一般在解吸过程中扩散系数逐步提高约 2 个数量级。

4. 离子交换柱内吸附过程的机理及柱内工作的特点

工业上许多离子交换过程是在固定床离子交换柱内进行，因此了解柱内吸附过程的机理，对于理解交换柱内吸附时，各种参数对吸附过程的影响，正确选用各种参数有很大意义。现以 WO_4^{2-} 为代表研究吸附过程中柱内某种被吸附离子浓度的变化规律并阐明交换带的概念。

吸附过程中树脂相 WO_4^{2-} 浓度随时间的变化如图 3 – 7 所示。

图 3 – 7 中纵坐标表示离子交换树脂层高，a 为顶点，b 为最低点，横坐标表示树脂中吸附的 WO_4^{2-} 浓度，c_s 为饱和浓度。

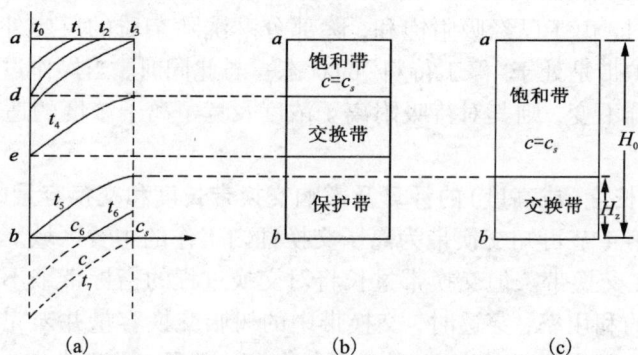

图 3 – 7　交换过程中柱内 WO_4^{2-} 浓度分布及 t_4、t_5 时柱内分带

(a)柱内树脂相浓度分布与交换时间 t 的关系，$t_0 = 0$，$t_1 < t_2 < t_3 < t_4 < t_5 < t_6 < t_7$；

(b)t_4 时柱内的分带；(c)t_5 时柱内的分带

当刚开始流入交前液时（即 $t_0 = 0$），树脂相最高点（a 点）WO_4^{2-} 浓度为 0，随着流入时间增加为 t_1、t_2，则 a 点浓度逐步增加，相应地下层树脂中浓度亦逐步增加，但此时 WO_4^{2-} 分布曲线的形状是随时间的变化而变化的，我们称之为未达到稳定状态。时间到 t_3 时，顶层 WO_4^{2-} 浓度已达饱和浓度 c_s，顶层浓度不再改变，同时内层浓度曲线的形状也不再变化，只是随着加料时间进一步延长，分布曲线平行向下移动；当时间为 t_4 时，d 点以上的树脂已吸附饱和，不再发生交换反应，称为饱和带；$d - e$ 为交换带，在其中发生交换反应；$e - b$ 为保护带，进入保护带的溶液中 WO_4^{2-} 的浓度已接近 0，因此除某些对树脂亲和力比 WO_4^{2-} 小的离子被吸附外,不存在 WO_4^{2-} 的交换反应。随着吸附时间进一步延长,饱和带增长,保护带缩短,当时间达到 t_5 时,保护带消失,此时进一步延长时间,则交后液中开始出现 WO_4^{2-},即开始穿透,此时树脂的平均交换容量称为穿透容量,生产实践中,当采用单柱操作,则达到穿透点时,吸附过程一般应当停止。

根据上述分析,可知在离子交换柱内进行动态交换时,其工作过程有如下特点:

(1)柱内的工作状态是随着操作过程的进行而改变的,在加料的初期,仅在柱的顶部发生吸附过程,不存在饱和带,只存在着交换带和很长的保护带。随着加料的进行,逐步形成饱和带,而保护带不断缩短,直至为0。

(2)由于柱内工作状态随加料过程的进行而改变,因而柱内对离子(例如 WO_4^{2-})的吸附能力、对离子浓度(例如[WO_4^{2-}])的适应能力以及对竞争阴离子(如 Cl^-)的适应能力也是在改变的。在加料初期,由于存在很长的保护带,因而适当提高加料速度,适当提高待吸附离子的浓度以及竞争离子的浓度都不至于造成穿透,但随着保护带的缩短,这种适应能力将逐渐减小。

(3)离子交换柱内树脂的工作效率是低的,交换过程基本上仅在交换带内进行。在饱和带内,由于已经吸附饱和,除部分淋洗除杂质的反应外,交换过程基本停止。在保护带是处于"停工待料"的状态。与此同时,当操作过程中固定加料速度和料液成分不变,则其对待吸附离子浓度及竞争离子浓度的适应能力也不能充分发挥。

5. 交换带长度(或高度)的计算及影响交换带长度和交换容量的因素

从3.3.2第4节可知交换带为离子交换柱内工作的主要区域。在柱式交换过程中,始终存在交换带。但交换带过长将对交换过程的指标带来不利影响。它一方面影响树脂的利用率,穿透时,交换带中的树脂交换容量并未完全被利用。现研究树脂利用率与交换带长度 H_z 的关系,为简单起见,设交换带内 WO_4^{2-} 浓度沿柱的高度是成直线变化,则树脂的有效利用率 U 可按下式计算:

$$U = \left[(H_0 - \frac{1}{2}H_z)/H_0 \right] \times 100\% = \left(1 - \frac{1}{2} \times \frac{H_z}{H_0}\right) \times 100\%$$

式中:H_0 为树脂层的总高度。

同样穿透交换容量 Q_p 与饱和交换容量 Q_s 的关系也可按下式近似计算:

$$Q_p = \left(1 - \frac{1}{2}\frac{H_z}{H_0}\right)Q_s \tag{3-11}$$

因此在柱高一定的情况下,交换带愈长则穿透交换容量愈小,交换柱的生产能力愈低。

同时,交换带长度也在一定程度上影响总的净化效果,许多对树脂亲和力比 WO_4^{2-} 小的杂质往往富集在交换带,交换带中这些杂质含量与 WO_3 之比高于饱和带,因此交换带愈长、饱和带愈短,则产品的平均质量将下降。

　　因此在柱式离子交换采用穿透吸附时，则力求在穿透时交换带短，或者说力求控制被吸附的主离子的分布曲线斜率小，而在尚存在一定长度的保护带时，则交换带应长，即处于工作状态的树脂多，从而有利于提高工作效率，因此有必要掌握影响分布曲线斜率及交换带长度的因素。

　　(1) 交换带长度 H_z 的计算

　　影响交换带长度的因素十分复杂，难以从理论上计算交换带的长度，但是人们可以测出交换过程的流出曲线，并进而根据柱内的物料平衡算出 H_z。

　　设交换带向下移动速度为 v_z，移动一个相当于交换带长度 H_z 所需时间为 t_z，则：

$$H_z = t_z v_z \qquad (3-12)$$

　　先根据流出曲线求 t_z：图 3-8 为柱式离子交换过程的流出曲线，它表征着交后液中被吸附离子（例如 WO_4^{2-}）的浓度与交后液体积的关系，其纵坐标为交后液的浓度，一般用实测浓度与交前液浓度之比 c/c_0 表示，横坐标为交后液的体积，当流速一定时，它同样可表征为交换时间 t，现我们参照图 3-7 和图 3-8，分析流出线。当时间 $t < t_5$，即

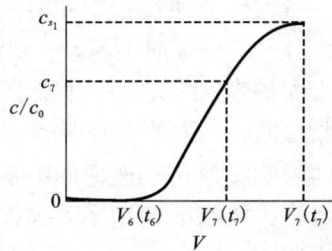

图 3-8　柱式离子交换的流出曲线

还存在保护带时，交后液中被吸附离子的浓度为 0，当体积为 V_5、时间达到 t_5 时，交换带到达柱底，交后液开始穿透；随着时间进一步的增加，在柱底流出的交后液中浓度增加，分布曲线进一步下移，且当时间达到 t_7 时，交换带完全移出交换柱，交后液浓度达到 c_0，因此流出曲线上 t_5 表征着交换带开始达到柱底的时间，t_7 则表征着交换带完全移出柱底的时间，$t_7 - t_5$ 则是交换带由开始移出柱底到完全离开柱底所需的时间，即相当于交换带下移 H_z 距离所需时间，$t_z = t_7 - t_5$。

　　根据物料平衡求 v_z：交换带与饱和带是平稳下移的，交换带下移的速度与饱和带下移的速度是相同的，因此，求出饱和带下移速度即知交换带下移速度，饱和带下移的速度可根据物料平衡的方法求出。

　　现在考虑图 3-7 所示的情况，设饱和带下移速度为 $v_s (m \cdot h^{-1})$，饱和带中浓度为 $c_s [kg \cdot m^{-3}$（湿树脂）$]$，交前液流速为 $v_0 (m \cdot h^{-1})$（按空柱的断面积计算），同时已知在未穿透前稳定交换的状态下，交换带中吸附的总量是不变的，交后液浓度为 0，因此根据物料平衡，单位时间内由交前液带入的量应与饱和带中增加量相等，即：

$$v_0 \cdot S \cdot c_0 = v_s \cdot S \cdot c_s$$

式中：S——交换柱的横断面积。

$$v_s = \frac{c_0}{c_s} \cdot v_0$$

式中：v_s——饱和带的下移速度，同时也是交换带的下移速度 v_z，故

$$v_z = v_s = \frac{c_0}{c_s} \cdot v_0$$

代入式(3-12)即可求出交换带长度

$$H_z = \frac{c_0}{c_s} \cdot v_0 \cdot (t_7 - t_5) \qquad\qquad (3-13)$$

(2)影响交换带长度和穿透交换容量的因素

根据式(3-11)知，在稳定状态下，柱式交换过程中，穿透交换容量及柱中树脂的利用率主要决定于交换带的长度，因此我们将穿透交换容量与交换带长度结合讨论。考虑到交换过程中的溶液以一定流速开始进入交换带时，即开始进行交换过程，当它进一步向下流动，则浓度逐步降低，当浓度降到0，则溶液离开交换带而进入保护带，因此，从动力学上分析，交换带长度实际上是溶液以一定速度流过树脂层时，其浓度由 c_0 降为0 所经过的距离，交换速率愈快，则距离愈短，所以任何影响交换过程速率的因素都会影响到交换带的长度，进而影响到穿透交换容量或柱中树脂的利用率。根据上述原则可知影响交换带长度和穿透交换容量的因素主要有：

1)有害阴离子的浓度[32]

这里有害阴离子主要指对树脂亲和力比 WO_4^{2-} 大或与之相近的阴离子，如 Cl^-、SO_4^{2-}、OH^- 等，它们在交换过程中同样能部分或少部分吸附在树脂上，妨碍 WO_4^{2-} 的吸附，从而导致交换带变长、穿透交换容量下降，显然这些离子对树脂的亲和力越大、浓度越高，则有害作用愈大，根据表3-7可知，有害作用的顺序为：

$$Cl^- > SO_4^{2-} > OH^-$$

关于 OH^-、Cl^-、WO_4^{2-} 浓度的具体影响情况，在参考文献[2]中已经作全面归纳。

2)交前液中 WO_4^{2-} 浓度

交前液中 WO_4^{2-} 浓度增加对缩短交换带长度、提高交换容量，有双重的不利影响，即一方面 WO_4^{2-} 浓度增加，则在交换过程中，要经过较长时间的接触或流经较长的树脂层才能使之浓度降为0；另一方面由于 WO_4^{2-} 与树脂相进行交换反应的过程中，将成比例地产生有害的 Cl^- 进入溶液，WO_4^{2-} 浓度增加，则 Cl^- 浓度增加，更不利于吸附反应的进行。故 WO_4^{2-} 浓度增加，严重地导致交换带长度增加、交换容量下降。

为具体研究 WO_3 浓度及树脂粒度对交换带长度及穿透交换容量的影响，编者[33]曾分别采用粗、细两种 201×7 树脂(其中粗粒度为 0.28~0.5 mm 的占

91%，细粒度为 0.13 ~ 0.28 mm 的占 97%），在 $\phi 23$ mm × 3000 mm 的柱中用不同成分的工人料液进行实验，测定流出曲线后按式（3 - 13）计算其交换带长度，并归纳得出交换带长度、穿透交换容量与交前液中 WO_3 浓度、树脂的粒度、线速度的关系，如表 3 - 10 所示，细粒度树脂的交换带长度及穿透交换容量与交前液中 WO_3 浓度、NaOH 浓度的关系如表 3 - 11 所示。表 3 - 10 表明，对粗粒度树脂而言，在线速度为 4.7 cm·min^{-1} 时，当交前液中 WO_3 浓度由 20 g·L^{-1} 增至 60 g·L^{-1}，则交换带长度由 65.7cm 增至 294.8cm，穿透交换容量由 104.17 g（WO_3）·L^{-1}（湿树脂）降为 67.86 g（WO_3）·L^{-1}（湿树脂）。表 3 - 11 表明对细粒度树脂而言，亦有类似的规律性。

表 3 - 10 交换带长度及穿透交换容量与树脂粒度、交前液中 WO_3 浓度及线速度的关系

WO_3 浓度 /(g·L^{-1})	线速度 /(cm·min^{-1})	交换带长度/cm		穿透交换容量/(g（WO_3）·L^{-1}（湿树脂）)	
		粗粒度树脂	细粒度树脂	粗粒度树脂	细粒度树脂
20	4.7	65.70	22.60	104.17	153.50
	6.0	65.39	29.06	111.91	154.28
60	4.7	294.8	183.98	67.86	101.19
	6.0	(305.7)	195.10	62.30	90.53
100	4.7	(467.39)	(305.87)	50.60	87.41
	6.0	(477.33)	(307.90)	47.62	73.14

注：括号内的数据超过柱高，说明所用柱子的长度不足以建立稳定的交换带，因此该数据只有参考价值，下同。

表 3 - 11 细粒度树脂的交换带长度及穿透交换容量
与交前液中 WO_3 浓度及 NaOH 浓度的关系

WO_3 浓度 /(g·L^{-1})	交换带长度/cm			穿透交换容量/(g（WO_3）·L^{-1}（湿树脂）)		
	$c_{NaOH} \approx 0$	$c_{NaOH} \approx$ 10 g·L^{-1}	$c_{NaOH} \approx$ 20 g·L^{-1}	$c_{NaOH} \approx 0$	$c_{NaOH} \approx$ 10 g·L^{-1}	$c_{NaOH} \approx$ 20 g·L^{-1}
20	—	86.87	—	—	—	—
40	109.91	169.73	184.61	158.46	129.62	117.43
60	242.36	268.62	296.43	115.21	103.99	97.86
80	(388.71)	(391.5)	(416.75)	78.42	89.43	87.22

注：线速度为 2.4 cm·min^{-1}。

3）树脂的粒度

粒度减小，有利于改善粒扩散过程，有利于提高交换速度，相应地有利于降低交换带长度，提高穿透交换容量。

表 3 – 10 表明：当线速度保持为 4.7 cm·min^{-1}、WO$_3$ 浓度为 20 g·L^{-1}。细粒度树脂的交换带长度仅为粗粒度树脂的 1/3 左右，与此同时，其穿透交换容量高 50% 左右。

此外编者也用工业料液进行了试验发现对细粒度树脂而言，即使 WO$_3$ 浓度达 60 g·L^{-1}，其穿透交换容量仍达 86.7 g(WO$_3$)·L^{-1}(湿树脂)，因此为提高交前液中 WO$_3$ 浓度提供了一条新途径。

应当指出，采用细粒度树脂从而降低交换带的长度、改善分离效果在其他领域中(如稀土分离等)也得到重视，取得了很好效果。

4)温度

温度提高有利于改善粒扩散过程，相应地有利于减少交换带的长度和提高穿透交换容量，徐迎春[34, 35]曾在 ϕ300 mm × 1500 mm 的交换柱中研究交前液温度对 201 × 7 树脂穿透交换容量的影响，其结果如表 3 – 12 所示。

表 3 – 12   交前液温度对 201 × 7 树脂穿透交换容量的影响

温度/℃	10	20	30	40	50
交换容量/(mg·g^{-1})	230	237.5	246	273.6	280

5)溶液的流速(线速度)

溶液的流速(或加料速度)增加，对过程有两方面不同的影响，一方面加快流速，有利于加快两相间的传质，使交换速率增加，减小交换带长度；另一方面流速加快，则与单位树脂的接触时间缩短，需要流过更长的距离，才能吸附完全，故使交换带长度增加，一般说来后者影响占主导。不过对 201 × 7 树脂吸附 WO$_4^{2-}$ 而言，在流速 5 ~ 10 cm·min^{-1} 内，对交换带的长度的影响不是很明显。

6)交换柱的直径

柱的直径增加，则交换带长度增加，其原因之一是断面积增加，则在同一断面上流态的不稳定性和不均匀性将增加，例如在同一断面上，其各点的流速和流动方向等将不尽一致，这些将导致交换带长度的增加。

6. 交换柱内树脂相不同离子浓度的分布

交前液流经交换柱的树脂层时，其中的主要离子(如粗 Na$_2$WO$_4$ 溶液中的 WO$_4^{2-}$)和杂质离子均与树脂相发生各种交换反应。这些反应及不同离子最终在柱内的分布情况决定于它们的分离因数及相对浓度，现以粗 Na$_2$WO$_4$ 溶液的离子交换提纯为例分析如下。

(1)WO$_4^{2-}$

1)饱和带

在饱和带中 WO$_4^{2-}$ 已吸附饱和，因此其交换反应：

$$2\overline{R_4NCl} + WO_{4(aq)}^{2-} = \overline{(R_4N_2)_2WO_4} + 2Cl_{(aq)}^-$$

或

$$\overline{WO_{4(aq)}^{2-}} + 2\ \overline{Cl^-} = 2Cl_{(aq)}^- + \overline{WO_4^{2-}}$$

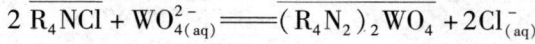

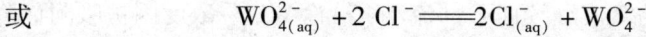

处于平衡状态，对在交换柱内进行的动态交换而言，饱和带溶液相的成分与交前液同，同时设交换前树脂为 Cl^- 型，WO_4^{2-}、Cl^- 在交前液中的浓度分别为 $[WO_4^{2-}]_0$、$[Cl^-]_0$，在树脂相的浓度分别为 $[\overline{WO_4^{2-}}]$、$[\overline{Cl^-}]$。故

$$[\overline{WO_4^{2-}}] \cdot [Cl^-]_0^2 / [WO_4^{2-}]_0 / [\overline{Cl^-}]^2 = K_c$$

$$[\overline{WO_4^{2-}}] / [\overline{Cl^-}]^2 = K_c \cdot [WO_4^{2-}]_0 / [Cl^-]_0^2 \qquad (3-14)$$

式中：K_c 为 Cl^-、WO_4^{2-} 对树脂的相对选择系数，当温度一定时，可近似视为常数，故饱和带中 $[\overline{WO_4^{2-}}]/[\overline{Cl^-}]^2$ 与 K_c 成正比，在温度一定时，保持不变，如图 3-9 中 ab 所示。

分析式(3-14)也可知，在饱和带中吸附的 $[\overline{WO_4^{2-}}]$ 与交前液中 $[Cl^-]_0^2$ 成反比，或者说降低交前液中 Cl^- 浓度对提高交换容量有很大意义。

2)交换带

在交换带中，上述交换反应未达到平衡，因此交换反应将继续进行，但随着溶液的向下流动，交换带中水溶液的成分将发生不利于交换反应的变化，主要是 WO_4^{2-} 浓度不断减小，而 Cl^- 浓度却不

图 3-9　交换柱中树脂相 WO_4^{2-} 和亲和力比 WO_4^{2-} 小的杂质的浓度分布示意图

断增加，相应地不论从热力学或动力学上来说都将对 WO_4^{2-} 的吸附带来不利，故在交换带中 $[\overline{WO_4^{2-}}]/[\overline{Cl^-}]^2$ 由上至下逐步降低至 0，如图 3-9 中 bc。

(2)杂质

对于对树脂亲和力比 WO_4^{2-} 小的杂质而言，其在柱内将发生一系列的吸附—解吸过程，最终部分或大部分由交后液排出，现以某阴离子 A^{3-} 为例说明如下：

当一单元体积的交前液由上而下依次流过树脂层的 A、B、C 点，在流经树脂层的上部 A 点时，由于溶液中有大量 WO_4^{2-}，故 WO_4^{2-} 优先被吸附，A^{3-} 不被吸附，随着溶液的继续向下流动，WO_4^{2-} 浓度逐渐减少，因而向下流经一定距离后，例如达到 B 点，WO_4^{2-} 浓度已很小，以致 B 点将有 A^{3-} 与 WO_4^{2-} 同时被吸附，其吸附反应为：

$$3\overline{R_4NCl} + A_{(aq)}^{3-} = \overline{(R_4N)_3A} + 3Cl^-$$

但随着交换过程的进行，流经 B 点的溶液中 WO_4^{2-} 浓度不断增加，以致 WO_4^{2-} 将已被吸附的 A^{3-} 解吸，使之重新进入溶液，其反应为：

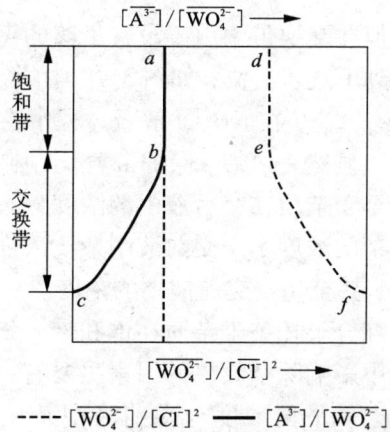

$$2 \overline{(R_4N)_3A} + 3WO_{4(aq)}^{2-} \rightleftharpoons 3 \overline{(R_4N)_2WO_4} + 2A_{(aq)}^{3-}$$

此含 WO_4^{2-} 和 A^{3-} 的溶液继续向下部流动,沿途 WO_4^{2-} 浓度因被吸附而降低,到达某一点,例如 C 点时,又会因 WO_4^{2-} 浓度低,而使 A^{3-} 被吸附,这样经过多次的吸附和解吸,最终它将部分进入交后液排放,部分吸附在树脂层底部。

最终树脂相中 A^{3-} 的分布规律将如图 3-9 中虚线 def 所示,在饱和带由于经长期 WO_4^{2-} 的解吸作用,其中 WO_4^{2-} 与 A^{3-} 基本上处于平衡状态,它们的浓度比基本上不变,大体上相当于按 $\beta_{WO_4^{2-}/A^{3-}}$ 的计算值,即:

$$[\overline{A^{3-}}]/[\overline{WO_4^{2-}}] \approx ([A^{3-}]_0/[WO_4^{2-}]_0)/\beta_{WO_4^{2-}/A^{3-}} \qquad (3-15)$$

但在交换带中由于没有足够的 WO_4^{2-} 进行较长时间的淋洗,因而 A^{3-} 的浓度从上到下逐步升高,如图 3-9 中的 ef。而如果交换柱内仍保留有保护带,则保护带只有 A^{3-},在 NH_4Cl 解吸过程中将与 WO_4^{2-} 一道进入解吸液,影响产品的最终纯度。显然交换带、保护带愈长,则这种有害作用将愈严重。

至于杂质在交后液中的浓度分布应当是:初期由于部分被树脂吸附,故交后液中杂质浓度小于交前液中杂质浓度,但后期由于 WO_4^{2-} 对它的解吸作用故浓度升高,甚至超过交前液中的浓度。

综合上述关于杂质在饱和带、交换带及保护带的分布规律知,柱式动态交换过程中影响除杂效果的因素主要有:①交前液中杂质浓度。从式(3-15)知饱和带中杂质平衡浓度与交前液中杂质浓度成正比。②杂质与 WO_4^{2-} 的分离因数 $\beta_{WO_4^{2-}/A^{3-}}$ 值。饱和带中杂质平衡浓度与 $\beta_{WO_4^{2-}/A^{3-}}$ 成反比。③交换带、保护带长度。交换带、保护带愈长,则其中聚集的杂质愈多,因此操作时应采取措施降低交换带长度,如减少加料速度等,同时不应留保护带。若采用饱和吸附,即吸附穿透后,继续流入交前液,以消除含杂质高的交换带,则更有利于提高除杂效果(参见3.3.4)。

与交换带长度有关的是树脂的粒度,正如3.3.2第5节指出的,树脂粒度减小,则交换带长度减小,因此采用细粒度树脂可望提高除杂效果,万林生[36]的试验表明,在净化 Na_2WO_4 溶液制备 APT 时,当树脂平均粒径为 0.177 mm,则产出 APT 中 As、P、Si 含量分别为 5×10^{-6}、1×10^{-6}、8×10^{-6},而当树脂平均粒径为 0.42 mm 时,则产出 APT 中 As、P、Si 含量分别为 7×10^{-6}、2×10^{-6}、10×10^{-6}。

综上所述,交换带太长不仅影响到树脂的利用率,减小操作交换容量,同时对产品纯度带来不利。在柱式交换时掌握影响 WO_4^{2-} 交换带长度的因素、缩短交换带,同时尽量不留保护带有很大实际意义。

3.3.3 变参数离子交换法的原理及在钨冶金中的应用

钨冶金离子交换工艺中常用固定参数离子交换,即吸附过程的工艺参数如交前液成分、流速等一般是控制不变的，我们称之为"固定参数离子交换"。但考虑到离子交换过程是溶液相(例如交前液或解吸液)与树脂相的交互反应过程，两者的工作状态应相互适应，才能取得最佳效果，而柱式离子交换过程中，随着吸附过程的进行，树脂相的工作状态(或者说交换过程的热力学和动力学条件)，例如被吸附的主金属离子浓度及其分布、杂质浓度、树脂颗粒中扩散层的分布等在不断变化，特别是柱子上下段的成分在不断变化，在这种情况下保持溶液相的状态(如成分、流速等)不变显然是不恰当的，而应适应树脂相的情况变化，适当调整工艺参数，以发挥交换过程的最大效益，这种工艺制度我们称之为"变参数离子交换"。

对在离子交换过程中适时地改变参数以提高交换过程的效果，前人已在具体操作方面进行过部分实践，例如徐迎春等[35, 36]在工业规模下，在吸附过程改变流速，即在吸附初期树脂相钨浓度小时采用大流速 $6 \text{ cm} \cdot \text{min}^{-1}$，而后期钨接近穿透时采用小流速，即 $4 \text{ cm} \cdot \text{min}^{-1}$，结果其穿透交换容量达 $274 \text{ mg} \cdot \text{g}^{-1}$ 干树脂，与小流速时的穿透交换容量相近，从而缩短了交换周期，提高了单柱的生产能力。也有的企业在交换过程中适时地调整交前液的成分，提高了交换的效果。我们的任务不仅是孤立地调整交换过程的某个参数，而是了解变参数离子交换过程的基本原理，从而作为一种工艺制度全面正确地应用它以改善离子交换过程。

变参数离子交换过程的理论基础是基于 3.3.2 第 4 ~ 6 节介绍的固定床交换柱中的被吸附离子的分布规律及交换带的原理，上述内容指出：

(1)对给定的交换过程(即一定的设备规格、树脂种类等)而言，被吸附离子在柱内的分布规律特别是交换带的长度，决定了其穿透容量，同时在一定程度上影响了除杂质的效果。

(2)被吸附离子在树脂相的分布规律及交换带长度决定于交换过程的有关工作参数，如交前液成分、流速等。

(3)在工作参数保持一定的情况下，当交换过程进行稳定后，其分布规律和交换带长度一定。

(4)交换过程中在尚有足够保护带长度的条件下将某参数由 A 值转变为 B 值，则随着交换过程的继续进行，分布规律和交换带长度将由 A 所对应的情况向 B 所对应的情况转变，只要参数转换时还有足够长的保护带，则最终穿透时的分布状态和交换带长度将完全与参数 B 适应，与前期的参数 A 无关。以流速为例，大流速所对应的分布规律为长交换带如图 3 – 10(a) 中 H_{z1} 所示，小流速所对应的分布规律为短交换带，如图 3 – 10(b) 中 H_{z2} 所示。

当具体操作时，在时间为 t_1 以前采用大流速，则建立了大流速所对应的分布状态(如图 3 – 10(c)中线 1 所示)，而在 t_1 时改变为小流速，则分布曲线及交换带长度将逐步转变成图 3 – 10(c)中线 2 所示的分布状态，即按小流速的规律性分布，因此我们若在前期采用大流速，则取得其生产率高的效果，而后期采用小

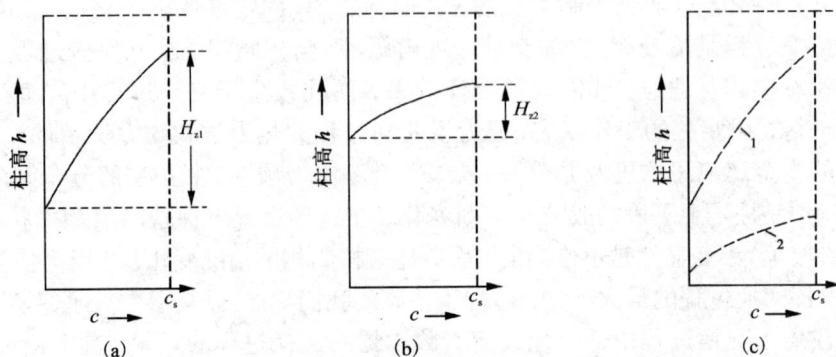

图3-10　柱式离子交换不同流速时被吸附离子的分布

(a)大流速时被吸附离子的浓度分布规律及交换长度 H_{z1}；(b)小流速时被吸附离子的
浓度分布规律及交换长度 H_{z2}；(c)改变流速后被吸附离子的浓度分布变化

流速，则最终可取得小流速交换带短、交换容量大、去杂质好的效果。同理在操作过程中，合理地将其他参数进行改变也可取得好的效果，主要如下。

1. 改变加料速度以提高生产能力

徐迎春等曾在工业规模下研究改变加料速度对交换容量及生产能力的影响，结果如表3-13所示。从表3-13可知，当始终用 $4\ cm \cdot min^{-1}$ 的小流速，则交换容量大，但周期长，以至生产能力小。当始终用 $6\ cm \cdot min^{-1}$ 的大流速，则虽然缩短了周期增大了生产能力，但交换容量变小，而开始流速采用 $6\ cm \cdot min^{-1}$、5 h后改为 $4\ cm \cdot min^{-1}$，则既具有低流速时交换容量高的优点，同时，又具有高流速生产能力大的优点。

表3-13　操作过程中改变加料速度对生产能力的影响

加料速度/(cm·min^{-1})	交换容量/(mg·g^{-1}(干树脂))	APT生产能力/(t·(月·柱)$^{-1}$)
一直保持4	274	16.1
一直保持6	248	18.9
6，加料5 h后改为4	270	19.1

2. 改变交前液中的 WO_3 浓度以提高交前液的平均浓度

当前钨冶金离子交换中亟待解决的关键问题之一为提高交前液中 WO_3 的浓度，但经多方努力仍难以超过 $20\ g \cdot L^{-1}$，为此编者应用变参数离子交换的原理进行了研究，试验在 $\phi 23\ mm \times 800\ mm$ 的交换柱内进行，树脂为 201×7，配制两种交前液 A 和 B，WO_3 浓度分别为 $20\ g \cdot L^{-1}$ 和 $40\ g \cdot L^{-1}$，A 的加料速度为 $4\ cm \cdot min^{-1}$，B 为 $2\ cm \cdot min^{-1}$，以保持两者的质量速度相同，其结果如表3-14所示。

从表 3-14 中 1、2 可知,按照固定参数的加料方式,WO$_3$ 浓度由 20 g·L^{-1},提到 40 g·L^{-1} 则交换容量由 103.5 降至 72.34 g·L^{-1}(湿树脂),但是先加 205 mL 浓度为 40 g·L^{-1} 的 B 溶液,再加浓度为 20 g·L^{-1} 的 A 溶液则交换容量可达 99.7 g·L^{-1}(湿树脂),比单独用 A 液降低不多,而按上述体积折算平均 WO$_3$ 浓度提高到 24.83 g·L^{-1}。表中 4 为直接用 24.83 g·L^{-1} 的交前液,流速为 3.22 cm·min^{-1}(质量流速同样为 80 g·min^{-1}),则交换容量仅 82.15 g·L^{-1}(湿树脂),因此说明采用变参数的方法能有效提高 WO$_3$ 的平均浓度(应当指出的是以上 3 试验中先加入的 B 液量是没有经过系统研究而任意选用的,当对 B 液量进行优化试验,则有可能进一步将交换容量提高)。

表 3-14 用变参数离子交换法提高交前液 WO$_3$ 平均浓度的试验结果

编号	加料制度	穿透体积 /mL	交前液 WO$_3$ 平均浓度 /(g·L^{-1})	交换容量 /[g·L^{-1}(湿树脂)]
1	A 交前液 4 cm·min^{-1}	1102	20	103.5
2	B 交前液 2 cm·min^{-1}	385.34	40	72.34
3	B 液按 2 cm·min^{-1} 加 205 mL 后,再按 4 cm·min^{-1} 加 A 液	205(B)+ 652(A)	24.83	99.7
4	交前液浓度 24.83 g·L^{-1} WO$_3$,流速 3.22 cm·min^{-1}	733.9	24.83	82.15

3. 改变加料制度以处理低质量(例如含杂质浓度高)的料液

在实践中,有的工厂往往有两种或两种以上不同质量的溶液要处理(例如有含 Cl$^-$ 较少的碱分解母液和含 Cl$^-$ 较高的 APT 结晶母液),此时若采用变参数法则有可能在不影响交换容量的条件下处理低质量料液,这种方法在工业上已取得明显效果,实例如下。

(1)低质量工业 Na$_2$WO$_4$ 的处理

某厂用离子交换法处理低质 Na$_2$WO$_4$ 生产 APT,低质 Na$_2$WO$_4$ 含 WO$_3$ 仅 33%,含有害杂质很高,无法正常生产,因此原方案是将其与该厂分解钨精矿所得的质量较高的母液,按 1:1 混合后使用,以稀释有害杂质,结果在工业规模下,解吸液含 WO$_3$ 130~140 g·L^{-1}。

为了改善效果,采用变参数法将两者分开加入,即先流入上述低质量的 Na$_2$WO$_4$ 溶液,然后流入分解钨精矿的母液,两者比例维持 1:1,最后解吸液中 WO$_3$ 浓度达 170~190 g·L^{-1}。NH$_4$Cl 用量减少 0.1 t·t^{-1}(APT)。

(2)结晶母液的处理

APT 厂在结晶过程中产出部分结晶母液,其中除含 WO$_3$ 外,还含大量 Cl$^-$,

过去通常用沉淀人造白钨的方法回收，工序繁锁，成本高，采用变参数离子交换法，则可直接返回作交前液。例如某厂结晶母液成分为含 Cl^- 45～50 g·L^{-1}，若将结晶母液直接混入交前液进行离子交换，则交前液中 Cl^- 提高到 1.8～2.1 g·L^{-1}，严重影响交换容量，但按变参数交换法将结晶母液碱转化去 NH_4^+ 后与交前液按先后加入，则基本上保持交换容量不变。

根据上述工业实践，我们也可将变参数离子交换法用于高杂 Na_2WO_4 溶液的处理，例如先流入高杂质的 Na_2WO_4 溶液，在保持保护带足够长度的条件下再流入相对较纯的 Na_2WO_4 溶液（例如当前生产线上碱分解钨精矿的母液），最终产品纯度和回收率均可达与后者相适应的水平。

以上无论从理论上还是实践上都说明采用变参数离子交换法，能适应柱内在吸附和除杂能力方面的变化规律，以取得更大的效益，同时应当指出的是，交换过程中柱内的吸附状况是连续改变的，而当前在人工操作的条件下，为使操作简便，过程中仅将参数改变一次，因而两者并不是完全相适应的，当通过研究正确掌握其内在变化规律后，通过自动化技术使参数连续改变，必将收到更好的效果。

3.3.4　强碱性阴离子交换法净化 Na_2WO_4 溶液并转型

目前强碱性阴离子交换法为将粗 Na_2WO_4 溶液净化除 P、As、Si、Sn 并转型为 $(NH_4)_2WO_4$ 溶液的最主要的方法，它具有流程短，设备、操作都十分简单，回收率高，净化效果好的特点。

强碱性阴离子交换法处理的对象主要是钨原料 NaOH 分解后的母液，即含 P、As、Si 等杂质的 Na_2WO_4 – NaOH 溶液，亦可处理苏打分解的母液，即含杂质的 Na_2WO_3 – Na_2CO_3 溶液，现将其工艺分别介绍如下。

1. 强碱性阴离子交换法处理钨矿物原料 NaOH 分解母液[37～40]

（1）原则流程

强碱性阴离子交换法净化粗 Na_2WO_4 溶液并转型的原则流程如图 3–11 所示。

粗 Na_2WO_4 溶液首先进行稀释，其目的主要是降低交前液中竞争离子 OH^-、Cl^- 和 WO_3 的浓度，以保证足够的交换容量，具体稀释程度视上述离子的含量而定，一般要求交前液中的 NaCl 不大于 1.0 g·L^{-1}（Cl^- 不大于 0.7 g·L^{-1}），NaOH 不大于 8 g·L^{-1}，WO_3 15～20 g·L^{-1}，对某些质量差的粗 Na_2WO_4 而言，WO_3 浓度甚至稀释到 10 g·L^{-1} 或更低，以保证 $[Cl^-]$ 或 $[OH^-]$ 不超标。

稀释所得的交前液经精细过滤后，流入交换柱，柱内装 Cl^- 型强碱性阴离子交换树脂，在柱内交前液与树脂进行交换反应，即：

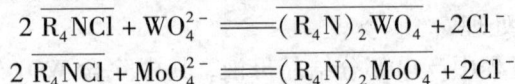

$$2\,\overline{R_4NCl} + WO_4^{2-} =\!=\!= \overline{(R_4N)_2WO_4} + 2Cl^-$$

$$2\,\overline{R_4NCl} + MoO_4^{2-} =\!=\!= \overline{(R_4N)_2MoO_4} + 2Cl^-$$

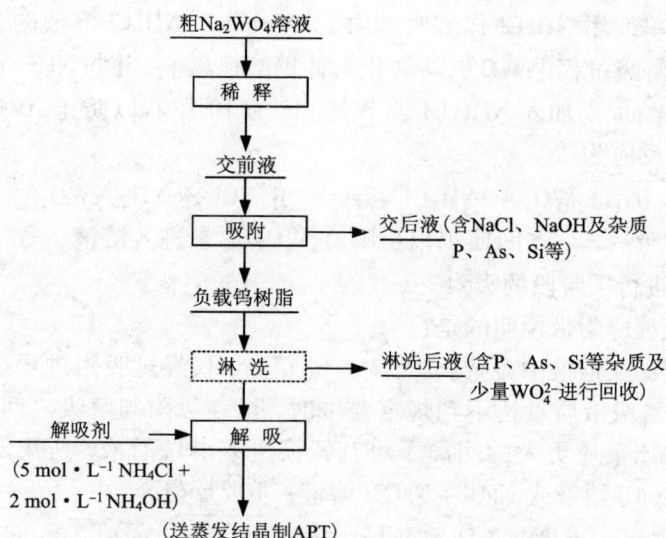

图 3 – 11 离子交换法净化粗 Na_2WO_4 溶液并转型的原则流程

对 PO_4^{3-}、AsO_4^{3-}、SnO_3^{2-}、SiO_3^{2-} 等阴离子杂质而言,由于其对树脂的亲和力比 WO_4^{2-} 小,故最终绝大部分进入交后液,经处理后排放。

吸附有 WO_4^{2-} 的树脂一般经去离子水清洗后,进行解吸。当最终目的是制取 APT 时,解吸剂应为某种铵盐,以提供 NH_4^+,前人进行了 NH_4Cl、NH_4NO_3、$(NH_4)_2CO_3$、$(NH_4)_2SO_4$ 解吸性能的研究,但发现由于 NO_3^-、CO_3^{2-}、SO_4^{2-} 对 201×7 树脂的亲和力均小于 WO_4^{2-},故解吸效果都不好。NH_4Cl 则能顺利将 WO_4^{2-} 解吸,不同浓度的 NH_4Cl 的解吸曲线图 3 – 12 所示。根据图 3 – 12 可知,NH_4Cl 浓度愈高,则解吸效果愈好,故一般用 $5\ mol \cdot L^{-1}$ $NH_4Cl + 2\ mol \cdot L^{-1}$ NH_4OH,其中 NH_4Cl 一方面提供解吸离子 Cl^-,同时提供生成铵盐所需的 NH_4^+;NH_4OH 主

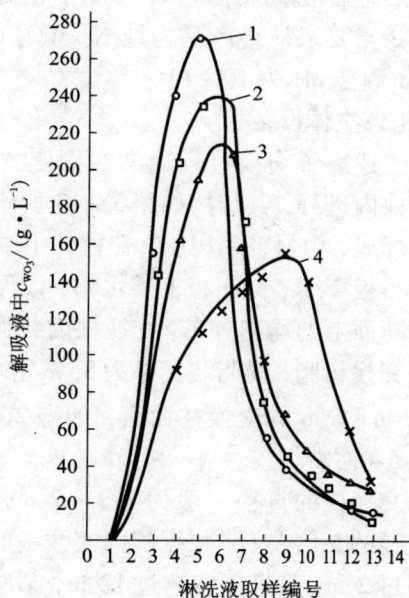

图 3 – 12 不同 NH_4Cl 浓度的解吸曲线

1——$4.5\ mol \cdot L^{-1} NH_4Cl + 2\ mol \cdot L^{-1} NH_4OH$;
2——$3.5\ mol \cdot L^{-1} NH_4Cl + 2\ mol \cdot L^{-1} NH_4OH$;
3——$2.5\ mol \cdot L^{-1} NH_4Cl + 2\ mol \cdot L^{-1} NH_4OH$;
4——$1.5\ mol \cdot L^{-1} NH_4Cl + 2\ mol \cdot L^{-1} NH_4OH$

要作用是：当单纯用 NH_4Cl 作解吸剂时，$5\ mol\cdot L^{-1}\ NH_4Cl$ 溶液的 pH 仅为 6 左右，相应地在解吸过程中 WO_4^{2-} 将转化为仲钨酸根离子，并与 NH_4^+ 在柱内结合成固体 APT 析出，因而加入 NH_4OH 调节其 pH 为 10 左右以防止 APT 的产生。用 NH_4Cl 解吸的反应为：

$$\overline{(R_4N)_2WO_4} + 2NH_4Cl_{(aq)} \Longrightarrow 2\,\overline{R_4NCl} + (NH_4)_2WO_{4(aq)}$$

因此经解吸后，一方面使钨以 $(NH_4)_2WO_4$ 形态进入溶液，另一方面树脂成了 Cl^- 型，可进行下阶段的吸附。

对上述流程应附带说明的是：

①当所用的交前液中含杂质 P、As、Si 很高，仅经过吸附过程杂质的除去有限，以致最终解吸液质量达不到规定要求时，可在吸附与解吸之间加淋洗过程，即流入亲和力比杂质更大的阴离子将其置换进入淋洗后液，所用淋洗液一般为 $5\sim10\ g\cdot L^{-1}\ NaCl$ 溶液或 $NaCl + NaOH$ 溶液，主要反应为：

$$\overline{(R_4N)_3AsO_4} + 3Cl^-_{(aq)} \Longrightarrow 3\,\overline{R_4NCl} + AsO_{4(aq)}^{3-}$$

$$\overline{(R_4N)_3PO_4} + 3Cl^-_{(aq)} \Longrightarrow 3\,\overline{R_4NCl} + PO_{4(aq)}^{3-}$$

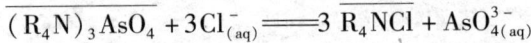

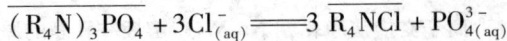

淋洗后液中除杂质 As、P 外，也有少量 WO_4^{2-} 被 Cl^- 解吸，应进行回收。

②当要求最终产品为纯 Na_2WO_4 时，则解吸剂可用饱和的 NaCl 溶液，并用 NaOH 调整 pH 为 $10\sim13$。

（2）主体设备

上述离子交换过程通常在固定式的离子交换柱内进行，其结构如图 3-13 所示。柱由钢板焊成，内衬环氧树脂，在柱体上端和下端设分布板 2、4，分布板上装水帽，以保证水流在横断面上的均匀分布，交换柱内装强碱性阴离子交换树脂，树脂装容率为 85%~90%，对 $\phi1.2\ m\times6\ m$ 的交换柱而言，加湿 201×7 树脂 3.5 t 左右。

交换柱的直径一般为 $1.2\sim2\ m$，高度约为直径的 5 倍左右，根据国内实践一般直径不宜超过 2 m，高度不宜超过 12 m，某些交换柱规格及生产能力如表 3-15 所示。

固定式离子交换柱的优点是：结构简单可靠，吸附、解吸都在同一设备中进行，操作简单，主要缺点是：交换过程中交换反应仅在交换带内进行，饱和带和保护带处于休闲状态，

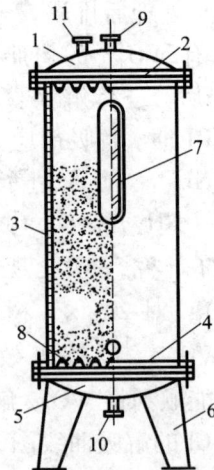

图 3-13　交换柱结构示意图

1—端盖；2—上分布板；3—柱体；
4—下分布板；5—底盖；6—支承角；
7—窥视孔；8—水帽；9—进液口；
10—出液口；11—排气口

因此利用率低。单位生产能力低，此外过程为周期作业。

表 3 – 15　离子交换柱的规格及生产能力

规格	ATP 生产能力	规格	ATP 生产能力
$\phi1.2\ m \times 6\ m$	$0.6 \sim 0.8\ t \cdot$ 周期$^{-1}$ (16 h)	$\phi1.4 \times 7\ m$	$1.0 \sim 1.2\ t \cdot$ 周期$^{-1}$ (16 h)
$\phi1.5\ m \times 9\ m$	$1.3 \sim 1.5\ t \cdot$ 周期$^{-1}$ (18 h)	$\phi1.6\ m \times 8\ m$	$1.7 \sim 1.8\ t \cdot$ 周期$^{-1}$ (24 h)
$\phi2\ m \times 12\ m$	$3.5 \sim 3.8\ t \cdot$ 周期$^{-1}$ (24 h)		

（3）操作

目前钨冶金离子交换基本上都是采用固定参数操作法，即在过程中各参数如交前液浓度、流速等都控制不变，而具体实施时，又分为单柱操作法和串柱操作法。

1）单柱操作

该操作是吸附、解吸等过程都在一台交换柱中单独进行，各柱之间不发生联系。采用单柱操作时交前液首先以一定速度从柱顶流入柱内，其在柱内的线速度（按空柱的断面积计算）为 $6 \sim 10\ cm \cdot min^{-1}$，视交前液的质量而定。当交后液中含 WO_3 达 $0.1\ g \cdot L^{-1}$ 左右时，则视为穿透。穿透后用去离子水反复洗去树脂颗粒间夹杂的溶液，然后进行解吸，解吸剂流速约为交前液流速的 1/2 左右。为了提高高峰液中 WO_3 浓度，有的企业采用浸泡的方法，即将解吸剂流入柱内以后，静止浸泡 $1 \sim 2\ h$ 再流出，这样有一定效果。收集的解吸液中的高浓度部分（高峰液）送蒸发结晶制取 APT，低浓度部分返回作下次解吸剂或补充 $NH_4Cl + NH_4OH$ 后作解吸剂。作为穿透吸附，WO_3 穿透交换容量为 $0.14 \sim 0.20\ t \cdot t^{-1}$（湿树脂）或 $90 \sim 120\ g \cdot L^{-1}$（湿树脂），视交前夜的质量而定，好的情况下可到 $130\ g \cdot L^{-1}$（湿树脂）；差的情况下，不到其一半。单柱吸附每周期为 $14 \sim 24\ h$。视柱的大小而异。

关于吸附阶段交前液的流向，目前一般都是顺流加料，即从柱顶流入，交后液由柱底排出，但赵中伟[39]指出逆流加料则改善了柱内溶液的流态，有利于提高交前夜中 WO_3 浓度。至于解吸剂则都是从上向下流动。

2）串柱操作

串柱操作一般是将 3 或 4 个交换柱组成一组串联使用，即开始将交前液流入 1#柱，直到穿透。穿透前的交后液中含 WO_3 均小于 $0.1\ g \cdot L^{-1}$，故直接处理排放，穿透后交前液继续流入 1#柱，而流出的含 WO_4^{2-} 的交后液进入 2#柱进行再次吸附，直到 1#柱达到饱和，再将交前液改为由 2#柱通入，2#柱穿透后再与 3#柱串联，直至 2#柱饱和，依此顺推。

上述饱和有 WO_3 的 1#柱再单独进行洗涤、解吸，解吸后再与其他柱进行串联吸附。

相对于单柱操作而言，其优点是有更多的 WO_4^{2-} 流过树脂层，因而能更有效地利用 WO_4^{2-} 置换(解吸)已被吸附的 AsO_4^{3-} 等杂质离子，柱内基本上不存在杂质含量相对较高的交换带，因而有利于提高产品纯度，同时解吸前柱内 WO_4^{2-} 基本饱和，故解吸剂的利用率高，解吸高峰液中 WO_3 浓度高，相应地每吨 APT 的 NH_4Cl 单耗少。姜萍在半工业条件下的试验证明，采用串柱吸附与串柱解吸，则相对于单柱操作而言，WO_3 的吸附容量增大约 $100\ mg \cdot g^{-1}$(干树脂)，解吸高峰液中 WO_3 浓度提高 $50 \sim 80\ g \cdot L^{-1}$，$NH_4Cl$ 的消耗可降低 10% 左右，此外产品纯度还有所提高。

串柱操作不足之处在于：在串联过程中同一份溶液要流经两个柱子，或者说两个柱子在处理同一份溶液，因而在流速不变的情况下，单位生产能力有所降低。

(4)杂质行为和除杂率

尹树普等[37, 38]在工业规模下(交换柱为 $\phi1.2\ m \times 6.5\ m$)研究了吸附和解吸过程中 Sn 的行为，交前液含 WO_3 $17\ g \cdot L^{-1}$、Sn $0.0014\ g \cdot L^{-1}$，吸附过程中的 Sn 的流出曲线及交后液中 WO_3 的浓度变化如图 3 – 14 所示，从图可知，对 Sn 而言，初期 c/c_0 小于 1，即交后液中 Sn 的浓度小于交前液中 Sn 的浓度，Sn 在柱内交换带和保获带积累，但交后液体积达 $45\ m^3$ 左右时，$c/c_0 = 1$，进一步延长时间，则随着交换带的下移和保获带的缩短，WO_4^{2-} 将早期吸附的 Sn 解吸，因此交后液中 Sn 浓度超过交前液，柱内总 Sn 量将逐步减少，此时，流入的交前液愈多，则被 WO_4^{2-} 解吸而排出的 Sn 愈多，愈有利于提高最终产品的纯度。

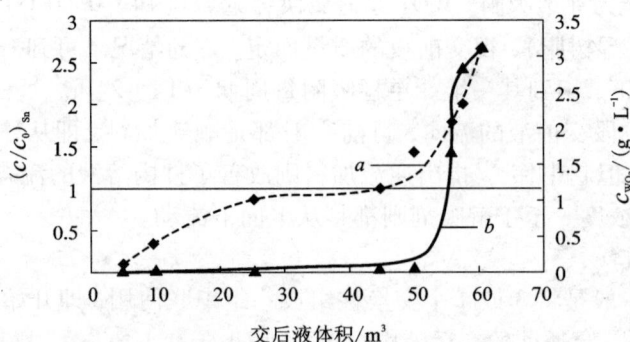

图 3 – 14　离子交换过程中锡的流出曲线(a)及交后液中 WO_3 浓度变化(b)(尹树普)

在解吸过程中，各种对树脂亲和力比 WO_3 小的杂质则优先被解吸，因而早期的解吸液中，杂质 Sn、P、As、Si 的相对浓度都较高，然后随着解吸的进行而逐步降低，WO_3 的浓度则是开始逐步升高，达到一个峰值，到解吸后期才逐步降低，尹树普在工业条件下测定的数据如图 3 - 15 所示。从图可知,首先被解吸的为 Sn,接着为 P,这部分溶液如果与解吸高峰液混在一起,势必影响产品纯度,而如果采用串柱操作,则不会存在这种情况。

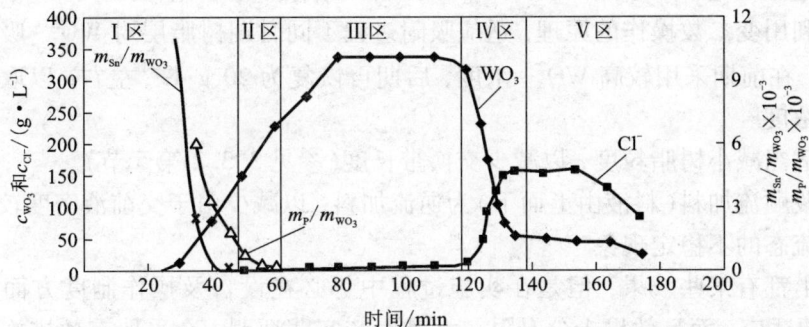

图 3 - 15　解吸液中 WO_3、Cl^- 的浓度以及 m_{Sn}/m_{WO_3}、m_P/m_{WO_3} 与解吸时间的关系

一般在强碱性阴离子交换过程中杂质的除去率大体是:Sn 95% ~ 98%,Si ≥ 90%,P ≥ 90%,As 90% 左右。

但是应当指出,杂质的除去率与其形态有关,以锡为例,由于 SnS_3^{2-} 对强碱性阳离子交换树脂的亲和力比 SnO_3^{2-} 大,因此当溶液中锡以 SnS_3^{2-} 形态存在的多,则总除锡率将降低。为此,聂华平等研究了利用 H_2O_2 将 SnS_3^{2-} 氧化成 SnO_3^{2-},从而提高除锡率的可能性。实验表明:对含 SnS_3^{2-} 的料液而言,在室温下按理论量 9 ~ 10 倍加入 H_2O_2 进行预处理,则可使除锡率大幅度提高。

(5)优缺点及改进的可能途径

强碱性阴离子交换法净化钨矿物原料 NaOH 分解母液并转型工艺,为当前钨冶金中最先进的工艺之一,它具有一系列的优点,主要是:工艺简单可靠,通过吸附和解吸两个步骤即实现了净化和转型;除杂效率高,主要杂质 P、As、Si、Sn 的除去率都能达 90% 以上;适用性广,我国的实践证明,碱分解复杂钨矿物原料所得粗 Na_2WO_4 溶液都能通过本工艺直接得到合格 APT;另外其操作简单,易于掌握,易于自动化,回收率较高,成本较低,这些都是其他方法难以相比的。

但它也有一些缺点,其中最主要的是交前液中允许的 WO_3 浓度低,视溶液的质量(特别是 Cl^-、OH^- 浓度)不同,一般都在 20 g·L^{-1} 以下,个别情况可达 25 g·L^{-1}。它带来的后果是水耗量大,排放的交后液体积大,与此同时有害杂质砷、氨氮等被严重稀释,难以治理。

为克服上述缺点,其关键是在保证交后液中 WO_3 损失不增加的前提下,提高交前液中的浓度,为此人们已进行了大量工作,其中有些是有实际意义的,主要如下。

①提高交前液质量，减少其中的竞争离子 Cl^- 和 OH^- 的浓度，即通过严格控制碱分解过程中原料烧碱中 NaCl 含量以降低交前液中 Cl^-，适当降低碱分解过程的碱用量或通过浓缩结晶回收 NaOH 以降低交前液中 OH^- 浓度。

②利用变参数操作的原理，适应吸附过程不同时期树脂层对 WO_4^{2-} 吸附能力的变化，在前期采用较高 WO_4^{2-} 浓度，后期再恢复为 $20\ g \cdot L^{-1}$ 左右，以取得较高的平均浓度。

③适当减小树脂粒度，以减少交换带长度（参见 3.3.2 第 5 节）。

④改顺流加料（料液由上而下）为逆流加料，以减少由于交前液密度较大而导致柱内流态的不稳定现象[39]。

以上都有某些效果，但是在实施过程中势必在设备及操作制度方面进行改革，以便适应，而且效果十分有限。大量生产实践证明，在采取有效措施的情况下，当前能够达到的交前液 WO_3 浓度仅为 $20\ g \cdot L^{-1}$ 左右。

应当指出，以上措施都是在不改变现有离子交换过程的基本反应条件或者说不改变其热力学条件的情况下，从工艺的角度进行改进，但是我们也不妨从交换反应的基本规律方面探索提高交前液中 WO_4^{2-} 浓度的途径。

Na_2WO_4 溶液的强碱性离子交换的吸附过程的反应可表示为：

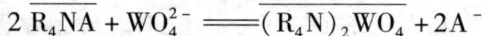

$$2\ \overline{R_4NA} + WO_4^{2-} \Longrightarrow \overline{(R_4N)_2WO_4} + 2A^-$$

式中：A^- 表示某 1 价阴离子，如 Cl^- 等。

根据离子交换过程的基本原理，分离因数 $\beta_{WO_4^{2-}/A^-}$ 接近常数，即平衡后

$$[\overline{WO_4^{2-}}] \cdot [A^-] / [WO_4^{2-}] \cdot [\overline{A^-}] = \beta_{WO_4^{2-}/A^-} \approx 常数$$

上式可转化为：

$$[WO_4^{2-}] = [\overline{WO_4^{2-}}] \cdot [A^-] / ([\overline{A^-}] \cdot \beta_{WO_4^{2-}/A^-}) \qquad (3-16)$$

现我们用式（3-16）分析交换柱底部出口附近的平衡情况。在交换柱底部若近似处于平衡状态，则式中 $[WO_4^{2-}]$ 可认为接近交后液中 WO_4^{2-} 的浓度，同时在交前液中不含 A^- 的情况下，溶液中的 A^- 均来自于交换反应，设交前液中 WO_4^{2-} 浓度为 $[WO_4^{2-}]_0$。同时考虑到交换柱底部交换反应已基本进行完全，则：

$$[A^-] \approx \alpha[WO_4^{2-}]_0$$

式中：α 为交换反应中 A^- 与 $[WO_4^{2-}]$ 的比例系数，当 A^- 为 1 价时，$\alpha = 2$。

代入式（3-16），可以认为交后液中 WO_4^{2-} 浓度：

$$[WO_4^{2-}] = [\overline{WO_4^{2-}}] \cdot \alpha[WO_4^{2-}]_0 / ([\overline{A^-}] \cdot \beta_{WO_4^{2-}/A^-})$$

显然交后液中 WO_4^{2-} 浓度将与交前液中 WO_4^{2-} 浓度 $[WO_4^{2-}]_0$ 成正比，与 $\beta_{WO_4^{2-}/A^-}$ 成反比，为提高交前液中 $[WO_4^{2-}]_0$ 而又保证交后液中 WO_4^{2-} 浓度不超标，

从理论上来说，其途径应是正确选择树脂的形态，即正确选择 R_4NA 中 A^- 的种类，要求 A^- 对树脂的亲和力应远小于 WO_4^{2-}。

根据上述原理，我们再来分析当前的钨离子交换过程。当前交换过程所用的树脂为 Cl^- 型，即 R_4NCl，而 Cl^- 与 WO_4^{2-} 对强碱性阴离子交换树脂的亲和力相近，$\beta_{WO_4^{2-}/Cl^-}$ 接近 1（见表 3-7），这对过程带来两个特点一是简单，通过控制浓度即可调节反应进行的方向，例如控制溶液相中 Cl^- 浓度很小，树脂相 Cl^- 浓度大，同时保证溶液相中有一定的 WO_4^{2-} 浓度，就可使反应向吸附方向进行；二是大幅度提高溶液相中 Cl^- 浓度，并降低其中 WO_4^{2-} 浓度，则可使反应向解吸方向进行，而且解吸后树脂直接成为 Cl^- 型，不像许多离子交换过程那样，解吸后树脂需要一个转型再生过程。但另一特点是 β 值较小，接近 1，为保证交后液中 WO_4^{2-} 含量不超标，则交前液浓度不能过高。

从理论上来说，为解决此问题，有必要抛弃现有的 Cl^-，寻找另一种阴离子 X^{n-}，此 X^{n-} 应具有以下特性：

①它对树脂的亲和力超过 WO_4^{2-}（而不是像 Cl^- 那样与 WO_4^{2-} 相近），因此其铵盐能将树脂上吸附的 WO_4^{2-} 解吸（为简化起见设 X 为 -1 价）。

$$2NH_4X + \overline{(R_4N)_2WO_4} \Longleftrightarrow 2\,\overline{R_4NX} + WO_4^{2-} + 2NH_4^+$$

②由于 X^- 对树脂亲和力大于 WO_4^{2-}，解吸后形成的 R_4NX 当然不能像 R_4NCl 那样直接靠浓度的差异进入下一步吸附过程，因而要求它能很容易通过转型（再生）成为另一种对树脂亲和力远小于 WO_4^{2-} 的阴离子型 R_4NY，通过 R_4NY 完成吸附过程。而由于 Y^- 对树脂的亲和力小于 WO_4^{2-}，$\beta_{WO_4^{2-}/Y^-}$ 远大于 1，因此根据式（3-16），可望在交前液中 WO_4^{2-} 浓度较高的情况下，实现交后液中 WO_4^{2-} 含量不超标。

严格说来要找到能满足上述要求的 X^- 和 Y^- 离子对，需进行大量理论研究，但是参照 3.4 节所介绍的液体离子交换过程，CO_3^{2-} - HCO_3^- 离子对也许能成为有希望者之一，其依据为：① CO_3^{2-} 对强碱性阴离子交换树脂的亲和力远小于 WO_4^{2-}，以 201×7 树脂而言，其 $\beta_{WO_4^{2-}/CO_3^{2-}}$ 达 33.3（见表 3-8），因此 $(R_4N)_2CO_3$ 树脂很容易与 Na_2WO_4 溶液进行交换反应，且平衡时残留 WO_4^{2-} 的浓度将小于 R_4NCl 树脂，相应地交前液中 WO_4^{2-} 浓度可望大幅度提高。② HCO_3^- 对强碱性阴离子交换树脂的亲和力大于 WO_4^{2-}，因此 NH_4HCO_3 能作为解吸剂，解吸后树脂成为 R_4NHCO_3。③根据 H_2CO_3 的二级离解常数 $K_2 = [H^+][CO_3^{2-}]/[HCO_3^-] = 5.61 \times 10^{-11}$ 计算，在不同 pH 下含 CO_3^{2-}、HCO_3^- 的水溶液中 $[CO_3^{2-}]/[HCO_3^-]$ 如表 3-16 所示。

表 3 - 16 含 CO_3^{2-}、HCO_3^- 水溶液中 $[CO_3^{2-}]/[HCO_3^-]$ 与 pH 关系

pH	8	8.5	9	10	11	12	13	14
$[CO_3^{2-}]/[HCO_3^-]$	5.61×10^{-3}	1.63×10^{-3}	5.61×10^{-2}	5.61×10^{-1}	5.61	56.1	561	5.61×10^3

从表 3 - 16 可知，在 pH 8.5 ~ 9 时，$NH_4^+ - HCO_3^-$ 溶液中，$[CO_3^{2-}]/[HCO_3^-]$ 仅 1% 左右，主要为 HCO_3^-，因此完全可完成解吸任务，即进行解吸反应：

$$\overline{(R_4N)_2WO_4} + 2HCO_3^- = 2\,\overline{R_4NHCO_3} + WO_4^{2-}$$

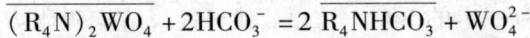

而在 pH 13 ~ 14 时，稳定的主要为 CO_3^{2-}，故解吸产生的 R_4NHCO_3 树脂在 pH 13 ~ 14 有可能转型成 $(R_4N)CO_3$，进入下一步的吸附过程。

当然这里还有一个未知因素，即 HCO_3^- 与树脂结合的稳定性远大于 CO_3^{2-}，因此将从热力学上为转型过程带来不利。

以上仅是从理论上估计其可能性，有待通过实验证实。特别是过程中还可能有许多难以预料的不利因素，有待通过实践去发现和解决。但是也应当指出，关于用 CO_3^{2-} 型强碱性阴离子交换树脂从苏打高压分解液中吸附 WO_4^{2-} 问题，у·П·斯柯尔措娃等[41] 早在 20 世纪 80 年代就进行了研究。他们采用 CO_3^{2-} 型的 AB - 1Г、BП - 1АП、АМП 树脂研究了从含 WO_3 10 $g \cdot L^{-1}$ 的溶液中吸附 WO_4^{2-}，取得较好效果，接着在扩大试验规模下用以直接从苏打高压分解低品位钨矿（含 WO_3 2% ~ 3%）的矿浆中吸附 WO_3，矿浆含可溶 WO_3 6 $kg \cdot m^{-3}$，经吸附后可溶 WO_3 不大于 0.05 $kg \cdot m^{-3}$，负载钨树脂解吸，得解吸液中含 WO_3 25 ~ 40 $g \cdot L^{-1}$。这些都证明了用 CO_3^{2-} 型树脂吸附的可能性。

2. 强碱性阴离子交换法处理苏打分解母液

钨矿物原料 Na_2CO_3 分解母液中除含杂质外还有大量 Na_2CO_3，其中 Na_2CO_3 与 Na_2WO_4 的摩尔比 $n_{Na_2CO_3}/n_{Na_2WO_4}$ 达 2 以上，远超过 NaOH 分解的 $1/2 n_{NaOH}/n_{Na_2WO_4}$，因此对这种溶液除进行净化除杂和转型外，同时还应部分回收其中的 Na_2CO_3。

考虑到 CO_3^{2-} 对强碱性阴离子交换树脂的亲和力远小于 WO_4^{2-}，因此与 $Na_2WO_4 - NaOH$ 体系溶液相似，强碱性阴离子交换法可将其进行净化和转型，而含大量 CO_3^{2-} 的交后液则可考虑返回苏打压煮，为此何立新等[21] 以 Cl^- 型 D213 树脂（W_A 树脂）进行了试验。

首先用模拟的苏打压煮母液进行不同程度的稀释，以研究 WO_3、CO_3^{2-} 浓度对交换容量的影响。其结果如表 3 - 17 所示。

表 3 – 17　WO_3 浓度及 CO_3^{2-} 浓度对交换容量的影响

$c_{WO_3}/(g \cdot L^{-1})$	22. 8	27. 34	32. 33		37. 69	
$c_{CO_3^{2-}}/(g \cdot L^{-1})$	10. 01	12. 23	14. 49	24. 72	16. 75	29. 10
交换容量 $c_{WO_3}/(mg \cdot g^{-1})$（干树脂）	346. 89	281. 21	242. 48	199. 03	220. 76	161. 53

从表 3 – 17 可知，$WO_4^{2-} - CO_3^{2-}$ 系统中 WO_4^{2-} 的吸附效果远超过 $WO_4^{2-} - OH$ 系统，即使在 WO_3 浓度达 32.33 $g \cdot L^{-1}$、CO_3^{2-} 浓度达 24.72 $g \cdot L^{-1}$ 时，其交换容量仍达 199.03 $mg \cdot g^{-1}$（干树脂）。

与此同时发现溶液的 pH 对交换容量有明显影响，pH 为 10.22 时的交换容量仅为 pH = 11.3 时的 82% 左右，其原因为 pH 下降时，大量 CO_3^{2-} 转化为 HCO_3^-。而 HCO_3^- 对树脂的亲和力远大于 CO_3^{2-}，故交前液 pH 降低对 WO_4^{2-} 的吸附过程不利。

在上述模拟试验的基础上，用柿竹园钨中矿苏打压煮的工业料液进行小型试验，得到了类似的结果，同时发现经吸附后的交后液 CO_3^{2-} 含达 20 $g \cdot L^{-1}$ 以上，为此将其部分返回配 Na_2CO_3 作苏打压煮浸出剂，在节约 Na_2CO_3 用量 14.65% 的情况下，渣含 WO_3 为 0.36% ~ 0.47%，同时杂质 P、As、Si 不发生积累。

本方案不足在于多次循环利用过程中将发生 Cl^- 的积累，影响浸出液的离子交换过程，但参照 3.3.4 第 5 小节的分析，若上述吸附过程不用 Cl^- 型树脂而改用 CO_3^{2-} 型，解吸剂改用 NH_4HCO_3，也许能收到一举两得的效果，即交后液中既不产生有害的 Cl^-，而增加的 CO_3^{2-} 又对苏打压煮过程有利，当然这些有待实践的检验。

3.3.5　高纯 $(NH_4)_2WO_4$ 溶液的制备

1. 阳离子交换法

采用强碱性阴离子交换法、传统的化学法以及季铵盐萃取法净化粗 Na_2WO_4 溶液都只能除去阴离子杂质，对金属杂质而言（除钾、钠以外），由于其在碱性或弱碱性溶液中溶解度极小，因此不经过专门的净化过程，其在终端产品中的含量也能达到一般钨用户的要求。

但随着科学技术的发展，某些用户对钨材的化学纯度提出了更严格的要求，因此不仅对阴离子杂质，而且对阳离子杂质的含量均要求进一步降低，为此应考虑使用阳离子交换树脂或两性树脂，以除去阳离子杂质。

针对上述要求，A·A·布洛辛（参考文献 [2] 第 164 页）首先进行了树脂的筛选，先后试验了强酸性阳离子交换树脂 Ky – 2，弱酸性阳离子交换树脂 K6 – 4、KΦ – 7 以及两性树脂 AHK6 – 1、AHK6 – 10、BПK、AMΦ – 2 – 7П、AHKΦ 以及弱碱性树脂 AH−31，发现 AM−7 性能最好，在此基础上进行小型工艺试验。

所用的 $(NH_4)_2WO_4$ 溶液由工业钨酸溶于氨水制成，含 230 $g \cdot L^{-1}$ WO_3，35 $g \cdot L^{-1}$ NH_3。

根据吸附性能采用两步净化：第一步在由钨酸制取 $(NH_4)_2WO_4$ 时，向矿浆中加入 $Fe(NO_3)_3$ 3 $g \cdot L^{-1}$（按 Fe 计），沉淀 24 h 后过滤，$(NH_4)_2WO_4$ 溶液再依次通过两个交换柱（直径 10 mm，高分别为 200 mm 和 100 mm），前者放 AMΦ−2−7Ⅱ 树脂，后者放 AH−31。溶液中的金属杂质被吸附除去，单位树脂处理溶液的体积相当于树脂体积的 60 倍，然后用树脂体积 15 倍的 1 $mol \cdot L^{-1}$ HNO_3 进行再生，所得的 $(NH_4)_2WO_4$ 成分见表 3−18。

从表可知，经过上述净化过程后，金属杂质 Mg、Ca、Ni、Cu、Al 等均降低 1～2 个数量级，相对于我国 GB 10116—88 APT−0 级而言亦低 1 个数量级左右。

据报道，本研究结果在半工业条件下得到重现，另外日本专利 JP 61295340 也介绍用阳离子交换法制取高纯钨（或钼）的方法，将粗钨（或钼）粉用 H_2O_2 在 40℃ 氧化，所得溶液通过氢型阳离子交换树脂 Diaionsk，产出的 WO_3 经氢还原得纯钨粉，其中金属杂质含量低于 5×10^{-8}。

2. 饱和吸附二次离子交换法

为制备高纯 APT，肖学友等[42] 在小型试验条件下开发了饱和吸附二次离子交换法，其特点是：

(1)采用了 3.3.4 所述的强碱性阴离子交换法进行两次提纯，即含杂质的溶液首先通过装有 201×7 树脂的交换柱，WO_4^{2-} 被树脂吸附，并与杂质进行一次分离后，再用稀 NaOH 淋洗，进一步洗去杂质，之后用 NaOH 溶解解吸，得一次提纯的溶液。第一次提纯的溶液再进行二次离子交换，以进一步提纯。

(2)离子交换过程中用饱和吸附代替常用的穿透吸附，正如 3.3.2 第 6 节所指出的，在交换带中仍保留有较多的杂质。为除去这些杂质，则在穿透后继续流入交前液，以将交换带逐步消除，相应地交换带中的杂质也被带入交后液，除杂率得以提高。以杂质磷为例，在第一次交换时其除去率与穿透后流出液的体积（按树脂体积的倍数计）的关系如表 3−19 所示。

采取上述措施，同时在保证水的纯度及操作环境的卫生条件下，当原始料液含 WO_3 20 $g \cdot L^{-1}$、P 0.13 $g \cdot L^{-1}$、Cl⁻ 0.138 $g \cdot L^{-1}$、Fe 0.047 $g \cdot L^{-1}$，则产出的 APT 含 Fe、P、As、K、Na、V、Ni、Mn、Ti、Co、Sb 均小于 1 μg/g，Bi < 0.7 μg/g，Pb < 0.75 μg/g，Mg 1.8 μg/g，Cu 1.4 μg/g。

表 3 – 18 净化 $(NH_4)_2WO_4$ 的效果

$(NH_4)_2WO_4$ 溶液	通过溶液体积/树脂体积	杂质含量(按 WO_3 计)/%										
		S	P	Mg	Ca	Cu	Ni	Co	Pb	Mn	Al	Fe
原始液		1×10^{-2}	3×10^{-3}	5×10^{-3}	7×10^{-3}	3×10^{-3}	1×10^{-3}	4×10^{-4}	8×10^{-4}	8×10^{-4}	1×10^{-3}	2×10^{-3}
$Fe(OH)_3$ 处理后		1×10^{-3}	5×10^{-4}	1×10^{-3}	3×10^{-3}	1×10^{-3}	6×10^{-4}	2×10^{-4}	2×10^{-4}	3×10^{-4}	5×10^{-4}	3×10^{-3}
通过 AM – 2 – 7Ⅱ后	30	8×10^{-4}		1×10^{-4}	1×10^{-4}	2×10^{-4}	$<5\times10^{-5}$	$<1\times10^{-5}$	$<1\times10^{-5}$	$<1\times10^{-5}$	2×10^{-5}	4×10^{-4}
	50	1×10^{-3}		1×10^{-4}	1×10^{-4}	1×10^{-4}	5×10^{-5}	$<1\times10^{-5}$	2×10^{-5}	2×10^{-5}	5×10^{-5}	6×10^{-4}
通过 AM – 2 – 7Ⅱ 和 AH – 31后	35	1×10^{-3}		1×10^{-4}		$<1\times10^{-5}$	$<5\times10^{-5}$	$<1\times10^{-5}$	$<1\times10^{-5}$	$<1\times10^{-5}$	2×10^{-5}	4×10^{-4}
	60	8×10^{-4}		1×10^{-4}		$<1\times10^{-5}$	$<5\times10^{-5}$	$<1\times10^{-5}$	$<1\times10^{-5}$	$<1\times10^{-5}$	5×10^{-5}	6×10^{-4}
	85	1×10^{-3}		4×10^{-4}		4×10^{-5}	$<5\times10^{-5}$	$<1\times10^{-5}$	1×10^{-4}	5×10^{-5}	6×10^{-5}	1×10^{-3}
	110	1×10^{-3}		8×10^{-4}		2×10^{-4}	1×10^{-4}	$<1\times10^{-5}$	2×10^{-4}	8×10^{-5}	2×10^{-4}	3×10^{-3}

表 3 – 19 磷的除去率与穿透后流出液体积的关系 (交前液含 WO_3 20%、P 0.13%)/(g·L^{-1})

穿透后流出液体积/树脂体积	0	1.34	2.7	4.0	5.4
除磷率/%	84	85.5	86.4	88.3	90.1

3.3.6 离子交换法转型

离子交换法将钨酸钠(含正钨酸钠、偏钨酸钠)溶液转型成$(NH_4)_2WO_4$溶液的实质是利用阴离子交换树脂与钨酸钠溶液进行交换作用,使钨酸根离子进入树脂相,则Na^+保留在水相(交后液),实现钨酸根离子与Na^+分离,然后用铵盐或NH_4OH进行解吸,使吸附的钨以$(NH_4)_2WO_4$形态进入溶液,实现了转型目的。

实践中视钨酸钠溶液的pH不同,则所用树脂不同,当溶液的pH在9以上以至钨均以WO_4^{2-}形态存在,则其转型可有两种方案:

一是在碱性条件下用强碱性阴离子交换树脂,在这个过程中同时除去了P、As、Si等杂质,有关内容已在3.3.4节介绍。

二是当溶液纯度已满足要求,只有转型任务时,则可将溶液中和到弱酸性或酸性范围,用大孔径阴离子交换树脂转型(一般用弱碱性大孔径阴离子交换树脂)。

用后一方案的优点是树脂的交换容量大,同时容许交前液的浓度大,达碱性介质下的10倍以上,相应地交前液和交后液的体积亦成比例缩小,仅为碱性介质下用强碱性阴离子交换树脂的1/10左右,但其缺点是中和过程要消耗大量酸,使钨转化成大体积的聚钨酸根离子。本工艺所用树脂目前报导的有$AH-80\Pi$和$B\Pi-18K$、$B\Pi-14K$,其中后者已有工业化的报道。此外我国的D301树脂亦具有类似的性质。

当用弱碱性阴离子交换树脂处理偏钨酸钠溶液进行转型时,其主要过程及反应如下:

(1)树脂的酸化(也称树脂转型、再生、质子化)。对叔胺型树脂而言,其功能团为R_3N,不能进行交换反应,应先进行酸化处理,使之成为能电离出阴离子的胺盐,酸化时可用H_2SO_4、HCl或HNO_3等无机酸,以HCl为例:

$$\overline{R_3N} + HCl_{(aq)} =\!=\!= \overline{R_3NHCl}$$

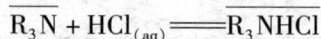

(2)吸附。其反应为:

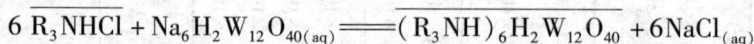

$$6\overline{R_3NHCl} + Na_6H_2W_{12}O_{40(aq)} =\!=\!= \overline{(R_3NH)_6H_2W_{12}O_{40}} + 6NaCl_{(aq)}$$

所得的负载钨树脂用pH = 2~2.5的水进行洗涤,以除去夹带的交后液和Na^+。

(3)解吸。其反应为:

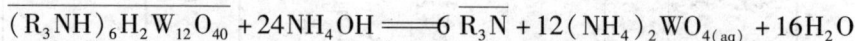

$$\overline{(R_3NH)_6H_2W_{12}O_{40}} + 24NH_4OH =\!=\!= 6\overline{R_3N} + 12(NH_4)_2WO_{4(aq)} + 16H_2O$$

解吸钨后,树脂恢复为R_3N型,故返回进行酸化处理以进入下周期工作。

以下为用$AH-80\Pi$树脂在流动床内将偏钨酸钠溶液转型的实例,其原则流程见图3-16。

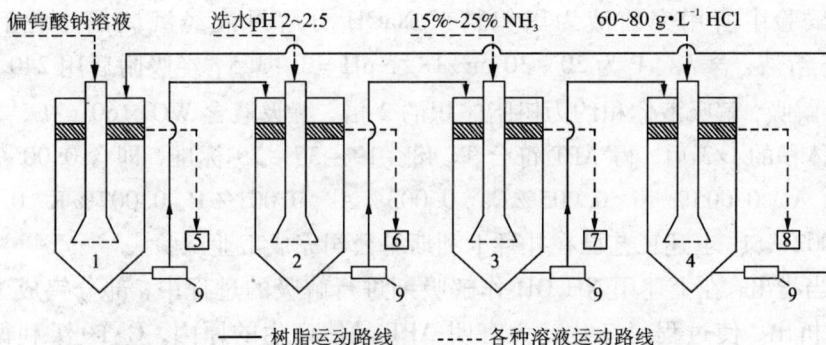

图 3-16 AH-80Π 将偏钨酸钠溶液转型的流程

1—吸附柱；2—洗涤柱；3—解吸柱；4—再生柱；5—交后液贮槽；
6—中和槽；7—$(NH_4)_2WO_4$ 液贮槽；8—中和槽；9—过滤器

扩大试验所用溶液含 125 $g \cdot L^{-1}$ WO_3；0.01 ~ 0.08 $g \cdot L^{-1}$ Mo；≤0.05 $g \cdot L^{-1}$ P、As；115 ~ 135 $g \cdot L^{-1}$ NaCl + Na_2CO_3；pH = 2.5 ~ 3.0；密度 1.14 ~ 1.16 $g \cdot cm^{-3}$。溶液中钨主要以偏钨酸根离子形态存在。溶液由吸附柱 1 上部的加料管加入，直接通到吸附柱底部，然后向上流动，AH-80Π 树脂(Cl^- 型)由上部进入吸附柱悬浮在溶液中，开始时密度为 1.12 ~ 1.13 $g \cdot cm^{-3}$，吸附 WO_3 后，密度增加并缓慢下沉，两者相对运动并进行离子交换过程，树脂与溶液的流速比为 1:(4.2 ~ 5.0)，吸附柱处理能力为 0.2 ~ 0.45 $m^3 \cdot (m^2 \cdot h)^{-1}$。从吸附柱底部卸出的树脂当密度达到 1.36 ~ 1.40 $g \cdot cm^{-3}$，则说明已饱和 WO_3，送往洗涤；小于 1.36 ~ 1.40 $g \cdot cm^{-3}$，则返回吸附柱继续吸附。树脂在吸附柱内与溶液接触时间达 8 ~ 12 h，交后液含 WO_3 0.02 $g \cdot L^{-1}$，吸附率达 99.95%。饱和 WO_3 的树脂在洗涤柱内用 pH = 2 的水洗去 Na^+ 后，再进入解吸柱用 15% ~ 25% 的氨水解吸。解吸液中高浓度部分(WO_3 > 130 $g \cdot L^{-1}$)送蒸发结晶 APT，低浓度部分返回解吸。解吸后的树脂经 60 ~ 80 $g \cdot L^{-1}$ HCl 再生成 Cl 型后，进行再吸附。

根据测定当溶液中 WO_3 浓度为 15 ~ 20 $g \cdot L^{-1}$ 时，AH-80Π 的全交换容量达 1 g 干树脂交换 1610 mg WO_3，比经典的人造白钨酸分解再氨溶的工艺 WO_3 回收率可提高 1.3% ~ 1.5%，盐酸消耗降低 65% ~ 70%，$CaCl_2$ 消耗降低 100%，电能消耗降低 30% ~ 40%。

此外，B·A·别塔洛夫等[43]研究了用两性树脂 BΠ-18K 转型。该树脂为乙烯吡啶、二乙烯苯和甲基丙烯酸聚合而成，含弱碱性的吡啶基和弱酸性碳酸基，当溶液中钨平衡浓度为 27 ~ 29 $g \cdot L^{-1}$ 时，容量达 45%，性质类似 BΠ-14K，但它对

Si(As)的吸附能力比 BⅡ－14K 弱,因而最终解吸液中 w_{Si}/w_W 仅为交前液的 50% 左右,试验中所用交前液为黑钨精矿 NaOH 分解母液经沉淀法净化后的纯 Na_2WO_4 溶液,含 As、P 为 20～30 mg·L^{-1},pH＝3～3.5,经吸附后用 240 g·L^{-1} NH_4OH 解吸,解吸液体积约为树脂体积的 2 倍,解吸液含 WO_3 160 g·L^{-1},蒸发结晶至体积的 1/3 后,得 APT 符合 Ty 48－19－35－79 标准,即含 0.005% Fe、0.002% Al、0.005% Si、0.005% Ca、0.003% As、0.001% P、0.007% K、0.005% Na、0.002% Si,上述工艺已在扎拜卡利斯基公司完成工业试验。

应当指出,在上述用 NH_4OH 作解吸剂进行解吸的过程中,部分钨成为固态的 APT 析出,使过程复杂化。为查明 APT 晶体产生的原因,C·Г·沃利德玛恩等[31]在对解吸过程的机理进行研究后指出,在解吸过程中被吸附的聚钨酸根离子一部分是直接以 $H_2W_{12}O_{40}^{6-}$、$H_2W_{12}O_{42}^{10-}$ 的形态进入溶液,然后再与溶液的 OH^- 反应成 WO_4^{2-}(参见 3.3.2 第 3 节),例如:

$$H_2W_{12}O_{42}^{10-} + 14OH^- \rightleftharpoons 12WO_4^{2-} + 8H_2O$$

当上述反应的速度不够快,则溶液中的 $H_2W_{12}O_{42}^{10-}$ 的浓度将不断升高,以致超过 APT 的饱和浓度而产生 APT 结晶,因此当在酸性条件下吸附了钨再用 NH_4OH 进行解吸时,为防止产生 APT 结晶,其关键是强化上述反应的速度,使解吸进入溶液的 $H_2W_{12}O_{42}^{10-}$ 尽快转化成 WO_4^{2-},其具体措施包括适当提高系统的温度,强化液相的传质过程等。

在酸性或弱酸性介质中用大孔径树脂将偏钨酸钠溶液转型成 $(NH_4)WO_4$ 的工艺过程已在前独联体某厂实现了产业化。

3.4 有机溶剂萃取法[44]

在钨冶金中有机溶剂萃取常用胺类化合物作萃取剂,例如用季铵盐作萃取剂从碱性钨酸盐溶液中除去 As、P、Si 等杂质并转型工艺,以叔胺作萃取剂从酸性溶液中将偏钨酸钠转型为 $(NH_4)_2WO_4$ 等。

上述萃取过程与阴离子交换过程的实质是一样的,从两者的反应就能明显地看出这一点,强碱性阴离子交换法和季铵盐萃取法从溶液中提取 WO_4^{2-} 的反应对比如下:

强碱性阴离子交换:

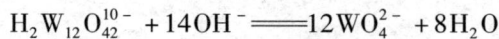

$$2\overline{R_4NCl} + WO_{4(aq)}^{2-} \rightleftharpoons \overline{(R_4N)_2WO_4} + 2Cl_{(aq)}^-$$

季铵盐萃取:

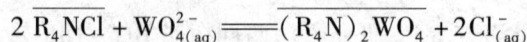

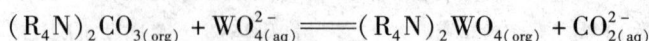

$$(R_4N)_2CO_{3(org)} + WO_{4(aq)}^{2-} \rightleftharpoons (R_4N)_2WO_{4(org)} + CO_{2(aq)}^{2-}$$

对比上述反应可知,两者都是利用季铵盐中的阴离子与水相的 WO_4^{2-} 进行交换,不同的仅在于离子交换时,季铵盐是聚合在树脂的骨架上,形成强碱性阴离子交换树脂,在交换过程中 WO_4^{2-} 势必进入树脂相与水相分离,而季铵盐萃取过程则是将季铵盐溶于有机相作为萃取剂,因而 WO_4^{2-} 经萃取反应进入有机相与水相分离。同样弱碱性阴离子交换过程与伯、仲、叔胺萃取过程亦相似,正因为实质相同,所以这一类萃取过程又称为液体离子交换过程。

根据上述情况我们亦可得到下列启示:

(1)由于两者的实质相同,因此它们的物理化学原理及有关影响因素将大同小异,可以互相借鉴,举一反三。

(2)两者是可以相通的,由某种阴离子交换过程就可能开发出相应的萃取过程,反之亦然,因此,我们可根据离子交换技术或萃取技术本身的特点(或相对优越性)结合所面临技术问题的特点在两者之间选取最佳方案。

萃取法在钨冶金中的应用主要有三方面:

(1)季铵盐萃取法从粗 Na_2WO_4 溶液中除磷、砷、硅,并转型,它与 3.3.4 节所述的强碱性阴离子交换法相对应。

(2)叔胺(或仲胺、伯胺)萃取法将纯钨酸盐溶液转型,它与弱碱性阴离子交换法相对应。

(3)钨钼分离。

本节主要介绍季铵盐萃取法和叔胺(仲胺、伯胺)萃取法,钨钼分离将在 3.6 节介绍。

3.4.1　季铵盐萃取法[45~51](碱性萃取法) 净化 Na_2WO_4 溶液并转型

1. 基本原理

(1)阴离子被季铵盐萃取的能力

正如前面所述,胺类萃取剂萃取的过程,实质上是水相与有机相之间进行的离子交换过程,各种阴离子被有机相萃取的难易程度决定于其对水相和有机相的相对亲和力,而根据离子水合理论,当其离子水合能愈大,则亲水性愈强,愈难被萃取,因此根据离子水合能的大小,能大致判断不同阴离子在萃取过程的行为。

Γ·H·絜恰戈娃等根据离子水合能的大小,得出某些阴离子被季铵盐萃取的能力可按如下顺序排列,即:

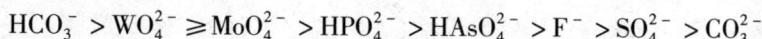

$$HCO_3^- > WO_4^{2-} \geqslant MoO_4^{2-} > HPO_4^{2-} > HAsO_4^{2-} > F^- > SO_4^{2-} > CO_3^{2-}$$

分析上述顺序可知:

①与 3.3 节所述在碱性溶液中的强碱性阴离子交换过程一样,季铵盐碱性萃

取过程中 WO_4^{2-} 将比 HPO_4^{2-}、$HAsO_4^{2-}$、F^- 等优先进入有机相，因而可与杂质 P、As、F 等分离，而 WO_4^{2-}、MoO_4^{2-} 将同时被萃取(也同时被反萃)，因而不可能将钨、钼分离。

②CO_3^{2-} 远比 WO_4^{2-} 容易进入水相，因此可用 CO_3^{2-} 型季铵盐作萃取剂，而 HCO_3^- 亲水能力比 WO_4^{2-} 小，因而可用 NH_4HCO_3 作反萃剂，将 WO_4^{2-} 反萃进入水相，与此同时实现了将钨的钠盐转型成铵盐。

③由于反应：

$$2HCO_3^- + 2OH^- \Longrightarrow 2CO_3^{2-} + 2H_2O$$

在控制适当的 pH 条件下很容易进行，因此对反萃产生的 HCO_3^- 型季铵盐而言，只需加入 NaOH 即可转变成 CO_3^{2-} 型季铵盐(参见表 3 – 16)，实现萃取剂的再生，因此季铵盐萃取钨过程可用以下反应表示：

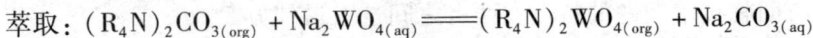

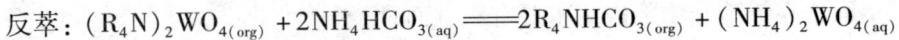

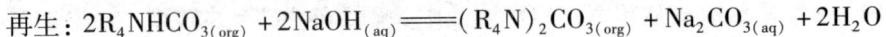

萃取：$(R_4N)_2CO_{3(org)} + Na_2WO_{4(aq)} \Longrightarrow (R_4N)_2WO_{4(org)} + Na_2CO_{3(aq)}$

反萃：$(R_4N)_2WO_{4(org)} + 2NH_4HCO_{3(aq)} \Longrightarrow 2R_4NHCO_{3(org)} + (NH_4)_2WO_{4(aq)}$

再生：$2R_4NHCO_{3(org)} + 2NaOH_{(aq)} \Longrightarrow (R_4N)_2CO_{3(org)} + Na_2CO_{3(aq)} + 2H_2O$

(2)有机相体系及成分的选择

针对季铵盐萃钨过程中有机相选择，V·P·扎采夫等以 $Na_2WO_4 – Na_2CO_3$ 溶液进行了系统研究，发现 TBP + 煤油体系中，交换常数($K_{ex(WO_4^{2-}/CO_3^{2-})}$)太小，仅 3.5 左右，但加入高碳醇能提高交换常数；对四氯乙烯和 n – 辛烷体系而言，其交换常数比 TBP – 煤油体系约大一个数量级，但四氯乙烯的水溶性和挥发性都大，不宜于工业应用；扩大试验表明，采用高碳醇 + 煤油和 CO_3^{2-} 型三甲基苯基季铵盐，能保证交换常数达 20 ±50，对钨而言萃取容量达 50 $g \cdot L^{-1}$。

И·М·依万诺夫指出，所用季铵盐的阳离子的结构与性质对萃取体系性能影响不大，最佳有机相组成为煤油 + 2 – 乙基乙醇 + 季铵盐，季铵盐的浓度为 0.2 ~ 0.3 $mol \cdot L^{-1}$，在这种有机相中能保证交换常数 $K_{ex(WO_4^{2-}/CO_3^{2-})} = 15$。

张贵清等在 $Na_2WO_4 – NaOH$ 溶液中进一步对 N263 – 仲辛醇 – 煤油体系萃钨时有机相的具体成分进行了全面的研究，发现有机相中 N263 的浓度升高，则钨的萃取率呈直线增加，但也导致有机相黏度增加，分相困难，因此 N263 的浓度以 350 $g \cdot L^{-1}$ 左右为宜。极性改善剂仲辛醇的含量(体积分数)对钨萃取率及分相时间的影响如图 3 – 17 所示，从图可知，随着仲辛醇含量的提高，钨萃取率慢慢升高，分相时间逐渐缩短，但含量超过 20% 以后，钨萃取率改变不大，而分相时间则反而有延长的趋势，因而以 20% 为佳，最终确定有机相的成分为 350 $g \cdot L^{-1}$ N263、20% ~25% 仲辛醇，其余为煤油(200# 航空煤油)。经萃取等温线的测定，发现对上述成分的有机相而言，其饱和萃钨容量为 59.14 $g \cdot L^{-1}$ WO_3。

(3)水相成分对萃取过程分配比及钨萃取率的影响

张贵清等进一步采用上述成分的有机相研究了 Na_2WO_4 – NaOH 体系中料液成分对 WO_3 分配比及钨萃取率的影响,发现溶液的 pH 及 Cl^-、WO_4^{2-}、F^- 等阴离子浓度对 WO_3 分配比(D_{WO_3})的影响分别如图 3 – 18、图 3 – 19 所示。从图 3 – 18 可知,在 pH 为 8.5 ~ 13,pH 对 D_{WO_3} 基本上没有影响,超过 13 后,则 D_{WO_3} 随 pH 的增加而降低,因此当处理钨矿物原料 NaOH

图 3 – 17 极性改善剂浓度对钨
萃取率(1)及分相时间(2)的影响

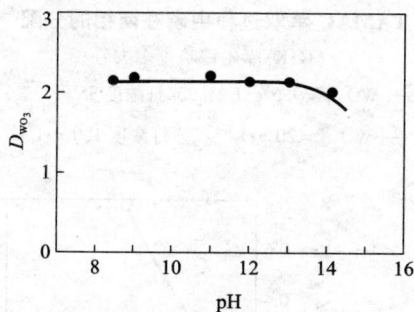

分解的母液时,其中残留的 NaOH 浓度不宜超过 4 $g \cdot L^{-1}$。同时从图 3 – 19 也可看出,溶液中 Cl^-、SO_4^{2-}、F^- 都将与 WO_4^{2-} 竞争萃取,因而随着其浓度的升高,分配比下降,其中最有害的为 Cl^-。这些规律性与强碱性阴离子交换过程相似,也与 G·K·库尔穆哈麦多夫等[27] 以季铵盐 TAMAC 为萃取剂从钨矿苏打压煮液中萃钨的结果大体一致。研究中同时发现,在相比一定的条件下,料液中 WO_3 浓度增加将使钨萃取率降低,因此相比为 2∶1 的条件下,WO_3 浓度不宜超过 100 $g \cdot L^{-1}$。

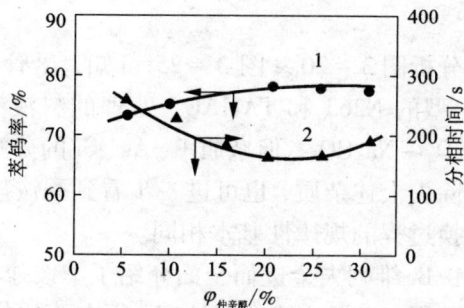

图 3 – 18 料液 pH 对钨的分配比的影响

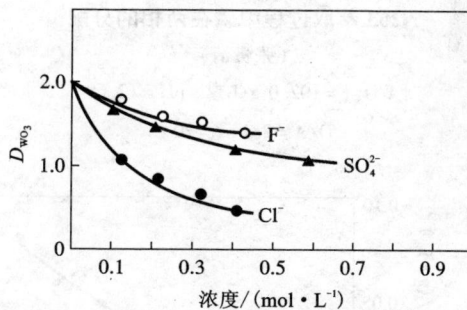

图 3 – 19 阴离子浓度对钨分配比的影响

(4)萃取过程中杂质 P、As、Si、Mo 的行为

①P、As、Si 的行为。根据上述阴离子被季铵盐萃取能力的顺序知,与 3.3.4 节所述强碱性阴离子交换相似,季铵盐萃取过程中杂质 P、As、Si 将残留在萃余液中与钨分离,而钼将与钨同时被萃入有机相,这一结论在张贵清等的研究及 G·K·库尔穆哈麦多夫的研究中都得到很好的证实。张贵清以 N263 – 仲辛酸 – 煤油为有机相,对从 Na_2WO_4 – NaOH 溶液萃钨过程中上述杂质的行为进行了研究 G·K·库尔穆哈麦多夫以 TAMAC – 辛醇 – 煤油为有机相,对从 Na_2WO_4 – Na_2CO_3 溶

　　液萃钨过程进行了同样的研究，两者取得十分相似的结果，如图 3 - 20 ~ 图 3 - 25 所示。

　　分析图 3 - 20 ~ 图 3 - 25 可知，尽管两人所用的萃取剂有所不同，分别为 CO_3^{2-} 型的 N263 和 TAMAC，处理的料液有所不同，分别为 Na_2WO_4 - NaOH 和 Na_2WO_4 - Na_2CO_3，但杂质 P、As、Si 的分配规律基本上相同，即季铵盐萃取过程中能除去上述杂质，也可进一步看到季铵盐在碱性条件下萃取过程与强碱性阴离子交换过程的规律性基本相同。

　　Γ·B·维列夫金进而全面介绍了季铵盐萃取时，钨及杂质磷、砷、硅在两相的平衡数据，根据这些数据处理，得有关的分离因数 β 值，如表 3 - 20 所示。

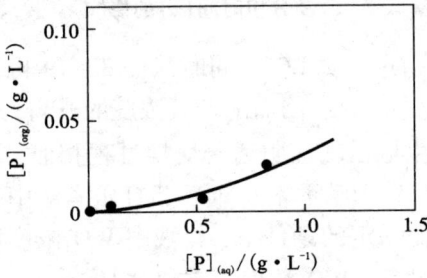

图 3 - 20　Na_2WO_4 - NaOH 溶液用
N263 萃取过程中磷在两相的分配
（张贵清）
[WO_3] = 102.0 g·L^{-1}，pH = 12.60，
O/A = 2/1，t = 20℃

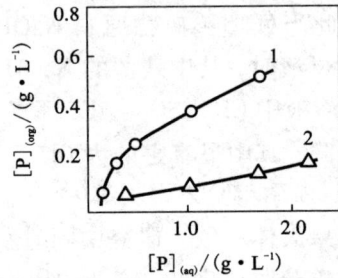

图 3 - 21　Na_2WO_4 - Na_2CO_3 溶液用
TAMAC 萃取过程中磷在两相的分配
（G·K·库尔穆哈麦多夫）
1—[WO_3] = 9.5 g·L^{-1}，苏打浓度 35 g·L^{-1}；
2—[WO_3] = 20 g·L^{-1}，苏打浓度 100 g·L^{-1}

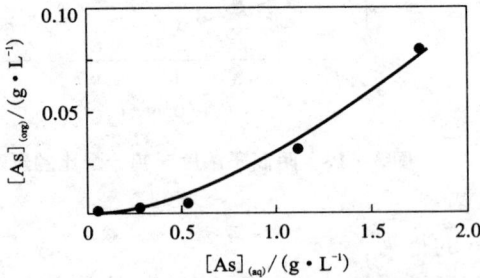

图 3 - 22　Na_2WO_4 - NaOH 溶液用
N263 萃取过程中砷的分配
（张贵清）
[WO_3] = 102.0 g·L^{-1}，pH = 12.60，O/A = 2/1，t = 18℃

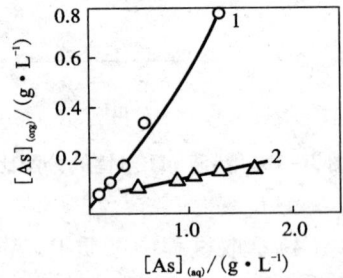

图 3 - 23　Na_2WO_4 - Na_2CO_3 溶液用
TAMAC 萃取过程中砷在两相的分配
（G·K·库尔穆哈麦多夫）
（溶液成分与图 3 - 21 相同）

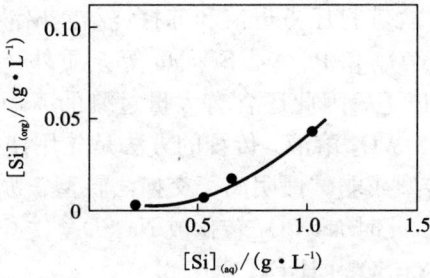

图 3 – 24　$Na_2WO_4 – NaOH$ 溶液用
N263 萃取过程中硅的分配
（张贵清）

$[WO_3] = 102.0\ g\cdot L^{-1}$，$pH = 12.60$，$O/A = 2/1$，$t = 18℃$

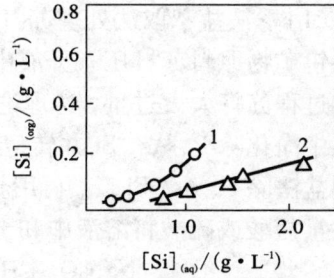

图 3 – 25　$Na_2WO_4 – Na_2CO_3$ 溶液用
TAMAC 萃取过程中硅在两相的分配
（G·K·库尔穆哈麦多夫）
（溶液成分与图 3 – 21 相同）

表 3 – 20　季铵盐萃取过程中杂质磷、砷、硅的分离因数及其与两相中 WO_3 浓度的关系

$[WO_3]_{(org)}/(g\cdot L^{-1})$	$[WO_3]_{(aq)}/(g\cdot L^{-1})$	D_{WO_3}	$\beta_{WO_3/Si}$	$\beta_{WO_3/As}$	$\beta_{WO_3/P}$
0.9	0.09	10	50	22.7	274
1.8	0.18	10	48.9	20.5	306
3.4	0.34	10	33.3	21.1	346
4.1	0.6	6.8	22.4	14.8	283
6.8	1.4	4.86	11.8	10	249
9.8	3.5	2.8	5.7	7.2	175
12.0	4.7	2.55	4.6	7.7	—
15.6	6.1	2.54	3.6	6.7	115
21.4	7.4	2.89	4.4	7.95	—

　　根据表 3 – 20 的数据可直接定量地计算在不同条件下的分离效果，同时从表 3 – 20 可知在 WO_3 浓度较小时，D_{WO_3}、$\beta_{WO_3/Si}$、$\beta_{WO_3/As}$、$\beta_{WO_3/P}$ 值都较大，但随着 WO_3 浓度的增加，它们都有下降的趋势，因此当处理浓度较大的料液时，有必要充分考虑此因素。

　　②Mo 的行为。由于钨、钼性质相近，在碱性或弱碱性条件下，两者均为负离子即 WO_4^{2-} 和 MoO_4^{2-} 离子，因此季铵盐萃取过程两者不能分离，根据张贵清的测定，其分离因素 $\beta_{WO_3/Mo}$ 为 1.03。

2. 工艺过程

　　根据上述基本原理的分析，季铵盐萃取过程既适合于处理钨矿物原料苏打分解液（主要为 $Na_2WO_4 + Na_2CO_3$）以净化除杂同时转型，也适合于处理钨矿物原料氢氧化钠分解所得的母液，现分别介绍如下：

（1）季铵盐萃取法处理苏打分解母液（含苏打压煮母液和苏打烧结浸出液）

钨矿物原料苏打压煮母液中除含 Na_2WO_4 和 P、As、Si、Mo 等杂质外，由于浸出过程苏打大大过量，达理论量的 3 倍以上，因此还含有大量过剩的 Na_2CO_3，为从中净化除 P、As、Si 并转型成纯 $(NH_4)_2WO_4$ 溶液，传统的方法是先用镁盐法或铝盐法除 P、As、Si 后，再用叔胺萃取转型或弱碱性阴离子交换法转型，为此应用大量盐酸或硫酸将溶液中和至 pH 2~3，此时 Na_2CO_3 转化成 Na_2SO_4。

$$Na_2CO_3 + H_2SO_4 = Na_2SO_4 + H_2O + CO_2$$

因而不仅消耗 H_2SO_4，同时 Na_2CO_3 也无法回收，三废排放量大，为此前苏联学者[48]开发了用季铵盐在碱性条件下直接除杂质并转型工艺，其流程如图 3-26 所示，含 Na_2WO_4 及杂质 P、As、Si、Mo 的母液首先在碱性条件下用季铵盐萃取，此时钨及钼被萃入有机相，Na_2CO_3 及 P、As、Si 等都进入萃余液，它与有机相的洗涤水一道经处理后返回苏打压煮，回收利用其中的 Na_2CO_3；负载钨的有机相经洗涤后用 NH_4HCO_3 进行反萃，使钨以 $(NH_4)_2WO_4$ 形态进入反萃液，钼也同时进入反萃液，再经除钼后，蒸发结晶

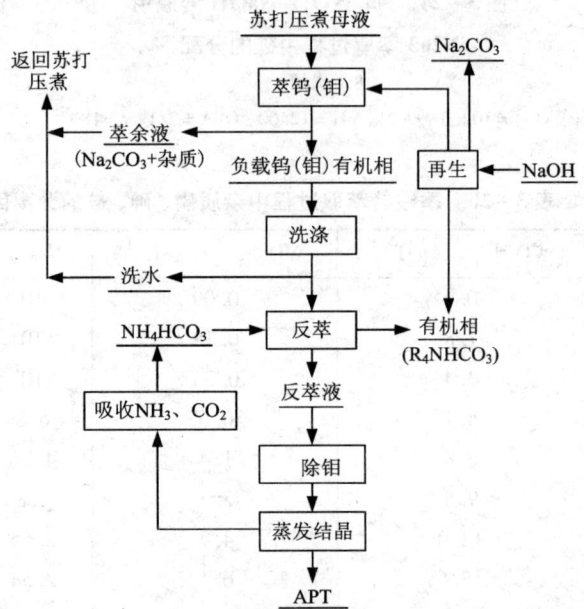

图 3-26 季铵盐碱性萃取法处理
苏打压煮母液的原则流程

得 APT。与此同时产生 NH_3 和 CO_2，经水吸收并补加 NH_4HCO_3 及必要的 CO_2 或 H_2CO_3 后作为反萃剂，反萃钨后的有机相为 R_4NHCO_3 型，经再生，即加 NaOH 控制 pH 使之转化为 $(R_4N)_2CO_3$ 型，再反回萃取，因此有机相、NH_3、CO_2、Na_2CO_3 都能循环利用，根据 Г·B·维列夫金的报道，半工业试验表明苏打压煮浸出回收率达 99%，萃取回收率 96%~97%，相对镁盐净化后用叔胺转型工艺而言，其试剂消耗及废水排放量对比如表 3-21 所示。从表可知本工艺将有明显的优越性。

И·M·伊万诺夫介绍了其用本工艺处理钨矿苏打压煮母液的半工业试验结果，结果同样表明相对于镁盐净化-萃取法转型工艺而言，本工艺有明显的经济效益，其节省的苏打量与化学试剂量与表 3-21 所示的大体相近。特别是处理低

品位矿时更为明显，但同时指出本工艺也存在某些问题，主要是：

①反萃液中 WO_3 浓度较低，因而蒸发结晶制取 APT 时能耗高。

②萃余液返回分解钨矿物原料时，经多次循环利用后，发现其中的 Cl^- 和 SO_4^{2-} 积累。

表 3-21 季铵盐碱性萃取法与镁盐净化-叔胺萃取法比较

每 100 kg WO₃ 的消耗量或排放量	季铵盐萃取	镁盐净化-叔胺萃取(计算值)
苏打/kg	50	100~150
盐酸(30%)/kg	—	100~200
电能/kW·h	150	200
钨回收率/%	94~96	93~96
排放废水	—	
体积/m³	0.05	0.7~1.0
CaO/kg	0.05	
NaCl/kg	—	150~180

针对上述反萃液中 WO_3 浓度低以及萃取体系分相性能差、单纯依靠重力分层时分相速度慢等问题，张贵清等采用离心萃取取得了好的效果。连续运转试验在多级离心萃取系统中进行，其中再生 2 级、萃取 7 级、洗涤 3 级、反萃 13 级。有机相由 TOMAC(三辛甲基氯化铵)、仲辛醇和磺化煤油组成，萃取前将氯型季铵盐转成碳酸根型季铵盐。萃取所用料液为工业条件下白钨中矿苏打压煮母液，含 WO_3 90~105 $g·L^{-1}$、Na_2CO_3 130~141 $g·L^{-1}$、P 0.012~0.07 $g·L^{-1}$、Si 0.08~0.12 $g·L^{-1}$、Mo 4.0~4.47 $g·L^{-1}$。经累计运转约 1000 h 左右表明：萃钨率达 97.3%~98%，反萃液含 WO_3 达 162~167 $g·L^{-1}$ 左右，除磷率达 98.0%~98.5%，除硅率达 99% 以上，萃余液和洗涤余液、再生余液含 WO_3 均小于 3 $g·L^{-1}$。

(2)季铵盐碱性萃取法处理矿物原料 NaOH 分解母液

目前国内钨矿物原料的分解都采用 NaOH 分解法，其浸出液与苏打压煮法不同的是：其主要成分为 Na_2WO_4 + NaOH。针对这种溶液，张贵清等开发了用 CO_3^{2-} 型 N263 萃取工艺，其流程如图 3-27 所示。从图 3-27 可知，在萃取和反萃取部分与上述苏打高压分解母液的处理基本相同，即 NaOH 分解母液首先经 CO_3^{2-} 型 N263 萃取，WO_4^{2-} 进入有机相，后者再用 NH_4HCO_3 反萃，反萃后有机相为 R_4NHCO_3 型，故用 NaOH 再生，使之转型为 CO_3^{2-} 型返回萃取。

相对于处理苏打压煮的母液而言，其特点在于萃余液中含有大量 CO_3^{2-} 和 P、As、Si 等杂质，不能直接返回 NaOH 分解，为此加入 $Ca(OH)_2$ 进行苛化处理，使

Na_2CO_3 转化为 NaOH，P、As、Si 等转化为相应的钙盐沉淀，反应为：

$$Na_2CO_{3(aq)} + Ca(OH)_{2(s)} = CaCO_{3(s)} + 2NaOH_{(aq)}$$

$$6Na_2HPO_{4(aq)} + 10Ca(OH)_{2(s)} = 2Ca_5(PO_4)_3OH_{(s)} + 12NaOH_{(aq)} + 6H_2O$$

$$Na_2SiO_{3(aq)} + Ca(OH)_{2(s)} = CaSiO_{3(s)} + 2NaOH_{(aq)}$$

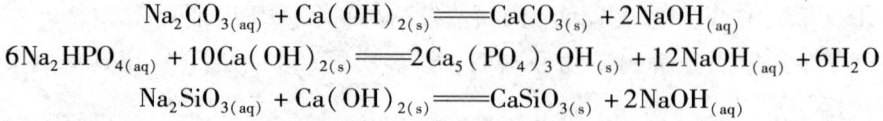

苛化并除去 P、As、Si 等杂质后的 NaOH 溶液经过适当的浓缩后，即可返回矿物原料碱分解过程，因此流程中过剩的 NaOH、有机相都基本上实现闭路循环。

张贵清等按上述流程进行了模拟多级萃取试验和模拟多级反萃试验，模拟萃取的条件为：有机相组成 40% N263、20% 仲辛醇、40% 煤油，相比 O/A = 2/1，经过 6 级萃取，钨的萃取率达 99.8%，与此同时有 94.3% 的 Cl 进入有机相，而 P、As、Si 几乎全部保留在萃余液中。负载钨的有机相经过 10 级反萃，则 99.5% 左右的钨进入反萃液，而反萃液中 w_P/w_{WO_3}、w_{As}/w_{WO_3}、w_{Si}/w_{WO_3} 分别为 23×10^{-6}、7.6×10^{-6}、13.2×10^{-6}，符合蒸发结晶制取 GB 10116—88 0 级 APT 的要求。

过程中发现 Cl^- 反萃率仅 45%~46%，即 54% 左右的 Cl^- 仍保留在有机相中，因此在有机相循环使用的同时，将造成 Cl^- 的积累，导致萃钨率降低，因此应尽量减少料液中 Cl^- 的含量。

图 3 - 27 季铵盐萃取法处理钨矿物原料 NaOH 分解母液的原则流程

3.4.2 叔胺萃取法将钨酸钠溶液转型

目前国内外在工业上用萃取法将钨酸钠溶液转型成钨酸铵溶液基本上都是利用叔胺作萃取剂，如我国用 N235，国外用三辛胺（TOA）、三癸胺等，一般都以高碳醇或 TBP 作极性改进剂，以煤油作稀释剂。

叔胺萃取法将钨酸钠溶液转型属阴离子交换过程，其实质与 3.3.6 节所述的弱碱性阴离子交换法转型相同，其流程和工艺过程亦大体相似。叔胺萃取法处理钨酸钠溶液的原则流程如图 3-28 所示。

Na_2WO_4 溶液用经典方法除磷、砷、硅、钼后，调整酸度 pH 2.5~4（一般用硫化物沉淀法除钼后，溶液的 pH 已为 2~3），然后与已酸化的有机相混合进行萃

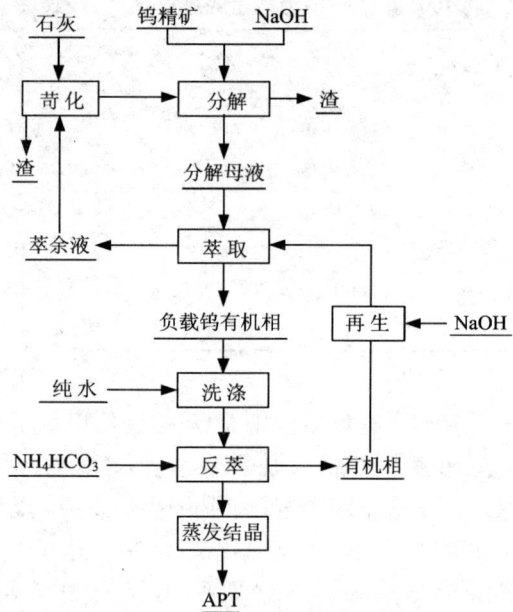

取，萃余液含少量叔胺及其他有机物和硫酸盐等经处理后排放。负载钨的有机相经水洗后，用 $2 \sim 4$ mol·L^{-1} 的 NH_4OH 溶液反萃得 $(NH_4)_2WO_4$ 溶液，反萃后的有机相经水洗并用硫酸酸化后，返回萃取过程。

1. 有机相酸化(再生)

叔胺首先在酸化过程中转化为胺盐：

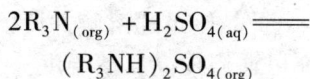

$$2R_3N_{(org)} + H_2SO_{4(aq)} == (R_3NH)_2SO_{4(org)}$$

在高酸下：

$$R_3N_{(org)} + H_2SO_{4(aq)} == (R_3NH)HSO_{4(org)}$$

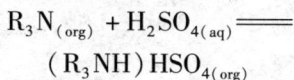

酸化理论上可以用 HCl、HNO_3，但胺盐在有机相中溶解度以硫酸盐为最大，同时萃取钨的分配比也以硫酸介质中为最大，故常用硫酸酸化。

图 3 − 28　叔胺萃取法处理钨酸钠溶液的原则流程

除将有机相酸化外，Na_2WO_4 溶液也酸化至 pH $2 \sim 4$，此时正钨酸根离子聚合成偏钨酸跟离子 $[HW_6O_{21}]^{5-}$ 和 $[W_{12}O_{39}]^{6-}$、$[H_2W_{12}O_{40}]^{6-}$。

2. 萃取

将酸化的有机相与偏钨酸钠溶液混合时，发生阴离子交换过程，如：

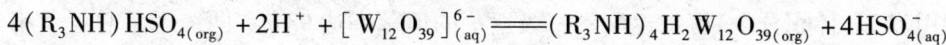

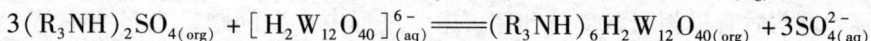

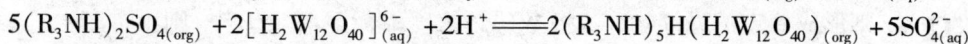

$$4(R_3NH)HSO_{4(org)} + 2H^+ + [W_{12}O_{39}]^{6-}_{(aq)} == (R_3NH)_4H_2W_{12}O_{39(org)} + 4HSO^-_{4(aq)}$$

$$3(R_3NH)_2SO_{4(org)} + [H_2W_{12}O_{40}]^{6-}_{(aq)} == (R_3NH)_6H_2W_{12}O_{40(org)} + 3SO^{2-}_{4(aq)}$$

$$5(R_3NH)_2SO_{4(org)} + 2[H_2W_{12}O_{40}]^{6-}_{(aq)} + 2H^+ == 2(R_3NH)_5H(H_2W_{12}O_{40})_{(org)} + 5SO^{2-}_{4(aq)}$$

因而使偏钨酸根与有机相胺盐的 SO^{2-}_4 或 HSO^-_4 发生交换，钨形成萃合物进入有机相。

通常有机相成分为 10% 左右(体积分数)叔胺加 10% ~ 15%(体积分数)高碳醇作极性改进剂，其余为煤油作稀释剂，料液中含 WO_3 为 $50 \sim 100$ g·L^{-1}，pH $2 \sim 4$，相比 O/A $= 1/1$ 左右，经过三级萃取，萃取率达 99.5% 左右，萃余液含 $WO_3 < 0.1$ g·L^{-1}。

叔胺萃取时，由于 pH $2 \sim 4$ 的情况下磷、砷、硅等杂质都与钨形成杂多酸阴离子，钼的性质与钨相近，同时也有可能形成杂多酸阴离子，故它们都一道被萃

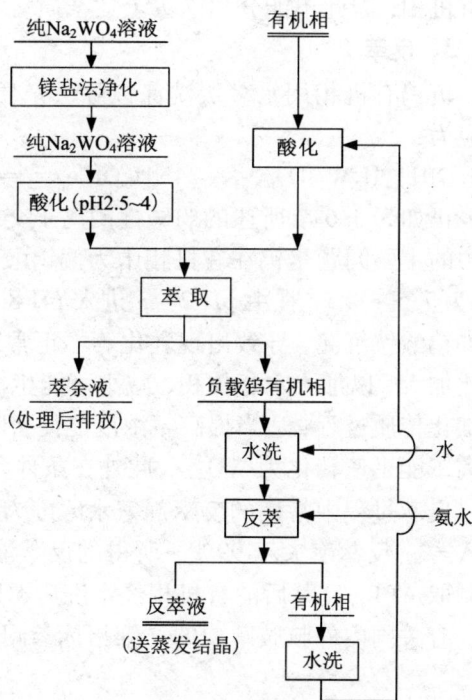

入有机相，因此不能分离除去上述杂质。

3. 反萃

负钨有机相用水多级洗涤以除去杂质，特别是除 Na^+ 后，用氨水进行反萃，反应为：

$$（R_3NH）_4H_2W_{12}O_{39(org)} + 24NH_4OH_{(aq)} \Longrightarrow 4R_3N_{(org)} + 12（NH_4）_2WO_{4(aq)} + 15H_2O$$

正如 3.3.6 节所述的弱碱性阴离子交换法将 Na_2WO_4 溶液转型一样，反萃过程中的主要问题是钨在有机相中为偏钨酸根离子，在反萃进入水相时，平衡水相 pH 为 7.5 ~ 8.5，在由 pH 2 ~ 3 进入 pH 8.5 时，经过 pH 6 ~ 8 的过程，此时易产生仲钨酸铵沉淀，导致出现乳化等不正常现象，一般采取下列措施：将反萃液回流比加大，以加大水相体积，减小可能生成的仲钨酸根离子浓度；加快搅拌速度以强化传质过程；适当提高氨浓度能使暂时产生的 APT 晶核迅速溶解并使偏钨酸根离子能迅速转化为 WO_4^{2-}，此外在条件允许时，亦可适当提高反萃温度。

反萃过程中常用的反萃剂氨水浓度为 $4 \ mol \cdot L^{-1}$ 左右，反萃级数为 1 级，相比 O/A = 3，反萃率大于 99%，所得的反萃液含 WO_3 为 250 ~ 300 $g \cdot L^{-1}$，送蒸发结晶制取 APT，反萃后的有机相经水洗后返回酸化过程。

有关国内外叔胺萃取的详细指标参阅文献[2、3]。

除上述季铵盐萃取和叔胺萃取外，也有许多学者研究采用仲胺或伯胺萃钨。

N·依阿森柯·格哈德特等[52] 指出仲胺二异十二烷基胺（DIDA）– 煤油作有机相萃取 W(Ⅵ)、Mo(Ⅵ)、Re(Ⅶ) 时，其萃取常数均大于常用的叔胺 TOA。例如对 W(Ⅵ) 而言，DIDA 体系和 TOA 体系的 K_{ex} 分别为 103.68 和 102.60，因此曾进行有关的工艺研究，所采用的钨料液为黑钨精矿苏打高压浸出的母液，控制 pH 为 2 左右，有机相组成为 15%（体积分数）工业 DIDA（含 86% DIDA、14% TOA）– 85%（体积分数）轻质煤油（沸点 200 ~ 250℃），经一级萃取，钨的萃取率达 99.8%，负载钨有机相用 15%（体积分数）氨水返萃。一级返萃的返萃率达 93%，两级返萃总返萃率达 99.2%。返萃后有机相用 10% H_2SO_4 再生。过程中主要问题是当料液中 W(Ⅵ) 浓度过大，则形成稳定的悬浮物，若将 W(Ⅵ) 浓度稀释至 50 $g \cdot L^{-1}$，则不再产生。

此外许多学者亦研究了在钨湿法冶金中采用伯胺作萃取剂，试验表明用伯胺作萃取剂时，控制条件的不同可从钨酸盐溶液中萃取钨，亦可从钨（或钼）酸盐溶液中除去杂质磷、砷、硅。

从冶金工艺的角度考虑，用伯胺萃取法从钨（钼）盐溶液中除 As、P、Si 有其严重不足。由于上述杂质是以钨杂多酸形式被萃取，因而大量的钨（或钼）与 P、As、Si 等一道被萃入有机相，进而最终进入反萃液中。根据前人的研究，进入反萃液的钨（钼）的摩尔数为 P + As + Si 总摩尔数的 7 ~ 12 倍。按质量计反萃液中 WO_3 的浓度将为 P + As + Si 浓度的 50 ~ 100 倍，需进一步用其他方法从反萃液中将 WO_3

与 P、As、Si 分离，以回收 WO_3，故实际上并未达到将钨与上述杂质分离的目的。

3.5　吸附法[57~64]

吸附法为当前钨酸盐溶液深度净化除 P、As、Si 等杂质（特别是进行钨钼深度分离）的有效方法，常用的吸附剂主要有高价金属（如 Sn、Ti、Zr、Al、Fe 等）的水合氧化物和活性炭。

广义说来，许多学者亦将离子交换树脂进行的吸附 – 解吸过程（交换过程）列入吸附法。本书已将其单独列入了 3.3，不重复。

3.5.1　高价金属水合氧化物吸附法

1. 吸附机理

已知高价金属如锆、钛、锡、铝、铁（Ⅲ）的水合氧化物对聚合阴离子如磷酸根、砷酸根、硅酸根等，具有很好的选择性吸附性能，能从钨酸盐溶液或钼酸盐溶液中深度除去磷、砷、硅等杂质，同时亦能选择性地吸附钨或钼，即能进行钨钼的深度分离。

对于上述吸附过程的机理，目前有许多说法，如生成难溶化合物、离子交换等，其中离子交换机理能比较充分地对过程进行解释。

离子交换机理认为，上述高价金属的水合氧化物实际上是一种弱碱性的无机阴离子交换剂，在酸性或弱酸性的条件下能与溶液中的上述杂质阴离子进行交换，使杂质进入水合氧化物相，但在强碱性的条件下又能进行其逆反应，吸附的杂质又能被 NaOH 解吸下来，吸附剂得以再生，因而离子交换的一般原理和工艺在该过程中有很大的参考价值。

2. 影响吸附效果的因素

高价金属水合氧化物吸附过程中，影响吸附效果的因素有水合氧化物种类、溶液的 pH、溶液中主金属离子浓度等，遗憾的是具体结合钨酸盐溶液中除杂的研究报道不多，这里除直接与钨有关的外，也综合了某些其他体系的研究结果，可作为钨冶金领域中考虑问题参考。

（1）溶液的 pH

溶液的 pH 对吸附效果有很大影响，首先作为弱碱性吸附剂，在酸性或弱碱性条件下才有较好的吸附性能，随着 pH 的升高，其吸附性能下降。此外主金属及被吸附物质在水溶液中的形态往往随 pH 而变，例如钨酸根离子、砷酸根离子等，其在水中的形态就因 pH 而变，因此 pH 是影响吸附过程的重要因素。М·И·塞梅诺夫[57]用不同水合氧化物从 $1\ mol \cdot L^{-1} NH_4NO_3$ 溶液中吸附钨或钼的结果如图 3 –29 所示。

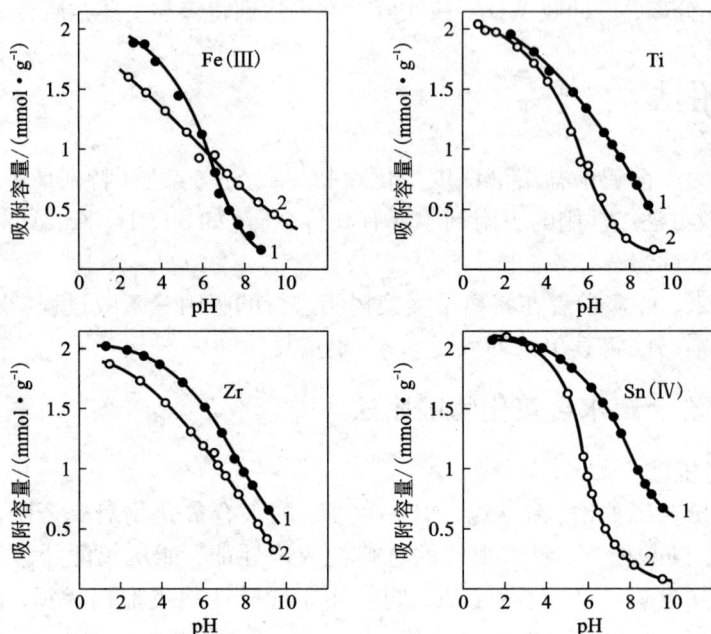

图 3 - 29 不同金属的水合氧化物从 1 mol·L^{-1} 的 NH$_4$NO$_3$ 溶液中吸附钨、钼的吸附容量与 pH 的关系(原始溶液中含钨或钼 0.025 mol·L^{-1})

1—钨；2—钼

从图 3 - 29 可知，NH$_4$NO$_3$ 溶液中在 pH 0 ~ 10 以内金属水合氧化物对钨、钼的吸附容量，均随 pH 的上升而下降，同时对钨的吸附能力均大于对钼的吸附能力，说明用吸附法从溶液中除钨比除钼更容易。

但是从以钼(或钨)酸盐为主体的溶液中吸附钨(或钼)时，由于钼(或钨)酸根形态与 pH 有关，因而情况有所变化，Г·Л·克里梅恩科[58]等报导从钼酸铵溶中吸附钨的结果如图 3 - 30 所示。

从图 3 - 30 可知，在 (NH$_4$)$_2$MoO$_4$ 溶液中吸附钨时，钨的吸附率在 pH = 8.6 左右呈现最高点；pH < 8.6 时，pH 下降则容量下降，因此用水合氧化物从钼酸铵溶液中除钨时，pH 应控制为 8.5 ~ 9.5。

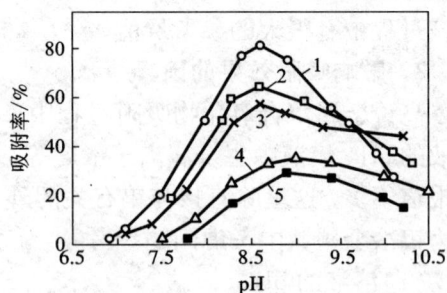

图 3 - 30 不同金属水合物从 0.7 mol·L^{-1}(NH$_4$)$_2$MoO$_4$、0.012 g·L^{-1}W 溶液中吸附钨时 pH 对钨吸附率的影响

1—Sn(Ⅳ)；2—Ti；3—Zr；4—Al；5—Fe(Ⅲ)

（2）金属价态

金属的价态愈高，则其水合氧化物的吸附能力愈强，М·И·赛梅诺夫等及Г·Л·克里梅恩科研究了从 $0.7\ mol\cdot L^{-1}$ $(NH_4)_2MoO_4$ 溶液中用不同水合氧化物吸附钨的吸附等温线，结果如图 3-31 所示，从图 3-30 也可明显看出此规律性。

（3）溶液中主金属的浓度

溶液中主金属的浓度对杂质的吸附亦有一定影响，А·А·布洛辛等研究了复合吸附剂 КУ-23-ГОЦ、КМ-2П-ГОЦ 和单一吸附剂 ГОЦ 从 $(NH_4)_2WO_4$ 溶液和 $(NH_4)_2MoO_4$ 溶液中除磷的效果与溶液中 $(NH_4)_2WO_4$、$(NH_4)_2MoO_4$ 浓度的关系，如图 3-32 所示。

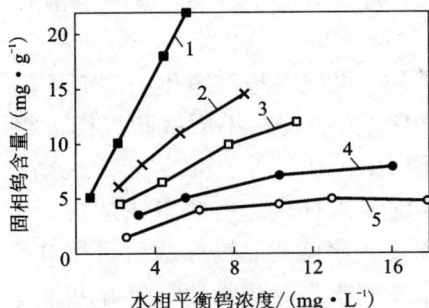

图 3-31　不同金属的水合氧化物从 $0.7\ mol\cdot L^{-1}$ 的 $(NH_4)_2MoO_4$ 溶液中吸附钨的吸附等温线（pH=8.6）

1—Sn(Ⅳ)；2—Ti；3—Zr；4—Al；5—Fe(Ⅲ)

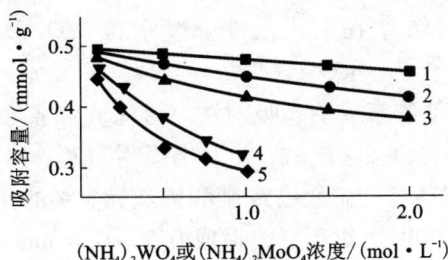

图 3-32　从 $(NH_4)_2WO_4$ 溶液（pH 9.7±0.1，图中 4、5）和 $(NH_4)_2MoO_4$ 溶液（pH 8.7±0.1，图中 1~3）中用不同吸附剂吸附除磷时，$(NH_4)_2WO_4$ 或 $(NH_4)_2MoO_4$ 浓度对吸附容量的影响

1，4—КУ-23-ГОЦ；
2—КМ-2П-ГОЦ；3，5—ГОЦ

从图 3-32 可知，$(NH_4)_2WO_4$ 或 $(NH_4)_2MoO_4$ 浓度增加，则对磷的吸附容量降低，而且 $(NH_4)_2WO_4$ 溶液浓度对吸附容量的影响远大于 $(NH_4)_2MoO_4$ 溶液。

3. 吸附剂的类型、实施工艺及技术效果

水合氧化物吸附剂一般有两种类型。

（1）单一的化合物吸附剂

如水合氧化锆、水合氧化锡（Ⅳ）等就是常用的单一型化合物吸附剂，但具体实施时有两种工艺：

①吸附共沉淀法。该法将吸附剂的水溶液（例如硝酸锆或 $FeCl_3$）加入待净化的溶液中，控制条件使之水解，原位产生水合氧化物，后者吸附某些杂质共沉淀。例如赵中伟等将 $FeCl_3$ 溶液加入含 Sn $200\ mg\cdot L^{-1}$ 的 Na_2WO_4 溶液中，控制溶液为弱碱性，使 $FeCl_3$ 水解成 $Fe(OH)_3$，后者吸附 Sn 共沉淀，使溶液中 Sn 降为 $6\ mg\cdot L^{-1}$（该技术已在国内长期使用）。范薇等将 $FeCl_3$ 溶液加入含钨、磷、铝、硅等杂质的 $(NH_4)_2MoO_4$ 溶液，控制 pH 为 7.5~8.0，搅拌 1 h，则 $FeCl_3$ 水解生

成 $Fe(OH)_3$，后者将上述杂质吸附共沉淀，工业条件下当原料含 0.0035% Si、0.006% Al、0.005% Fe、0.001% P、0.09% W，则产生纯钼酸铵含 0.0006% Si、0.0006% Al、0.0003% Fe、0.0001% P、0.004% W。

$Fe(OH)_3$ 吸附共沉淀法除从钨（钼）酸盐溶液中分离杂质外，控制适当 pH 亦可从钨酸盐溶液中沉淀回收 WO_3 或从含钨废水中除钨。M·普莱迪斯[①]曾用 $Fe(OH)_3$ 吸附共沉淀法从含 WO_3 的工业废水中除钨，小型试验时使用的废水中含 WO_3 407 $\mu g/g$，加入 $FeCl_3$ 分别为 390 和 780 $\mu g/g$（相应的 $n_{Fe^{3+}}/n_{WO_3}$ 为 4.0 和 8.0）并控制 pH 为 4~6 时，WO_3 的除去率均达98%~99%。但随着 pH 的增大则除去率下降，当 pH 达到 10、$n_{Fe^{3+}}/n_{WO_3}$ 为 8.0 时，除去率仅49%。该工艺完成了工业试验，在工业条件下废水含 WO_3 350 $\mu g/g$、$n_{Fe^{3+}}/n_{WO_3}$ 为 1.8，最终溶液含 WO_3 仅 7.6 $\mu g/g$。

②静态或动态吸附法。该法先制备吸附剂颗粒，再使之与待净化的溶液用静态法或动态法接触，并发生吸附过程，M·И·塞梅诺夫等曾在小型试验规模下将 1 $mol \cdot L^{-1}$ 的硝酸锆或硝酸铝或钛、锡的硝酸盐用 NH_4OH 沉淀，沉淀物过滤水洗后在 70℃ 下烘干，破碎成 0.2~0.6 mm 颗粒分别装入柱内，用动态法从含 0.7 $mol \cdot L^{-1}(NH_4)_2MoO_4$、12 $mg \cdot L^{-1}$ W 的溶液中深度吸附除钨，钨穿透后再用 0.5 $mol \cdot L^{-1}$ NaOH 溶液解吸钨，进行吸附剂的再生，不同水合氧化物的吸附流出曲线和锡的水合氧化物吸附钨后的解吸曲线如图 3-33 所示。

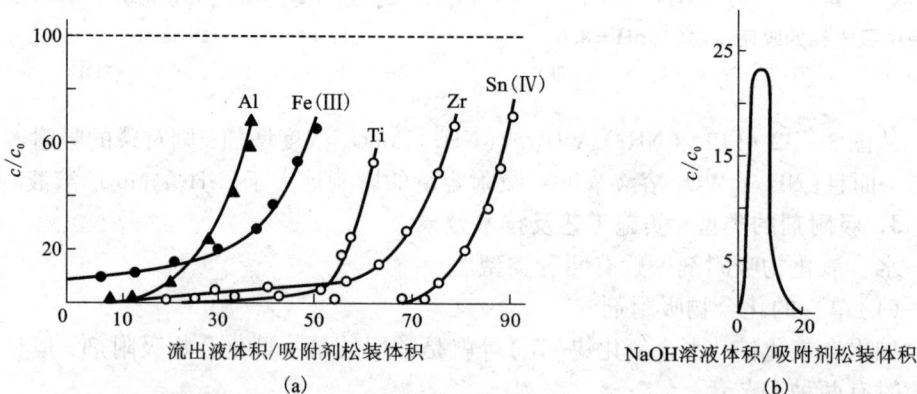

图 3-33　不同金属的水合氧化物从含 0.7 $mol \cdot L^{-1}(NH_4)_2MoO_4$ 的溶液中动态吸附钨的流出曲线(a)和锡(Ⅳ)水合氧化物动态吸附后以 0.5 $mol \cdot L^{-1}$NaOH 为解吸剂的解吸曲线(b)

① Mario Plattes, Alexandre Bertrand, Bianca Schmitt, et al. Removal of tungsten oxyanions from industrial wastewater by precipitation, coagulation and flocculation processes[J]. Journal of Hazardous Materials, 2007, 148: 613-615.

从图可知，以锡水合氧化物效果最好，吸附过程中其流出液的体积可达吸附剂松装体积的 70 倍，解吸时 NaOH 体积为吸附剂松装体积 10 倍，就可基本上解吸完全，解吸后，吸附剂可循环利用。

用锡氧化物吸附后，钨含量可降低 2 个数量级达 $1 \times 10^{-4}\%$（质量分数），相对于 MoO_3，其他杂质的净化效果如表 3 – 22 所示。

表 3 – 22 用锡的水合氧化物颗粒净化钼酸铵溶液的效果

| | 杂质含量(质量分数)/% ，相对于 MoO_3 | | | | | | | | |
	Cu	Al	Mg	Mn	Pb	Fe	Ni	Co	Si
净化前	$1 . 10^{-3}$	$2 . 10^{-3}$	$2 . 10^{-3}$	$5 . 10^{-4}$	$8 . 10^{-4}$	$4 . 10^{-3}$	$6 . 10^{-4}$	$1 . 10^{-3}$	$6 . 10^{-3}$
净化后	$5 . 10^{-5}$	$5 . 10^{-4}$	$4 . 10^{-4}$	$3 . 10^{-5}$	$1 . 10^{-4}$	$8 . 10^{-4}$	$5 . 10^{-5}$	$2 . 10^{-4}$	$1 . 10^{-3}$

注：流出液体积为吸附剂松装体积60倍。

（2）复合吸附剂

即将水合氧化物与某种载体（如离子交换树脂）一起制成复合吸附剂，再装入柱式设备中进行动态吸附。А·А·布洛辛等[59, 60]曾将锆的水合氧化物 ГОЦ 及铁的水合氧化物 ГОЖ，分别与大孔径阳离子交换树脂 КУ – 23 或 КМ – 2П 制成复合吸附剂（复合离子交换剂）（以下将锆的水合氧化物与 КУ – 23、КМ – 2П 制成的复合吸附剂分别简称为 КУ – 23 – ГОЦ、КМ – 2П – ГОЦ，铁的水合氧化物与 КУ – 23 制成的复合吸附剂简称为 КУ – 23 – ГОЖ），其复合吸附剂的具体制备方法为：将上述大孔径树脂放入 $\phi 10\ mm \times 150\ mm$ 的柱中，用 $1\ mol \cdot L^{-1}$ 的硝酸锆溶液（pH = 1 ~ 1.2）浸泡，使其内部吸饱硝酸锆，用水洗去过剩的硝酸锆后，再用氨水处理，使 $Zr(NO_3)_4$ 转化成固体 $Zr(OH)_4$：

$$Zr(NO_3)_4 + 4NH_4OH \Longrightarrow Zr(OH)_4 + 4NH_4NO_3$$

然后水洗去 NH_4NO_3，从柱中卸出干燥，所得的复合交换剂 КМ – 2П – ГОЦ 和 КУ – 23 – ГОЦ 含 ZrO_2 分别为 21.9% ~ 23.0% 和 27.9% ~ 28.4%，成分均匀，每批 ZrO_2 含量与平均值差不到 0.5%，锆在树脂孔隙内部分布均匀。布洛辛进而用它们详细研究了从钨酸铵及钼酸铵溶液中吸附除 As、P、Si 的性能。

试验表明，复合吸附剂有以下特性：

①吸附容量大，按单位体积计算，复合吸附剂与单一含水氧化物的吸附等温线对比如图 3 – 34 所示。

从图 3 – 34 可知，尽管 КУ – 23 – ГОЦ 及 КМ – 2П – ГОЦ 中 ZrO_2 的含量远远小于单一 ГОЦ 颗粒，但按单位体积计算，其平衡吸附容量超过单一的 ГОЦ（对 КУ – 23 – ГОЖ 而言，其容量不及 ГОЖ 的原因可能在于其中的 Fe_2O_3 含量实在太

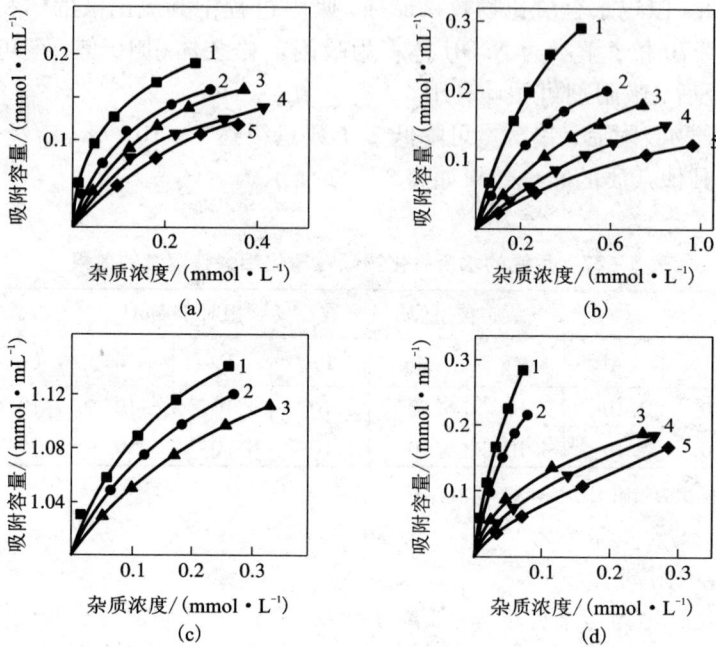

图 3 – 34　用不同吸附剂从 0. 7 mol·L^{-1}、pH = 9. 7 ± 0. 1 的(NH$_4$)$_2$WO$_4$

溶液中吸附磷(a)的吸附等温线和从 1. 4 mol·L^{-1}、pH = 8. 9 ± 0. 1 的

(NH$_4$)$_2$MoO$_4$ 溶液中吸附 P(b)、As(c)、Si(d)的吸附等温线

1—КУ－23－ГОЦ, 含 ZrO$_2$ 29. 0% ; 2—КМ－2П－ГОЦ, 含 ZrO$_2$ 22. 5% ;

3—粒状 ГОЦ; 4—粒状 ГОЖ; 5—КУ－23－ГОЖ 含 Fe$_2$O$_3$ 13. 5%

低, 仅 13. 5%)。

　　造成上述情况的主要原因是: 在单一颗粒的 ГОЦ 或 ГОЖ 中, 它对杂质的吸附主要是在水合氧化物表面, 由于比表面积小, 同时内部扩散的速度有限, 因而吸附容量有限; 对复合树脂而言, 水合氧化物均匀分散在大孔径树脂的孔隙内部, 因而比表面积大。

　　②动力学特性好, 杂质在其中的扩散速度大, 据测定, 吸附的杂质在其内部的扩散系数比单一水合氧化物大约 1 个数量级。

　　③化学稳定性好, 能抵抗 1 ~ 2 mol·L^{-1} 的 NaOH 溶液或 6 mol·L^{-1} NH$_4$NO$_3$ 溶液或 0. 5 mol·L^{-1} 的 HNO$_3$ 溶液的侵蚀。

　　④有足够的机械强度。

　　因此复合吸附剂有较大的工业前景。

　　А·А·布洛辛等曾采用动态法用不同吸附剂分别从含 Si、P 150 mg·L^{-1} 和 As 100 mg·L^{-1}、pH = 9. 8、0. 75 mol·L^{-1} 的(NH$_4$)$_2$WO$_4$ 溶液和 1. 5 mol·L^{-1} pH = 8. 7

的(NH_4)$_2MoO_4$溶液中进行除磷、硅的试验,吸附后用 2.0 $mol \cdot L^{-1}$的 NaOH 解吸,其中磷的流出曲线及解吸曲线如图 3 – 35 所示,各种杂质的除去效果如表 3 –23 所示。

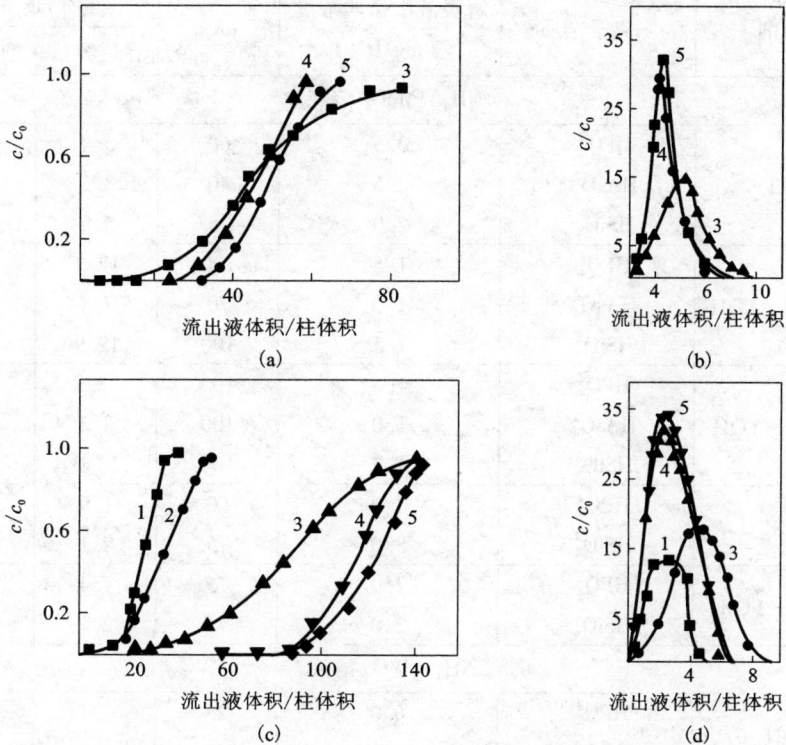

图 3 – 35　用不同吸附剂从 0.75 $mol \cdot L^{-1}$(NH_4)$_2WO_4$ 溶液除磷的流出曲线(a)和解吸曲线(b)以及从 1.5 $mol \cdot L^{-1}$的(NH_4)$_2MoO_4$ 溶液中除磷的流出曲线(c)和解吸曲线(d)

1—КУ –23 –ГОЖ;2—ГОЖ;3—ГОЦ;4—КМ –2П –ГОЦ;5—КУ –23 –ГОЦ

　　从表 3 –23 可知上述各种吸附剂都有很好的净化效果,同时复合吸附剂的效果明显优于单一水合物。

　　同时用 КУ –23 –ГОЦ 对(NH_4)$_2MoO_4$ 溶液进行了 5 周期循环试验,吸附后用 2 $mol \cdot L^{-1}$ NaOH 解吸,再用 2.5 $mol \cdot L^{-1}$ NH_4NO_3 洗去 Na^+,然后进行下周期作业,连续五周期,其性能未发现改变。

　　乌兹别克难熔及耐热金属公司曾用 КУ – 23 – ГОЦ 和 ГОЖ 进行从(NH_4)$_2WO_4$ 溶液中除砷的扩大试验,取得好效果。

　　КУ –23 –ГОЦ 亦曾与两性树脂 АНКБ –35、阴离子树脂 АН –106 配合,综合处理(NH_4)$_2MoO_4$ 溶液,最终得钼样品含 As、Si 分别为 3×10^{-5}%(质量分数)

和 $1 \times 10^{-5}\%$（质量分数）。

表 3 - 23　在动态下净化钨酸铵和钼酸铵的效果

吸附剂	阴离子杂质	解吸液中杂质浓度 /(mg·L^{-1})	K	容量/(mg·mL^{-1})	
				穿透容量	饱和容量
(NH$_4$)$_2$MoO$_4$ 溶液					
ГОЦ	HPO$_4^{2-}$	2.5	60	5.4	12.9
	HAsO$_4^{2-}$	2.5	40	3.2	7.0
	HSiO$_4^{3-}$	2.0	75	5.9	11.9
КМ - 2П - ГОЦ	HPO$_4^{2-}$	1.5	100	12.3	16.8
	HAsO$_4^{2-}$	1.0	70	7.1	8.6
	HSiO$_4^{3-}$	1.5	100	12.9	20.8
КУ - 2П - ГОЦ	HPO$_4^{2-}$	1.5	100	13.8	17.6
	HAsO$_4^{2-}$	1.0	100	8.2	9.7
	HSiO$_4^{3-}$	1.5	100	13.0	15.6
ГОЖ	HPO$_4^{2-}$	3.0	50	1.9	4.9
	HSiO$_4^{3-}$	2.0	75	2.1	4.4
КУ - 23 - ГОЖ	HPO$_4^{2-}$	2.0	75	2.4	4.1
	HSiO$_4^{3-}$	2.0	75	2.7	4.7
(NH$_4$)$_2$WO$_4$ 溶液					
ГОЦ	HPO$_4^{2-}$	6.0	25	2.1	6.8
	HSiO$_4^{3-}$	3.0	50	2.8	8.1
КУ - 2П - ГОЦ	HPO$_4^{2-}$	3.0	50	4.5	6.9
	HSiO$_4^{3-}$	3.0	50	6.3	9.2
КУ - 23 - ГОЦ	HPO$_4^{2-}$	3.0	50	4.8	7.5
	HSiO$_4^{3-}$	3.0	50	6.6	9.6

注：K = 原始料液中杂质浓度/解吸液中杂质浓度。

3.5.2　活性炭吸附法

据报道，活性炭能从钨酸盐或钼酸盐溶液中深度除去 Mg、Ca、Al、Fe、Cu、Si 等杂质，正如水合氧化物吸附一样，在吸附过程中，pH 将在很大程度上影响到杂质的吸附效果，对钼酸盐溶液而言，pH 不宜低于 7.5。И·А·库济恩等[61]曾开发出牌号为 БАУ 的氧化活性炭（注：另有文献报道氧化活性炭的制备方法为，将活性炭先用硝酸进行氧化处理，干燥后再进行真空处理），在小型试验规模下用动态法对浓度为 20% 的 $(NH_4)_2MoO_4$ 溶液进行吸附提纯,溶液 pH 为 7.5,其净化效果如表 3 - 24 所示。

从表 3 - 24 可知,在料液体积为活性炭松装体积 60~100 倍情况下,除 CaO 以外,Mg、Al、Fe、Cu、Mn 等杂质含量都能降低 1 个数量级以上。

除用活性炭吸附法净化溶液外,P·米斯拉等亦研究了用活性炭吸附法从 Na_2WO_4 溶液中回收 WO_3。所用原料为低品位黑钨精矿经碱浸后得 Na_2WO_4 溶液,将它中和到 pH 为 1.8 以下,用活性炭吸附其中的 WO_3。负载 WO_3 的活性炭用 NaOH 解吸得纯 Na_2WO_4 溶液,再用传统的化学法从中制得纯 WO_3。

表 3 - 24　用活性炭吸附法净化钼酸铵溶液的效果

杂质名称	含量(质量分数)/%			杂质名称	含量(质量分数)/%		
	净化前	净化后			净化前	净化后	
		$Q=60$	$Q=100$			$Q=60$	$Q=100$
MgO	2.10^{-3}	3.10^{-4}	5.10^{-4}	CuO	7.10^{-4}	$<1.10^{-4}$	$<1.10^{-4}$
CaO	1.10^{-4}	1.10^{-4}	1.10^{-4}	NiO	5.10^{-4}	$<3.10^{-4}$	$<3.10^{-4}$
Al_2O_3	1.10^{-3}	$<1.10^{-4}$	$<1.10^{-4}$	MnO	3.10^{-4}	$<1.10^{-4}$	$<1.10^{-4}$
Fe_2O_3	1.10^{-2}	$<1.10^{-4}$	$<1.10^{-4}$	SiO_2	4.10^{-3}	$<1.10^{-4}$	$<1.10^{-3}$

注:Q 为料液体积/活性炭松装体积。

3.6　钨钼分离

随着科学技术的进步,许多用户对钨材料中杂质钼含量的限制日益苛刻,相应地作为钨冶金的产品和中间产品,其中钼的含量限制也日益严格。我国 APT 国标 GB 10116—88 规定 0 级 APT 中 Mo 含量不得超过 20 $\mu g \cdot g^{-1}$。

而钨钼为相似元素,往往在矿床中共生,国内外许多矿山产出的钨矿物原料(包括精矿和难选钨中矿)中钼含量都十分高,例如:在我国占全国钨储量 1/4 以上的柿竹园矿,其产出的钨精矿 w_{Mo}/w_{WO_3} 达 2.0% 左右,相当于国标 0 级 APT 的 1000 倍以上;占全国钨储量 16% 以上的栾川三道庄钼钨矿,其产出的钨精矿(含 WO_3 53% 左右)中 w_{Mo}/w_{WO_3} 达 5% 以上,相当于 0 级 APT 的 2500 倍以上;其他的一些钨矿山产出的钨精矿在冶炼过程中同样都要经过除钼,产品质量才能达到要求。国外钨资源中钼含量情况与我国大同小异。

除上述矿物资源外,许多钨冶金的二次资源中也含大量钼(参见 1.3)。

因此,根据用户要求及原料的特点可知,钨、钼分离为钨冶金中的繁重任务,而且钼为重要的战略元素,在钨冶金过程中将钼回收利用,具有其特殊意义。

3.6.1 钨钼分离方法概述

提取冶金中将物质分离主要是利用待分离物质间在物理化学性质上的差异。由于钨、钼为相似元素，同属元素周期表ⅥB族，性质十分相近，发现它们性质上的差异并用以进行钨钼分离一直是冶金、化工者研究的难题。通过前人的努力，人们已掌握的钨钼性质差异并实际用于钨、钼分离过程的主要有：

1. 钨钼亲硫性质的差异

在水溶液中钼对硫的亲和力大于钨，在有 S^{2-} 存在的条件下，MoO_4^{2-} 在 $pH > 9$ 时即可按以下反应转化成硫代钼酸根离子（MoS_4^{2-} 或 $MoO_xS_{4-x}^{2-}$）：

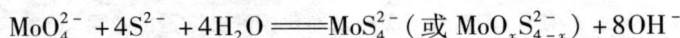

$$MoO_4^{2-} + 4S^{2-} + 4H_2O =\!=\!= MoS_4^{2-}（或 MoO_xS_{4-x}^{2-}）+ 8OH^-$$

而 WO_4^{2-} 只能在 $pH = 1 \sim 2$ 时才能转化成 WS_4^{2-}。因此将含钼的钨酸盐（钠盐或铵盐）溶液加入 S^{2-}，控制 pH 为 $7 \sim 9$，则钼将转化成 MoS_4^{2-}，而钨保持为 WO_4^{2-} 形态，进而根据 MoS_4^{2-}（或 $MoO_xS_{4-x}^{2-}$）的特性，即可用化学沉淀、离子交换、萃取等方法将钼和钨分离。当前有工业价值的钨钼分离方法都是利用钨钼亲硫性质的差异，详见 3.6.2。

2. MoO_4^{2-}、WO_4^{2-} 在水溶液中生成聚合离子 pH 的不同

从 1.1 节可知，随着溶液中 pH 的降低，MoO_4^{2-} 和 WO_4^{2-} 都能聚合成仲离子，但在同样摩尔浓度下 WO_4^{2-} 变成仲离子所需的 pH 比 MoO_4^{2-} 高，因此可控制一定 pH 使溶液中 WO_4^{2-} 优先转化为仲钨酸根离子 $H_2W_{12}O_{42}^{10-}$，钼继续保持为 MoO_4^{2-} 形态，而已知仲钨酸盐与正钼酸盐之间在溶解度和被某些吸附剂所吸附的吸附性能及沉淀结晶性能等方面都有很大差异，因此可利用这些差异，在结晶、吸附过程中进行分离。具体方法有：

（1）结晶法

利用上述性质的差异，可通过结晶过程使仲钨酸盐优先结晶而与钼初步分离，为此作者曾进行过仲钨酸钠（或铵钠复盐）结晶法分离钨、钼的研究，所用料液含 Mo 23.21 $g \cdot L^{-1}$，WO_3 143.43 $g \cdot L^{-1}$，$w_{Mo}/w_{WO_3} = 16.18\%$，中和到 $pH = 8.5$ 左右，再加 NH_4Cl 后进行蒸发结晶至体积的 1/2，冷却结晶，在结晶过程中钨以仲钨酸盐的形态优先析出，晶体含 Mo 0.69%、WO_3 82.6%、$w_{Mo}/w_{WO_3} = 0.835\%$。因而晶体中 Mo 的相对含量仅为料液的 1/20 左右，过程中 WO_3 结晶率达 90.3%，钼结晶率仅 4.15%。所得的结晶母液可进行二次结晶以富集钼，而二次结晶母液返回一次结晶。本试验的结果在工业条件下基本上得到重现。

此外，在 $(NH_4)_2WO_4$ 溶液蒸发结晶制取 APT 过程中，由于上述同样的原理，亦能使溶液中 80% ~ 90% 的钼残留在结晶母液中，使 APT 中 w_{Mo}/w_{WO_3} 仅为原始 $(NH_4)_2WO_4$ 溶液的 10% 左右（见 3.7）。

（2）胍盐沉淀法

胍盐沉淀法利用了上述钨、钼形成仲离子所需 pH 的差异，使钨呈仲钨酸胍的形态沉淀，而 MoO_4^{2-}、$HAsO_4^-$、HPO_4^{2-} 等保留在溶液中，更重要的是蒋安仁等[65]认为，仲钨酸根离子有三种形态，即 $W_7O_{22}(OH)_4^{6-}$（仲钨酸根 A）、$W_7O_{24}^{6-}$（仲钨酸根 B）、$H_2W_{12}O_{42}^{10-}$（仲钨酸根 Z），其中仲钨酸根 B 稳定存在的 pH 比仲钨酸根 A 高 $1\sim1.4$，因此将溶液中仲钨酸根 A 转化成仲钨酸根 B，则能使过程在更高的 pH 下进行，更有利于钨、钼的分离。

蒋安仁等将含钼、磷、砷的钨酸钠溶液中和，产生仲钨酸根 A：

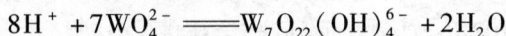

$$8H^+ + 7WO_4^{2-} =\!\!=\!\!= W_7O_{22}(OH)_4^{6-} + 2H_2O$$

再在石英的催化下，转化为仲钨酸根 B：

$$W_7O_{22}(OH)_4^{6-} =\!\!=\!\!= W_7O_{24}^{6-} + 2H_2O$$

然后控制 pH 为 $7.5\sim8.1$，加硝酸胍使钨成胍盐进入沉淀：

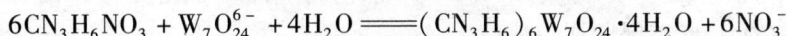

$$6CN_3H_6NO_3 + W_7O_{24}^{6-} + 4H_2O =\!\!=\!\!= (CN_3H_6)_6W_7O_{24} \cdot 4H_2O + 6NO_3^-$$

而 MoO_4^{2-}、$HAsO_4^-$ 等不沉淀，过程中钨的沉淀率达 $96\%\sim99\%$，除钼率 $95\%\sim99\%$，除磷率 $82\%\sim90\%$，所得的钨酸胍用 NaOH 或 NH_4OH 处理可得 Na_2WO_4 或 $(NH_4)_2WO_4$ 溶液，胍可回收利用。

3. 钨钼化合物溶解性能的不同

一般说来钼化合物在水中的溶解度都大于相应钨化合物，例如 40 ± 2℃时，钨酸（H_2WO_4）的溶解度仅 $0.02\ g\cdot L^{-1}$，而 36.8℃时钼酸溶解度达 $0.34\ g\cdot L^{-1}$。钨酸在盐酸溶液中溶解度远小于钼酸，它们在盐酸中的溶解度与酸浓度及温度的关系如表 3-25 所示。

表 3-25　钨酸和钼酸在盐酸中的溶解度/$(g\cdot L^{-1})$

HCl 浓度 /$(g\cdot L^{-1})$	20℃		50℃		70℃	
	H_2MoO_4	H_2WO_4	H_2MoO_4	H_2WO_4	H_2MoO_4	H_2WO_4
400	440	7.02	551.3	9.45	535.6	6.48
270	192.6	4.32	270.0	4.86	265.0	5.25
200	101.5	1.70	124.5	2.50	135.9	2.16
130	29.2	0.65	18.6	0.69	42.6	0.67
80	10.9	0.25	6.48	0.28	13.0	0.25
40	3.8	0.13	2.46	0.09	4.6	0.01

因此可利用上述性质差异，使钼大部分进入水相，而钨保留在固相，例如在用盐酸分解白钨精矿时，将酸分解母液中 HCl 浓度控制为 $140\sim160\ g\cdot L^{-1}$，则白钨精矿中钼 $60\%\sim80\%$ 将进入酸母液与钨分离。

当然依靠溶解度不同只能实现初步分离，同时进入水相的钼往往难以回收利用。

4. 钨钼生成过氧配离子稳定性的差异

在弱酸性溶液中，H_2O_2 能破坏钨、钼杂多酸形成相应的过氧配离子，但钼的过氧配离子的稳定性远超过钨的过氧配离子，因而能用萃取法将其从溶液中优先萃取出来。萃取剂可选用中性磷萃取剂。A·H·节里克曼等先后用 TBP 和 DAMP(甲基膦酸烷基脂)从含 H_2O_2 的钨、钼混合溶液中萃取钼；半工业试验表明，当料液含 WO_3 109.8 $g \cdot L^{-1}$、Mo 9.1 $g \cdot L^{-1}$、SiO_2 0.12 $g \cdot L^{-1}$、Na_3PO_4 0.12 $g \cdot L^{-1}$，H_2O_2 的加入量按 $n_{H_2O_2}/n_{W+Mo}$ 为 2 计，用 HNO_3 调至 pH = 0.45，相比为 1/1，连续 8 级逆流萃取，最终水溶液中 WO_3 为 102.8 $g \cdot L^{-1}$，而 Mo 降至 0.003 $g \cdot L^{-1}$。

利用钨钼过氧配离子稳定性的差异，亦可用还原法将钨钼进行分离，即将含钨、钼的溶液与 H_2O_2 作用，使钨、钼分别转化为 $H_4W_4O_{12}(O_2)_2$ 和 $H_4Mo_4O_{12}(O)_2$，再加还原剂 SO_2，则 $H_4W_4O_{12}(O_2)_2$ 优先还原成钨酸沉淀，而钼继续以 $H_4Mo_4O_{12}(O_2)_2$ 形态保留在溶液中。

5. 钼在酸性溶液中转化为阳离子 MoO_2^{2+} 而钨保持为偏钨酸根阴离子

在酸性(pH < 3)溶液中偏钼酸根能解聚转化成 MoO_2^{2+} 阳离子：

$$Mo_7O_{24}^{6-} + 20H^+ \Longrightarrow 7MoO_2^{2+} + 10H_2O$$

而钨维持为偏钨酸根阴离子，因此可用阳离子交换机理的萃取法(或离子交换法)分离。萃取剂可用二(2 - 乙基己基磷酸)(P_{204})，其反应为：

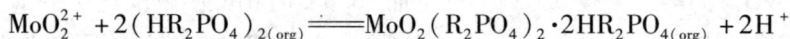

$$MoO_2^{2+} + 2(HR_2PO_4)_{2(org)} \Longrightarrow MoO_2(R_2PO_4)_2 \cdot 2HR_2PO_{4(org)} + 2H^+$$

上述萃取过程效率一般很低。郑清远[66]发现在有 EDTA 存在的条件下效率将大幅度提高。例如对含 WO_3 85 ~ 110 $g \cdot L^{-1}$，Mo 0.5 ~ 1.5 $g \cdot L^{-1}$ 的 Na_2WO_4 溶液而言加入 EDTA，使其浓度达 0.01 $mol \cdot L^{-1}$，控制 pH 为 2.5 ~ 3，有机相采用 40% D2EHPA + 10% 仲辛醇 + 50% 煤油，经 6 级萃取，则萃余液中 Mo 降至 0.01 ~ 0.04 $g \cdot L^{-1}$，萃取率达 95% ~ 98%。钨则绝大部分保留在萃余液中。而在不加 EDTA 的情况下钼的萃取率仅 20% ~ 30%。郑清远认为其原因可能是 EDTA 与钼形成新的配合物离子 $(MoO_3)_2EDTA^{4-}$，后者再发生萃取过程。

与之相类似的是 José CoCa 等[67]同样以二(2 - 乙基己基磷酸)为萃取剂、煤油为稀释剂从含钼的钨酸盐溶液中萃钼，发现当相比为 1∶1 左右、pH 在 3 左右分离因数最大，达 60 左右。

3.6.2 基于亲硫性质差异的钨、钼分离工艺

1. 硫化过程

(1)热力学分析

硫化过程的任务是使 MoO_4^{2-} 与 S^{2-} 反应生成硫代钼酸根，而已知硫代钼酸根

有 MoS_4^{2-}、$MoOS_3^{2-}$、$MoO_2S_2^{2-}$、MoO_3S^{2-} 四种形态,其在萃取或离子交换过程中进行交换反应的能力是不相同的。根据 V·P·宰杰夫[48] 的报道,其交换常数 $K_{ex(A^{2-}/OH^-)}$(A^{2-} 代表 MoS_4^{2-}、MoO_3S^{2-} 等阴离子)如表 3-26 所示。

表 3-26　不同硫代钼酸根的交换常数

硫代钼酸根	MoO_4^{2-}	MoO_3S^{2-}	$MoO_2S_2^{2-}$	$MoOS_3^{2-}$	MoS_4^{2-}
$\lg K_{ex(A^{2-}/OH^-)}$	4.2	7.5	11.1	13.7	16.5

因此在硫化过程中应力争使绝大部分钼成为 MoS_4^{2-},而钨绝大部分不发生硫化反应,现从热力学的角度研究其可能性和必要条件。

1)$Mo-S-H_2O$ 系

在钼酸盐溶液硫化过程中,系统中将存在以下平衡反应:

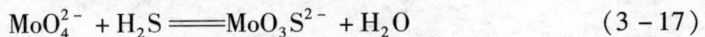

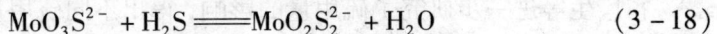

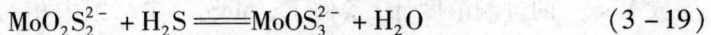

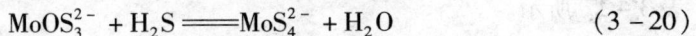

$$MoO_4^{2-} + H_2S \Longrightarrow MoO_3S^{2-} + H_2O \tag{3-17}$$

$$MoO_3S^{2-} + H_2S \Longrightarrow MoO_2S_2^{2-} + H_2O \tag{3-18}$$

$$MoO_2S_2^{2-} + H_2S \Longrightarrow MoOS_3^{2-} + H_2O \tag{3-19}$$

$$MoOS_3^{2-} + H_2S \Longrightarrow MoS_4^{2-} + H_2O \tag{3-20}$$

与此同时溶液中还存在 S^{2-}、HS^-、H_2S 的平衡反应:

$$H_2S \Longrightarrow H^+ + HS^- \tag{3-21}$$

$$HS^- \Longrightarrow H^+ + S^{2-} \tag{3-22}$$

根据 Erickson 的测定,反应(3-17)、(3-18)、(3-19)、(3-20)在 25℃时的平衡常数分别为 $10^{5.19}$、$10^{4.80}$、$10^{5.00}$、$10^{4.88}$,即

$$[MoO_3S^{2-}]/[MoO_4^{2-}]/[H_2S] = 10^{5.19}$$

$$[MoO_2S_2^{2-}]/[MoO_3S^{2-}]/[H_2S] = 10^{4.8}$$

$$[MoOS_3^{2-}]/[MoO_2S_2^{2-}]/[H_2S] = 10^{5.0}$$

$$[MoS_4^{2-}]/[MoOS_3^{2-}]/[H_2S] = 10^{4.88}$$

而反应(3-21)和(3-22)的平衡常数分别为 $10^{-7.00}$ 和 $10^{-17.00}$。

霍广生等[68]根据同时平衡原理,运用上述热力学数据对 $Mo-S-H_2O$ 中 MoO_4^{2-} 的硫化行为进行了热力学分析,首先研究了 pH 对平衡浓度的影响,得出在 Mo 总浓度为 $0.003\ mol \cdot L^{-1}$、总 S^{2-} 浓度为 $0.15\ mol \cdot L^{-1}$ 的条件下,MoS_4^{2-}、$MoOS_3^{2-}$、$MoO_2S_2^{2-}$、MoO_3S^{2-}、MoO_4^{2-} 的浓度分布与 pH 关系如图 3-36 所示。

从图 3-36 可知,$Mo-S-H_2O$ 中 MoS_4^{2-} 浓度随 pH 的降低而增加,当 pH < 8 时,溶液中的钼几乎全部以 MoS_4^{2-} 形态存在。

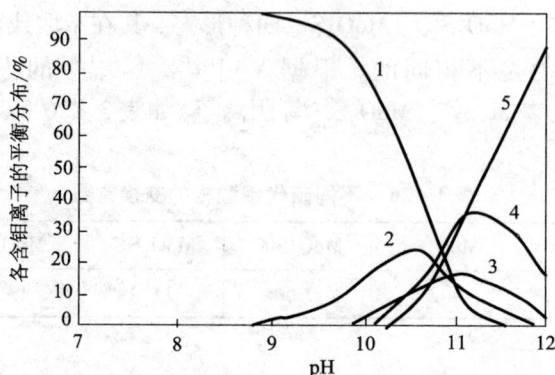

图 3 – 36 Mo – S – H$_2$O 系中不同形态 MoO$_x$S$_{4-x}^{2-}$的浓度分布与 pH 的关系

(25℃, [Mo] = 0.003 mol·L^{-1}、[S^{2-}]$_T$ = 0.15 mol·L^{-1})

1—MoS$_4^{2-}$; 2—MoOS$_3^{2-}$; 3—MoO$_2$S$_2^{2-}$; 4—MoO$_3$S^{2-}; 5—MoO$_4^{2-}$

霍广生等进一步研究了硫用量的影响,得出不同硫用量(按 n_S/n_{Mo} 计或 S^{2-} 按生成 MoS$_4^{2-}$ 的过剩浓度计)条件下, MoS$_4^{2-}$ 在总钼中相对含量与 pH 的关系,如表 3 – 27 所示。

表 3 – 27 不同硫用量条件下平衡溶液中 MoS$_4^{2-}$ 的相对含量/%(Mo 总浓度为 0.003 mol·L^{-1})

pH	硫用量(n_S/n_{Mo})(S^{2-} 过剩浓度/(g·L^{-1}))				
	4(0)	8(0.38)	16(1.15)	20(1.54)	32(2.69)
7.5	83	99.5		99.8	
8.5		96.5	98.8		
9.5				91.5	95.08

从表 3 – 27 也可看出,随着硫用量的增加和 pH 的降低,则 MoS$_4^{2-}$ 的相对含量提高,在 pH = 8.5 左右,硫过量 1.15 g·L^{-1}左右的条件下,MoS$_4^{2-}$ 已占总钼的 98% 以上。

2)W – S – H$_2$O 系

已知 W – S – H$_2$O 系中存在 WO$_4^{2-}$ 、WO$_3$S^{2-} 、WO$_2$S$_2^{2-}$ 、WOS$_3^{2-}$ 、WS$_4^{2-}$ 等离子。因此在钨酸盐溶液中加入 S^{2-}(或 H$_2$S),则会存在下列平衡反应:

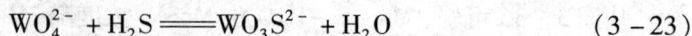

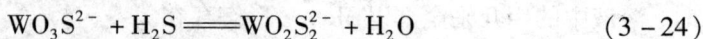

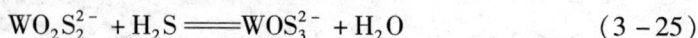

$$WO_4^{2-} + H_2S = WO_3S^{2-} + H_2O \tag{3-23}$$

$$WO_3S^{2-} + H_2S = WO_2S_2^{2-} + H_2O \tag{3-24}$$

$$WO_2S_2^{2-} + H_2S = WOS_3^{2-} + H_2O \tag{3-25}$$

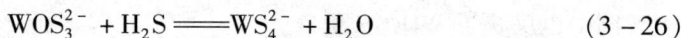

$$WOS_3^{2-} + H_2S \Longrightarrow WS_4^{2-} + H_2O \tag{3-26}$$

卢江波等[69]根据 WO_4^{2-}、WO_3S^{2-}、$WO_2S_2^{2-}$、WOS_3^{2-}、WS_4^{2-} 的标准生成吉布斯自由能算出反应(3-23)、(3-24)、(3-25)、(3-26)在 25℃下的平衡常数分别为 $10^{2.79}$、$10^{2.1}$、$10^{2.49}$、$10^{2.40}$，并按照上述类似的计算方法得出在总钨浓度 $[W]_T$ 为 $1\ mol \cdot L^{-1}$、总硫浓度 $[S]_T$ 为 $0.15\ mol \cdot L^{-1}$、25℃时各种硫代钨酸根离子浓度随 pH 的分布曲线如图 3-37 所示。从图 3-37 可知，即使在 pH<8 时 $[WO_4^{2-}]/[W]_T$ 仍为 80%~90%，$[WO_3S^{2-}]/[W]_T$ 为 10% 左右，$[WO_2S_2^{2-}]$、$[WOS_3^{2-}]$、$[WS_4^{2-}]$ 均接近零，即硫化率非常低。

应当指出：在 pH<8 时，大部分钨均以仲钨酸根离子形态存在，它的稳定性远超过 WO_4^{2-}，即在 pH<8 时，仲钨酸根离子比 WO_4^{2-} 更难被硫化，因此实际的硫化率将比图 3-37 所示的更低。

3）Mo-W-S-H$_2$O 系

在实际生产过程中，处理对象为含钼的钨酸盐溶液，因此在硫化过程中钼、钨将互相有影响。霍广生等参照实际生产的情况，以 $[Mo]_T = 0.003\ mol \cdot L^{-1}$、$[W]_T = 1.0\ mol \cdot L^{-1}$、$[S]_T = 0.15$

图 3-37　W-S-H$_2$O 系中不同形态
$WO_xS_{4-x}^{2-}$ 的浓度分布与 pH 的关系（25℃）
1—WO_4^{2-}；2—WO_3S^{2-}；3—$WO_2S_2^{2-}$；
4—WOS_3^{2-}；5—WS_4^{2-}

$mol \cdot L^{-1}$ 的溶液为对象，研究了各种硫代钼酸根离子、硫代钨酸根离子的平衡浓度随 pH 的分布，发现对钼而言与图 3-36 相差不大，在 pH<10 时，钼 90% 以上以 MoS_4^{2-} 形态存在，其余的成 $MoOS_3^{2-}$ 形态存在。对钨而言，pH<10 时，只有极少量被硫化成 WO_3S^{2-}。

综上所述，从热力学角度来看，在 pH<10、S^{2-} 过量 $1\ g \cdot L^{-1}$ 左右的条件下，含钼的钨酸盐溶液进行硫化时，90% 以上的钼将转化为 MoS_4^{2-}，而钨则绝大部分保留为 WO_4^{2-} 形态。因此为钨、钼的分离提供了良好的条件。

2. 主要参数对硫化效果的影响

实际生产过程中有必要从动力学的角度了解各种参数对反应速率及硫化率的影响，为此霍广生等以含钼的 Na_2WO_4 和 Na_2S 为原料，通过实验进行了有关研究。研究中以钼在强碱性阴离子交换树脂上的吸附率作为检验硫化效果的标志，发现：钼吸附率随溶液的起始 pH 的降低而升高，即起始 pH 降低则硫化效果增加，如图 3-38 所示。

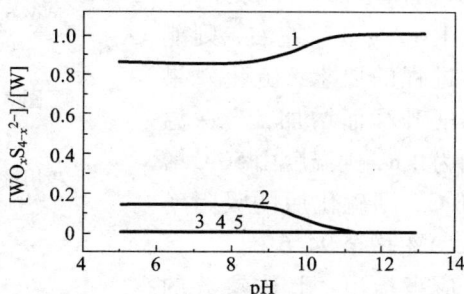

图中也反映了 WO_3 浓度的影响，WO_3 浓度升高，则在同样的起始 pH 下，钼硫化效果增加，对含 WO_3 为 160 $g \cdot L^{-1}$ 的 Na_2WO_4 溶液而言，以 pH < 7.8 为宜。

研究中同时证明：硫化效果随硫用量（或游离 S^{2-} 含量）升高而增加，一般当 S^{2-} 过量 1~2 $g \cdot L^{-1}$ 左右，则能满足过程的要求；硫化效果随温度升高而增加，当保温时间为 2 h，则温度由 50℃ 增至 80℃，则硫化后的吸附率由 88.1% 增至 94.6%。

应当指出：上述参数的

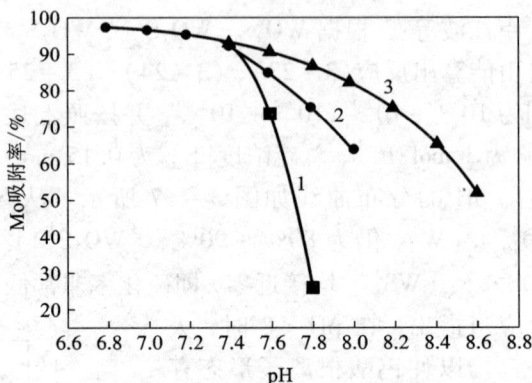

图 3-38　起始 pH 对钼吸附率的影响

（温度 72℃，溶液含 Mo 0.35 $g \cdot L^{-1}$、
硫用量为按生成 MoS_4^{2-} 计过量 1.3 $g \cdot L^{-1}$、2 h）
1—WO_3 = 50 $g \cdot L^{-1}$；2—WO_3 = 95 $g \cdot L^{-1}$；
3—WO_3 = 160 $g \cdot L^{-1}$

控制对 Na_2WO_4 溶液而言当然是可以实现的，但对 $(NH_4)_2WO_4$ 溶液而言，则有一定的困难，例如 pH 低于 7.8，则在 $(NH_4)_2WO_4$ 溶液中可能形成 APT 的结晶，同样当温度过高也可能因溶液中 NH_3 的挥发使 pH 降低，进而导致 APT 的结晶，因此对 $(NH_4)_2WO_4$ 溶液最好在室温下通过适当延长时间、适当增加 S^{2-} 的过量以达到一定的硫化效果。实践证明，对含钼为 0.5 $g \cdot L^{-1}$ 左右的 $(NH_4)_2WO_4$ 溶液而言，不进行预中和（其 pH 一般为 9 以上），在室温下当硫用量比理论量过量 1.5~2 $g \cdot L^{-1}$ 的条件下，经过 8~10 h，能达到所需的硫化率。

3. 硫化剂的选择

一般对 Na_2WO_4 溶液而言，常用 NaHS 或 Na_2S 作硫化剂，对 $(NH_4)_2WO_4$ 溶液而言，用 $(NH_4)_2S$ 作硫化剂。但近年来为了降低试剂成本或改善除钼过程中的工艺指标，如树脂的交换容量等，人们对硫化剂的选择进行了一系列研究，显现出一定效果，其中主要有：

A·A·布洛辛[70] 为了提高除钼过程中树脂的容量，曾研究用多硫化铵代替硫化铵作硫化剂，硫化过程中硫化剂的用量为按 MoS_4^{2-} 计的理论量再过量 0.1 $mol \cdot L^{-1}$，所用树脂为强碱性凝胶型的 AM 和大孔型的 AM-Π 型，含钼的 $(NH_4)_2WO_4$ 溶液经充分硫化后，首先用上述树脂分别进行静态吸附，测定了用不同多硫化铵作硫化剂时的等温吸附曲线如图 3-39(a)、(b)所示。

从图 3-39 可知，对凝胶型 AM 树脂而言，使用不同硫化剂时，其交换容量

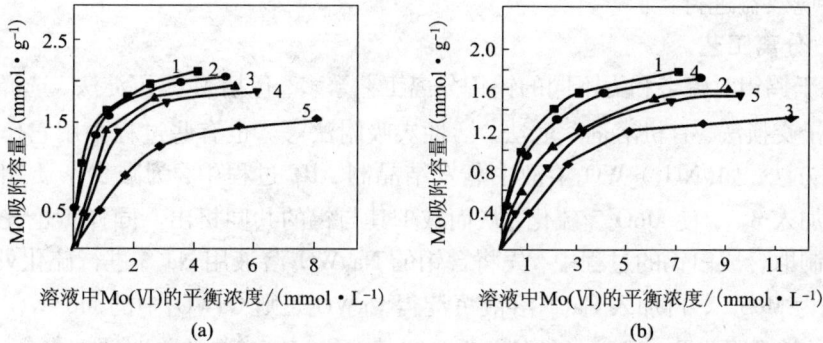

图 3-39 不同多硫化铵作硫化剂时的吸附等温曲线

$1—(NH_4)_2S_2$；$2—(NH_4)_2S_{2.5}$；$3—(NH_4)_2S_3$；$4—(NH_4)_2S_{1.5}$；$5—(NH_4)_2S$

(a) AM-Ⅱ树脂；(b) AM 树脂

大小的顺序为：$(NH_4)_2S_2 \geqslant (NH_4)_2S_{1.5} > (NH_4)_2S_{2.5} \geqslant (NH_4)_2S > (NH_4)_2S_3$；对大孔型 AM-Ⅱ 树脂而言，不同硫化剂时，其顺序为：$(NH_4)_2S_2 \geqslant (NH_4)_2S_{2.5} > (NH_4)_2S_3 > (NH_4)_2S_{1.5} > (NH_4)_2S$。

布洛辛同时将含钼的 $(NH_4)_2WO_4$ 溶液分别用 $(NH_4)_2S$ 和 $(NH_4)_2S_2$ 作硫化剂硫化后，用 AM-Ⅱ 树脂在容积为 20 mL 的交换柱内进行了动态吸附，饱和后先用 $1.5\% H_2O_2$ 将 MoS_4^{2-} 氧化成 MoO_4^{2-}，再用 6 $mol \cdot L^{-1} NH_4OH$ + 6 $mol \cdot L^{-1}$ NH_4NO_3 解吸，其结果如表 3-28 所示。

表 3-28 不同硫化剂对 AM-Ⅱ 树脂吸附钼的影响

硫化剂	树脂容量/$(mmol \cdot mL^{-1})$		解吸率/%
	穿透容量	饱和容量	
$(NH_4)_2S$	0.62	0.95	98.2
$(NH_4)_2S_2$	0.90	1.32	97.7

综上所述，用多硫化铵代替 $(NH_4)_2S$ 作为硫化剂，在一定程度上能提高树脂除钼的效果。A·A·布洛辛对这种现象的解释是：当用多硫化铵作硫化剂时，则钼被硫化后可能生成含硫更多的硫代钼酸根，例如以 $(NH_4)_2S_2$ 为硫化剂时，可能生成 $Mo(S_2)_4^{2-}$，它的体积将大于 MoS_4^{2-}，而根据离子吸附的原理，离子体积越大，则其水合离子半径将越小，相应地对树脂的亲和力越大，由于 $Mo(S_2)_4^{2-}$ 的体积比 MoS_4^{2-} 大，故对树脂亲和力也比 MoS_4^{2-} 大。

为了降低硫化剂的成本，曹佐英、席晓丽等[71]曾分别探索采用其他硫化物作硫化剂。在扩大试验的规模下显现出较好的效果，有待在更大规模下对其经济效益和环境效益进行检验。

2. 分离工艺

基于钨钼对硫亲和力不同的钨钼分离工艺繁多,包括 MoS_3 沉淀法、选择性沉淀法、离子交换法、有机溶剂萃取法、活性炭吸附法等。也有些过程中用它作为辅助的除钼方法,如 $(NH_4)_2WO_4$ 溶液中蒸发结晶制 APT 过程中,为减少杂质钼的结晶率,可加入 S^{2-},使 MoO_4^{2-} 硫化,从而减少其与钨的共同析出。同样黄伦光等亦指出,在制取合成白钨的过程中,先将含钼的 Na_2WO_4 溶液用 Na_2S 进行硫化处理,使钼转化为 MoS_4^{2-},再加入 $CaCl_2$ 溶液沉淀得 $CaWO_4$,则 $CaWO_4$ 中的 Mo/WO_3 能由原液的 5×10^{-4} 降为 8×10^{-5}。本书主要介绍其中研究较成熟的前四种方法。

(1)MoS_3 沉淀法

MoS_3 沉淀法的实质是将含钼的 Na_2WO_4 溶液预先硫化,使钼优先转化成 MoS_4^{2-} 后,中和到 $pH = 2.5 \sim 3$,此时 MoS_4^{2-} 变成 MoS_3 沉淀,其反应为:

$$Na_2MoS_4 + 2HCl == MoS_3 \downarrow + 2NaCl + H_2S \uparrow$$

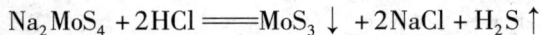

而钨变成相应的偏钨酸盐保留在溶液中。

MoS_3 沉淀法一般在耐酸搪瓷反应锅中分两步进行:首先进行硫化,即将含钼的 Na_2WO_4 溶液加热至 $80 \sim 90℃$ 后,缓慢加入密度为 $1.20 \sim 1.25$ $g \cdot cm^{-3}$(Na_2S 含量为 $17\% \sim 20\%$)的 Na_2S 溶液,Na_2S 用量为保证全部钼转化为 MoS_4^{2-} 后,溶液中游离 S_2^- 为 $1.5 \sim 3$ $g \cdot L^{-1}$,控制 pH 为 $7 \sim 7.5$ 进行硫化。硫化完成后,再进行调酸沉钼,即:将溶液煮沸,用 $1:1$ 盐酸中和至 $pH = 2.5 \sim 4$,继续煮沸 $1.5 \sim 2$ h,再冷却。一般溶液中 m_{Mo}/m_{WO_3}(质量比,下同)可降至 $0.01\% \sim 0.1\%$,视料液的 Mo 含量和操作条件而异。所得的 MoS_3 中有部分钨损失,但不同的企业由于操作水平、控制 pH、起始溶液以及最终净化液中 m_{Mo}/m_{WO_3} 不同,渣中 m_{Mo}/m_{WO_3} 相差很大:某厂处理低钼 Na_2WO_4 溶液,中和到 $pH = 2 \sim 3$,则钼渣 $m_{WO_3} : m_{Mo} \approx 40 : 10$;而另一厂处理 $m_{Mo}/m_{WO_3} = 1/5$ 的 Na_2WO_4 溶液,$pH = 3 \sim 4$,除钼后溶液中 $m_{Mo}/m_{WO_3} \approx 1/50 \sim 1/100$,除钼率 $90\% \sim 95\%$,渣中含 Mo 30% 左右,WO_3 $5\% \sim 6\%$,$m_{WO_3} : m_{Mo}$ 仅 $(5 \sim 6) : 30$。

刘铁梅[72]针对现有 MoS_3 沉淀法的具体工艺规程中,为保证除钼效果,以至在硫化过程中不得不在高硫化剂用量、高温($70 \sim 80℃$)、长时间($2 \sim 2.5$ h)下进行,造成成本高、钨损失偏高的缺点,将硫化过程与调酸沉淀过程有机结合,即在钼尚未完全硫化的情况下,进行部分调酸酸沉,降低溶液中硫化反应生成物 MoS_4^{2-} 的浓度,因而使硫化反应加速进行。这样在低硫化剂用量(约为原有值的 $1/2$ 左右)、温度为 $40 \sim 50℃$ 的条件下,仍能保证高的除钼率,对 $m_{Mo}/m_{WO_3} \approx (0.2 \sim 1.0)/100$ 的溶液而言,除钼液中 m_{Mo}/m_{WO_3} 降至 $(0.01 \sim 0.02)/100$,钼渣中 m_{Mo}/m_{WO_3} 为 $100/15$ 左右。

MoS_3 沉淀法为从 Na_2WO_4 溶液中除钼的有效方法,具有周期短(3~5 h)、成本低的优点。其主要缺点是产生有毒气体 H_2S,污染环境;同时由于中和时加入大量阴离子,因此从 Na_2WO_4 溶液中除钼时不能与我国通用的强碱性阴离子交换法净化和转型配套。此外由于 pH 低,不能从 $(NH_4)_2WO_4$ 溶液中除钼。

当前 MoS_3 沉淀法除钼主要用于粗 Na_2WO_4 溶液经镁盐法除 P、As、Si、F 后再除钼。净化除钼后的纯 Na_2WO_4 溶液再用叔胺萃取法转型或弱碱性阴离子交换法转型。

(2)选择性沉淀法[73~77]

选择性沉淀法能同时从钨的盐溶液中除去 Mo、Sn、As、Sb 等杂质,因此是一种高效除杂工艺,现以除钼为代表,介绍其原理和工艺。

1)基本原理

选择性沉淀法是基于 MoS_4^{2-} 具有亲硫的性质,因而能与硫化物作用而沉淀,而 WO_4^{2-} 则不能,从而实现钨酸盐溶液中钨与钼的分离。我国学者全面研究了作为沉淀剂硫化物的选择、用量以及温度、pH 等参数对除钼效果的影响。试验在含 WO_3 200 $g \cdot L^{-1}$、Mo 0.6 $g \cdot L^{-1}$ 的 Na_2WO_4 和 $(NH_4)_2WO_4$ 溶液中进行,分别加入 Na_2S 或 $(NH_4)_2S$ 作硫化剂硫化后再加入不同硫化物进行除钼,结果如下:

①不同硫化物种类及其用量对除钼效果的影响。对此分别采用了 CuS、NiS 等 7 种硫化物作沉淀剂,其结果如图 3-40 所示。

从图 3-40 可知 CuS、NiS、CoS、PbS 都有很好的除钼效果,但从经济和环境等方面综合比较,以 CuS 为最佳。

至于硫化物的用量,从图 3-40 可看出,对各种硫化物而言,n 值增大,则除钼率都增大。对 CuS 而言,当 n 值达 4 左右时,其除钼率已达 99% 以上,进一步提高 n 值,对除钼率影响不大,同时生产实践也证明:当原始 $(NH_4)_2WO_4$ 溶液中含钼高达 1 $g \cdot L^{-1}$ 左右时,n 值可降低到 3~3.5。

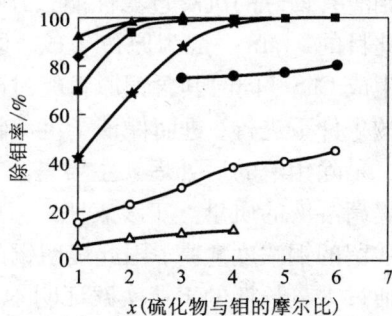

图 3-40 硫化物种类及其用量对除钼效果的影响

■—CuS; ◆—NiS; ▲—CoS; ★—PbS; ●—FeS; △—ZnS; ○—HgS

②温度对除钼效果的影响。温度对除钼效果的影响如图 3-41 所示。从图 3-41 可知随着温度的升高,除钼率降低,故最好在常温下进行。在常温下进行除能保证高的除钼效率外,还有利于节约能源,特别是对处理 $(NH_4)_2WO_4$ 溶液而言,能防止因氨的挥发而导致 APT 结晶析出。

③pH 对除钼效率的影响。pH 对除钼效果影响如图 3-42 所示,随着 pH 的升高,除钼效果降低,因此以不超过 9.5 为宜。同样对 $(NH_4)_2WO_4$ 溶液而言 pH

过低可能导致 APT 的结晶析出。

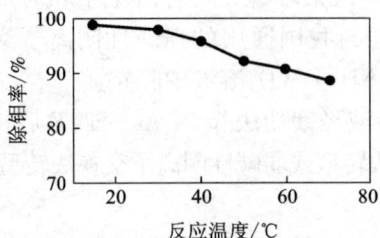

图 3 – 41　温度对除钼效果的影响

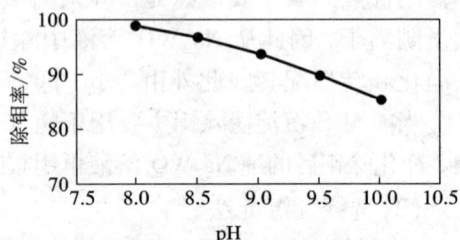

图 3 – 42　pH 对除钼率的影响

2）工业实践

过程在通用的搅拌槽中常温下进行，一般说来可分为三个阶段：

一是硫化。对 Na_2WO_4 溶液而言，采用 Na_2S 或 $NaHSO_4$ 为硫化剂；对 $(NH_4)_2WO_4$ 溶液而言，用 $(NH_4)_2S$ 为硫化剂，其具体条件参阅 3.6.2 第 1 节。

二是沉淀除钼（含锡、砷、锑等杂质）。硫化过程达到一定硫化率后，即加入 CuS 除钼，除钼过程中的重要技术要求为有高的除钼率（一般应为 95% 以上），同时除钼渣有良好的沉降过滤性能，为此应创造条件使 CuS 有良好的化学活性，为达到此目的，CuS 一般为原位生成，即加入 Cu^{2+} 使之与溶液中已有的 S^{2-} 反应，原位生成 CuS。同时其含铜原料经过改性处理，以便 CuS 的生成过程在类似均相沉淀的条件下进行，进而保证了沉淀物的沉降过滤性能。

三是除钼液的后处理。主要是除去除钼过程中可能带入的铜等其他杂质，进一步提高溶液的质量。实践表明，一般溶液中残留的 S^{2-} 浓度愈高，则除钼后溶液中残留的铜浓度愈高，因此残留铜的形态可能与 S^{2-} 有关。

通过大量长期的工业实践证明本工艺的主要指标如下：

①除钼效果。工业条件下的除钼效果如表 3 – 29 所示。

表 3 – 29　工业条件下选择性沉淀法从 $(NH_4)_2WO_4$ 溶液中除钼的效果

批号	处理量 /$(m^3 \cdot 批^{-1})$	$(NH_4)_2WO_4$ 溶液成分 /$(g \cdot L^{-1})$		除钼效果		
				净液成分		除钼率 /%
		WO_3	Mo	Mo/$(g \cdot L^{-1})$	m_{Mo}/m_{WO_3}	
1	30	209	0.280	0.015	8×10^{-5}	94.6
2	33	208	0.563	0.011	6×10^{-5}	98.1
3	2.075	231.62	1.300	0.019	1.27×10^{-4}	98.5
4	5.30	231.0	1.440	0.018	1.14×10^{-4}	98.7
5	5.30	231.0	1.620	0.021	1.33×10^{-4}	98.7

从表 3 - 29 可知, 对含钼 0.28 ~ 1.62 $g \cdot L^{-1}$ 的 $(NH_4)_2WO_4$ 溶液而言, 经本工艺处理后, 钼含量均能降到 0.02 $g \cdot L^{-1}$ 以下, 除钼率可达 98% 以上。

②渣的成分及钨的回收率: 工业条件下, 沉淀渣的成分如表 3 - 30 所示。从表 3 - 30 可知, 渣中 m_{WO_3}/m_{Mo} 为 0.25 ~ 0.3, 即每千克钼损失 WO_3 仅 0.25 ~ 0.3 kg。对含 WO_3 200 $g \cdot L^{-1}$、Mo 0.5 $g \cdot L^{-1}$ 的溶液而言, 除钼过程收率可达 99.9%。

表 3 - 30 除钼压滤渣成分/%

工厂名称	$WO_{3(T)}$	Mo	Cu
南昌硬质合金厂	4.46	16(平均值)	42.35
大余伟良钨制品厂	2.67(1.67)	11.5	43.67

注: ( )内数据为车间化验室分析结果, 其余为中心化验室分析结果。

从渣的成分亦可看出, 渣中 Cu 含量达 40% 以上, 钼含量达 10% 以上, 均易于回收。

③除钼的同时除去其他杂质的可能性。考虑到 As、Sb、Sn 同样为亲硫元素, $HAsO_4^{2-}$、AsO_4^{3-}、SbO_4^{3-}、SnO_3^{2-} 在一定条件下也能转化为 AsS_4^{3-}、SbS_4^{3-}、SnS_4^{3-}, 它们有可能与 MoS_4^{2-} 一道与硫化铜作用进入沉淀, 因此曾在含 Mo 的 $(NH_4)_2WO_4$ 溶液中加入 Na_3AsO_4、Na_3SbO_4 和 Na_2SnO_3 使 As、Sb、Sn 含量均达 0.1 $g \cdot L^{-1}$ 左右, 按照上述溶液的钼含量进行除钼的全过程, 最终溶液进行蒸发结晶, 所得 APT 与未经除钼处理直接蒸发结晶所得的 APT(结晶率同样为 90% 左右)的质量对比如表 3 - 31 所示。

表 3 - 31 APT 中 As、Sb、Sn 含量对比

APT 来源	As/($\mu g \cdot g^{-1}$)	Sb/($\mu g \cdot g^{-1}$)	Sn/($\mu g \cdot g^{-1}$)
$(NH_4)_2WO_4$ 未经除钼直接蒸发结晶	35	50	12
经除钼后蒸发结晶	6	5	<1
除杂率/%	82.9	90	>90

从表 3 - 31 可知, 本工艺在除钼的同时, 在不额外添加任何试剂, 不改变任何技术参数的条件下能有效地除去 Sn、As、Sb 等杂质。

此外, 有的工厂在钼含量不超标而 Sn、As 等超标的情况下, 亦用它进行除锡、砷等杂质, 以提高产品质量。具体做法为: 按 $(NH_4)_2WO_4$ 溶液含 Mo 为 0.05 ~ 0.1 $g \cdot L^{-1}$ 的技术条件依次进行除钼的全过程, 最终 Sn、As 等杂质都有效除去。

(3)离子交换法

离子交换法是基于 MoS_4^{2-} 对阴离子交换树脂的亲和力远大于 WO_4^{2-} 。根据所用树脂的不同，可分为强碱性阴离子交换法和弱碱性阴离子交换法两种，前者在工业上得到应用。

1)强碱性阴离子交换法[78~82]

对经过硫化过程，使钼已充分硫化的钨酸盐溶液而言，用强碱性阴离子交换法除钼一般按 3 个步骤进行，即：

①吸附。即 MoS_4^{2-} 与树脂上的 Cl^- 进行交换反应被吸附而进入树脂相。

$$2\,\overline{R_4NCl} + MoS_4^{2-} \Longrightarrow \overline{(R_4N)_2MoS_4} + 2Cl^-$$

WO_4^{2-} 对树脂的亲和力远小于 MoS_4^{2-} ，因此不被吸附而保留在溶液中，从而实现钨与钼的分离。

针对树脂的选择，А·А·布洛辛曾采用强碱性凝胶型阴离子交换树脂 AB‑17、AM 和强碱性大孔径阴离子交换树脂 AMⅡ 和 BⅡ‑IAⅡ、中等碱性阴离子交换树脂 BⅡ‑IⅡ、弱碱性阴离子交换树脂 AH‑31、AH‑82‑14Ⅱ 以及两性树脂 AHKБ‑35 和 BⅡK 进行筛选试验，所用的料液含 $0.5\ mol\cdot L^{-1}$ Na_2WO_4 、$90\ mmol\cdot L^{-1}$ Mo，在 S^{2-} 用量为理论量 2.5 倍的条件下硫化后进行吸附，结果如图 3‑43 所示。

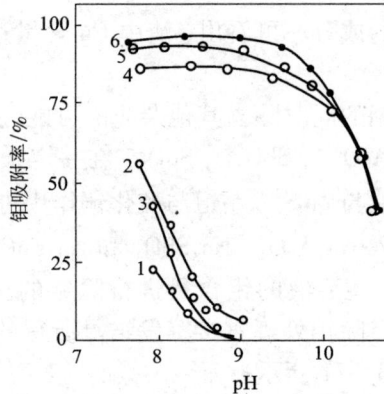

图 3‑43 不同树脂对钼吸附率与 pH 的关系

1—AH‑82‑14Ⅱ；2—AHKБ‑35；3—BⅡ‑1Ⅱ；
4—BⅡ‑1AⅡ；5—AMⅡ；6—AM

从图 3‑43 可知，在 pH 7.8~9.0 的条件下，强碱性阴离子交换树脂 BⅡ‑1AⅡ、AMⅡ、AM 对钼都有很好的吸附性能。虽然随着 pH 的进一步增加，钼的吸附率将下降，但即使在 pH 为 10.2 时，也仅下降 20%~25%，说明这些树脂不仅能从 Na_2WO_4 溶液中除钼，同时也能从 $(NH_4)_2WO_4$ 溶液中除钼。

为进一步查明上述树脂的交换容量，А·А·布洛辛在小型交换柱（容积 10 mL，$H:D=20:1$）进行了动态试验。动态试验时溶液的流速为 $0.25\ cm\cdot min^{-1}$ ，有关结果如表 3‑32 所示。

表 3 – 32 不同树脂的动态除钼试验结果

钨酸盐	树脂	钼浓度/（mmol·L^{-1}）		Mo 吸附容量/[mmol·g^{-1}（树脂）]	
		净化前	净化后	穿透容量	总动力学容量
Na$_2$WO$_4$	AM	10	0.15	0.7	1.3
	AMⅡ	10	0.2	1.0	2.0
	BⅡ – 1Aⅱ	10	0.2	0.7	1.9
（NH$_4$）$_2$WO$_4$	AM	17.2	0.4	0.8	1.4
	AMⅡ	17.2	0.5	0.7	1.7
	.BⅡ – 1Aⅱ	17.2	0.6	0.7	1.6

注：Na$_2$WO$_4$ 溶液浓度为 0.5 mol·L^{-1}，pH = 8.7，Na$_2$S 浓度 0.08 mol·L^{-1}，（NH$_4$）$_2$WO$_4$ 溶液浓度为 1 mol·L^{-1}，pH = 10，Na$_2$S 浓度 0.17 mol·L^{-1}。

从表 3 – 32 可知，小型试验表明 AM、AMⅡ 和 BⅡ – 1Aⅱ 都有较好的动态吸附性能，对钼的吸附容量高。

在上述钼吸附率较高的三种树脂中，考虑到 BⅡ – 1Aⅱ 的化学稳定性好，易再生，因此采用它在乌兹别克难熔和耐热金属公司进行了工业试验，所用（NH$_4$）$_2$WO$_4$ 料液含 WO$_3$ 160 ~ 195 g·L^{-1}，pH 9.8 ~ 10.2，每小时加料量为 0.4 ~ 0.6 倍树脂体积，其除钼效果如表 3 – 33 所示。

表 3 – 33 用 BⅡ – 1Aⅱ 树脂除钼的效果（工业试验）

编号		1	2	3	4	5	6	7	8
钼含量 /（g·L^{-1}）	除钼前	0.7	1.1	0.8	0.4	0.6	0.7	0.5	0.9
	除钼后	0.006	0.01	0.005	0.006	0.004	0.007	0.005	0.006

从表 3 – 33 可知，除钼后料液中钼含量可降为除钼前的 1/100 左右。吸附过程中 Mo 的总动力学交换容量达 60 ~ 70 kg·m^{-3}（树脂），钨损失约 0.8%，产出的 APT 除个别含硫为 0.01% 以外，其他均小于或等于 0.001%。

②氧化解吸。由于 MoS$_4^{2-}$ 对强碱性阴离子交换树脂的亲和力很大，基本上没有其他更强的阴离子能将其解吸，为将钼与树脂的分离，通常采用氧化法，使之氧化成 MoO$_4^{2-}$，氧化剂可用 H$_2$O$_2$、NaClO 或 HNO$_3$。用 NaClO 时浓度为 0.5 ~ 0.8 mol·L^{-1}，另加 0.25 mol·L^{-1} 的 NaOH，用 HNO$_3$ 时浓度则为 200 ~ 250 g·L^{-1}。

以 H$_2$O$_2$ 为例反应为：

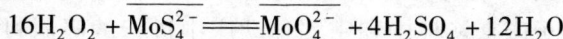

$$16H_2O_2 + \overline{MoS_4^{2-}} = MoO_4^{2-} + 4H_2SO_4 + 12H_2O$$

由于氧化后的水相中含大量阴离子如 SO_4^{2-} 等，因而 MoO_4^{2-} 及 WO_4^{2-} 被解析进入水相。水相含 m_{Mo}/m_{WO_3} 约为 1:1，可进一步回收 Mo 和 WO_3。

③转型。通过氧化使钼与树脂分离后，再用 NaCl 溶液或 HCl 溶液再生，使树脂转化为 Cl^{-1} 型，以便进行下一阶段的吸附过程。

强碱性阴离子交换法从钨酸盐溶液中除钼，可在固定床离子交换柱中进行，固定床离子交换柱设备简单，但其主要缺点是由于第二步氧化解吸为放热反应，产生大量热，而固定床中散热条件差，容易过热而导致树脂变质，不得不降低解吸速度；同时固定床吸附效果也较差，为此肖连生等开发了密实移动床-流态化床离子交换除钼技术，其实质如图 3-44 所示。

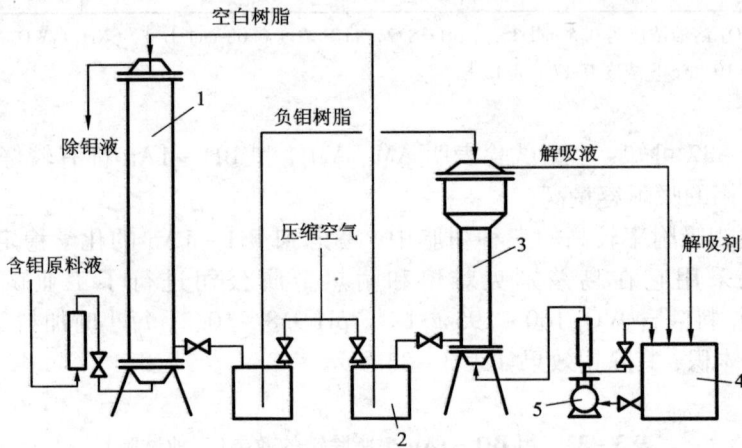

图 3-44 密实移动床-流态化床除钼设备系统示意图
1—密实移动床；2—树脂扬升器；3—流化床；4—解吸剂循环槽；5—泵

设备系统主要由密实移动床、流化床、树脂扬升器组成，其吸附除钼过程在密实移动床内进行，而负载钼树脂的解吸、再生和洗涤过程则在流化床内进行。含钼的钨酸盐溶液经充分硫化后从密实移动床底部向上流入，而已转型再生的树脂则从移动床上部加入，活塞流式的向下移动，因而料液与树脂发生逆流运动，进行交换过程，从移动床上部流出的溶液则为已除钼的纯钨酸盐溶液。负载钼树脂则从柱底部定期排出一部分，通过扬升器从流化床顶部加入，而解吸剂则从硫化床底部流入形成流态化床，在流化床内进行氧化解吸反应。由于流化床内有良好的传热、传质条件，因而能防止过热。解吸完成后，再用 NaCl 溶液进行再生。再生后用纯水洗涤，最后树脂返回密实移动床进行吸附过程。这种设备和操作系统树脂的工作容量大，钨损失少，有关指标远优于固定床离子交换除钼。

上述在固定离子床交换柱中和密实移动床中进行的吸附过程都属于动态吸

附,其特点是除钼率高,但正如 3.3.2 第 4 节所论述的,仅交换带中的树脂处于工作状态,在上述设备中进行动态吸附时树脂的工作效率低。而在搅拌槽中进行静态吸附时,则所有树脂均处于工作状态,因此树脂的工作效率高,但其不足之处是当树脂相与溶液相达到平衡时,由于树脂相有高的钼浓度,因而溶液相的平衡钼浓度亦相对较高,除钼率有限。肖连生在处理高钼含量 $(NH_4)_2WO_4$ 溶液时,采取将两者相结合的方法,即先在搅拌槽内进行静态吸附,利用其与树脂工作效率高的特点,一次性除去大量钼,然后在密实移动床内进行动态吸附,以保证较高的除钼率。

其在搅拌槽内进行静态吸附的工艺过程是:在 10 m^3 搅拌槽内,加入特别选择的密度较高的强碱性阴离子交换树脂和已硫化好的含钼达 10 ~ 15 $g \cdot L^{-1}$ 的 $(NH_4)_2WO_4$ 溶液,树脂:溶液 = 1:10。常温常压下搅拌 40 ~ 60 min,再澄清过滤,所得 $(NH_4)_2WO_4$ 溶液含钼降至 1.5 ~ 2.5 $g \cdot L^{-1}$,除钼率达 80% 左右。溶液再送密实移动床内进行深度除钼,过滤所得负载钼的树脂含钼达 75 $kg \cdot t^{-1}$ 左右,送流化床进行解吸。

2) 弱碱性阴离子交换法

用强碱性阴离子交换树脂从钨酸盐溶液中吸附硫代钼酸根除钼的特点是对溶液 pH 的适应范围宽,交换容量较大,但不足之处是吸附的钼难以解吸,需要氧化剂将其氧化,过程繁琐。基于这一点,许多学者考虑用弱碱性阴离子交换树脂代替它的可能性。

理论上分析,弱碱性阴离子交换树脂的特点是用 NH_4OH 或 NaOH 即可进行解吸,但它适用的 pH 范围小,仅在酸性或弱碱性范围内工作,为了具体查明其在除钼过程中应用的可能性,霍广生等[83]以及 A·A·布洛欣等[84]于 2000 年先后发表了有关研究结果。

霍广生等用大孔径的带叔胺功能团的 D301 和伯胺功能团的 D312 及动态法进行了研究,发现叔胺基的 D301 的吸附性能比伯胺基的 D312 好,在流速为 2 $cm \cdot min^{-1}$ 时,其穿透交换容量可达 14 $mg \cdot mL^{-1}$ 湿树脂。在同样条件下,伯胺型 D312 仅为其 30% 左右,但 D301 难以解吸,用 0.5 $mol \cdot L^{-1}$ NaOH 为解吸剂。当其体积为树脂体积的 10 倍时,解吸率不到 35%,因此认为工业生产中应用的价值不大。

A·A·布洛辛等对多种不同结构(大孔径或凝胶型)不同功能团(伯胺、伯胺 - 仲胺、仲胺 - 叔胺)的弱碱性阴离子交换树脂进行了研究,并与工业中除钼常用的大孔径强碱性阴离子交换树脂进行了比较,其规律性与霍广生等的研究结果大体一致,即所有凝胶型的伯胺功能团(AH - 20 例外)的树脂的吸附性能都较差,而大孔型伯胺 - 叔胺功能团的 AH - 511 和 AH - 211 的吸附性能较好。AH - 511 从 Na_2WO_4 溶液中吸附时容量达强碱性阴离子树脂 BΠ - IAπ 的 75% ~ 80%,从

$(NH_4)_2WO_4$ 溶液（pH = 10）中吸附时为其
50% ~55%。但是室温下解析性能差，对
AH－511 而言，在用 6 mol·L^{-1} 氨水解吸时，为
达到满意的解吸率，解吸剂的体积应达树脂的
8 ~ 10 倍，但是发现升高解吸温度能大幅度提
高解吸速度，吸附钼的 AH－551 树脂在 21℃
和 50℃用 6 mol/L NH$_4$OH 解吸的解吸曲线如
图 3－45 所示。

从图可知，50℃下所需解吸剂的体积仅为
21℃的一半左右，相应地解吸液中钼的浓度亦
得以提高。A·A·布洛辛等同时就高温（50℃）
对树脂性能的影响进行了初步考察，认为经过
5 周期操作，树脂的工作性能没有明显的改变。

图 3－45　吸附钼的 AH－551
树脂的解吸曲线
1—50℃；2—21℃

（4）有机溶剂萃取法[85]

正如前所述的用强碱性阴离子交换树脂分离钨钼一样，利用钨钼亲硫性质的
差异亦可用阴离子交换机理的有机溶剂萃取法进行分离。其萃取剂可选用季铵
盐。黄慰莊等[85]以季铵盐 N263 为萃取剂在完成小型试验的基础上，进行了半工
业试验，所用的 Na$_2$WO$_4$ 溶液成分为：WO$_3$ 75 ~ 85 g·L^{-1}、Mo 0.03 ~ 0.17 g·L^{-1}、
pH =8.2 ~ 8.4，经过硫化处理后进行萃钼。有机相含 1.2% N263、20% TBP%
（体积分数）、其余为煤油，进行 6 级逆流萃取。萃余液中 m_{Mo}/m_{WO_3} 可小于
0.01%，负钼有机相以含 0.3 mol·L^{-1} NaOH 的 NaClO 溶液进行反萃，反萃后有机
相再用 0.5 mol·L^{-1} NaCl 溶液再生。整个除钼过程中，WO$_3$ 损失约 0.5%。

由于萃取有机相中含 TBP，故萃余液中含有少量溶解的 TBP 以及 S^{2-}。为此
通过活性炭吸附，有机磷的脱除率达 98%，可作为蒸发结晶制取合格 APT 的
原料。

3.7　仲钨酸铵的制取

当前工业中生产的仲钨酸铵的化学成分主要是（NH$_4$）$_{10}$H$_2$W$_{12}$O$_{42}$·4H$_2$O，即
APT·4H$_2$O。工业上为简单起见，一般称其为 APT。对含结晶水不为 4 的仲钨酸
铵（例如（NH$_4$）$_{10}$H$_2$W$_{12}$O$_{42}$·10H$_2$O）将另外注明。

APT 为重要的钨冶金中间产品，各用户对其纯度、粒形、粒度分布等方面都
有一定的要求，为满足用户的要求，各生产厂商都对其产出的 APT 规定了一定的
纯度标准（参见表 3－1、表 3－2 和表 3－3）。至于其粒度，对一般用户而言，则
没有明确的要求，由于粒度太细将导致松装密度小，流动性差，不利于后续工序

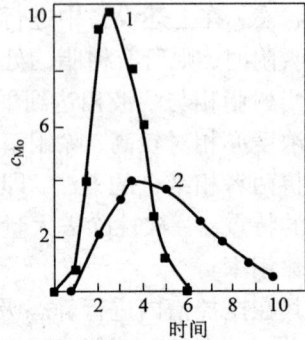

处理，因此不宜太细。以美国全球钨及粉末公司产出的 APT 粒度为例，$420 \sim 250$ μm 占 1%，$250 \sim 149$ μm 占 14%，$149 \sim 74$ μm 占 45%，$74 \sim 43$ μm 占 20%，<43 μm 占 20%，松装密度为 $2.13 \sim 3.55$ $g \cdot cm^{-3}$。

但是人们发现 WC 或钨粉的颗粒愈细，则烧结温度愈低，特别是纳米硬质合金有着许多特殊优异性能，因此超细钨粉或超细 WC 的制备为研究的热点之一。而人们发现 APT 的粒度对其后续产品钨粉有一定的遗传性，因而制备超细钨粉或 WC 粉的主要途径之一就是以细 APT 为原料，因此细 APT 的制备亦为人们关心的重点之一。

因此工业上仲钨酸铵制取过程应创造条件同时满足上述纯度、粒度及粒度分布方面的要求，当前我国许多钨冶炼厂产出的 APT 除纯度能满足要求外，其粒度亦可在 $10 \sim 100$ μm 范围内按用户要求任意控制。

3.7.1 由钨酸铵溶液制取仲钨酸铵的方法简介

工业上制取 APT 的原料为经过净化提纯所得的正钨酸铵溶液。根据 1.1 节所介绍的钨酸盐水溶液性质，欲将正盐转化为仲盐，其关键是使溶液的 pH 降至 8 以下，因此由正钨酸铵溶液制备 APT 的方法主要如下。

1. 蒸发结晶法

即在高温下使溶液中 NH_3 挥发，从而降低 pH。当达到 $pH = 8.5$ 左右（视 WO_4^{2-} 浓度而定），即迅速产生仲钨酸根 A：

$$6WO_4^{2-} + 7H^+ \Longrightarrow HW_6O_{21}^{5-} + 3H_2O$$

仲钨酸根 A 再继续聚合成仲钨酸根 B，并进而与 NH_4^+ 结合成仲钨酸铵的沉淀。后者视温度条件的不同而具有不同的结晶水。以 $APT \cdot 4H_2O$ 而言，反应为：

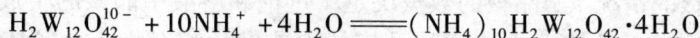

$$2[HW_6O_{21}^{5-}] \Longrightarrow H_2W_{12}O_{42}^{10-}$$

$$H_2W_{12}O_{42}^{10-} + 10NH_4^+ + 4H_2O \Longrightarrow (NH_4)_{10}H_2W_{12}O_{42} \cdot 4H_2O$$

蒸发结晶过程一般在 $90 \sim 100℃$ 下进行，因此产出的均为 $APT \cdot 4H_2O$。

相对于其他结晶方法而言，蒸发结晶法的重要特点是：在结晶过程中大部分杂质都是富集在水相，在结晶的后期析出。因此控制适当的结晶率，则可使产出的 APT 的纯度比原始 $(NH_4)_2WO_4$ 提高，某些杂质如磷的相对含量可降为原有的 $10\% \sim 20\%$。

蒸发结晶法为当前生产 APT 的最主要的工业方法，本书将进行详细介绍。

2. 酸中和法

即将盐酸加入 $(NH_4)_2WO_4$ 溶液中进行中和，使 pH 降低至 8.5 左右，从而 $(NH_4)_2WO_4$ 转化为 APT 沉淀。一般常用 HCl 为中和剂，反应为：

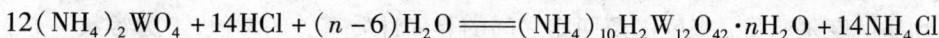

$$12(NH_4)_2WO_4 + 14HCl + (n-6)H_2O \Longrightarrow (NH_4)_{10}H_2W_{12}O_{42} \cdot nH_2O + 14NH_4Cl$$

式中：n 视反应温度而定，当温度低于 50℃，则 $n=10$；当高于 50℃，则 $n=4$。

酸中和法工艺简单，产品的粒度较易控制，但由于加入了盐酸，相应地带入了 HCl 中所含的杂质，故纯度较低。

3. 冷冻结晶法

即将 $(NH_4)_2WO_4$ 溶液先用液氮使之迅速全部冷冻，然后在真空下适当升高温度(但不能导致解冻)，使其中的 H_2O 以及 NH_3 升华，最终得到仲钨酸铵粉末。

冷冻结晶法由于 $(NH_4)_2WO_4$ 溶液在极短的时间内冷冻为固态，故产出的仲钨酸铵粒度细，费氏平均粒径可达 $0.6 \sim 1.3$ μm。同时溶液在极短时间内整体固化，因此固化过程基本上不发生成分偏析，基本上保持溶液中原有的分子混合状态，成分均匀，因此可用以制取超细钨粉及成分均匀的复合粉。

此外参照相关领域的经验，还可考虑用喷雾结晶法，喷雾结晶法是利用高速气流将 $(NH_4)_2WO_4$ 溶液雾化，并带入反应室，在反应室内控制一定的温度，使雾滴中的 H_2O 和 NH_3 挥发，从而其中的 $(NH_4)_2WO_4$ 转化为固体 APT 粉末，再通过收尘装置将气固分离得产品 APT。根据喷雾结晶的一般规律，其产出的 APT 粒度将较细，同时均匀，此外由于每个雾滴的成分基本上都与起始的 $(NH_4)_2WO_4$ 溶液相同，因此 APT 的成分均匀。可用以制取超细粒度的 APT 粉或成分均匀的复合粉。

3.7.2 仲钨酸铵结晶过程的基本原理

1. APT 粒度的控制

(1)水溶液中结晶过程的一般原理

根据结晶过程的理论，结晶颗粒的大小决定于结晶过程中晶核数量和晶核的长大速度；而晶核的数量由两部分组成，即过饱和溶液中自动产生的核心(均相成核)和外来的核心(异相成核)，我们先考虑均相成核的情况。

均相成核的情况下，晶核的数量决定于过饱和溶液中晶核的生成速度，因此晶粒的大小决定于晶核生成速度与晶核长大速度的相对大小，当晶核生成速度快，则晶核多，相应地结晶颗粒细；相反地当晶核长大速度快，则原有晶核得以迅速长大，与此同时，由于过饱和溶液中溶质迅速在已有晶体上结晶，降低了溶液的过饱和度，因此抑制了晶核的进一步产生，这些都导致结晶颗粒变粗。因此有必要了解各种因素对晶核形成速度及晶核长大速度的影响。

根据结晶过程的理论，对晶核形成过程而言，均相成核过程的速率 J(过饱和溶液中单位时间单位体积内产生的晶核数)可简单用下式表示：

$$J = k\exp\left\{ -\frac{A}{(RT)^3[\ln S/S_0]^2} \right\}$$ (3-27)

式中：S_0 为待结晶物质的溶解度；S 为过饱和溶液中待结晶物质的浓度；A 为与结晶物质的摩尔质量、密度以及两相之间的界面性质有关的常数；k 为常数。

对晶粒长大过程而言，当晶粒长大的控制性步骤为扩散传质步骤时，则整个晶粒长大速率：

$$v \propto D \cdot (S - S_0)/\delta \qquad\qquad (3-28)$$

式中：D 为待结晶物质在水溶液中的扩散系数，随温度的升高而急剧增大；δ 为液相中液固相界面待结晶物质扩散层的厚度，随搅拌速度的加快而减小。

对比分析式（3-27）、式（3-28）可知各种参数对晶粒大小影响的一般规律为：

1）过饱和溶液的浓度

根据式（3-27）和（3-28），过饱和溶液浓度 S 增加既有利于晶核的形成，又有利于晶粒长大，但对晶核形成的影响更大些，因此一般 S 值增加导致晶粒变细。

与过饱和溶液浓度有关的是原始溶液的浓度，原始溶液浓度降低，将使过饱和浓度降低，有利于晶粒长大。

在讨论浓度影响时，还应注意到体系内浓度的均匀性。有时整体浓度不高，但也可能由于操作的原因导致局部浓度过高，以致晶粒细且粒度分布不均匀。例如在中和结晶过程中，在 HCl 液滴进入 $(NH_4)_2WO_4$ 溶液时，两种溶液混合区的 pH 急剧降低，WO_4^{2-} 迅速转化为仲钨酸根离子，使其过饱和度局部过大，就容易产生这种情况，为此应加强搅拌以强化传质过程，同时应适当降低 HCl 浓度和加入速度。

2）温度

温度升高对晶粒大小的影响是多方面的。

从晶粒长大的角度看，温度升高加大了扩散系数 D，相应地加快了扩散速度，加快了晶粒长大速度。

从晶核形成的角度来看，根据式（3-27），它有着两方面的影响。一方面温度升高则 J 值增大，即有利于晶核形成；但更重要的是温度的升高又从多方面给晶核的生成带来不利，主要是：大部分物质在水中的溶解度 S_0 都是随温度升高而增大，故温度升高导致过饱和度减小；由于温度的升高导致晶粒长大速度加快，大部分溶质迅速在已有晶核上结晶，也导致过饱和度减小，这些都对晶核的生成带来不利。综合考虑上述各方面的影响，温度升高最终的结果往往是使晶粒变粗。

3）搅拌速度

加快搅拌速度有利于加快传质过程，保持溶液体系的均匀性。因此往往有利于晶粒长大。但是搅拌速度过快将对已有颗粒产生破碎作用，以致得到相反的效果。

除上述均相成核外，异相成核对结晶过程具有很大影响，微细的固体颗粒及反应器的器壁，甚至某些杂质离子都可能作为结晶核心。此外杂质分子或离子可能选择性吸附在晶粒的表面甚至包裹在晶粒表面，妨碍其长大，因而导致细晶粒产品。杂质在晶粒表面局部吸附也可能改变晶粒的形貌。因此一般而言，纯度较高的溶液结晶时，产品粒度较粗。含杂质较多的溶液结晶时，则产品粒度较细。

同时结晶后期，由于杂质在溶液中的富集，结晶产品的粒度往往比前期细。

另外还要指出的是，陈化过程将有利于细晶粒向粗晶粒迁移，即细颗粒由于其溶解度大而优先溶解，再扩散至粗晶粒表面结晶析出。这些都将在 APT 结晶过程中得到体现。

（2）影响 APT 粒度的因素分析

总的说来，在中和结晶过程及蒸发结晶过程中 APT 的粒度变化都服从上述规律，现具体分析如下：

1）中和结晶

在中和结晶过程中，上述各种因素对晶粒大小的影响规律得到较好的体现，即升高中和过程的温度、降低中和剂 HCl 的浓度、提高溶液的纯度、适当加强搅拌都有利于得到粗粒度产品；反之则有利于得到细粒度产品。具体说来，随着对产品粒度要求的不同，其条件控制如表 3 - 34 所示。

表 3 - 34　盐酸中和法生产不同粒度 APT 的条件控制

条件	粗颗粒	中颗粒	细颗粒
温度/℃	>90	70 ~ 75	<50
HCl 浓度/%	10 ~ 20		

除表 3 - 34 规定的参数外，加料方式和加料速度对产品粒度亦有较大的影响，为制取粗颗粒产品，其 HCl 宜缓慢地加入 $(NH_4)_2WO_4$ 溶液中，使 $(NH_4)_2WO_4$ 溶液的 pH 由其原有的 9 ~ 10 缓慢地降至 APT 的结晶 pH，即 8 左右，因而缓慢地达到过饱和，以致产生的核心少；反之则 $(NH_4)_2WO_4$ 溶液的 pH（特别是某些局部的 pH）急剧降低，相应地将产生大量核心，甚至将产生钨酸颗粒。

2）蒸发结晶

在蒸发结晶过程中温度和搅拌对产品粒度的影响都有其双重性。温度升高，则一方面它对晶粒长大的上述各种有利作用都存在；但另一方面它加快了 NH_3 的蒸发，加快了溶液 pH 的降低，提高了溶液的过饱和度，相应地对晶核的形成、晶粒的细化创造了有利条件；此外在结晶时间控制一定的条件下，温度升高，结晶率也会提高，在一定程度上也影响到晶粒的大小。同样对搅拌作用而言，加大搅拌强度既加速了传质过程，改善了溶液中的均匀性，有利于晶粒的长大，但它也加速了氨的挥发，加速了溶液 pH 的降低，有利于晶核的生成。因此最终效果是多种因素的综合，应根据实验情况决定。以下综合介绍前人对各种因素影响的研究结果。

①温度及温度制度。万林生[88]、李运姣[89]、王志雄[90]等分别研究了蒸发结

晶过程中温度对 APT 的粒度影响。他们的结论大体上一致,即随着温度的升高,APT 的粒度变粗,APT 的流动性改善。王志雄指出,温度由 75℃到 95℃,APT 粒度呈抛物线增加;同时随着温度的升高,晶体的形貌得到改善,由 50℃左右的针状到 80~90℃的立方体。

万林生指出,粒度的大小还决定于温度制度,在结晶的全过程可分为升温期(即将溶液温度升高至一定值)、成核期和晶粒长大期。各个时期的温度及升温速度应根据 APT 产品的粒度要求而具体决定。为保证得到较大的平均粒径,在升温期应快速升温,由于升温时间短,升温过程中 NH_3 的挥发损失少,达到给定高温值后过饱和浓度小;在成核期则要求保持中温,以便减少 NH_3 的挥发,减慢核心的生成;在晶粒长大期则要求保持高温,有利于晶粒的长大。万林生在工业规模下通过控制搪瓷反应釜夹套的蒸汽压力以控制釜内温度,不同压力制度(即温度制度)下产品的粒度、松装密度、流动性如表 3 – 35 所示(表中 $p_0 - p_b$、$p_b - p_{end}$、$p_{zo} - p_{zend}$ 分别表示升温期、成核期和晶粒长大期夹套内的蒸气压)。

表 3 – 35　不同温度制度下 APT 产品的费氏粒度、松装密度和流动性

试验号	$(p_0 - p_b)/$ $\times 10^5 Pa$	$(p_b - p_{end})/$ $\times 10^5 Pa$	$(p_{zo} - p_{zend})/$ $\times 10^5 Pa$	费氏粒度/ μm	松装密度/ $(g \cdot cm^{-3})$	流动性/ $(s \cdot (50 g)^{-1})$
A_1	3	1 ~ 1.5	3	42	2.20	36.3
A_2	3	3	3	33	1.83	45.2
B_1	3	1 ~ 1.5	3	44	2.30	35.0
B_2	3	3	3	38	1.97	38.9

注:A_1、A_2 为离子交换工艺料液,含 WO_3 0.91 $mol \cdot L^{-1}$、NH_4Cl 2.5 $mol \cdot L^{-1}$、NH_4OH 2 $mol \cdot L^{-1}$;B_1、B_2 为经典工艺料液,含 WO_3 0.86 $mol \cdot L^{-1}$、NH_4OH 2 $mol \cdot L^{-1}$。

②溶液成分。几乎所有研究者的结论都是:在溶液中杂质与 WO_3 比值相同的条件下,$(NH_4)_2WO_4$ 溶液浓度升高,APT 粒度变细。万林生等的试验结果如表 3 – 36 所示。

此外,文献[88]、[89]、[90]都一致指出,$(NH_4)_2WO_4$ 溶液浓度过大不仅使晶粒细化,且容易产生棒状、针状结晶,产品的均一性降低。

溶液成分除 $(NH_4)_2WO_4$ 浓度外,溶液中 NH_4Cl 及其他杂质的含量也将影响到 APT 的粒度。用强碱性阴离子交换法处理粗钨酸钠溶液时,所得的 $(NH_4)_2WO_4$ 溶液中就含大量 NH_4Cl(1 ~ 2 $mol \cdot L^{-1}$),NH_4Cl 浓度对 APT 粒度的影响如表 3 – 37 所示。

表 3 – 36　不同钨浓度下 APT 产品粒度特性

WO₃ /(mol·L⁻¹)	费氏粒度 /μm	松装密度 /(g·cm⁻³)	粒度分布(质量分数)/%					
			<45 μm	45~80 μm	80~98 μm	98~125 μm	125~180 μm	>180 μm
0.71	44	2.30	12.9	25.0	28.0	12.5	8.5	0.6
0.91	42	2.20	14.5	32.8	32.5	18.0	4.0	1.8
1.23	32	1.80	24.0	48.0	12.3	8.7	4.7	0

注：NH_4Cl 2.5 mol·L⁻¹，NH_4OH 2 mol·L⁻¹，t 95℃。

表 3 – 37　不同 NH_4Cl 浓度下 APT 产品粒度

NH_4Cl/(mol·L⁻¹)	松装密度/(g·cm⁻³)	费氏粒度/μm	流动性/(s·(50g)⁻¹)
0	2.30	44	35.1
2.5	2.20	42	36.3
3.23	2.03	41	38.5

注：WO_3 0.91 mol·L⁻¹，NH_4OH 2 mol·L⁻¹，t 95℃。

从表 3 – 37 可知，随着溶液中 NH_4Cl 浓度的增加，所得 APT 的费氏平均粒径减小，流动性变差。

此外溶液中少量的杂质及表面活性剂都将不利于晶粒的长大，使 APT 粒度细化。为此万林生等为制备微米级 APT 颗粒，往往向溶液中加入表面活性剂。

③晶种。添加晶种有利于晶粒长大，但是在添加晶种时应注意两个问题，即添加晶种的时机和晶种的质量。

关于添加晶种的时机，根据溶液的结晶理论，随着溶液浓度和温度的不同，体系中存在三种状态，如图 3 – 46 所示。

图中线 1 为物质的溶解度曲线，线 1 以下 A 区为溶液的稳定区，在这个区域内当有固体溶质存在，则会发生溶质的溶解反应。线 2 以上 B 区为固体溶质稳定区。1、2 之间为介稳定区即过饱和区，而过饱和区又分为两个区域，其中 M_1 区由于过饱和浓度有限，不能自发产生核心，M_2 则为能自发产生

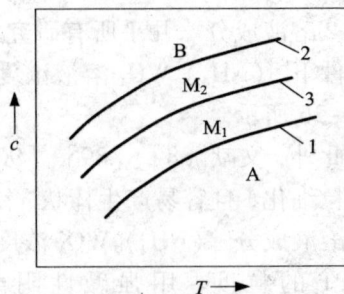

图 3 – 46　溶液的稳定区示意图

核心的区域，显然在蒸发的初期，随着蒸发过程的进行，溶液的状态是逐步由 A

区过渡到 M_1 区、M_2 区，最后到达 B 区的。应根据实际情况，把握好时机，在溶液处于 M_1 区域时加入，否则如果处在 A 区时加入则晶种会溶解损失，起不到晶种的作用；如果处在 M_2 区时加入，则由于溶液中可能已有自发产生的晶核，晶种的加入反而导致晶核数的增加，导致相反的结果。

关于晶种的质量，万林生[87]和 John W. Van Put（见第 1 章参考文献[13]）都指出采用结晶完整的晶种，则得到的晶粒比较完整。如果晶种先进行破碎处理，虽然它同样有利于晶粒的长大，但结晶不完整，而且容易发生团聚。

④搅拌作用。在 APT 结晶过程中一定强度的搅拌有利于强化传质过程减少过饱和度，相应地使晶粒变粗。但搅拌强度过大，使溶液中 APT 颗粒被磨碎，与此同时还导致晶核的增加，因而晶粒反而变细。

文献[89]同时指出采用空气搅拌，可减少对 APT 颗粒的磨碎作用，其效果比机械搅拌更好。

此外谭艳芝等[91]发现超声波对 APT 蒸发结晶过程中晶粒的大小和粒度分布有一定影响，他们以钨酸氨溶所得的 $(NH_4)_2WO_4$ 溶液为料液，分别在无超声波作用时和 170 kHz 的超声波作用下，在 80℃进行蒸发结晶发现：有超声波作用时溶液中产生晶核的时间为 30 min，而无超声波作用时需 38 min，即超声波能加快晶核的生成；同时在有超声波作用时产品粒度较细且比较均匀，而无超声波作用时偏粗且均匀性比前者差，如表 3-38。

表 3-38　无超声波作用和有超声波作用下产品粒度分布（质量分数）对比/%

样品	<10 μm	10~56 μm	56~70 μm	70~110 μm	>110 μm
无超声波作用	4.77	36.70	14.14	27.05	17.34
有超声波作用	4.44	49.37	14.73	23.00	8.46

上述规律性在四钼酸铵结晶过程中同样存在。吴争平等[92]发现在 80 kHz 超声波作用下，结晶过程能快速进行，产出的四钼酸铵晶粒细且较均匀，而无超声波作用时，则结晶速度慢，晶粒粗且均匀性差，这些为粒度的控制提供了一条途径。

总之，蒸发结晶过程晶粒的长大为复杂过程，其结晶的形貌和粒度受多种因素的共同影响，对具体的生产过程而言，其结晶条件不尽相同，有必要根据上述原理，研究适当的工艺制度。

2. 蒸发结晶过程中杂质的行为[93~95]

按照绝大多数用户对 APT 化学纯度的要求（个别特殊用户的要求例外），APT 中通常容易超标的杂质是 $(NH_4)_2WO_4$ 溶液中以阴离子形态存在的 P、As、Si、Sn、

Mo 等杂质和以阳离子形态存在的 K、Na、Ca 等杂质，其他杂质往往不至于造成 APT 的不合格。因此我们主要讨论蒸发结晶过程中 P、As、Si、Sn、Mo、K、Na 等杂质的行为，以研究降低其随 APT 一道析出的可能性。

大量试验及生产实践证明，蒸发结晶过程中，除杂质 Sn 以外，P、As、Si、Mo、K、Na 等杂质的行为大体相似，有以下规律性：

（1）P、As、Si、Mo、K、Na 的析出率远低于 APT 的结晶率，因此通过蒸发结晶过程，产品 APT 中上述杂质的相对含量（指杂质含量与 WO_3 含量的质量比，下同）远低于起始的 $(NH_4)_2WO_4$ 溶液，即产品质量得到提高。根据万林生的试验，用蒸发结晶法从离子交换工艺产生的 $(NH_4)_2WO_4$ 溶液中生产 APT 时，产品中 P、As、Si 的相对含量与结晶率的关系如表 3－39 所示。在结晶率为 94% 左右的条件下，APT 中 K、Na 的相对含量如表 3－40 所示。在蒸发结晶过程中 P、As、Si 的析出率及溶液 pH 的变化与结晶率的关系如图 3－47 所示，Mo 的析出率及溶液 pH 变化与结晶率的关系如图 3－48 所示。分析上述表和图可知：

①对含 WO_3 300 $g \cdot L^{-1}$、P 0.02 $g \cdot L^{-1}$、As 0.047 $g \cdot L^{-1}$、Si 0.094 $g \cdot L^{-1}$ 的原始 $(NH_4)_2WO_4$ 溶液而言，在结晶率为 95% 左右的条件下，产品 APT 中 P、As、Si 的相对含量仅分别为原始 $(NH_4)_2WO_4$ 溶液的 1/11、1/9、1/45 左右；对含表 3－40 中所示成分的原始 $(NH_4)_2WO_4$ 溶液而言，在结晶率为 94% 左右的条件下，Na、K 的相对含量仅分别约为其 1/(50～100) 和 1/10 左右，杂质 Mo 亦有类似情况，因此上述杂质含量均可降低 1 个数量级左右。

②图 3－47 和图 3－48 表明，随着结晶率的增加，上述杂质的析出率增加，而且在结晶率较大的情况下，析出率将大幅度增加，因而导致产出 APT 中上述杂质的相对含量增加，即产品质量下降，因此在 APT 结晶过程中应根据原始 $(NH_4)_2WO_4$ 料液的质量控制适当的结晶率。

造成杂质析出率随结晶率的增加而迅速提高的原因，尚缺乏充分研究。对 P、As、Si 而言，根据钨与 P、As、Si 杂多酸及杂多酸盐的性质，在 pH 7 左右，已能形成杂多酸，而在结晶率为 60%～80% 的情况下，溶液的 pH 已降为 7 左右（见图 3－47 和图 3－48），因此已具备形成相应杂多酸的条件，杂质 P、As、Si 析出率的迅速提高可能与此有关。至于在较高结晶率的条件下钼的析出率迅速提高的原因，除钨－钼杂多酸的生成以外，还可能由于当溶液 pH 降至 7 左右时，钼由正钼酸根离子转化为仲钼酸根离子，后者更容易与仲钨酸根离子一道以类质同相的形态进入 APT 晶格。

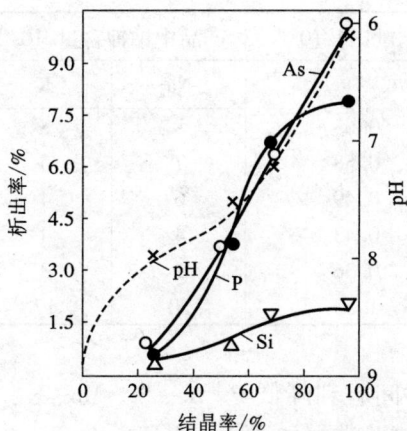

图 3 – 47　蒸发结晶过程中 P、As、Si 的
析出率及 pH 的变化与结晶率的关系

（钨酸铵溶液为离子交换工艺的高峰液，含
WO_3 280 $g·L^{-1}$、Si 0.094 $g·L^{-1}$、P 0.02 $g·L^{-1}$、
As 0.047 $g·L^{-1}$）

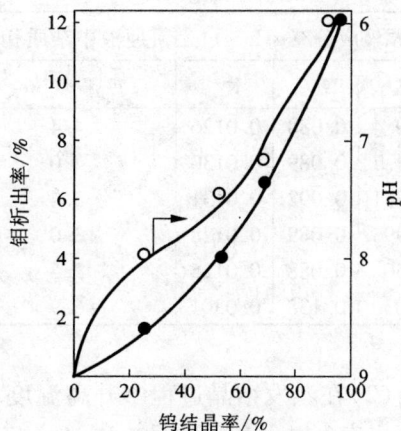

图 3 – 48　钼析出率与钨结晶率
及溶液 pH 的关系

（所用的钨酸铵溶液为离子交换工艺的高峰液，
含 Mo 0.15 $g·L^{-1}$、WO_3 280 $g·L^{-1}$、
NH_4Cl 70 $g·L^{-1}$、NH_4OH 50 $g·L^{-1}$）

③蒸发结晶过程中 Si 和 Na 的析出率比 P、As 低，因此对原始 $(NH_4)_2WO_4$ 溶液而言，Si 和 Na 的相对含量要求可适当放宽。

④相对而言，K 的析出率远大于 Na 的析出率，因此对原始钨酸铵溶液（含 WO_3 200 ~ 250 $g·L^{-1}$）中 K 的含量限制比 Na 苛刻得多，某些工厂要求 K 含量为 4 $mg·L^{-1}$ 左右，而 Na 含量可达 100 $mg·L^{-1}$。

表 3 – 39　APT 中 P、As、Si 的含量与结晶率的关系

（原始 $(NH_4)_2WO_4$ 溶液含 WO_3 300 $g·L^{-1}$、P 0.020 $g·L^{-1}$、As 0.047 $g·L^{-1}$、Si 0.094 $g·L^{-1}$）

结晶率	相对含量/$(μg·g^{-1})$		
	m_P/m_{WO_3}	m_{As}/m_{WO_3}	m_{Si}/m_{WO_3}
原始钨酸铵溶液	66	156	313
APT（结晶率25%）	2	5	5
APT（结晶率95%）	6	18	7

表 3-40   APT 中 Na、K 含量与原液成分的关系(结晶率 94%)

原液成分/(g·L⁻¹)			原液中杂质相对含量(质量比)/10⁻⁴		产品中钠钾含量/10⁻⁶	
WO₃	Na⁺	K⁺	m_{Na^+}/m_{WO_3}	m_{K^+}/m_{WO_3}	Na	K
200.4	0.088	0.0126	4.4	0.63	8	8
224.7	0.089	0.0130	4.0	0.58	7	5
267.1	0.092	0.0131	3.4	0.49	6	4
299	0.089	0.0128	3.0	0.43	4	4
350	0.088	0.0125	2.5	0.36	2	3
203	0.138	0.0301	6.9	1.55	20	17

(2)在蒸发结晶过程中升高温度、缩短时间有利降低 P、As、Si、Mo、K、Na 的析出率,提高产品质量。P、As、Si、Mo 的试验数据如表 3-41 所示。

表 3-41   结晶温度和结晶时间对 APT 中 P、As、Si 含量的影响

温度/℃	时间/h	终点 pH	APT 中的含量(质量分数)/%			
			Si	P	As	Mo
95	4~5	6.0	0.0008	0.0006	0.0011	0.003
<85	20	6.3	0.0012	0.0009	0.0012	0.004
<60	40	7.0	0.0018	0.0010	0.0014	0.0045

此外文献[92]中还指出,P、As、Si 的析出率与钨酸铵溶液中 P、As、Si 的起始浓度有关。起始浓度增加,则析出率降低。

但是与 P、As、Si 相反的是:Mo 的析出率随溶液中 Mo 的起始含量的升高而增加。

此外万林生还发现原始钨酸铵溶液中 NH₄Cl 的含量升高,则在同样结晶率的条件下,产品中 Mo 含量增加。例如当原液含 WO₃ 200 g·L⁻¹、Mo 0.04 g·L⁻¹,在 95℃下结晶,结晶率为 95% 的条件下,原液含 NH₄Cl 分别为 38 g·L⁻¹ 和 90 g·L⁻¹ 时,产品 APT 中含钼分别为 12×10^{-6} 和 17×10^{-6}。

至于杂质锡,生产实践证明,在钨酸铵溶液蒸发结晶过程中,锡往往在初期就全部析出,因而在蒸发结晶过程中不能除锡。

3.7.3   仲钨酸铵蒸发结晶的工业实践

在已有的多种仲钨酸铵结晶方法中,蒸发结晶法工艺及设备简单,易于大型化,同时有一定的提纯作用,因而是当前最主要的工业方法。本节主要介绍其工业实践。

1．蒸发结晶过程的工艺及设备

蒸发结晶法有间断作业和连续作业两种方式。间断作业一般在夹套加热的搪瓷反应器或钛合金反应器中进行，$(NH_4)_2WO_4$ 料液密度为 $1.20 \sim 1.28$ $g \cdot cm^{-3}$（含 $250 \sim 300$ $g \cdot L^{-1}WO_3$），加热使氨挥发，pH 降到 $7.5 \sim 8.0$ 则 APT 开始析出，随着 APT 的析出，溶液的密度降低。蒸发的终点由母液密度来判断，一般为 $1.06 \sim 1.08$，若产品纯度要求高，则母液密度控制稍高，对离子交换法所得的 $(NH_4)_2WO_4$ 溶液而言，由于其中 NH_4Cl 的盐析作用，所以当溶液体积蒸发 60% 左右时，APT 的结晶率可达 $90\% \sim 95\%$，母液密度 1.02 $g \cdot cm^{-3}$ 左右。

为控制 APT 的粒度，有时须控制结晶温度和蒸发速度，有的工厂在真空下进行，并在底部鼓入空气以加快 NH_3 的蒸发，此时真空度控制为 $40 \sim 50$ kPa，温度为 $80 \sim 85$℃。

连续结晶过程在连续蒸发器中进行，其结构如图 3－49 所示，料液在外加热器 1 中加热到一定温度后送至连续蒸发器的蒸发室 2，使氨进行蒸发从而使溶液达到过饱和。蒸发室中过饱和度控制在介稳定区内不自动产生晶核。过饱和的溶液经中心管 3 进入结晶室 4 后与其中大量存在的晶体接触而发生结晶过程，晶体送连续过滤机过滤，结晶母液一部分返回与原始溶液混合循环。

连续结晶法的优点是过程连续化、生产能力大、质量稳定、粒度均匀，同时氨易于回收。

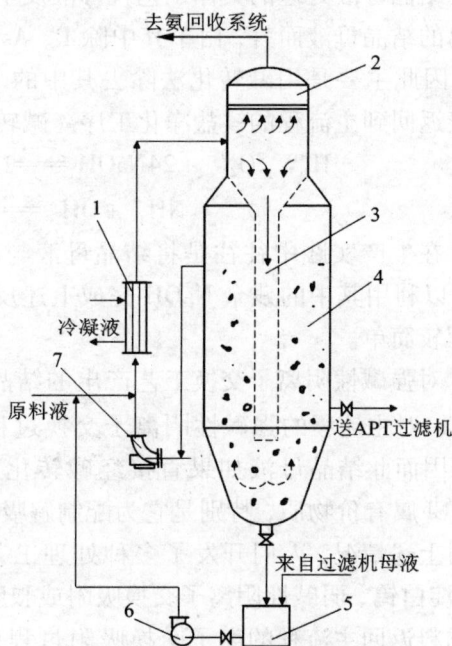

图 3 –49　APT 连续蒸发结晶器

1—外加热器；2—蒸发室；3—中心管；4—结晶室；5—母液槽；6—泵；7—循环泵

2．结晶母液的处理

$(NH_4)_2WO_4$ 溶液经蒸发结晶析出 APT 后，剩下结晶母液。母液的成分视生产过程的具体工艺而异，强碱性阴离子交换工艺产出的 $(NH_4)_2WO_4$ 溶液经蒸发结晶后，结晶母液含 WO_3 $15 \sim 30$ $g \cdot L^{-1}$（以仲钨酸根离子形态），Cl^- $20 \sim 50$ $g \cdot L^{-1}$（以 NH_4Cl 形态），此外还含 P、As、Si、Mo 等杂质，某厂上述杂质的典型含量为：As 0.03 $g \cdot L^{-1}$，P 0.016 $g \cdot L^{-1}$，Si 0.13 $g \cdot L^{-1}$；pH 6.5 左右。从镁盐净化－萃取工艺产出的 $(NH_4)_2WO_4$ 溶液经

蒸发结晶后，结晶母液含 WO_3 60 ~ 80 $g \cdot L^{-1}$，同时含上述 As、P、Si、Mo 等杂质，含 Cl^-、SO_4^{2-} 等阴离子较少；盐酸中和法生产 APT 的结晶母液同样含 WO_3、P、As、Si 等杂质，特别是含大量 Cl^-。

结晶母液处理的最终任务是：①回收 WO_3 并将其以主流程可接受的形态（如正钨酸盐形态或钨酸形态）返回主流程。这里并不要求 W 与杂质 P、As、Si 等分离，因主流程中本身有除杂的功能。②尽可能回收利用 NH_4Cl。一方面 NH_4Cl 为有用的工业原材料，另一方面如果不有效回收，则 NH_4^+ 进入废水，导致废水中氨氮超标。

结晶母液处理的具体工艺视母液及全厂 APT 生产的主流程而异，对萃取工艺产出的结晶母液而言，由于其中除 P、As、Si 外，含对主流程有害的其他杂质很少，因此主要是用碱转化法除去其中的 NH_4^+ 并将仲钨酸根转化为正钨酸根后，直接返回到主流程的镁盐净化工序。碱转化的反应为：

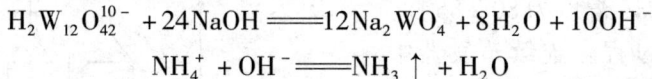

$$H_2W_{12}O_{42}^{10-} + 24NaOH = 12Na_2WO_4 + 8H_2O + 10OH^-$$

$$NH_4^+ + OH^- = NH_3\uparrow + H_2O$$

在生产实践中往往是将结晶母液与矿物原料碱分解的 Na_2WO_4 溶液混合加热，以利用其中的残余 NaOH 完成上述反应，反应完全后送镁盐净化工序，因此过程较简单。

对强碱性阴离子交换工艺产出的结晶母液而言，其特点是含有大量 NH_4Cl，而 Cl^- 对主流程的强碱性阴离子交换过程而言是有害的，它将严重影响交换容量，因而此结晶母液如果直接经碱转化后返回主流程有一定困难；另一方面，NH_4Cl 属有价物质，特别是它为配制解吸剂的主要原料，应加以利用，变废为宝。针对上述情况，人们开发了多种处理工艺。总的可分为 3 种类型：①采取措施（沉淀白钨、弱碱性阴离子交换吸附或叔胺萃取）先将 WO_3 与 Cl^- 分离，再将含钨的物料返回主流程的离子交换吸附过程［图 3 - 50（a）、（b）、（c）］。②WO_3 与 Cl^- 不分离，利用变参数离子交换法直接返回主流程离子交换过程。③大部分返回配解析剂，以同时利用其中 WO_3 与 NH_4Cl，少部分作为杂质开路，返回主流程的吸附。

这些具体工艺及其与主流程的关系综合如图 3 - 50 所示。具体工艺有：

(1) 碱转化 - 沉淀合成白钨法

该工艺首先按上述碱转化法将结晶母液中的钨转化成正钨酸钠，然后加 $CaCl_2$ 或 $Ca(OH)_2$，使钨变成 $CaWO_4$ 沉淀与 Cl^- 分离，后者可返回碱分解，亦可作商品出售。但此工艺成本较高，消耗化工试剂多，三废排放量大，一般已不采用。

(2) 离子交换法[96~100]

其原理和工艺过程与 3.3.6 节所介绍的用弱碱性大孔径树脂转型相似，它基

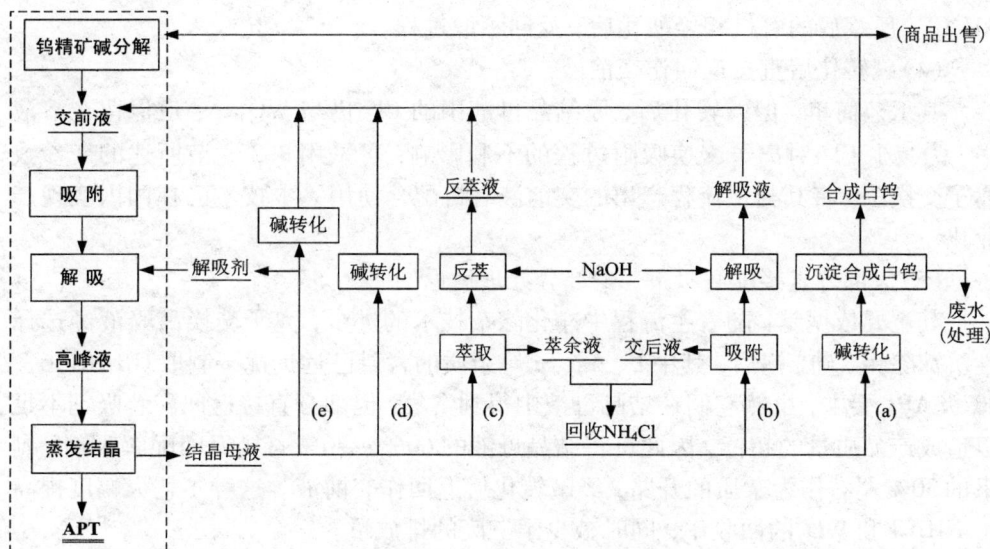

图 3 - 50　离子交换工艺的结晶母液处理的综合流程

（图中虚线框内黑体字表示的为主流程）

于弱碱性阴离子交换树脂能从酸性或弱酸性溶液中吸附钨的同多酸离子或其与 P、As、Si 等形成的杂多酸离子，而溶液中的 Cl^-（或 SO_4^{2-}）对吸附过程影响很小。因此将结晶母液酸化至 pH = 3 ~ 5，再用经盐酸或硫酸再生后的弱碱性大孔径阴离子交换树脂吸附，则钨及大部分杂质 P、As、Si 都被吸附，而 Cl^-（NH_4Cl）则留在交后液中。负载钨的树脂用 NaOH 解吸（亦可用 NH_4OH 解吸），得含杂质的 Na_2WO_4 溶液返回主流程处理，或结晶产出粗 Na_2WO_4。含部分 NH_4Cl 的交后液则蒸发结晶回收 NH_4Cl，因而结晶母液中的有价元素都得以回收利用，并基本上没有三废排放。

离子交换法在我国多个工厂进行了产业化，其指标大体为：结晶母液中和至 pH = 2 ~ 5，吸附过程流速为 2 ~ 5 $cm \cdot min^{-1}$，WO_3 吸附容量为 500 ~ 1300 $g \cdot g^{-1}$（干树脂），WO_3 吸附率达 98% 以上，解吸剂 NaOH 浓度为 2.5 $mol \cdot L^{-1}$ 左右，解吸高峰液含 WO_3 120 ~ 240 $g \cdot L^{-1}$。

（3）萃取法

其原理与工艺和 3.4.2 节"叔胺萃取法将钨酸钠溶液转型"所述基本上相同（同时作为液体离子交换过程，其原理与上述弱碱性大孔径阴离子交换法处理结晶母液大同小异），将结晶母液酸化至 pH 3 ~ 5 后，用叔胺（N_{235} 或 TOA）- TBP - 煤油组成的有机相进行萃取。钨及 P、As、Si 萃入有机相，经 2.5 $mol \cdot L^{-1}$ 的

NaOH 溶液返萃得 Na_2WO_4 溶液，可返回主流程，NH_4Cl 留在萃余液中，可回收 NH_4Cl。反萃后的有机相经酸化后，返回萃取过程。

（4）碱转化后直接返回作交前液

其工艺简单，但碱转化后，原结晶母液中的 Cl^- 仍与 WO_4^{2-} 一道保留在溶液中，为减少 Cl^- 对离子交换吸附过程的不利影响，可采用 3.3.3 节所述的变参数离子交换法，将其与主流程产出的交前液有机配合使用。本技术已在国内实现产业化。

（5）大部分直接配解吸剂，少部分处理后返回[101]

其主要依据是：随着主流程中净化除杂技术的进步，离子交换高峰液经选择性沉淀除钼、砷、锡后，其中 P、As、Si 等杂质的含量已远远优于制取 GB 10116—88 级 APT 要求，虽然它们在结晶母液中得到富集，但部分直接返回配解吸剂不足以造成产品质量的超标，因此可将结晶母液的 60% ~ 70% 直接返回配解吸剂，剩下的 30% 左右作为杂质的开路，经碱转化后返回作交前液。这种工艺大幅度提高了 NH_4Cl 和 WO_3 的回收率，同时减少了三废的排放量。

3. 氨气的回收

蒸发结晶过程中产生大量 NH_3，应加以回收利用，当前主要的方法为冷凝吸收法与盐酸淋洗法。

冷凝吸收法是基于 NH_3 在水中有一定的溶解度，而且在一定 NH_3 分压的条件下，温度越低，则溶解度越大，因此由蒸发结晶器出来的 $H_2O + NH_3$ 混合气体进入夹套式冷凝器，使水凝结，与此同时 NH_3 溶于凝结的水中成为氨水，可返回利用。这种方法的不足之处在于对周期性蒸发结晶过程而言，蒸发结晶的初期和后期气相的 NH_3 浓度不同，前期气相 NH_3 浓度高，因而所得氨水的浓度高，易于返回使用，而后期的氨水浓度低，难以使用。

盐酸淋洗法是将蒸发结晶器产出的 $H_2O + NH_3$ 混合气体用 HCl 淋洗，产生 NH_4Cl。NH_4Cl 溶液可返回循环淋洗，使之浓度提高到一定程度后，用以结晶回收或配解吸剂。

3.7.4 不合格仲钨酸铵的回收

在生产实践中有时由于某种原因导致部分 APT 产品在化学成分或物理性能上不合格，亦可能在生产过程中出现少量废 APT，因此有必要进行回收。回收方法主要是经过溶解过滤后，进行重结晶。为此有的工厂直接以氨水作为溶剂，在较高温度下使 APT 溶解，但 APT 在氨水中溶解度有限（参见 1.2.2 第 3 节），导致溶液浓度稀，溶解时间长。因此当处理量较大时，有必要改善 APT 的溶解性能。

根据 $APT \cdot 4H_2O$ 的高温热分解性能，$APT \cdot 4H_2O$ 在空气中加热时，首先在 100℃ 左右脱水，然后再 190 ~ 250℃ 分解得易溶于水的非晶态的偏钨酸铵，其反应为：

$$(NH_4)_{10}H_2W_{12}O_{42} \cdot 4H_2O =\!\!= (NH_4)_6H_2W_{12}O_{40} \cdot 2H_2O + 4NH_3 + 4H_2O$$

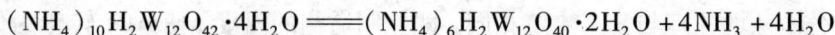

但是进一步升高温度则非晶态偏钨酸铵又将转变为不溶于水的铵钨青铜（详见 4.2 节）。因此温度过高或过低都可能导致分解产物溶解性能下降，为此许多学者研究了 APT 煅烧温度对分解产物在水和氨水中溶解性能的影响，其中 H·H·拉柯娃[102] 的试验结果如图 3-51 所示。

从图 3-51 可知，当温度为 280℃ 左右时，浸出率最高可达 99%。

上述结果与 J. W. Van Put 的试验完全一致。J. W. Van Put 的

图 3-51　APT 的煅烧温度对浸出率的影响

（浸出温度：25℃，浸出时间：15 min，
浸出液中 NH$_3$ 浓度：1—4 g·L^{-1}；2—50 g·L^{-1}）

结果也表明在煅烧温度为 280℃ 时，产品在浓度为 25% 的氨水中浸出率最高，可达 99.6%。因此预先在适当温度下进行煅烧处理，能使不合格 APT 更好的溶于 NH$_3$ 溶液中，为其重结晶过程创造有利条件。

煅烧-浸出-重结晶为批量处理不合格 APT 的有效方法，其具体工艺可参阅 3.8 偏钨酸铵的制取。

3.8　偏钨酸铵的制取

偏钨酸铵（AMT）由于在水中的溶解度大，在制备含钨催化剂等化工材料方面广泛用它来作为钨的中间化合物。

工业上制备偏钨酸铵的原料主要是仲钨酸铵，亦有许多学者研究从 $(NH_4)_2WO_4$ 溶液中直接制取。

已知 APT·4H$_2$O 的分子式为 $(NH_4)_{10}H_2W_{12}O_{42} \cdot 4H_2O$，而 AMT 的分子式为 $(NH_4)_6H_2W_{12}O_{40} \cdot xH_2O$，比较两者的分子式可知，AMT 在成分上的特点是每摩尔 WO$_3$ 结合的 NH$_3$ 数比 APT 少 1/3 mol，比 $(NH_4)_2WO_4$ 少 1.5 mol。因此将 APT·4H$_2$O 或 $(NH_4)_2WO_4$ 转化为 AMT 的关键是从中减少铵含量，为此对 APT 而言，可采用部分热分解法，对 $(NH_4)_2WO_4$ 溶液而言则可用 H$^+$ 取代 NH$_4^+$，其中包括阳离子交换法、高化学活性的白钨酸中和法等。当前工业上广泛采用的为 APT 热分解（煅烧）法。

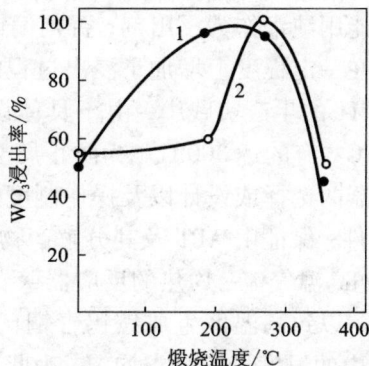

1. 热分解(煅烧)法从仲钨酸铵制取偏钨酸铵

热分解法的原理与3.7.4节相同,即控制适当的温度,使APT转化为偏钨酸铵。但其原则区别在于处理废APT时,浸出过程以氨水为浸出剂,而生产AMT时,则只能用纯水作为浸出剂,否则偏钨酸根又转化成了仲钨酸根。由于用水作浸出剂,在一定程度上增加了浸出过程的难度。

在AMT的生产实践中,由于具体设备及操作方式的不同,温度大多控制在210~260℃,有的达300℃。为防止局部温度过高或过低给AMT的产出率带来不利,反应器的选择或设计以及操作制度的制定的关键问题首先是要保证有良好的热交换条件,保证由APT及其分解产物所组成的固体料层中温度均匀,防止其靠近热源(如高温气流、灼热的反应器壁、热辐射源等)处的温度过高,而料层内部温度过低,以致高温区生成铵钨青铜,而低温区保持为难溶的APT。与此同时,在反应器内的温度场应力求均匀,为此国内外研究了多种类型的反应器,包括回转炉、多管炉、微波炉等。工业上在最好的情况下,AMT的产出率可达95%。考虑到在流态化床内传热及传质条件远远比固定床优越,因此研究APT的流态化热分解将是有意义的,此外随着微波加热在设备和技术上的进步,在本领域内亦将有较好的前景。

经过上述煅烧处理后的APT经水浸出,浸出过程中控制pH为3~4,浸出后过滤,蒸发结晶即得AMT。

2. 离子交换法从$(NH_4)_2WO_4$溶液制备偏钨酸铵

从$(NH_4)_2WO_4$溶液制备AMT的实质是用H^+取代其中部分NH_4^+。根据离子交换的基本原理,NH_4^+对阳离子交换树脂的亲和力大于H^+。因此将$(NH_4)_2WO_4$溶液与H^+型的阳离子交换树脂接触,则将发生交换过程,即NH_4^+吸附进入树脂相,H^+被解吸进入溶液相,使溶液中的pH降低。当pH降至3.5左右,则溶液中WO_4^{2-}转化为偏钨酸根。

具体过程在离子交换柱内进行。弱碱性的$(NH_4)_2WO_4$溶液流过H^+型离子交换柱,随着向下流动过程发生上述交换反应,控制流出液的pH为3.5左右,即为偏钨酸铵溶液。溶液在98℃左右蒸煮约5h,使其中的钨酸根全部转化为稳定的偏钨酸根,再浓缩结晶得AMT。

阳离子交换法以及其他用H^+取代NH_4^+从$(NH_4)_2WO_4$溶液中制取AMT的方法(如活性白钨酸中和、萃取法等)的关键问题是如何防止在过程中产生APT结晶。以阳离子交换法为例,pH为9左右的$(NH_4)_2WO_4$溶液由柱上部向下流动过程中,随着交换过程的进行,pH降低,当降至7~8,稳定的为仲钨酸根离子。此时若超过仲钨酸铵的溶解度将产生APT结晶析出。为避免这种情况的产生,其可能的方法之一为控制交前液的浓度,使仲钨酸铵不至于饱和析出。但是根据表

1-23 知，29℃左右仲钨酸铵的溶解度仅为 2.014%，折合 WO_3 仅 17 $g \cdot L^{-1}$ 左右。即使将交换柱内温度提高至 49℃，则 APT 的溶解度折合成 WO_3 也仅 36 $g \cdot L^{-1}$ 左右。如此稀的交后液要浓缩得 AMT 晶体，其能耗将是惊人的。

3. 硝酸中和－纳滤法从 $(NH_4)_2WO_4$ 溶液制备偏钨酸铵[103]

刘久清等将传统硝酸中和制取 AMT 的方法与纳滤法技术结合，研究成功了硝酸中和－纳滤法从 APT 制取 AMT 的方法。其实质是首先用 HNO_3 与 APT 反应，控制 pH 为 2~4，使仲钨酸铵转化为偏钨酸铵，反应为：

$$(NH_4)_{10}H_2W_{12}O_{42} \cdot 4H_2O + 4HNO_3 = (NH_4)_6H_2W_{12}O_{40} + 4NH_4NO_3 + 6H_2O$$

在温度为 80~95℃、pH 2.0~3.5、HNO_3 的起始浓度 3 $mol \cdot L^{-1}$ 的条件下，APT 的转化率达 97.62%。得到的溶液经纳滤使 NO_3^- 与偏钨酸根分离，再结晶得 AMT，AMT 中含 NO_3^- 仅 0.09%。

参 考 文 献

[1] 彭少方. 钨冶金学[M]. 北京：冶金工业出版社，1981：第2章.

[2]《有色金属提取冶金手册》编辑委员会. 有色金属提取冶金手册 稀有高熔点金属（上）（W、Mo、Re、Ti）[M]. 北京：冶金工业出版社，1999：第1篇，第3章.

[3] 张启修，赵秦生. 钨钼冶金[M]. 北京：冶金工业出版社，2005：第3章.

[4] Lassner Erik, Schubert Wolf Dieter. Tungsten properties chemistry, technology of the element, alloys, and chemical compounds[M]. New York：Plenum Publishers，1999：chapter 5.

[5] Палант А А, Тагиров Р К, Товтин А В, Некоторые аспекты очистки от фтора растворов гидрометаллургической переработки вольфрамового сырья[J]. Цв. Мет.，1999（10）：47-48.

[6] Martins J I, Jose L F C Lima, Moreira A. Tungsten recovery from alkaline leach solutions as synthetic scheelite[J]. Hydrometallurgy，2007（85）：110-115.

[7] Martins J I, Moreira A, Costa S C. Leaching of synthetic scheelite by hydrochloric acid without the formation of tungstic acid[J]. Hydrometallurgy，2003（70）：131-141.

[8] Martins J I, Delmas F, Caspqinha H. The influence of particle size of raw materials on the final WO_3 grain size[J]. Hydrometallurgy，2002（67）：117-123.

[9] Chen Shujian, Li Jing, Chen Xuetai. Solvothermal synthesis and characterization of crystalline $CaWO_4$ nanoparticles[J]. Cryst. Growth，2003（253）：361-365.

[10] Sun Lingna, Cao Minhua, Wang Yonghui. The synthesis and photoluminescent properties of calcium tungstate nanocrystals[J]. Cryst. Growth，2006（289）：231-235.

[11] 胡兆瑞. 离子交换法在钨冶金中的应用[J]. 中国钨业，1994（5）：1-4.

[12] холмогоров А г, Кармалюк А А, Силков М П. Ионообменное извлечение вольфрама модифицированными анионитами[J]. Цв. Мет.，1972（9）：72-74.

[13] 邓舜勤. 两种新型树脂在钨冶炼中的应用[J]. 中国钨业，1989，6（13）.

[14] 谢武明. 钨冶炼离子交换基础理论及工艺研究[D]. 中南工业大学, 2001.

[15] Карапетов С С, Русипа О Н, Исследование сорбции вольфрама высокоосновными анионитами[J]. Изв. Вузов. Цв. металлург, 1986 (6): 110 – 112.

[16] Холмогоров А Г, Ванеева Т Д, Стрижко В С. Закономерпости сорбции вольфрама из сернскислых растворто анионитами на основе сополимера метилакрилета[J]. Хим и химия. Тех, 1982 (2): 187 – 192.

[17] Василенко Л В, Казанцев Е И. Сорбционные свойства анионитов на основе аминозамщенных винилпиридинов по отношению к ионам Mo(VI) и W(VI)[J]. Изв. Вуз. Цв. металлург, 1980 (6): 46 – 49.

[18] Вольдман С Г, Румянцев В К, КулаковаВ Б. Сорбция вольфрама анионитом АМ – 2Б [J]. Цв. Мет. , 1989 (3): 61 – 64.

[19] Kholmogorov A G, Kononova O N, Kachin S V. Ion exchange hgdrometallurgy of tungsten using anion exchangers with long – chained cross – linking agents [J]. Hydrometallurgy, 1999 (53): 177 – 187.

[20] 孙培梅, 谢武明, 李运姣. Na$_2$WO$_4$ 溶液离子交换中 WO$_4^{2-}$ 和 SO$_4^{2-}$ 分离系数的测定[J]. 中南工业大学学报, 2002, 33(1): 25 – 27.

[21] 何立新, 李洪桂, 任鸿九. 离子交换法处理钨矿物原料苏打压煮母液的研究[J]. 中南工业大学学报, 1995, 26(6): 761 – 765.

[22] 徐晓玲. 钨离子交换工艺中钨锡分离的工艺研究[D]. 中南工业大学, 2002.

[23] 牟德渊. 离子交换法从碱浸母液中制取仲钼酸铵[J]. 稀有金属, 1983(4).

[24] 钱庭宝. 离子交换剂应用技术[M]. 天津: 天津科学技术出版社, 1984.

[25] 姜志新, 谌竟清, 宋正孝. 离子交换分离工程[M]. 天津: 天津大学出版社, 1992.

[26] 孙培梅, 谢武明, 霍广生. Na$_2$WO$_4$ 溶液中阴离子的存在对钨交换容量的影响[J]. 稀有金属与硬质合金, 2001, 29(2): 1 – 3.

[27] Kulmukhamedov G K, Veriovkin G V, Skvortsova U P. Tungsten extraction and sorption from autoclave leached liquors [C]//Proc. of the Second International Conference on Hydrometallurgy. Changsha, 1992(2): 751.

[28] Коган В С, Косонипа С С, Дадабаев А Ю. Изучение сорбционных свойств ионообменика с меркаптохинолиновыми ионогенными группами [J]. Комплех исполь минер сыр, 1987 (1): 52 – 54.

[29] 胡宇杰. 高浓度钨酸钠溶液离子交换的动力学[D]. 中南大学, 2004, 9.

[30] 王识博. 中高浓度钨酸钠溶认离子交换动力学研究[D], 中南大学, 2005, 7.

[31] Вольдман С Г, Румянцев В К, Кулакова В Б. Закономерности аммиачной десорбции вольфрама из анионитов [J]. Цв. Мет. , 1990 (1): 79 – 83.

[32] 孙培梅, 谢武明, 李洪桂. Na$_2$WO$_4$ 溶液离子交换中和的吸附性能[J]. 中南大学学报, 2002, 33(3): 238 – 241.

[33] 李洪桂, 李波, 赵中伟. 钨冶金离子交换新工艺研究[J]. 稀有金属与硬质合金, 2007, 35 (1): 1 – 4.

[34] 徐迎春，姜萍. 关于提高 201×7 型树脂对钨交换容量的研究[J]. 中国钨业，2000，15
　　(3)：36-38.

[35] 姜萍，徐迎春. 离子交换解吸工艺的改进与实践[J]. 稀有金属与硬质合金，2001(1)：
　　47-49.

[36] 万林生，郭邻生. 钨吸附过程阴离子分布规律及局部淋洗研究[J]. 稀有金属，1992(6)：
　　401-404.

[37] 尹树普，李志国，贺志超. 湿冶离子交换法生产仲钨酸铵工艺中杂质锡的行为[J]. 中国
　　钨业，2002，17(2)：27-29.

[38] 尹树普，赵静. 离子交换工艺解吸钨过程中 Cl，P，Sn 等杂质行为的研究[J]. 中国钨业，
　　2000，15(2)：27-28.

[39] 赵中伟. 高浓度钨酸钠溶液的离子交换法[P]. 中国专利，CN031246613.

[40] 伊树普，侯利华. 浅论湿法离子交换工艺钨回收率[J]，中国钨业，2004，19(2)：34-35.

[41] Скорчова У П 等，汤家骞译. 贫钨精矿高压碱浸液中钨的吸附回收[J]. 中国钨业，1990
　　(3)：35.

[42] 肖学友，赵立夫，万林生，等. 二次离子交换饱和吸附工艺制备超纯 APT[J]. 中国钨业，
　　2009，24(3)：39-42.

[43] ПеТанов В А，Шаталов В В，Молчанова Т В и дру. Сорбционная технология
　　переработотки вольфрамитовых концентратов[J]. Цв. Мет.，2000 (4)：113-114.

[44] 张子岩，简椿林. 溶剂萃取法在钨湿法冶金中的应用[J]. 湿法冶金，2006(1)：1-9.

[45] 张贵清，张启修. 一种钨湿法冶金清洁生产工艺[J]. 稀有金属，2003，27(2)：254-257.

[46] 张贵清，张启修. 从钨矿苛性钠浸出液中直接萃取钨制取纯钨酸铵溶液的研究(Ⅰ)—萃
　　取过程的基本参数研究[J]. 中南矿冶学院，1994(钨专辑)：97-101.

[47] 张贵清，张启修. 从钨矿苛性钠浸出液中直接萃取钨制取纯钨酸铵溶液的研究(Ⅱ)——
　　杂质磷、砷、硅、钼在萃取过程中的行为[J]. 中南矿冶学院，1994(钨专辑)：102-105.

[48] Zaitsev V P, Ivanov I M, Kalish N K, et al. Scientific foundations of a new extraction
　　technology for the processing of tungsten containing solutions [C]//Proc. of the Second
　　International Conference on Hydrometallurgy. Changsha, 1992, 2：768.

[49] Веревкин Г В，Кулмухамедов Г К，Перлов П М. О рационалъной технологии
　　переработки низкосортного вольфрамового сырья[J]. Цв. Мет.，1989 (6)：87-88.

[50] Иванов И М，Зайцев В П. Безотходная экстракционная технология переработки
　　вольфрамовых руд и концентратов[J]. Цв. Мет.，1995 (7)：47-50.

[51] Vadasdi K, Olan R, Szilassy I, et al. APT production by an environment protecting process and
　　equipment for material recycling[C]//Proceeding of the First International Conference on the
　　Metallurgy and Materials Science of Tungsten. Titanium, Rear Earths and Antimony, Changsha,
　　1988：198.

[52] Gerhardt N Latsenk, Palant A A, Petrova V A, et al. Solvent extraction of molybdenum(Ⅵ)，
　　tungsten(Ⅵ) and rhenium(Ⅶ) by diisododecylamine from leach liquors[J]. Hydrometallurgy,
　　2001，60：1-5.

[53] Gerhardt N Latsenk, Petrova A A, Dungan S R. Extraction of tungsten(Ⅵ), molybdenum(Ⅵ) and thenium (Ⅶ) by diisododecylamine[J]. Hydrometallurgy, 2000, 55: 1 – 15.

[54] 张启修. N1923 与 N235 萃取体系的比较[J]. 中南矿冶学院学报. 1994(钨专辑): 106 – 109.

[55] Youcai Zhao, Jiayong Chen. Extraction of phosphorus, arsenic and/or silica from sodium tungstate and molybdate solutions with primary amine and tributyl phosphate as solvents I— Synergistic extraction and separation of phosphorus, arsenic and/or silica tungstate and molybdate solutions[J]. Hydrometallurgy, 1996, 42: 313 – 324.

[56] Youcai Zhao, Jiayong Chen. Extraction of phosphorus, arsenic and/or silica from sodium tungstate and molybdate solutions with primary amine and tributyl phosphate as solvents Ⅱ— Mechanism of extraction of phosphorus, arsennic and silica[J]. Hydrometallurgy, 1996, 42: 325 – 335.

[57] Семекоб А А, Блохин А А, Таущканов В П. Применение гидратированиных оксидов многовалентных металлов для глубокой очистки соединений молубдена от вольфрама [J]. ЖПХ, 1984 (12): 1501 – 1506.

[58] Клименек Г Л, Блохин А А, Глебовский А А и дру. Примепение метода ионного обмена в технологии получения вольфрама и мольбдена высокой чистоть [J]. Изв Ансссср Металлы, 2001 (3): 49 – 51.

[59] Блохин А А, Майоров Д Ю, Копырин А А и дру. Кислотно – основные Свойства и структурные особенности комбинированных ионитов на основе катионитов КУ – 23, КМ – 2П И гидратированного оксида циркония[J]. ЖПХ, 2002 (12): 1976 – 1981.

[60] Блохин А А, Майоров Д Ю, Копырин А А и дру. Применение комбинированных ионитов на основе катионитов КУ – 23 и КМ – 2П для очистки растворов молибдата и вольфрамата аммония от примесей фосфат – , аренат – и силикат – ионов[J]. ЖПХ, 2002 (12): 1982 – 1987.

[61] Кузин И А, Румянцев В К, Поляков Б И. Использование окисленных углей для очистки растворов молибдта аммоиия[J]. Цзв Ансссср Металлы, 1976 (2): 50 – 52.

[62] 赵中伟, 等. 从钨酸盐溶液中除锡的方法[P]. 中国专利, CN2004100233313.

[63] 范薇, 黄普选, 姚利, 等. 氨浸法生产钼酸铵过程中钨的分离[J]. 无机盐工业, 2001 (5): 3 – 5.

[64] Misra P, Suri A K, Gupta C K. Recovery of pure tungsten oxide from low grade wolframite concentrates by adsorption on activated chareoal[J]. Minerals Eng. , 1990, 3 (6): 625 – 630.

[65] 蒋安仁, 蒋伟中, 庞震. 仲钨酸 B 的形成及其在钨钼分离中的应用[J]. 高等学校化学学报, 1990(8): 793 – 796.

[66] Zheng Qingyuan, Fan huihao. Separation of molybdenum from tangsten by di – ethylhexyl phophoric acid extracfant[J]. Hydrometallurgy, 1986, 16(3): 263 – 270.

[67] Coca Jose F V, Moris M A. Solvent extraction of molybdenum and tungsten by Alamine 336 and DEHPA[J]. Hydrometallurgy, 1990, 25: 263 – 270.

［68］霍广生，赵中伟，李洪桂，等.钨酸盐溶液中钼的硫化理论与实践［J］.矿冶工程，2003（12）：46－50.

［69］卢江波，赵中伟，李洪桂.钨钼的硫化反应热力学分析［J］.中国钨业，2005，20（4）：33－37.

［70］Блохин А А，Копырин А А，Пренас Я В. Влияние вита сульфидирующего реагента на сорбцию примесей молибдена（Ⅵ）из растворов вольфрамата аммония на сильноосновных аниопитах［J］. ЖПХ，2000（4）：560－563.

［71］席晓丽，张启修，肖连生，等.新型硫化剂制备硫代钼酸盐研究［J］.稀有金属与硬质合金，1999（12）：3－5.

［72］刘铁梅.钨酸钠溶液 Na_2S 除钼工艺的改进［J］.稀有金属与硬质合金，2009（1）：3－5.

［73］李洪桂，孙培梅，李运姣，等.从钨酸盐溶液中沉淀除钼、砷、锡的方法［P］. CN. 7108113. 1，1997.

［74］孙培梅，霍广生.钨钼分离方法的研究改进［J］.中国钼业，2003（2）：35－38.

［75］李洪桂，赵中伟，霍广生.相似元素的深度分离［J］.中国有色金属学报，2003，13（1）：234－237.

［76］孙培梅，李洪桂，李运姣，等. APT 结晶母液处理新工艺［J］.中南大学学报，2000，31（1）：27－29.

［77］李运姣，李洪桂，孙培梅，等.选择性沉淀法从钨酸盐溶液中除钼、砷、锡等杂质的工业试验［J］.稀有金属与硬质合金，1993（3）：1－4.

［78］陈川溪.离子交换法分离钨酸盐溶液中的钼［P］.CN88105712，1992.

［79］张启修，龚伯凡，黄芍英，等.离子交换一步分离钨酸盐溶液中的钼［P］. CN 93111497. 7，1993.

［80］Блохин А А，Пренас Я В，Таушканов В П. Ионообменный метод очистки растворов вольфраматов от молибдена［J］. ЖПХ，1989（5）：985－989.

［81］Блохин А А，Пак В И，ПирматовЭ А и дру. Ионообменная очистки растворов вольфрамата аммония от молибдена［J］.Цв. Мет.，1994（8）：41－42.

［82］肖连生，张启修，龚伯凡，等.密实移动床－流化床离子交换技术在工业上的应用［J］.中国钨业，2001（4）：26－29.

［83］霍广生，等.弱碱性阴离子交换树脂在钨钼分离中的应用［J］.中南工业大学学报，2000，31（1）：30－33.

［84］Блохин А А，Копырин А А，Боев А А и дру. Очистка растворов вольфраматов от молибдена（Ⅵ）с помощью слабоосновных анионитов［J］. ЖПХ，2000（3）：384－386.

［85］黄蔚莊，龚伯凡，张启修.钨钼萃取分离半工业试验研究［J］.中南矿冶学院学报·钨专辑，1994，24：50－54.

［86］万林生.粗颗粒仲钨酸铵生成条件及其动力学基础研究（Ⅰ）——温度制度的影响［J］.中国钨业，1998（5）：43－46.

［87］万林生. 粗颗粒仲钨酸铵生成条件及其动力学基础研究（Ⅱ）——添加晶种和（NH_4）$_2WO_4$ 溶液的作用［J］. 中国钨业，1998（6）：39－41.

[88] 万林生, 廖春发. 粗颗粒仲钨酸铵生成条件及其动力学基础研究(Ⅲ)——溶液组成及搅拌的影响[J]. 中国钨业, 1999(2): 24 - 27.

[89] 李运姣, 孙培梅, 李洪桂, 等. 蒸发结晶法制取粗颗粒仲钨酸铵[C]//第七届全国钨钼学术交流会论文集. 河北廊坊, 1995: 59 - 62.

[90] 王志雄, 舒化萱. 仲钨酸铵蒸发结晶研究[J]. 化工冶金, 1991(1): 39 - 41.

[91] 谭艳芝, 陈启元, 尹周澜. 超声波对蒸发结晶法制备仲钨酸铵过程的影响[J]. 中国钨业, 2008, 23(6): 19 - 21.

[92] 吴争平, 尹周澜. 超声波对四钼酸铵结晶的影响[J]. 中国有色金属学报, 2002, 12(1): 196 - 200.

[93] 万林生. 仲钨酸铵中硅、磷、砷析出条件及机理的研究[J]. 化工冶金, 1993(2): 144 - 150.

[94] 万林生. 仲钨酸铵结晶过程钨钼分离条件及其机理研究[J]. 稀有金属, 1993(4): 245 - 249.

[95] 万林生. 仲钨酸铵中钠、钾析出条件及机理研究[J]. 稀有金属, 1992(4): 250 - 254.

[96] 陈树茂, 郭永忠. 离子交换法处理仲钨酸铵结晶母液试验与实践[J]. 中国钨业, 2001(6): 22 - 24.

[97] 邓解德. 离子交换法回收仲钨酸铵结晶母液中的钨[J]. 科学技术, 1999(1): 29 - 31.

[98] 牟德渊, 邓解德. D296 大孔径树脂回收 APT 结晶母液中的钨及 NH_4Cl[J]. 离子交换与吸附, 1985(1): 50.

[99] 黄良才, 李春海, 文白开. 一种回收处理 APT 结晶母液等含钨稀溶液的离子交换工艺[J]. 中国钼业, 2005(6): 22 - 24.

[100] 邓舜勤. 离子交换法提取钨的新工艺[J]. 湿法冶金, 1996(3): 34 - 38.

[101] 李洪桂, 孙培梅, 李运姣. 仲钨酸铵结晶母液的处理方法[P]. 中国专利, ZL99115275.1.

[102] Ракова Н Н, Бальзовский А В, Утушкина Н В. Исследование процесса низкотемпературной прокалки паравольфрамата аммония[J]. Цв. Мет., 1997(11 - 12): 89 - 92.

[103] Liu Jiuqing, Xu Zhenliang, Zhou Kanggen. Study on new method of the preparation of pure ammonium metatungstate (AMT) using a coupling process of neutralization - nanofiltration - crystallization[J]. Journal of Membrane Science, 2004, 240 (1): 1 - 9.

第4章 金属钨粉的制取

4.1 概述

4.1.1 金属钨粉制取的主要方法

金属钨粉是生产硬质合金、纯钨、钨合金等钨制品的主要原料,其中70%以上的钨粉用于硬质合金生产。目前制取金属钨粉的方法主要有:

1. 钨氧化物氢还原法

即利用 H_2 为还原剂将钨氧化物还原为钨粉的方法。以 WO_3 氢还原为例,其总反应为:

$$WO_3 + 3H_2 = W + 3H_2O$$

当前作为氢还原原料的钨氧化物主要有黄色氧化钨(WO_3)、蓝色氧化钨(主要为 $WO_{2.9}$)和紫色氧化钨($WO_{2.72}$)等。氧化钨氢还原法是目前生产金属钨粉的主要方法。

2. 钨卤化物氢还原法

即利用 H_2 为还原剂将钨的卤化物(如氯化钨、氟化钨)还原为金属钨的方法。例如对 WCl_6 氢还原而言,其总反应为:

$$WCl_6 + 3H_2 = W + 6HCl$$

钨卤化物的氢还原过程为气相反应,主要用于化学气相沉积制取超细钨粉或钨涂层。钨卤化物氢还原法当前只用于小规模生产。

3. 钨氧化物碳还原法

将钨氧化物与碳的混合物加热至一定温度时,钨氧化物被还原为钨粉。以 WO_3 碳还原为例,其总反应为:

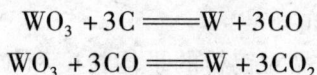

$$WO_3 + 3C = W + 3CO$$
$$WO_3 + 3CO = W + 3CO_2$$

有时在炉中通入少量的氢气,对碳还原过程起促进作用。由于此法所制得的钨粉中碳含量偏高,不宜用于钨制品。目前,碳还原法制取钨粉工艺采用较少,但在直接生产碳化钨、特别是超细碳化钨粉和碳化钨复合粉时得到越来越多的使用。

4. 其他方法

制取金属钨的方法还有熔盐电解法、Zn 还原法、等离子体氢还原法等。
本书将主要介绍氧化钨氢还原的原理及工艺,其他将在第 6 章进行介绍。

4.1.2 金属钨粉的性能

金属钨粉的性能在很大程度上影响后续产品的加工性能和质量, 因而不论是硬质合金领域或钨材加工领域都对原料钨粉提出了相应的化学纯度和物理性能要求, 特别是对物理性能的要求愈来愈高。

1. 化学纯度

硬质合金及钨制品生产时, 对钨粉的化学纯度要求较高。钨粉中残留的杂质元素对产品的加工性能和使用性能产生影响。其影响情况非常复杂, 有些是有害的, 有些是有益的。目前的研究认为, Ca、Mg、P、As、Si、S、Fe、Ni、Cu、Al、Mo 会使合金强度降低, K、Na 促进 WC 晶粒长大, V、Cr 则起抑制晶粒长大的作用。如 WO_3 中的 Mo 含量超过 0.5% 后, 将引起合金抗弯强度降低。现生产的大部分钨粉品种中, 残留的金属杂质(不包括作为添加剂加入的)含量在万分之几到十万分之几。

钨粉中的氧能与碳化物发生反应, 吸收碳化物中的碳而引起硬质合金脱碳, 合金严重脱碳时出现 η 相, 使合金变脆; 反应放出的气体增加合金中的孔隙度, 降低合金的强度。根据不同的还原工艺与设备, 钨粉中的氧含量一般在 0.05% ~ 0.5% 之间, 且随钨粉粒度的减小、比表面积的增加, 其氧含量将增加, 因而对细粒度钨粉中氧含量要求不得不适当放宽。钨粉的化学纯度要求如表 4 - 1 所示, 氧含量要求如表 4 - 2 所示。

钨粉中杂质元素有的是从原料带入的, 有的是由操作过程带入的。因此在工艺过程中防止物料的污染是十分重要的。例如在以 APT 为原料生产钨粉的过程中, 物料与锻烧炉、还原炉管以及舟皿等直接接触, 引起 Fe、Ni、Cr、Si 等杂质含量增高, 化学纯度降低。当它们达到一定的含量或聚集成足够大的尺寸时, 可能成为后续加工或使用的缺陷源。因此为保证钨粉的纯度, 除对原料 APT 的质量应严加控制外, 在工艺过程中防止污染也是十分重要的。

2. 物理性能

金属钨粉的物理性能主要有平均粒度、粒度分布、颗粒聚集度、颗粒形貌、比表面积、松装密度、振实密度、霍尔流速等。

(1)平均粒度和粒度分布

不论是硬质合金或钨制品对钨粉的平均粒度和粒度分布都有着严格的要求。在硬质合金领域, W 粉的粒度和粒度分布直接影响所生产的 WC 粉的粒度及粒度分布。WC 粉粒度则进一步影响硬质合金制品的性能。

研究发现, WC 粉的特性受 W 粉特性的制约, W 粉碳化成 WC 后, 颗粒大小略有变化。生产粗、中、细颗粒的 WC 粉需要采用粗、中、细颗粒的 W 粉, 不均匀的 W 粉碳化所得到的 WC 粉也不均匀。粗、中、细颗粒 W 粉碳化后粉末粒度变化如表 4 - 3 所示。

表 4 - 1　钨粉的化学纯度要求 (GB/T 3458—2006)

产品牌号		FW - 1[①]	FW - 2	FWP - 1
杂质含量，不大于 / %	Pb	0. 0001	0. 0005	0. 0007
	Bi	0. 0001	0. 0005	0. 0007
	Sn	0. 0003	0. 0005	0. 0007
	Sb	0. 0010	0. 0010	0. 0010
	As	0. 0015	0. 0020	0. 0020
	Fe		0. 030	0. 030
	Ni	0. 0030	0. 0040	0. 0050
	Cu	0. 0007	0. 0010	0. 0020
	Al	0. 0010	0. 0040	0. 0050
	Si	0. 0020	0. 0050	0. 010
	Ca	0. 0020	0. 0040	0. 0040
	Mg	0. 0010	0. 0040	0. 0040
	Mn	0. 001	0. 002	0. 004
	Mo	0. 0050	0. 010	0. 010
	O[②]	0. 20	0. 25	0. 200
	K + Na	0. 0030	0. 0030	0. 0030
	P	0. 0010	0. 0040	0. 0040
	C	0. 0050	0. 010	0. 010

注：①FW - 1 的 Fe 含量要求为：粒度小于 10 μm 时，Fe 不大于 0. 005，粒度大于或等于 10 μm 时，Fe 不大于 0. 01；②FW - 1，FW - 2 的 O 含量具体要求见表 4 - 2。

表 4 - 2　钨粉中氧含量要求

产品规格	平均粒度范围 / μm	氧含量不大于 / %
04	BET：< 0. 10	0. 80
06	BET：0. 10 ~ 0. 20	0. 50
08	FSSS：≥0. 8 ~ 1. 0	0. 40
10	FSSS：> 1. 0 ~ 1. 5	0. 30
15	FSSS：> 1. 5 ~ 2. 0	0. 30
20	FSSS：> 2. 0 ~ 3. 0	0. 25
30	FSSS：> 3. 0 ~ 4. 0	0. 25
40	FSSS：> 4. 0 ~ 5. 0	0. 25
50	FSSS：> 5. 0 ~ 7. 0	0. 25
70	FSSS：> 7. 0 ~ 10	0. 20
100	FSSS：> 10 ~ 15	0. 20
150	FSSS：> 15 ~ 20	0. 10
200	FSSS：> 20 ~ 30	0. 10
300	FSSS：> 30	0. 10

表 4 – 3　粗、中、细颗粒 W 粉碳化后粉末粒度的变化

粗颗粒钨粉碳化后粉末粒度变化								
粗颗粒粉末	粉末粒度组成/%							平均粒度/μm
	10 μm	20~30 μm	40~50 μm	60~70 μm	80~100 μm	110~150 μm	160~200 μm	
W 粉	33.6	31.1	15.2	8.1	6.8	4.4	0.8	35.2
WC 粉	36.4	31.6	14.3	7.9	6.6	2.9	0.3	32.5

中、细颗粒钨粉碳化后粉末粒度变化								
中、细颗粒粉末		粉末粒度组成/%						平均粒度/μm
		0.5 μm	1 μm	2 μm	3 μm	4~5 μm	6~7 μm	8~10 μm	
中颗粒	W 粉		10.9	21.6	31.1	31.1	5.1	0.2	3.27
	WC 粉		7.5	14.2	23.1	35.6	15.7	3.9	3.94
细颗粒	W 粉	35.9	39.9	22.7	1.3	0.2			1.08
	WC 粉	25.6	43	24	6.2	1.2			1.28

　　不同用户对钨粉粒度的要求有所不同,对硬质合金领域而言,不同用途的硬质合金根据其所用 WC 粉粒度不同,对原料 W 粉的平均粒度及粒度组成有不同的要求。切削刀具要求 W 粉及 WC 粉粒度细,粒度分布较窄。冲击工具要求 W 粉及 WC 粉粗,粒度分布较宽。制取粗晶粒 WC 用的平均粒度为 25.8 μm W 粉代表性的粒度分布如图 4 – 1 所示。

　　对钨材加工而言,钨粉的平均粒度和粒度分布对后续产品的压制性能、生坯(亦称压坯)密度和烧结性能产生影响。粉末粒径小、形状复杂,会导致颗粒间的摩擦力大而使生坯密度减小。粒度分布愈窄,颗粒的排列愈疏松。较宽的粒度分布,甚至将不同平均粒径的粉末混合,能获得较好的颗粒排列,得到较高的生坯强度。在钨材加工领域要求钨粉的平均粒径一般在 2~6 μm 范围。

　　测定粉末粒度和粒度分布的方法很多,费氏仪和激光粒度分析仪在金属钨粉中应用比较广泛。但由于两种测定方法的原理不同,同一粉末所得测定值不尽相同,因此钨粉粒度一般应说明是费氏平均粒度或激光平均粒度。另外还应指出,"供应态"钨粉通常存在不同程度的团聚,它与生产条件有关。采用这种样品测量得到的钨粉平均粒度与粉末的真实粒度存在差异。例如,某些亚微细钨粉"供应态"的粒径为 1~2 μm,经解聚分散后的数值降至 0.4~0.5 μm。对粒度在

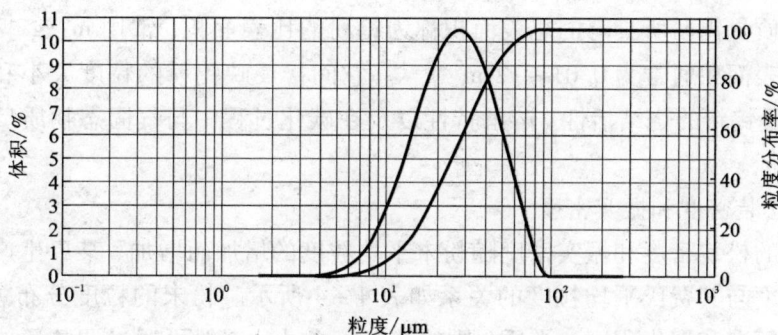

图 4 - 1　平均粒度 25.8 μm W 粉代表性的粒度分布

1 ~ 10 μm 范围的钨粉，在大多数情况下测定"供应态"粒径即可满足生产要求。对于亚微细钨粉和较粗颗粒的钨粉，为了更准确地表征颗粒的大小，须采用"研磨态"样品进行平均粒度和粒度分布测试。

钨粉的粒度分布与其粒度有关。一般钨粉的平均粒度愈粗，则粒度分布愈宽。对某一给定的粒度，生产中采用湿氢或向氧化钨中添加碱金属化合物等方法，可使粒度长大并将粒度分布范围控制得窄一些。粒度分布的测定常采用"研磨态"样品。

钨粉的平均粒度一般用其直径(μm)表示，但在生产实践中往往采用一些半定量的概念，通常的分类有：

特粗颗粒：平均粒度 >30 μm；

粗颗粒：平均粒度 10 ~ 30 μm；

中颗粒：平均粒度 3 ~ 10 μm；

细颗粒：平均粒度 0.5 ~ 3 μm；

超细颗粒：平均粒度 < 0.5 μm。

（2）聚集程度

通常用"供应态"粉末和"研磨态"粉末的粒度之差来表征粉末的聚集程度。细钨粉的聚集程度通常比粗钨粉高。对钨材生产而言，聚集程度直接影响到生坯的强度。在 WC 生产过程中，W 粉的聚集程度对配碳的均匀性产生影响。

（3）颗粒形貌

钨粉的颗粒形貌对其压制性能和生坯强度产生影响。不规则的颗粒形貌引起颗粒间的互锁，提高生坯强度。球形钨粉流动性好，特别适用于喷涂材料。同样在制备 WC 时，钨粉的形貌亦影响到 WC 粉的形貌。

（4）比表面积

单位质量钨粉所具有的总表面积称为钨粉的比表面积，常用 $m^2 \cdot g^{-1}$ 来表示。钨粉的比表面积通常为 $0.01 \sim 12 \ m^2 \cdot g^{-1}$。它间接反映钨粉的粒度大小和颗粒形貌，是衡量钨粉的烧结活性、溶解特性以及在碳化过程中与气固态物质反应能力的重要指标。

（5）松装密度和振实密度

钨粉的松装密度和振实密度随粉末平均粒度的增加而增加，某厂生产的钨粉的松装密度与其费氏平均粒度的关系如表 4 - 4 所示。粉末的粒度分布愈窄、颗粒形貌愈复杂和聚集程度愈严重，则松装密度愈小，一般可通过调整还原过程的工艺参数来控制。

表 4 - 4 钨粉的松装密度与费氏平均粒度的关系

费氏平均粒度/μm	$0.51 \sim 1.0$	$1.51 \sim 2.0$	$3.01 \sim 4.0$	$4.01 \sim 5.5$	$5.51 \sim 7.0$	$15.01 \sim 25$
松装密度/$(g \cdot cm^{-3})$	$1.7 \sim 2.5$	$2.2 \sim 3.0$	$3.2 \sim 4.2$	$3.8 \sim 4.8$	$4.0 \sim 5.2$	$4.5 \sim 6.5$

（6）流动性

钨粉的流动性受粒度、粒度分布以及颗粒形貌的影响，粉末粒度越粗、颗粒越圆、表面越光滑，则流动性越好。钨粉的流动性通常用霍尔流速来度量，即用 50 g 钨粉流过霍尔流动计规定小孔的时间来表示。粉末的流动性直接影响压制过程的容积装料和压坯密度的均匀性。

（7）压缩性

压缩性是指在规定的压制条件下钨粉被压紧的能力。通常在标准的模具中、在规定的润滑条件下加以测定，用在规定的压力下粉末所达到的压坯密度来表示。也可用压坯密度随压制压力变化的曲线图来表示。

（8）成形性

即钨粉压坯保持既定形状的能力。用粉末得以成形的最小单位压力来表示，或用在一定成形压力下压坯的强度来衡量。

4.2 钨氧化物的制取

4.2.1 基本原理

1. APT·4H$_2$O 在高温下煅烧的行为

钨氧化物氢还原制取金属钨粉的原料有黄色氧化钨（简称黄钨）、蓝色氧化钨

（简称蓝钨）和紫色氧化钨（简称紫钨）三种，它们都是将仲钨酸铵在不同条件下煅烧制得的。在氧化性气氛下煅烧得到黄钨，在密闭条件下则由于 APT 煅烧产生的 NH_3 部分分解为 N_2 和 H_2，因而系统中为还原气氛，钨氧化物被部分还原而得到蓝色氧化钨或紫色氧化钨，因此有必要先研究 $APT \cdot 4H_2O$ 在煅烧过程中的行为。

　　许多学者用差热分析（DTA）、热重分析（TG）、X 射线衍射分析（XRD）配合气相成分分析、质谱分析（MS）等方法对 $APT \cdot 4H_2O$ 在空气、N_2 以及 H_2 中热分解的规律性进行了研究。尽管他们的研究方法基本相同，但由于分解过程本身的复杂性，同时具体试验设备、参数控制、原材料特性等不尽相同，因此试验结果存在某些差异，只能归纳出共同的规律性。

　　（1）$APT \cdot 4H_2O$ 在空气（或 O_2）中分解

　　对 $APT \cdot 4H_2O$ 在空气或 O_2 中的分解过程，学者们的试验结果比较接近，在 DTA 曲线上 50～500℃ 温度范围内随温度升高，依次出现了 3 个吸热峰和 1 个放热峰；在热重分析曲线上对应吸热峰出现失重，说明存在三个分解反应。不同学者所得结果的差异主要是这些峰的具体温度值不同，如表 4-5 所示。

表 4-5　APT 在空气中煅烧的研究结果

作者	测试方法	第 1 吸热峰温度及失重	第 2 吸热峰温度及失重	第 3 吸热峰温度及失重 /%	放热峰	备 注
J·W·旺普特[1]	综合 20 世纪 60 年代至 80 年底 17 位学者的研究结果	100℃失重 2.30%	100～200℃失重 2.17%	220～450℃	>450℃	
M·J·G·法特[2]（2008 年）	XRD，TG，MS 在线红外光谱分析	159℃失重 1.69%	242℃失重 1.48%	302℃失重 6.03%	412℃失重 1.2%	原文指出：其原料为 APT·2.5H₂O
J·玛达拉慈[3]（2004 年）	TG，DTA，FTIR,质谱	132℃	219℃	287℃	343℃，443℃	
陈绍衣[4]（1984 年）	DTA，TG	149.7℃	212.7℃	291.9℃	433.5℃，451℃	
蒋鉴等[5]（1987 年）	DTA，TG，XRD	63～74℃165～184℃	231～258℃（产物为 AMT·3H₂O）	290～315℃（产物为 AMT）	397～412℃（产物为 ATB）	

综合不同学者的看法，APT·4H$_2$O在空气或O$_2$中的分解历程为：

①APT·4H$_2$O脱结晶水，即：

$$(NH_4)_{10}H_2W_{12}O_{42}·4H_2O \Longrightarrow (NH_4)_{10}H_2W_{12}O_{42} + 4H_2O$$

此阶段对应于DTA线上第一个吸热峰，不同学者测定的温度值在100～145℃。与之相对应的失重为2.3%左右。而M·J·G·法特等认为其所用的原料仅含2.5个结晶水，即APT·2.5H$_2$O。因此脱水过程仅脱去2.5个结晶水，对应的温度为159℃，失重为1.69%左右。

②(NH$_4$)$_{10}$H$_2$W$_{12}$O$_{42}$发生脱氨反应：

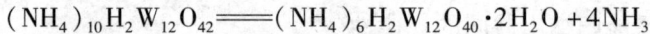

$$(NH_4)_{10}H_2W_{12}O_{42} \Longrightarrow (NH_4)_6H_2W_{12}O_{40}·2H_2O + 4NH_3$$

此阶段对应于DTA曲线上第二个吸热峰，其温度大体为100～219℃，M·J·G·法特测定值则为190～250℃。关于其具体生成物的形态，比较共同的看法是非晶态偏钨酸铵(AMT)。H·H·拉柯娃[6]等的试验结果表明，280℃时，产品的水溶性最好，说明在该温度下AMT的产出率最高。

上述(Ⅰ)、(Ⅱ)两阶段的总失重相当于原料APT·4H$_2$O的4.5%左右。

与上述观点有所不同的是，M·J·G·法特用XRD、TG、MS、红外线光谱分析法系统地测定了第二阶段产物的形态，发现190～250℃煅烧后，产物中仲钨酸铵根的结构没有改变，因此认为煅烧产物并不是AMT而是仲钨酸氢铵，反应为：

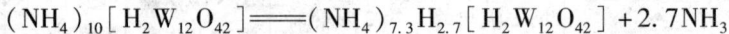

$$(NH_4)_{10}[H_2W_{12}O_{42}] \Longrightarrow (NH_4)_{7.3}H_{2.7}[H_2W_{12}O_{42}] + 2.7NH_3$$

在产物水溶解的过程中H$_2$W$_{12}$O$_{42}^{10-}$再与H$^+$作用转化为偏钨酸根。

③非晶态偏钨酸铵进一步析出NH$_3$，转化为非晶态铵钨青铜[ATB，(NH$_3$)$_x$WO$_3$]，它对应于第三个吸热峰，其温度大体为220～450℃。

④非晶态铵钨青铜再在温度为432～450℃转化为结晶态，在此转变过程中出现放热峰(M·J·G·法特认为此放热峰对应的是ATB转化为WO$_3$，同时失去部分NH$_3$和H$_2$O，因而出现失重)。

许多学者都报道在300～400℃温度范围内由于析出NH$_3$以致固体产物中$n_{NH_4^+}/n_{WO_3}$随温度的升高而降低，同时其主要相组成亦发生相应的变化，如图4-2所示。

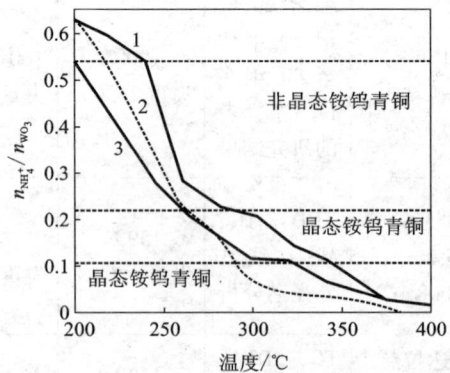

图4-2 APT·4H$_2$O热分解的固体产物中 $n_{NH_4^+}/n_{WO_3}$与温度的关系

(图中1，2，3线根据不同学者的测定值绘制)

最后结晶态 ATB 转化为 WO_3，其温度约 450℃。

与上述有所不同的是，J·玛达拉慈[8]在非还原性气氛下煅烧 $APT·4H_2O$ 时，进行 DTA 和逸出气体成分分析，发现在 343℃ 和 443℃ 左右存在两个大放热峰，同时气相存在氮的氧化物 N_2O 和 NO，因此，认为两个放热峰是在上述温度下析出的 NH_3 被催化氧化所致。

（2）$APT·4H_2O$ 在 N_2 中分解

$APT·4H_2O$ 在 N_2 中分解的前两阶段即脱水和生成非晶态偏钨酸铵阶段与在空气中的情况相同，但其最终温度为 230℃ 左右。然后在 230～320℃ 发生下列分解反应：

$$(NH_4)_6H_2W_{12}O_{40}·2H_2O ＝＝ (NH_4)_2O·12WO_3 + 4NH_3 + 5H_2O$$

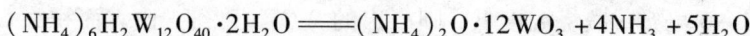

从 $APT·4H_2O$ 开始其总失重为 9.51%。

$(NH_4)_2O·12WO_3$ 在 400～500℃ 分解：

$$(NH_4)_2O·12WO_3 ＝＝ 12WO_3 + 2NH_3 + H_2O$$

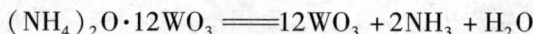

过程中是否也经过铵钨青铜，则不同学者说法不一。总的说来在 N_2 中分解的行为与在空气中大同小异。

（3）$APT·4H_2O$ 在 H_2 或 H_2/N_2 中分解

N. E. Fouad[7] 以 $APT·7H_2O$ 为原料，I. M. Szila'gyi[8] 以 $APT·4H_2O$ 为原料分别以差热、热重、气体在线分析的方法研究了它们在还原气氛下的热分解行为，其结果大同小异，即在 380℃ 左右以下的行为与在空气中热分解大同小异，先后脱除结晶水再转化为铵钨青铜。在 10% H_2/Ar 气氛下，480～600℃ 有一个慢的失重过程，对应于还原产生金属钨，730℃ 左右全部变成金属钨。

大量的生产实践也证明，$APT·4H_2O$ 在密闭条件下加热时，由于其分解产生的 NH_3 进一步分解为 N_2 和 H_2，形成还原气氛，因而在 300～400℃ 则由于各种还原反应和分解反应而变成铵钨青铜、氢钨青铜、$W_{20}O_{58}$，甚至 WO_2、$β-W$ 的混合物，颜色转变为深蓝色（称为蓝钨），进一步还原则将转化成紫色（称为紫钨），其具体成分及性质与煅烧温度及保温时间有关，详细情况将在下节介绍。

2. 钨氧化物的性质及质量控制

在钨氧化物氢还原制取金属钨粉的过程中，所用氧化物的性质对还原过程及最终钨粉的质量具有较大的影响。例如，氧化物的粒度将在一定程度上影响到钨粉的粒度，氧化物的比表面积大则意味着还原过程有较好的动力学条件。在制取掺杂的灯用钨丝时亦要求钨氧化物比表面大，裂纹多，以便于掺杂。因此，制备钨氧化物时，应正确控制相关条件，以便为还原过程提供优质原料。

（1）黄色氧化钨（WO_3）

黄色氧化钨的物理化学性质不仅取决于煅烧温度，而且与仲钨酸铵的热分解速度和高温下持续的时间有关。

根据陈绍衣[4]的研究，对同一批原料 $APT \cdot 4H_2O$ 而言，不同煅烧温度所得 WO_3 的性质如表 4 - 6 所示。

表 4 - 6　不同煅烧温度所得 WO_3 的性质

煅烧温度/℃	400	650	850
比表面积/ $(m^2 \cdot g^{-1})$	6.64	2.0	0.02
平均粒度/ μm	9.9	11.0	12.3

从表 4 - 6 可知，煅烧温度低，则产出的 WO_3 粒度细，比表面积大。

表 4 - 7 列出了同一批仲钨酸铵在不同温度下快速或慢速分解产出的 WO_3 的比表面积。表中数据说明：急剧升温，快速分解，则产出的 WO_3 比表面积较大。缓慢加热，慢速分解则产出的 WO_3 比表面积小。对煅烧后产出 WO_3 颗粒的电镜扫描也证实：快速升温的产品具有较多的宽深裂纹，慢速升温的产品晶形完整，只有较少的细浅裂纹。

表 4 - 7　不同煅烧条件下生产的 WO_3 的比表面积

煅烧温度/℃	380	480	580	680	750
慢速分解/ $(m^2 \cdot g^{-1})$	4.4	3.0	2.0	1.0	0.69
快速分解/ $(m^2 \cdot g^{-1})$	7.7	6.7	3.7	2.1	0.93

此外，产出的三氧化钨的质量也与生产设备有关。

三氧化钨的形貌基本上保持了原料 $APT \cdot 4H_2O$ 的外形轮廓，但每一个 WO_3 假颗粒内部实际上是由许多 WO_3 细颗粒组成，由不同形貌的 $APT \cdot 4H_2O$ 煅烧产出的 WO_3 的形貌如图 4 - 3 所示。

(2) 蓝色氧化钨(TBO)[9~11]

由于蓝色氧化钨还原制取钨粉比较容易控制钨粉的粒度和粒度组成，同时当目的是制取灯丝用的钨粉时，蓝色氧化钨更容易掺杂，因此 20 世纪 50 年代开始，国内外许多钨冶金企业逐步用蓝色氧化钨取代 WO_3 作为生产钨粉的原料。

① 蓝色氧化钨的相组成。许多学者的研究工作和生产实践都证明，蓝色氧化钨不是一种具有单一化学成分的化合物，而是主要由铵钨青铜(六方结晶)、氢钨青铜(正方或六方结晶)、β - 氧化钨($WO_{2.9}$)和 γ - 氧化钨($WO_{2.7}$)组成的混合物，在还原气氛较强的情况下还有 WO_2 和 β - W。这些物质的相对含量实际上是还原程度的体现，影响其相对含量和还原程度的因素主要为将 APT 煅烧制备蓝钨

图 4 – 3 不同形貌的 APT·4H₂O 煅烧产生的 WO₃ 的形貌

(a)APT·4H₂O (1)；(b)由 APT·4H₂O(1)煅烧产出的三氧化钨；

(c)APT·4H₂O(2)；(d)由 APT·4H₂O(2)煅烧产出的三氧化钨

过程的温度、还原气氛和保温时间。

煅烧温度 J·M·旺普特在总结归纳大量前人研究成果的基础上，得出 TBO 中各组分的相对含量与煅烧温度的关系如图 4 – 4 所示。从图中可知，在低温下主要为铵钨青铜和氢钨青铜，其次为 β – 氧化钨。随着煅烧温度的升高，钨青铜相的相对含量逐步减少，β – 氧化钨含量增加，温度进一步升高，出现 γ – 氧化钨和 β – W 相。即还原程度随着煅烧温度的升高而增加。

为将还原程度量化，人们还提出了"氧指数 OI"指标。OI 表示 TBO 中氧与钨的摩尔比(例如 WO₃、WO₂.₉、WO₂.₇₂ 的 OI 值分别为 3、2.9 和 2.72)。虽然 TBO 中的氧由两部分组成，即与 W 结合的氧和 H₂O[实际上是(NH₄)₂O]中结合的氧，按总氧计算的 OI 值不能完全反映钨的还原程度，但与 H₂O 结合的氧量相对很少，故可近似体现钨的还原程度。J·M·旺普特归纳出蓝钨的 OI 与煅烧温度的关系如图 4 – 5 所示，从图 4 – 5 同样可以看出，还原程度随温度的升高而增加。

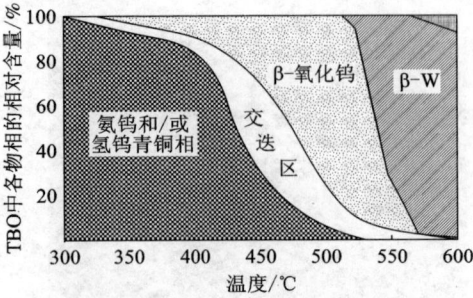

图 4-4　TBO 中各组分的相对
含量与煅烧温度的关系

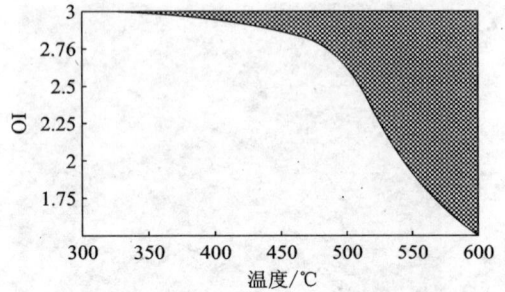

图 4-5　TBO 的 OI 值与温度的关系

还原气氛　蓝钨中各组分的相对含量及氧指数还与还原气氛有关。还原气氛加强(气相中 H_2 含量提高),则价态低的组分含量相应增加,邹志强等[11]的研究结果如表 4-8。表中 ATB 为正常铵钨青铜 $(NH_4)_{0.25}WO_{3\sim2.9}$;ATB′为高氨铵钨青铜 $(NH_4)_x WO_3$,$x>0.25$;ATB″为低氨低氧指数铵钨青铜 $(NH_4)_x WO_{2.9\sim2.8}$,$x<0.25$。

表 4-8　不同工艺条件下制得的蓝钨的相组成和氧指数

相及其 OI 气氛 温度/℃	350	400	450	500	550	600
H_2	—	ATB (2.906)	ATB″ (2.879)	ATB″ $W_{20}O_{58}$ (2.865)	$W_{20}O_{58}$ ATB″ WO_2 (2.757)	—
$H_2 + N_2$ $V_{H_2}:V_{N_2}=1:1$	—	ATB (2.926)	ATB (2.903)	ATB″ $W_{20}O_{58}$ WO_3 (2.840)	$W_{20}O_{58}$ ATB″ WO_3 (2.810)	—
NH_3	—	ATB′	ATB′ (2.931)	ATB WO_3 (2.927)	ATB″ WO_3 (2.913)	
$H_2 + N_2$ $V_{H_2}:V_{N_2}=1:3$	—	ATB′ (2.976)	ATB WO_3 (2.946)	ATB $W_{20}O_{58}$ WO_3 (2.925)	$W_{20}O_{58}$ WO_3 (2.918)	—
$H_2 + N_2$ $V_{H_2}:V_{N_2}=1:9$	ATB′ (3.00)	ATB′ (2.986)	ATB WO_3 (2.962)	WO_3 ATB (2.961)	$W_{20}O_{58}$ WO_3 (2.925)	$W_{20}O_{58}$ WO_3 (2.919)

从表 4 - 8 中可知，在同样温度下，随着还原气氛的增加，铵钨青铜的还原程度增加，氧指数降低。

保温时间　保温时间延长则价态低的组分含量增加。

此外，设备的类型将影响到系统的传热传质条件，相应地影响反应速度和产品质量的均匀性，这些将在有关工业实践部分介绍。

②蓝色氧化钨的形貌。与上述黄钨相似，一般蓝色氧化钨的假颗粒保留其原料 APT 颗粒的外形，但煅烧的过程中一方面由于气体的逸出和产物密度的升高（原料 $APT \cdot 4H_2O$ 密度为 $4.61 \ g \cdot cm^{-3}$，而 $WO_{2.9}$ 的密度为 $7.15 \ g \cdot cm^{-3}$），因而颗粒内部收缩产生裂纹，每颗蓝色氧化钨假晶内部实际上是由许多小颗粒组成，由于裂纹的生成及颗粒变细，因而其比表面积较原料 $APT \cdot 4H_2O$ 大大增加。蓝色氧化钨的形貌如图 4 - 6(a)、4 - 6(b) 所示。

图 4 - 6　蓝色氧化钨的形貌

此外，根据文献[9]介绍，蓝钨中有些组分处于非晶态，非晶态的量为 30% ~ 55%。与上述参数有关，同时与工艺设备有关，显然非晶态量的增加对还原过程的动力学有利。

③蓝色氧化钨的质量控制。在进行蓝钨质量控制时，应考虑到下列因素：a. 煅烧温度是影响蓝钨中含氨量、氧指数以及比表面积的主要因素。温度升高，使含氨量降低，OI 降低，比表面积降低。b. 保温时间的延长，对蓝钨质量造成上述同样的影响，但其影响程度比温度小。c. 系统的还原气氛加强有利于得到 OI 值低的产品。d. 与生产黄钨相同，加快升温速度有利于得到比表面积大、颗粒细的产品。

（3）紫色氧化钨[12~14]

紫色氧化钨是以 $W_{18}O_{49}$（即 $WO_{2.72}$）为主要相成分的钨氧化物。它具有细针状或杆状结构，活性大，氢还原速度快，有利于制取均匀的超细钨粉。以紫色氧化钨为原料，经氢还原生产超细钨粉，在此基础上生产超细碳化钨粉末，为超细硬质合金的制备开辟了一条新途径。

紫色氧化钨的生产主要有三种方法：

①回转炉煅烧法。这是当前工业上生产紫色氧化钨的方法。将原料 APT 通过给料装置加入到回转炉内，在一定温度和弱还原气氛下令 APT 热分解，并在分解所得的 H_2 作用下，连续还原为 $W_{18}O_{49}$。通过热分解和预还原，一颗 APT 晶体变为无数个针状或杆状紫钨晶体。生成 $W_{18}O_{49}$ 的还原率一般在 99% 以上。

APT 回转炉煅烧法制取紫色氧化钨（$WO_{2.7}$）的总反应方程式为：

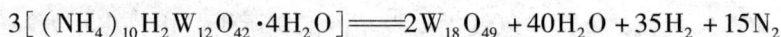

$$3[(NH_4)_{10}H_2W_{12}O_{42} \cdot 4H_2O] = 2W_{18}O_{49} + 40H_2O + 35H_2 + 15N_2$$

控制条件较好时可得到几乎是单一相的单斜 $W_{18}O_{49}$，高温有利于紫色氧化钨的生成，如果还原气氛过强，紫色氧化钨中含 WO_2 相，如果还原不足，会出现 $WO_{2.9}$ 相。

②APT·$4H_2O$ 氢还原法。将 APT·$4H_2O$ 装舟，在管式炉内高温氢气环境下还原。

③直接合成法。将 WO_3 与 W 按一定比例混合，在纯氩气中加热可制得紫色氧化钨。

从低倍放大来看，紫色氧化钨的形貌仍保持原来 APT 的外形，但进一步放大后知其内部实际上是由无数针状或杆状 $W_{18}O_{49}$ 晶体组成，同时赵秦生亦发现在这些针状或杆状二次粉体的表面有放射状的细长晶须形成。这种疏松的结构为其在氢还原过程中提供了良好的动力学条件。不同放大倍数的紫色氧化钨的形貌如图 4-7 所示。

图 4-7　紫色氧化钨形貌

4.2.2　工业实践

1. 煅烧设备

煅烧 APT 制备 WO_3、蓝色氧化钨或紫色氧化钨均可在推舟的管式炉(如四管炉)中或回转炉中进行。在管式炉中进行时,舟皿中的料是固定的,因此料上下层的气氛、扩散条件各不相同,容易造成物料的不均匀性。而在回转炉中物料处于不断翻动状态,不存在固定的料层,反应的动力学条件好。因此产品质量较均匀,活性比较大,根据 Γ·M·沃利德玛恩[10] 的介绍,回转炉产出的蓝钨中非晶态占 40% ~ 50%,而管式炉产出的仅占 20% ~ 35%,因此在工业上大多采用回转炉。回转炉的不足处主要在于烟尘带走的钨较多,需妥善收尘。

工业回转炉的外形如图 4 – 8 所示,其结构如图 4 – 9 所示。其简单工作原理是,炉管 3 通过管外的加热装置 8 加热到一定温度,原料 APT 由炉管的进料装置14 加入,由于炉管不断旋转,同时由进料端到出料端有一定的斜度,因此在炉管转动过程中物料逐步由进料端运动到出料端,而在经过高温区时,即发生各种煅烧反应,随炉内的温度制度和气氛的不同,产出的 WO_3 或蓝钨或紫钨从卸料斗排出。废气与炉料逆流运动,最后在进料端经收尘系统 13 回收氧化钨烟尘后排出,物料在炉内停留时间及炉内保持的料层厚度则主要通过加料速度、炉管的转速及斜度进行控制。

图 4 – 8　APT·4H₂O 煅烧制取钨氧化物用回转炉

根据上述工作原理可知煅烧炉应由下列部分组成:

(1)炉管。由不锈钢焊成,其尺寸由产量要求决定。一般管长 8 ~ 11 m,管径 0.3 ~ 0.6 m,壁厚 12 mm。管内壁上焊有筋条,其作用主要是在炉管旋转过程中将物料带至上部空间再洒落,因而改善物料中的热交换条件和反应的动力学条

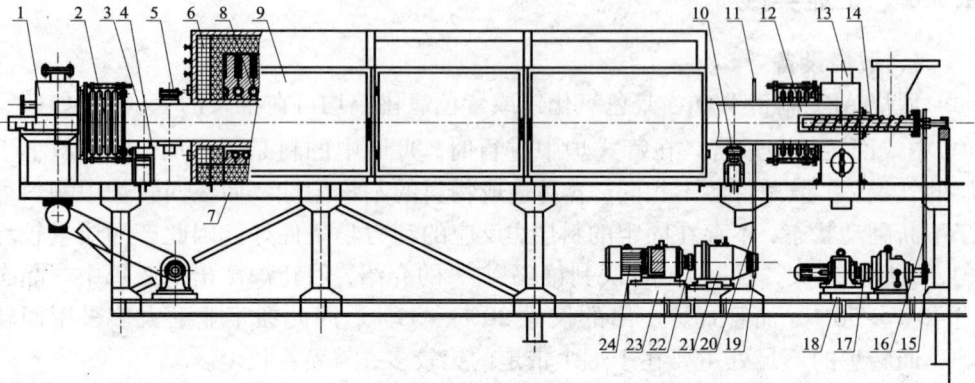

图 4 – 9　APT·4H₂O 煅烧用回转炉结构示意图

1—卸料斗；2—炉尾密封装置；3—炉管；4—后托轮装置；5—振打装置；6—砌体；7—炉架；
8—发热体；9—炉壳；10—前托轮装置；11—链轮；12—炉头密封装置；13—除尘气箱；
14—进料装置；15—链轮；16—套筒滚子链；17—弹性联轴接；18—机座；19—链轮；
20—套筒滚子链；21—摆线针齿减速机；22—弹性联轴接；23—机座；24—电磁调速电动机

件，一般炉管斜度为 $1° \sim 3°$，转速为 $1 \sim 12$ r·min^{-1}，可根据生产要求调节。炉管通过密封装置保持良好密封状态，以便于控制炉内气氛。

（2）加热系统。在管外耐火砖炉膛中装 Ni – Cr 电阻丝通电加热，为控制管内适当的温度制度，加热区一般分 $3 \sim 5$ 带，工作温度 $600 \sim 800℃$。对 $\phi 400$ mm × 9000 mm 的炉子而言，其加热功率约 95 kW，每 24 h 可产出蓝钨 $3 \sim 4$ t。

（3）炉管的传动系统及振打系统。通过马达及减速装置带动炉管转动，同时为防止物料黏附炉壁，故有振打装置定期振打。

（4）收尘及尾气处理系统。

（5）加料系统。通过螺旋给料机将 APT 均匀加入炉内。

2. 煅烧工艺

在回转煅烧炉内煅烧 APT·4H₂O 时，控制不同的温度和气氛可得到 WO₃、蓝色氧化钨或紫色氧化钨等不同的钨氧化物产品。

制取 WO₃ 时，炉温分两带控制，一带炉温一般控制在 $550℃$，二带炉温控制在 $650℃$，回转炉管转速为 3 r·min^{-1}，下料速度随炉管直径变化，对于 $\phi 450$ mm 的炉管，下料速度控制在 180 kg·h^{-1} 左右为宜。由于要求氧化气氛，故炉内气体压力控制在小于大气压强 100 Pa 左右，让空气自动进入炉内，氨和水蒸汽经排风系统排出室外。分解产物 WO₃ 连续从出料端排出，过 60 目筛后装入料桶。得到的 WO₃ 为柠檬黄色。

制取蓝色氧化钨时，一带炉温一般控制在 $550℃$、二带炉温控制在 $650℃$ 左右，回转炉管转速为 3 r·min⁻¹，由于要求弱还原气氛，炉内气体压力应控制在大于大气压强 100 Pa 左右，防止空气进入炉内。可通过 APT 的给量控制和减少排风量来维持炉内正压及适当的还原性气氛。得到的蓝色氧化钨呈蓝黑色。

制取紫色氧化钨时，一带炉温一般控制在 650 ℃、二带炉温控制在 700 ℃ 左右，回转炉管转速为 3 r·min⁻¹。由于比制取蓝色氧化钨需要更强的还原性气氛，炉内气体压力要控制在大于大气压强 150 Pa 左右，防止空气进入炉内。通过 APT 的给量控制、减少排风量、补充少量的液氨来维持炉内正压及较强的还原性气氛。

生产实践证明，炉温是影响紫钨产品质量的主要因素，炉温太低或进料量太大，会导致产品结块甚至堵炉，还原不足，使紫钨中产生 $WO_{2.9}$ 杂相。炉温过高或进料量太小，产品中 WO_2 含量会上升。由于紫钨比普通蓝钨具有更低的氧指数，要求在炉内停留的时间更长，下料量与炉管转速不能太大，相应地单位产量较低。

在上述煅烧制备 WO_3、蓝钨或紫钨的过程中，钨的实收率为 98.5% 左右，其他的 1.5% 进入废气回收系统后可得到回收。

4.3 钨氧化物的氢还原

4.3.1 基本原理

1. 氧化钨氢还原过程的热力学分析

W – O 系中除存在 WO_3 外，还存在 $WO_{2.9}$、$WO_{2.72}$、WO_2 等低价氧化物，相应地 WO_3 氢还原过程中将进行一系列中间反应。这些反应的平衡条件取决于有关化合物的标准摩尔生成吉布斯自由能，目前关于这些标准摩尔生成吉布斯自由能的具体数据，不同学者报导的有一定差别，现根据文献[15]，对有关热力学问题分析如下。

过程的主要反应如式(4 – 1) ~ (4 – 5)所示、与此同时列出了各反应的标准吉布斯自由能变化 $\Delta_r G_m^\ominus$ 以及平衡常数与温度的关系。

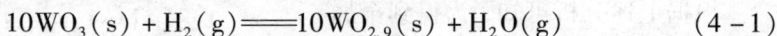

$$10WO_3(s) + H_2(g) = 10WO_{2.9}(s) + H_2O(g) \tag{4-1}$$

$$\Delta_r G_{m(4-1)}^\ominus = 32930 - 57.3T \ (J)$$

$$\lg K_{p(4-1)} = \lg(p_{H_2O}/p_{H_2}) = -1720.7/T + 2.99$$

$$\frac{50}{9}WO_{2.9}(s) + H_2(g) = \frac{50}{9}WO_{2.72}(s) + H_2O(g) \tag{4-2}$$

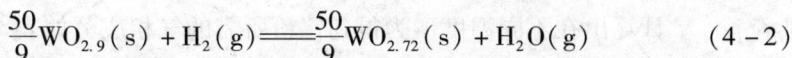

$$\Delta_r G_{m(4-2)}^\ominus = 37572.2 - 46.53T \ (J)$$

$$\lg K_{p(4-2)} = -1963.3/T + 2.43$$

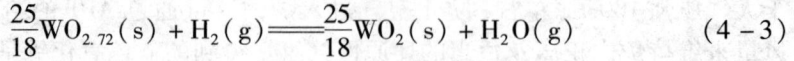

$$\frac{25}{18}WO_{2.72}(s) + H_2(g) = \frac{25}{18}WO_2(s) + H_2O(g) \tag{4-3}$$

$$\Delta_r G_{m(4-3)}^{\ominus} = 3159.7 - 7.81T \ (J)$$

$$\lg K_{p(4-3)} = -165.1/T + 0.41$$

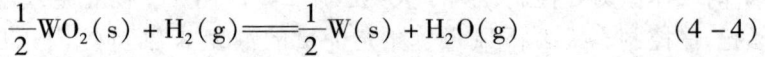

$$\frac{1}{2}WO_2(s) + H_2(g) = \frac{1}{2}W(s) + H_2O(g) \tag{4-4}$$

$$\Delta_r G_{m(4-4)}^{\ominus} = 40886 - 30.13T \ (J)$$

$$\lg K_{p(4-4)} = -2135.2/T + 1.57$$

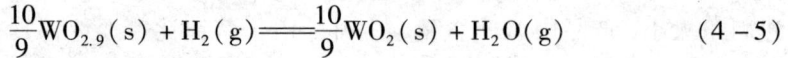

$$\frac{10}{9}WO_{2.9}(s) + H_2(g) = \frac{10}{9}WO_2(s) + H_2O(g) \tag{4-5}$$

$$\Delta_r G_{m(4-5)}^{\ominus} = 9972.2 - 15.56T \ (J)$$

$$\lg K_{p(4-5)} = -521/T + 0.813$$

将上述反应的 $\lg K_p$ 对 $1/T$ 做图如图 4 – 10 所示。分析图 4 – 10 可得到如下结论。

(1)图中线 1 为反应(4 – 1)的 $\lg K_p$ 对 $1/T$ 的关系曲线,当系统中实际的 $\lg(p_{H_2O}/p_{H_2})$ 值在线 1 的上方,则反应将向生成 WO_3 的方向进行,即区域 I 为 WO_3 的稳定区。同理在区域 II 中反应(4 – 1)将向生成 $WO_{2.9}$ 方向进行,而且当系统中存在 $WO_{2.72}$ 时,它亦会被 H_2O 氧化成 $WO_{2.9}$,故区域 II 为 $WO_{2.9}$ 的稳定区,依此类推知 III、IV、V 分别为 $WO_{2.72}$、WO_2、$\alpha - W$ 的稳定区。

根据上述分析可知,为得到金属钨粉,系统中的条件应控制在线 4 以下,当温度一定时,线 4 所对应的纵坐标即为该温度下得到钨粉所需的 $\lg(p_{H_2O}/p_{H_2})$ 的最大值。根据这一结论及 $\lg K_{p(4-4)}$,计算出在不同温度下为得到钨粉所需的气相成分如表 4 – 9 所示。

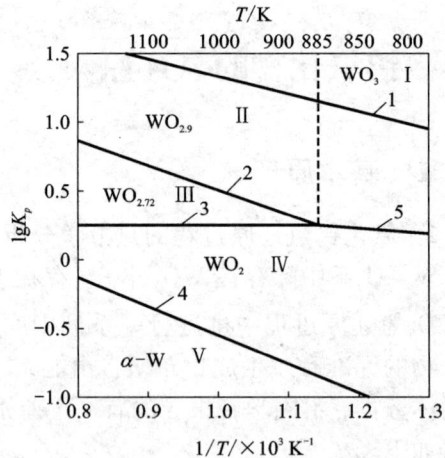

图 4 – 10 钨氧化钨氢还原
反应的 $\lg K_p$ 与 $1/T$ 关系

1—反应(4 – 1);2—反应(4 – 2);
3—反应(4 – 3);4—反应(4 – 4);
5—反应(4 – 5)

表4-9 不同温度下得到钨粉所需的气相成分

温度/K	900	950	1000	1050	1100
p_{H_2O}/p_{H_2} 不大于	0.158	0.214	0.275	0.347	0.436

按照同样的原理,亦可根据各还原反应的 $\lg K_p$ 与温度的关系或图4-10求出在不同温度下制取其他低价化合物所需的气相条件。

(2)反应(4-2)与反应(4-3)的 $\lg K_p$ -1/T 线相交于885K,即小于885K时,$WO_{2.72}$ 相不稳定。

(3)在还原过程中随着系统中 p_{H_2O}/p_{H_2} 的降低,WO_3 将优先还原成 $WO_{2.9}$,再依次还原成 $WO_{2.72}$ (>885K 时)和 WO_2 以及 W,当温度低于885K,则 $WO_{2.9}$ 不经过 $WO_{2.72}$ 而直接还原成 WO_2。

(4)上述各种钨氧化物还原反应的平衡常数 K_p 均随温度的升高而增大,因此温度升高有利于各还原反应的进行,同时根据各反应的 $\lg K_p$ -T 关系式和化学反应等压方程亦可知,上述各还原反应均为吸热反应。

2. 氧化钨氢还原过程的历程

许多学者对氧化钨氢还原的历程进行了研究,但由于各级钨氧化物稳定的形态及其相互转化(进行氧化-还原反应)的条件与系统的气氛及温度密切相关,因此在不同传质条件和温度条件下得出的结论不尽相同,甚至在相同的温度下,升温制度不同(如升温速度、连续升温或阶段式升温、保温温度和保温时间等)也将导致研究结果的差异。因此关于氧化钨氢还原的历程并没有统一的结论。

对诸多学者的研究结果,可分为三种不同情况,①在少许样品或者薄料层、扩散条件良好的条件下用干氢还原的结果,排除了气相成分对过程的干扰,能反映出物料本身的还原特征。②在厚料层、透气性能很差的条件下的还原结果,能反映出扩散过程对还原历程的影响。③在接近实际生产条件下或者说其动力学条件介于上述两种极端条件之间的还原历程,更接近工业实际,能更好地为工业生产提供指导。

(1)气相传质条件良好时,不同钨氧化物的还原历程

陈绍衣等[16]在干氢气中、在气相传质条件良好的情况下研究了转炉蓝钨、铵钨青铜、黄钨、紫钨的氢还原历程,在 X 衍射仪上配以高温附件,分别将上述样品在干氢气中采用阶段升温保温的方式加热,在每一个保温阶段使用 X 衍射仪进行扫描,查明了其在不同温度下的 XRD 图谱,有关图谱可参阅文献[16]。为了便于分析对比,根据上述图谱,将不同温度下转炉蓝钨、铵钨青铜、黄钨、紫钨的物相变化归纳如表4-10所示。

根据表4-10可知,在干氢气中、扩散条件良好、反应(4-1)~(4-5)所必

需的热力学条件都同时能得到满足的情况下，还原各阶段可能发生"短路"，因而转炉蓝钨还原的历程是：

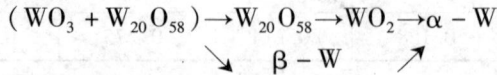

$$(WO_3 + W_{20}O_{58}) \rightarrow W_{20}O_{58} \rightarrow WO_2 \rightarrow \alpha\text{-}W$$
$$\searrow \quad \beta\text{-}W \quad \nearrow$$

这一结论与陶正已[17]的研究结果一致。

表4-10　干氢气中阶段式升温保温过程转炉蓝钨、铵钨青铜、黄钨、紫钨的还原历程

温度/℃	转炉蓝钨	铵钨青铜	黄钨	紫钨
室温	WO_3(单) + $W_{20}O_{58}$	ATB + 少量 WO_3(单)	WO_3(单) + WO_3(六)	$W_{18}O_{49}$
300			WO_3(六) + WO_3(单)	
400	$W_{20}O_{58}$ + 微量 WO_3(单)	ATB + 少量 WO_3(单)		
450			$W_{20}O_{58}$ + WO_3(六)	
500		ATB + 少量 WO_3(单)		$W_{18}O_{49}$
550		ATB + 少量 $W_{20}O_{58}$	$W_{20}O_{58}$ + 少量 WO_3(六)	
575	$W_{20}O_{58}$ + 少量 WO_3(单) + 少量 β-W		$W_{20}O_{58}$ + 少量 WO_3(六) + 少量 WO_2	
600	WO_2 + 较多 $W_{20}O_{58}$ + 较多 β-W	ATB + 少量 WO_2 + 较多 β-W	WO_2 + 少量 $W_{20}O_{58}$	$W_{18}O_{49}$ + 少量 α-W + 少量 β-W
620				$W_{18}O_{49}$ + α-W + 少量 β-W
650	WO_2 + 少量 α-W + 微量 β-W	α-W + WO_2 + 少量 β-W + 微量 ATB	WO_2	α-W + 少量 $W_{18}O_{49}$
700	WO_2 + 大量 α-W + 微量 β-W	α-W + WO_2	WO_2 + 少量 α-W	α-W
750	α-W + 微量 WO_2	α-W + 微量 WO_2		α-W
775	α-W	α-W		
800			α-W + 少量 WO_2	α-W
850			α-W	

注：表中 WO_3(单)、WO_3(六)分别表示单斜结晶 WO_3 和六方结晶 WO_3。

铵钨青铜还原过程的历程除存在 ATB 相以外，其他与蓝钨大同小异。这一结论与邹志强[18]的研究结果也大体相同，邹志强用干氢还原 ATB 时，经 X 射线在线分析，其相结构的变化如图 4-11 所示。

黄钨还原过程中未发现 β-W，其他与蓝钨亦大同小异。

紫钨还原的历程是：

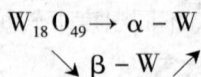

$$W_{18}O_{49} \rightarrow \alpha\text{-}W$$
$$\searrow \beta\text{-}W \nearrow$$

同时可看出，紫钨在 700℃ 就全部转化为 α-W，比蓝钨和 ATB 低 75℃ 左右，

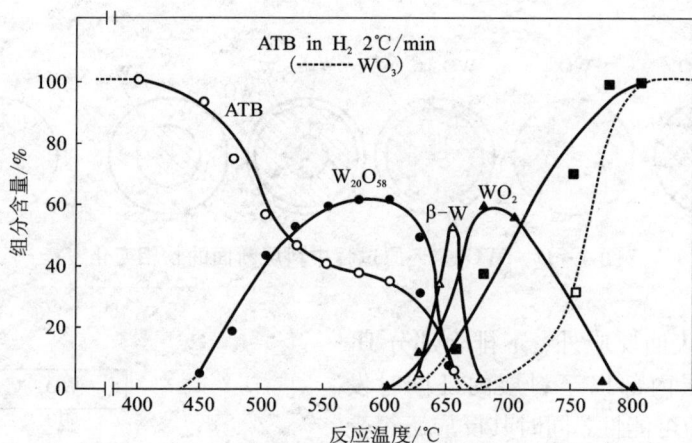

图 4-11　干氢中 ATB 的相转变与温度的关系

比黄钨低 100℃ 以上。因此在四种原料中它的活性最大，有可能在较低温度下制得较细的钨粉，同时有可能使设备具有较大的生产能力。

表 4-10 也能为人们根据原料的特点及产品的要求制定适当的还原工艺制度指明方向。

（2）气相传质条件很差的条件下的还原历程

当温度相对较高，还原的化学反应速度足够快，以致水蒸气从料层中逸出的过程是反应总速度的控制步骤。料层中的湿度总是较高的，足以防止还原过程"短路"的情况下，还原过程总是随着水蒸气的向外扩散以及氢向内扩散，以致 p_{H_2O}/p_{H_2} 值从外到内逐渐升高而明显分阶段地进行，即通过 $WO_3 \rightarrow WO_{2.9} \rightarrow WO_{2.72}$ $\rightarrow WO_2$ 最后得到钨粉。相应地同一断面其内外层的反应情况并不相同，这方面 D·C·巴尔逊及山口昭雄等的试验结果具有代表性，他们将原料压成圆块，因而内部孔隙度很小、透气性很差，还原过程中料层断面的变化如图 4-12 所示。压块还原时（或厚料层时），可认为 $WO_{2.9}$ 转变成 $WO_{2.72}$ 的速度极快，因而全部迅速转变成 $WO_{2.72}$，然后从外到内依次出现 WO_2 相和金属钨，产生这种情况的原因可认为是由于料层中 H_2O 及 H_2 扩散速度有限，过程为扩散所控制，因而在还原初期和中期料层内部的实际 p_{H_2O}/p_{H_2} 值只能满足生成 $WO_{2.72}$ 和 WO_2 所需的热力学条件。随着还原过程的进行和水蒸气的不断排除，才能在颗粒表面逐步到达生成金属钨的条件，金属钨层开始形成并逐步向内层扩展，形成核收缩模型。

（3）接近生产实际条件下的还原历程

对于实际生产过程而言，许多学者的研究认为还原过程亦属扩散过程控制，但其反应历程往往不能完全按图 4-12 所示的情况进行描述。在实际生产过程中，料层为钨氧化物粉末的堆积体，其内部有较大的孔隙度（按计算达 65% 以

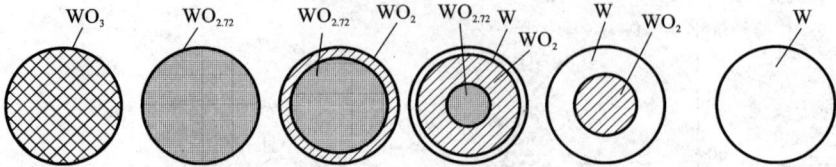

图 4 – 12　WO₃氢还原过程中料层断面的物相变化

上），因此除表面反应外，不排除部分 H₂ 也扩散到料层内部以至料层内外同时发生还原反应的可能性；同时其反应历程受料层厚度、温度的影响，不能完全排除在扩散条件较好的情况下发生部分"短路"的可能性。因而，在生产的条件下，不存在统一的反应历程，它因实际工艺条件而异。文献[19]综合大量的试验研究，给出了 WO₃氢还原的反应历程图（图 4 – 13）。图中的粗线条表示主要的反应途径。该途径是在接近工业条件下观察到的。

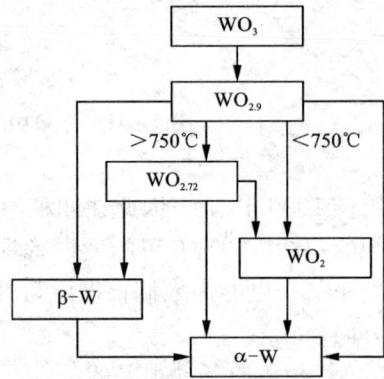

图 4 – 13　WO₃氢还原的反应历程

3. 氧化钨氢还原过程中影响钨粉形貌及粒度的因素

（1）影响钨粉粒度和粒度分布的因素

硬质合金工业或钨材加工工业都对钨粉的粒度和粒度分布有着严格的要求，钨粉的粒度控制是钨粉生产中的关键问题。为了掌握好控制钨粉粒度的条件，有必要掌握钨氧化物还原成金属钨粉的全过程中颗粒长大的规律，进而找出影响粒度的主要因素。

对还原过程中钨粉颗粒长大的机理研究尚不充分，但一般认为有下列两种。

①氧化钨水合物的挥发与沉积[20]。在 600℃ 以上的温度下，金属钨粉及钨的氧化物能与水蒸气形成易挥发的水合物 $WO_2(OH)_2$，其反应如下：

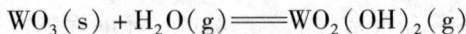

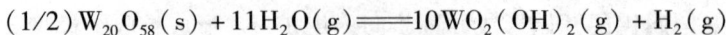

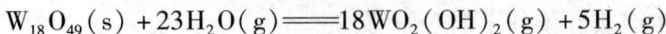

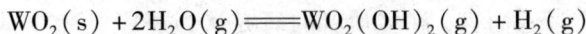

$$WO_3(s) + H_2O(g) =\!=\!= WO_2(OH)_2(g)$$
$$(1/2)W_{20}O_{58}(s) + 11H_2O(g) =\!=\!= 10WO_2(OH)_2(g) + H_2(g)$$
$$W_{18}O_{49}(s) + 23H_2O(g) =\!=\!= 18WO_2(OH)_2(g) + 5H_2(g)$$
$$WO_2(s) + 2H_2O(g) =\!=\!= WO_2(OH)_2(g) + H_2(g)$$
$$W(s) + 4H_2O(g) =\!=\!= WO_2(OH)_2(g) + 3H_2(g)$$

水合物挥发后沉积在其他颗粒上并被还原，促使钨粉颗粒长大。

②氧化 – 还原反应。细颗粒钨粉的比表面积大，表面能大，在 H_2 – H_2O 系统中，它被氧化所需的水蒸气分压比粗颗粒钨粉小，也就是说它在比较小的水蒸气分压下也可能被氧化成水合氧化物，这些挥发性的含水氧化物沉积到比表面积小的粗钨粉上并被还原，使之进一步长大，而细颗粒钨粉则逐步消失。这一机理已由下列事实所证实：将钨粉在干氢气中长期保温 1200℃，未发现颗粒长大，但在接近反应（4 – 4）平衡条件的湿氢气中、1000 ~ 1050℃ 下保温，则其颗粒明显长大。

当前，人们比较公认的是水合物挥发与沉积机理，实际上氧化 – 还原反应机理只能看成是在水合物挥发机理的前提下，细颗粒钨粉逐步消失，迁移到大颗粒钨粉颗粒上长大的原因。

根据上述机理可知，钨氧化物还原过程中钨粉粒度和粒度分布的影响因素主要有：

还原温度及升温速度　温度对还原过程中的各种反应产生影响，也影响还原过程的动态湿度和挥发性钨化合物 $WO_2(OH)_2$ 的分压。升高温度一方面加快了反应速度，相应地增加了料层中水蒸气分压，有利于挥发性水合氧化物的生成；另一方面温度升高本身也强化了水合物的挥发过程，有利于颗粒的长大。因此，还原温度愈高，形成的钨粉粒度愈粗，还原所需的时间愈短。

研究发现，钨粉颗粒的长大过程主要发生在还原成 WO_2 之前。当还原过程在管式炉中连续进行时，炉料在炉内的移动速度（或推舟速度）以及炉内的温度梯度实际上决定了升温速度，因此为得到细颗粒钨粉，推舟速度不宜过快，炉内温度梯度不宜过大，特别在 $WO_3 \rightarrow WO_2$ 阶段更是如此。为保证粒度的均匀性，炉管的横截面上温度应是均匀的。

氢气湿度、流速及流向　还原使用的氢气的湿度对整个还原气相中的总湿度有影响。露点较高的氢气促使钨粉颗粒长大。为得到粗颗粒钨粉一般可采用湿氢还原。

氢气的流速对粒度有两方面影响，一方面氢气流速大，则还原后气体中水蒸气分压小；另一方面流速大有利于水蒸气的快速脱除，使料层中实际水蒸气分压降低，这些都有利于得到细颗粒钨粉。故氢气流速愈快，钨粉的粒度愈细。

顺氢还原（即氢气流动方向与还原舟皿前进方向一致）使氧化钨的前期还原在较干的氢气中进行，有利于产品钨粉的粒度细化。逆氢还原是通常采用的通氢方法，它使还原过程的初期氢气的湿度较高，有利于钨粉的粒度变粗。

料层厚度、加料速度（推舟速度）及空隙度　钨氧化物原料的料层厚度或加入速度决定了一定还原时间内释放的水的总量。料层愈厚或加入速度愈快，则单位时间内产生的水的总量愈大，与此同时料层愈厚则扩散阻力愈大，水蒸气的脱除愈慢，这些都是有利于粒度长大。料层厚度在很大程度上还影响钨粉的粒度分布，舟皿料层内部上下部位 H_2O 的分压不同。钨粉颗粒的成核和生长条件不同，导致粒度不均匀,颗粒由上至下变粗,而料层表面区的颗粒较细。显然,对于厚料层而言,粒度分布会较宽,薄料层粒度分布会较窄。料层愈厚,加料速度越快,粉末的粒度愈粗,粒度越不均匀(基于这一原理,可采用湿氢改善钨粉的粒度分布,因为它使料层内外水蒸气浓度差变小)。

下面的条件试验结果可证明料层厚度的影响。在内径为 30 mm 的坩埚中装入厚度为 26 mm 的 WO_3 粉(密度为 2.5 $g \cdot cm^{-3}$),在 H_2 还原炉中于 900℃下还原2.5 h,距离表面层不同高度的钨粉的比表面积列于表 4 - 11 中。

表 4 - 11　钨粉比表面积与料层厚度的关系

距离表面层的高度/mm	比表面积/$(m^2 \cdot g^{-1})$	距离表面层的高度/mm	比表面积/$(m^2 \cdot g^{-1})$
0.6	3.51	12.4	2.55
2.4	3.72	14.4	1.90
4.6	3.37	16.0	1.51
7.0	3.32	18.4	1.56
9.6	2.78	21.6	1.79

从表 4 - 11 可明显看出,在底层的钨颗粒明显比表层粗。

在 H_2 流量 3000 $L \cdot h^{-1}$、推舟速度 20 $min \cdot 舟^{-1}$、原料 WO_3 装舟量 20～360 g、还原温度为 750℃、780℃、830℃、850℃ 的四带还原炉中进行还原,钨粉的平均粒径与装舟量(料层厚度)的关系如表 4 - 12 所示。

从表 4 - 12 亦可知,装舟量(料层厚度)增加则导致钨粉的平均粒径增加。

料层的空隙包括氧化物颗粒之间的宏观空隙和氧化物颗粒本身的微观空隙。钨氧化物颗粒粗大则宏观空隙大,钨氧化物颗粒形貌则影响料层的微观空隙,不同的钨氧化物具有不同的粒度和形貌,即具有不同的空隙。空隙大有利于还原时产生的水蒸气迅速排除,从而使钨粉颗粒长大缓慢,获得较细粒度的钨粉。

杂质元素　一般碱金属或碱土金属杂质能促进钨粉颗粒的长大。钙、镁、硅则影响不明显。铝、铬、钒的存在对颗粒的长大有抑制作用。

必须注意,钨粉的最终平均粒径是上述各种因素综合作用的结果。总的规律是:低温、干氢、高氢气流速、低氢气露点、薄料层、高空隙度和低供料速度制得细粒度钨粉。高温、湿氢、低氢气流速、高氢气露点、厚料层、低空隙度和高供料速度制得粗粒度钨粉。前驱物氧化钨的性状对还原钨粉的粒度也有相当影响。这对制备细颗粒钨粉特别显著,而对粗颗粒钨粉影响较小。在工业生产中,还原条件的选择主要根据上述原理,结合实际经验。

除平均粒度外,还原条件对钨粉的粒度分布、颗粒的聚集、表观密度和颗粒的形貌也有影响。

表 4 -12　钨粉平均粒径与装舟量的关系

装舟量/g	平均粒径/μm	装舟量/g	平均粒径/μm
20	1. 3	180	1. 7
40	1. 4	200	1. 7
60	1. 6	220	2. 1
80	1. 9	240	2. 3
100	1. 6	260	2. 3
120	1. 7	280	2. 35
140	2. 0	320	2. 70
160	1. 7	360	2. 60

（2）影响钨粉颗粒形貌的因素

随还原条件的不同，由钨氧化物到钨粉颗粒形貌发生相应的变化，具体规律大体如下。

在 WO_3 还原成 $WO_{2.9}$ 的阶段中，颗粒的外形不发生改变，但随着 WO_3 晶体中氧的减少和空位的增加，颗粒上出现裂纹。

在 $WO_{2.9}$ 进一步还原过程中，还原历程与温度及其他条件有关。实验表明：当温度小于 750℃时，则 $WO_{2.9}$ 直接还原成 WO_2，此时随着晶体中氧的进一步减少，晶体中裂纹和微孔隙增加，同时 $WO_{2.9}$ 晶体中产生许多 WO_2 的晶核，晶核长大，使原先的 $WO_{2.9}$ 晶粒变成 WO_2 颗粒的聚集体。WO_2 颗粒的粒度决定于晶核形成及晶核长大的相对速度，而这些又与温度及气相水蒸气分压相关，在料层比较薄（1～2 mm）、外扩散不成为控制步骤时，气相水蒸气分压很小，不利于颗粒的长大，因此所得 WO_2 晶粒往往比较小；当料层较厚（20～30 mm，相当于生产的实际条件），则水蒸气扩散慢，温度升高的同时还原速度加快，料层中 H_2O 分压升高，有利于钨由小颗粒向大颗粒转移，使 WO_2 粒度变粗。

当还原温度为 800℃左右，料层厚达 20～50 mm 时，则 WO_3 还原过程经历 $WO_{2.72}$ 阶段，此时得到的 $WO_{2.72}$ 为针状，成杂乱无章地排列。针状物长度有时达 5～50 μm，或一个 $WO_{2.72}$ 针状物进而变成一些 WO_2 颗粒的链状聚集体，后者再进一步还原成金属钨粉。钨氧化物还原过程中颗粒形貌的变化如图 4 - 14 所示。细颗粒与粗颗粒钨粉形貌分别如图 4 - 15 和图 4 - 16 所示。

低温和干氢条件下形成类似于海绵态的钨粉，其形貌为其前驱物 APT 的假晶。这些假晶是由细小的、多晶面的和多晶的金属颗粒组成，如图 4 - 17 所示。

随着温度和氢气湿度的增加，单个钨晶粒是靠较长距离的气相迁移形成的，它们具有多个晶面，晶粒通常呈立方金属的特征晶面，如图 4 - 18 所示。

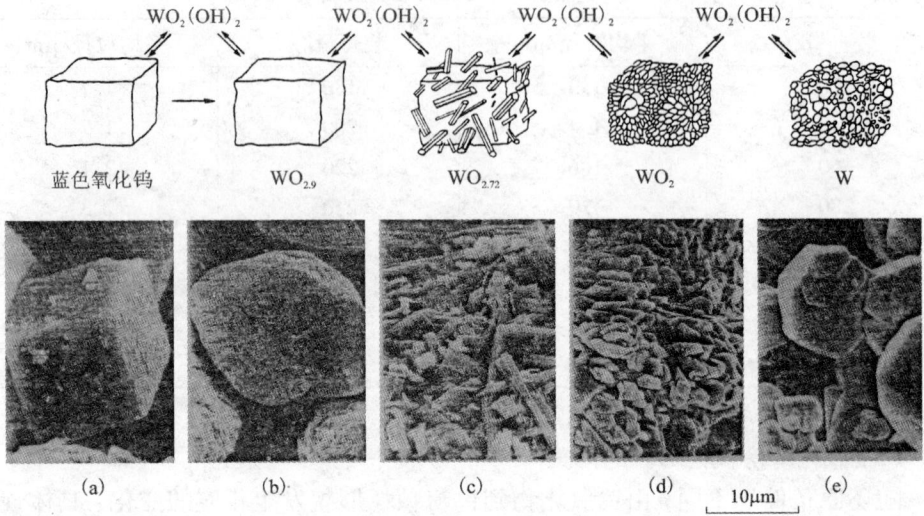

图 4 – 14　钨粉还原过程中颗粒形貌的变化

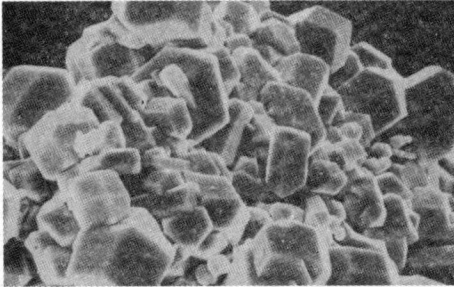

图 4 – 15　细颗粒钨粉形貌图(×20000)

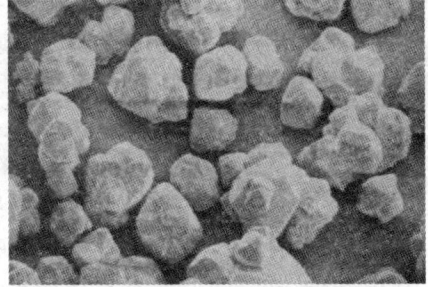

图 4 – 16　粗颗粒钨粉形貌图(×1000)

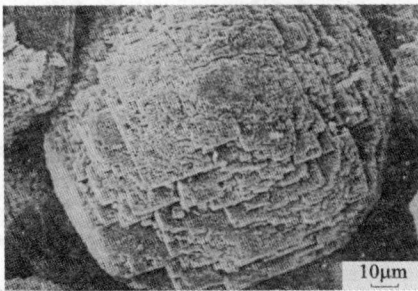

图 4 – 17　550℃下 H_2 还原 $WO_{2.9}$
得到的 β – W 粉形貌

图 4 – 18　呈立方金属特征晶面的钨晶粒

当还原温度高和氢气湿度大时，则得
到晶面发育完整的、显示出生成阶梯的、
晶粒部分相互交联的粗大晶粒，如图
4 – 19 所示。

4.3.2　工业实践

1. 还原设备

还原设备对钨粉性能产生重要影响。
不同还原炉生产的钨粉的性能往往有较大
差异。根据上述原理及工艺特点，氧化钨

图 4 – 19　粗颗粒共生的钨晶体形貌

氢还原设备应满足钨粉还原的工艺要求，如温度及合理的温度分布，氢气与钨氧
化物的良好接触，各种参数能顺利控制等，以便于实现钨粉的质量控制，特别是
粒度以及粒度分布控制。还应满足机械化、自动化、连续化、节能降耗、环境友
好等要求。

根据上述要求，工业生产中常用的还原炉有：固定床式还原炉(如二管炉、四
管炉、十四管炉、十八管炉、带式无舟皿连续还原炉等和回转管式还原炉。

(1)固定床式还原炉

固定床式还原炉种类多，生产效率各不相同，还原温度各异，适用不同粒度、
不同用途钨粉的制取。它们的共同特点是粉末在床(舟皿)中不发生相对运动。

目前国内用得较多的是二管炉、四管炉和十四管炉。二管炉主要用于高温还
原生产粗颗粒钨粉，四管炉和十四管炉则主要用于中、细颗粒钨粉的生产。国外
比较多见的为十四管、十八管还原炉。此外我国近年来研发的带式无舟皿超细均
匀钨粉连续还原炉亦具有良好的工艺性能。下面分别对四管还原炉、十八管还原
炉和带式无舟皿超细均匀钨粉连续还原炉予以介绍。

四管还原炉外形如图 4 – 20 所示，其结构如图 4 – 21 所示。四根炉管分两层
设置(炉膛上、中、下布置发热体)或置于炉膛的同一水平上(炉管上下布置发热
体)，炉温均匀性好。方形舟皿的装料厚度一致，因而制得的钨粉比较均匀。

德国 Elino 工业炉公司生产的十八管还原炉如图 4 – 22 所示，它由炉体、推
舟机构及辅助装置、装卸料车三大部分组成。外形尺寸约为 20154 mm × 5029.2
mm × 3816 mm。炉体用钢板及型钢焊制而成，内衬高硅酸铝耐火保温材料。炉顶
为活动式，炉体装有手动提升装置，可将炉顶提升，便于对加热元件及炉管进行
维护。炉子设 3 个加热区、1 个预热区，每区单独进行自动温度控制。950℃以上
时，炉温的均匀性为 ±12℃。

加料炉门为机械密封门，卸料门为气动密封门。炉子设有自动机械推舟
装置。

图 4 – 20　四管还原炉外形图

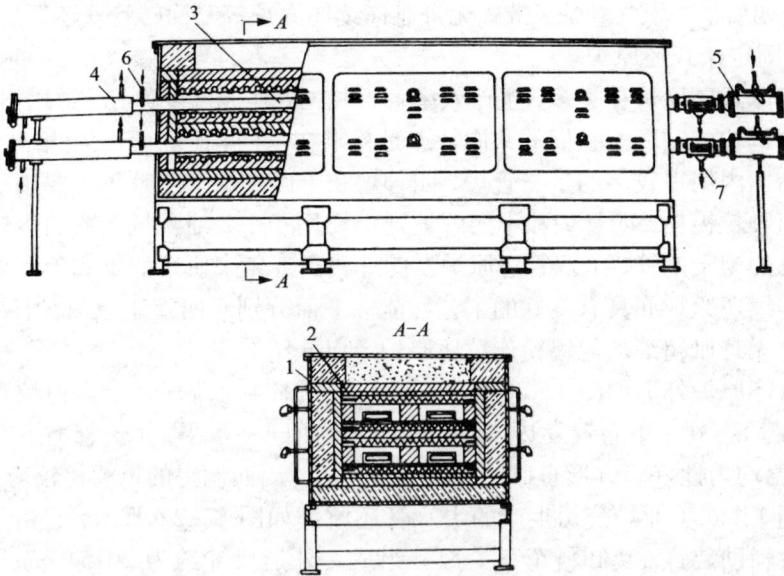

图 4 – 21　四管还原炉结构图

1—炉壳；2—加热元件；3—炉管；4—冷却套；5—推舟器；6—氢气进口；7—氢气出口

当参数和条件与设定值发生偏差和氢气泄漏时，能发出声响和视觉报警。

将装有钨氧化物的金属舟皿以适当的时间间隔推入还原炉中。每送入一批新舟，炉料即向前推进一舟的长度。炉管采用镍、铬钢管（DURA10Y 公司提供），

图 4 - 22　十八管还原炉

分上下两层水平排列。上层 10 根，下层 8 根，分别支撑在重质耐火砖上。电炉发热体为带状或螺旋状镍－铬（80% Ni － 20% Cr）电热丝（片）。隔热保温材料为轻质耐火砖、石棉水泥板、石棉板、新型保温材料等。装料舟皿采用镍钼合金（72% Ni、28% Mo）、Ni、Cr 合金（Inconel 617 合金）制成。

德国 Elino 工业炉公司生产的十八管还原炉主要参数如下：

炉管内径：约 126. 9 mm；

炉管外径：约 142. 76 mm；

加热区长度：约 9379 mm；

冷却区长度：约 3500 mm；

炉中舟皿数量：558（个）；

舟皿尺寸（长×宽×高）：约 500 mm ×125 mm ×95 mm；

炉子的安装功率：约 525 kW（其中炉子传动功率为 25 kW）；

炉内的最高工作温度：1050℃；

炉子质量：约 65 t。

湖南顶立科技有限公司研发的带式无舟皿超细均匀钨粉连续还原炉如图 4 - 23 所示，其结构如图 4 - 24 所示。

长期以来，国内外钨氧化物氢还原制取超细钨粉采用管式炉，如四管炉、十四管炉等，所生产的超细钨粉粒度分布范围较宽，生产效率低，粉末生产成本高，针对这些问题，新型"带式无舟皿连续还原炉"，适用于超细均匀钨粉的大规模生产。

图 4 – 23 带式无舟皿超细均匀钨粉连续还原炉

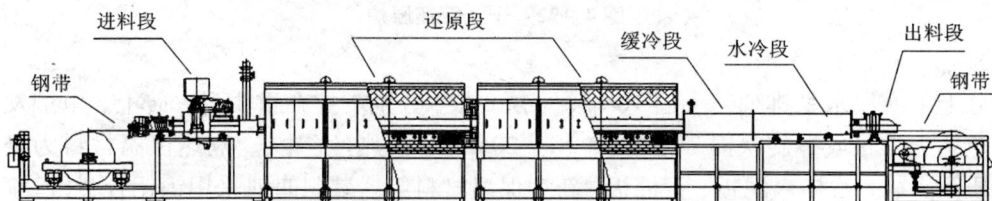

图 4 – 24 带式无舟皿超细均匀连续还原炉结构示意图

使用"带式无舟皿连续还原炉"时，钨氧化物在进料段由吸料机吸入料仓中，通过给料机构控制钨氧化物层的厚度并将物料刮平，物料随钢带运行进入还原段，还原好的钨粉经过缓冷段、水冷段后，温度达 50 ℃以下，在自动清扫机构的作用下，经出料段卸料。钢带卸料后，经自动洗刷清理干净后，再继续移动至进料段准备装料。

带式无舟皿连续还原炉的钢带宽度为 600 ~ 1500 mm，在主动轮和从动轮的作用下张紧并连续运转。钢带设有纠偏装置。炉体加热带长 8 ~ 16 m，具有自动加料、均匀铺粉、不使用舟皿、粉末还原环境（温度及温度分布、接触气氛状况、运行速度）相同，闭式进出料（粉末不氧化、氢气不外溢），自动清洗物料承载钢带，生产效率及自动化程度高、安全性好等特点。但密封系统及钢带的材质有待进一步改善，其主要技术参数见表 4 – 13。

所生产的超细、纳米钨粉均匀性能较好。其纳米钨粉的形貌如图 4 – 25 所示。

表 4 – 13　带式无舟皿连续还原炉的主要技术参数

技术参数	GWH – 600	GWH – 800	GWH – 1000	GWH – 1200	GWH – 1500
最高工作温度/℃	850	850	850	850	850
加热功率/kW	150	240	350	450	630
钢带宽度/mm	610	800	1000	1200	1500
钢带速度/(mm·min^{-1})	40 ~ 300	40 ~ 300	40 ~ 300	40 ~ 300	40 ~ 300
适用气氛	H_2	H_2	H_2	H2	H_2
加热区炉膛尺寸 （长 × 高 × 宽）/mm	660 × 70 × 8000	900 × 70 × 8000	1100 × 70 × 10000	1320 × 90 × 16200	1600 × 100 × 17000

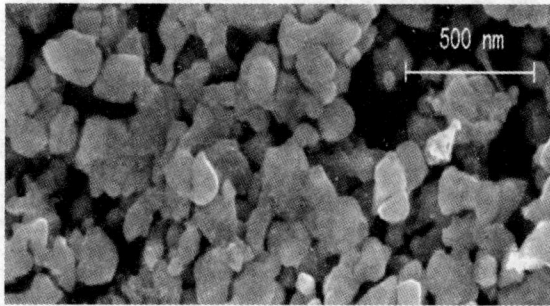

图 4 – 25　带式无舟皿连续还原炉所生产的纳米钨粉

（2）回转管式还原炉

与固定床还原炉的最大不同之处是，回转管式还原炉中，炉料不是以静止的料层状态通过还原炉，而是呈动态的粉末流。

钨氧化物氢还原用的回转管式炉的结构与 APT 煅烧制取蓝钨或紫钨的回转炉大同小异，仅工作温度及温度分布和密封要求有所不同，参见图 4 – 8 和图 4 – 9。

回转还原炉连续转动，倾斜的炉体使粉末连续地通过加热区。给料速度、炉管转速、倾斜角和炉管中的提升挡板决定了动态粉末层的厚度。

炉子旋转使物料不断翻动，与固定床式炉相比，水蒸气较难停留在料层中，强化了氢气自外向内和水蒸气自内向外的扩散。因而料层中的湿度较低且物料中不同部位的湿度差异小，有利于得到细而均匀的钨粉。

为维持钨粉颗粒长大所需的湿度，回转式还原炉只需要少量氢过剩。在回转式还原炉中，氢气过量系数对粒度长大的影响较小。高给料速度、低炉管转速、小倾斜角和高还原温度，有利于获得粗颗粒钨粉。

生产实践证明,回转式还原炉具有下述特点:①生产连续化,效率高;②装卸料密封,温度波动小,安全性好;③能耗低;④易于实现自动化;⑤粉末粒度细且均匀性好。

不足之处是:①传动机构较复杂,管理要求高;②由于粉末料层不断翻动,细小的颗粒会被氢气吹走,所以必须用收尘的方法加以回收;③在高温下粉末较易黏附炉管内壁,必须振打炉管,产生噪音。

2. 钨氧化物氢还原制取典型产品的生产工艺

金属钨粉 70% 以上用于生产硬质合金用 WC 粉,随着材料科学技术的发展,硬质合金、钨制品、喷涂材料、电子材料等对原料钨粉不断提出新的要求,例如,高韧性、高耐磨性的硬质合金微形钻要求超细钨粉;高质量的硬质合金冲击工具要求提供超粗钨粉等。

(1)超细钨粉的生产

高韧性、高耐磨性硬质合金用 WC 粉的粒径愈来愈向小的方面发展。细颗粒硬质合金能使合金的硬度和强度明显提高。传统工艺一般只能生产平均粒度为 $0.6 \sim 0.8$ μm 的钨粉和碳化钨粉,而且普遍存在粒度分布宽、生产效率低的问题。开发超细钨粉和碳化钨粉的生产技术一直是钨粉末冶金领域的重要课题。

我国学者的研究证明,为制取超细钨粉,其关键是原料钨氧化物的种类,相对于黄钨和蓝钨而言,紫钨有以下特点:①化学活性强,还原速度快,同时在每一杆状 $W_{18}O_{49}$ 晶体上迅速形成许多 W(或 WO_2)核心,并进而生成大量超细钨颗粒。因此,紫钨氢还原过程中本身也是一个颗粒细化的过程。②杆状紫钨还原形成的假颗粒中孔隙度的平均直径大,据文献[14]报道达蓝钨的 10 倍以上,因而透气性好,H_2O 分压相对较小,不利于挥发性氧化物 $WO_2(OH)_2$ 的生成。

由于上述特点,导致紫钨还原的产品粒度远小于 WO_3 或蓝钨。陈绍衣[12, 21]以同一批 APT·$4H_2O$ 为原料分别制取黄钨、蓝钨和紫钨,亦进而在 $650 \sim 850$℃、氢(露点 -35℃)流量为 3 m³·h⁻¹ 的条件下制得了钨粉。上述黄钨、蓝钨、紫钨及所得钨粉的性质如表 4 - 14 所示,还原所得的钨粉的粒度分布如表 4 - 15 所示,不同条件下还原所得钨粉的形貌如图 4 - 26 所示。

从表 4 - 14、表 4 - 15 和图 4 - 27 可知:

①在相同条件下由紫钨氢还原产出的钨粉粒度明显小于黄钨或者蓝钨还原的产品,其费氏平均粒径达 $1.2 \sim 1.5$ μm,BET 粒径为 $0.08 \sim 0.09$ μm。同时,粒度分布较均匀。

②对蓝钨和黄钨而言,其产出的钨粉的粒度明显随着装舟量的增大而变粗,但紫钨还原时,装舟量增大,产品的粒度增加不多,这些为增大装舟量,加快推舟速度,提高设备生产能力提供了有利的条件。

表 4 – 14　同一批 APT·4H_2O 所制得的黄钨、蓝钨、紫钨的性质及还原所得钨粉的粒度

产物	相成分	费氏粒度 /μm	比表面积 /(m²·g⁻¹)	松装密度 /(g·cm⁻³)	还原所得钨粉	
					费氏粒度 /μm	比表面积 /(m²·g⁻¹)
黄钨	WO_3（三斜）	15.0	2.0	2.49	1.68	0.193
蓝钨	ATB（六方）	12.6	6.6	2.40	1.43	0.606
紫钨	W_{18}O_{49}（单斜）	11.8	1.3	1.90	0.94	0.992

表 4 – 15　蓝钨、紫钨在相同的氢还原条件下制得的钨粉的平均粒度及其分布

氧化钨（原料）		钨粉（产品）							
类别	装舟量 /g	费氏平均粒度 /μm	粒度（μm）分布（质量分数）/%						
			0~1	1~2	2~3	3~4	4~6	6~8	8~10
蓝钨	155	1.51	43.1	36.4	16.1	3.0	1.2	0.2	0
蓝钨	155	1.90	36.1	29.2	19.7	8.2	4.8	1.5	0.5
紫钨	155	1.21	60.0	30.1	7.2	2.1	0.6	0	0
紫钨	250	1.51	55.1	30.6	7.3	4.6	2.2	0.2	0
蓝钨	250	2.70	17.1	20.2	26.2	19.5	12.5	3.2	1.3

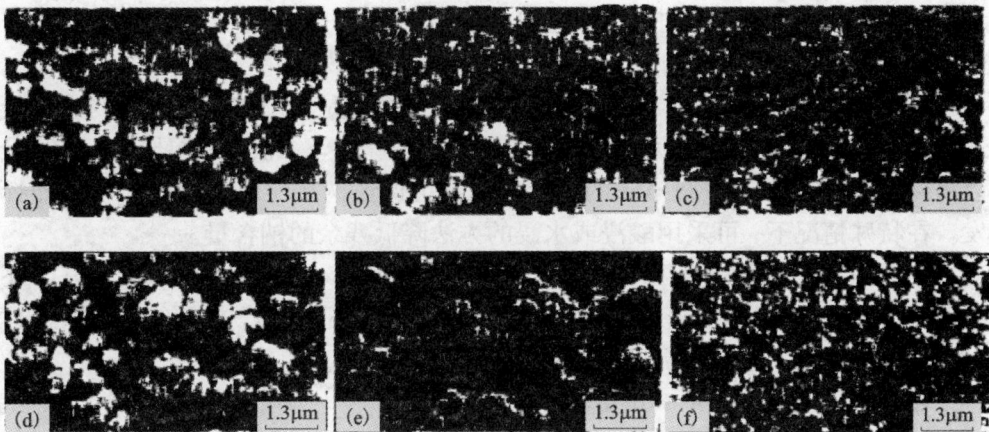

图 4 – 26　不同条件下氢还原所得钨粉的形貌

（a）、（b）、（c）由黄钨、蓝钨、W_{18}O_{49} 在相同的氢还原条件下制得的钨粉；
（d）700 g·舟⁻¹ 黄钨氢还原；（e）700 g·舟⁻¹ 蓝钨氢还原；（f）1000 g·舟⁻¹ W_{18}O_{49} 氢还原制得的钨粉

以紫钨为原料制取超细钨粉的工艺过程通常都在推舟式的管式还原炉中进行，舟皿尺寸为 400 mm × 280 mm × 40 mm，装舟量为 1000 g·舟$^{-1}$，比黄钨或蓝钨多 30% ~ 40%，还原温度为：一带 650℃，二带 730℃，三带 800℃，推舟速度 2 舟·(30 min)$^{-1}$，H$_2$ 流量 35 ~ 40 m^3·(h·管)$^{-1}$，钨粉粒度 0.3 ~ 0.8 μm。

当钨粉粒度小于 1 μm 时，可能具有自燃性；特别是在粒度小于 0.5 μm 时，需要小心操作。对避免细钨粉燃烧而言，顺氢还原是最有效的方法。当细钨粉尚处于冷却阶段时，它与湿氢接触，在它离开还原炉前，其表面已有一层保护性的氧化膜。在采用逆氢还原时，出炉的细钨粉必须缓慢地被氧化物薄膜包裹。这可用惰性气氛(含少量氧的氮或氢)保存的方法或将粉末暴露于少量空气的方法来达到，以避免钨粉局部过热。实践中也可以用将钨粉留在舟中约 30 min 后再卸料的方法。

用紫钨制得超细钨粉后，为制备超细碳化钨，可采用现行细粒级碳化钨制造工艺。以 W$_{18}$O$_{49}$ 为前驱体制得的碳化钨，具有超细均匀、不易长大的特点。在从 APT 制得的各种氧化钨中，W$_{18}$O$_{49}$ 最适合于制取超细碳化钨。

(2)超粗钨粉的生产

超粗钨粉通常采用高温、湿氢、低氢气流速、厚料层或高供料速度来制备，还原一般在二带高温钼丝炉中进行，以 WO$_3$ 为原料，还原温度在 1250 ℃ 以上，装舟量 2 kg·舟$^{-1}$，推舟速 1 舟·(30 min)$^{-1}$。

也可采用添加晶粒长大促进剂的办法制取超粗钨粉，如：添加碱金属或碱土金属等。加入第三元素的作业称为掺杂。掺杂时是将氧化钨与掺入元素化合物的水溶液作用。实践证明，向蓝色氧化钨掺杂的效果优于向黄色氧化钨掺杂，生产中多采用蓝色氧化钨掺杂。

①掺钠。在制备粗颗粒钨粉时，添加钠的化合物是常用的方法。钠的添加量通常在 50 ~ 200 μg·g^{-1} 之间。在 1000℃ 和湿氢的条件下，根据料层厚度不同，可以得到平均粒径为 10 ~ 25 μm 的钨粉。高温可保证钠在还原过程的末期强烈挥发。在特殊情况下，可采用酸浸或水浸的方法降低残余的钠含量。

②掺锂。对要求特粗粒度的钨粉(50 ~ 100 μm)，使用掺锂比掺钠更好。还原制度与掺钠的情况相同。由于锂的沸点高，它在还原过程中不会像钠那样挥发。在还原之后，粉末必须用盐酸和水洗涤。

超粗钨粉应符合表 4 - 16 要求。

表 4 - 16　超粗钨粉技术条件

技术条件	铁/%	氧/%	氯化残渣/%	费氏平均粒径/μm	晶粒
指标	<0.015	<0.08	<0.04	>25	完整

采用超粗晶粒钨粉碳化后生产的超粗晶粒硬质合金的微观组织如图 4 – 27 所示。

图 4 – 27　超粗晶粒硬质合金微观组织

参 考 文 献

[1] Vanput J W. Crystallisation and processing of ammonium paratungstate(APT)[J]. Int. J. of Refractory Metals & Hard Materials, 1995 (13)：61 – 76.

[2] Fait M J G, Lunk H J, Feist M. Thermal decomposition of ammonium paratungstate tetrahydrate under non – reducing conditions characterization by thermal analysis, X – ray diffraction and spectroscopic methods[J]. Thermochimica Acta, 2008 (469)：12 – 22.

[3] Madar sz J, Szil gyi I M. Comparative evolved gas analyses (TG – FTIR, TG/DTA – MS) and solid state (FTIR, XRD) studies on thermal decomposition of ammonium paratungstate tetrahydrate (APT) in air [J]. Journal of Analytical and Applied Pyrolysis, 2004 (72)：197 – 201.

[4] 陈绍衣, 钱崇梁. 从 APT 制备 WO₃的研究[J]. 中南矿冶学院学报, 1994 (24)（钨专辑）：151 – 154.

[5] 薛鉴, 相福生. 非氧化气氛下仲钨酸铵生成蓝色氧化钨过程的研究[J]. 稀有金属与硬质合金, 1987(1 – 2)：55 – 61.

[6] Ракова Н Н. Исследование процесса низкотемпературной прокалки паравольфрамата аммония[J]. Цветные металлы, 1997 (11 – 12)：89 – 90.

[7] Fouad N E, Nohman A K H. Spectro – thermal investigation of the decomposition intermediates developed throughout reduction of ammonium paratungstate [J]. Thermochimica Acta, 2000 (343)：139 – 143.

[8] Imre Milkós Silágyi, J nos Madarász, Ferenc Hange, György Pokol. Online Evolved gas analyses (EGA by TG – FTIR and TG/DTA – MS) and solid state(FTIR, XRD) studies on thermal decomposition and partial reduction of ammonium paratungstate tetrayhdrate [J]. Solid State

Ionics, 2004, 172: 583 – 586.

[9] Erik Lassner. Tungsten Blue Oxide[J]. International Journal of Refractory Metals and Hard Materials, 1995(13): 111 – 117.

[10] Вольдман Г М, Ракова Н Н, Бальзовский А В. Состав, способы получения и применение синего оксида вольФрама[J]. Цве. Мет. , 1998(9): 54 – 60.

[11] Zhou Zhiqiang, Wu Enxi, Tan Aichun, et al. Formation of tungsten blue oxides and its hydrogen reduction[C]//Proc. 11th Plansee Seminar' 85c, Reutte Austria, Vol. 1, RM42: 1985: 337.

[12] 陈绍衣. 用 $W_{18}O_{49}$ 制造超细钨粉及超细碳化钨粉[J]. 中南工业大学学报, 1997, 28(5): 456 – 460.

[13] 廖利波. 紫色氧化钨的研制 [J]. 硬质合金, 2006, 23: 127 – 129.

[14] Liao Jiqiao, Huang Baiyun, Zou Zhiqiang. Determination of physical characterization of tungsten oxides[J]. International Journal of Refractory Metals and Hard Materials, 2001 (19): 79 – 84.

[15] 李洪桂. 稀有金属冶金学[M]. 北京：冶金工业出版社, 1990: 87 – 89.

[16] 陈绍衣, 钱崇良. 氧化钨氢还原过程中的物相转变[J]. 中南工业大学学报, 1995, 26 (5): 605 – 609.

[17] Tao Zhengji. Investigation of hydrogen reduction process for blue tungstic oxide [J]. Internatioanl Journal of Refractory Metals and Hard Materials, 1989(8): 179 – 184.

[18] Zou Zhiqiang, Qian Chungliang, Wu Enxi, Chang Yuhua. H_2 – Reduction Dynamics of Different Forms of Tungsten Oxide[J]. International Journal of Refractory Metals and Hard Materials, 1988, 7(1): 57 – 60.

[19] Schubert W D. Kinetic of the hydrogen reduction of tungsten oxides[J]. J. Refract. Met. Hard Mater, 1990(4): 178 – 191.

[20] 张启修, 赵秦生. 钨钼冶金[M]. 北京：冶金工业出版社, 2007: 240 – 267.

[21] 陈绍衣. 紫色氧化钨制取钨粉[J]. 中南矿冶学报, 1994, 25(5): 607 – 611.

第 5 章　致密及高纯钨的制备

5.1　概述

由氢还原产出的钨粉 70% 左右被直接用于生产硬质合金, 30% 左右用以加工成钨板、钨丝、钨异型制品等钨制品。为满足不同钨制品生产的要求, 首先必须将钨粉致密化成为钨坯并进一步除去部分杂质以提高纯度, 在致密化的同时, 亦可能获得某些形状简单的钨制品如钨坩埚、钨顶头等。

为达到上述目的, 主要方法有:

(1) 粉末冶金法: 指钨粉经过成形后, 加热到其熔点下的某个温度, 通过物质迁移完成致密化的过程, 最终可得到钨坯或某些形状简单的钨制品。

(2) 熔炼法: 指将钨原料加热到其熔点以上形成液相, 去除杂质后再冷却凝固实现致密化的过程, 根据所采用的手段不同, 具体方法有真空自耗电弧熔炼法、电子束熔炼法和等离子束熔炼法等。

(3) 化学气相沉积: 指以钨化合物气体(一般为 WF_6)为钨源, 在一定温度下被 H_2 还原, 将生成的钨沉积在特定的基底上, 沉积完成后去除基底材料获得致密钨坯(或者制品)的过程, 有关内容将在第 6 章介绍。

由于熔炼法是在比粉末冶金法更高的温度、在真空条件下进行, 有利于杂质的挥发, 因此钨锭坯能得到进一步净化, 杂质含量低于粉末冶金坯, 比如 O、N、C 含量可分别降至 $(3 \sim 5) \times 10^{-4}\%$、$(6 \sim 10) \times 10^{-4}\%$ 和 $(6 \sim 7) \times 10^{-4}\%$, 而其他金属杂质如 Al、Ca、Co、Cu、Fe、Mg、Mn、Ni、Na、Ti、Ta、Nb、Mo、Re 的含量可降至 $1 \times 10^{-4}\%$ 以下。但熔炼钨锭的晶粒粗大, 晶界存在脆性组分, 直径大于 100 mm 的钨锭坯容易生成裂纹, 且成本高, 因此当前熔炼法在致密钨的工业化生产中应用较少, 只是在特殊需要时才用。

相对而言粉末冶金法的优点在于产品具有细晶粒结构, 工序较少, 成本相对较低, 且在高温烧结过程中同样有净化提纯作用, 因此粉末冶金法制坯已成为当今工业规模的钨坯制作的主要方法, 且随着工艺的不断改进, 克服了传统粉末冶金法难以生产大件制品的不足, 实现了大坯件的生产, 如 Plansee 公司生产的世界最大钨坯单重可达 1.2 t, 因而得到了越来越广泛的采用。

本章将主要介绍粉末冶金法制取致密高纯钨坯的原理和实践, 并对熔炼法予以简单介绍。

5.2 粉末冶金法

粉末冶金法涉及制粉、成形和烧结等主要过程，但坯体质量首先取决于原料钨粉的质量，关于如何制备合乎要求的钨粉在第4章已经进行了详细的阐述，本节重点讨论成形过程与烧结过程。

5.2.1 基本原理

1. 钨粉成形[1-3]

粉末成形是指利用外力或黏结松散状态的粉末颗粒，将其变成具有一定的几何形状、尺寸和足够强度的几何体的过程。钨粉的成形方法主要有钢模成形、冷等静压成形，此外还有粉末轧制、粉末挤压、粉末锻造、爆炸成形等，由于每种成形方法的成形机制和特点不同，所获得成形坯的性能也有所不同，但是它们在成形过程中的内在规律性是大同小异的，现首先以钢模成形为代表介绍其基本原理和影响因素。

钢模成形又称为压制，是指将一定质量（或体积）的粉末物料（包括金属粉末、合金粉末、无机非金属粉末等）及一定成形剂的混合物装入刚性阴模内，通过模冲和阴模壁对粉末加压，使物料内颗粒密集和空气排出，从而获得具有一定形状、尺寸、孔隙度和强度的成形坯，再将成形坯从阴模中脱出的过程，整个过程分为装模、压制和脱模三个步骤（如图5-1所示）[1]。

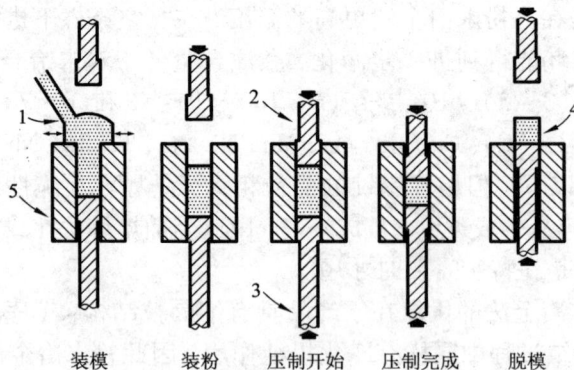

装模　　装粉　　压制开始　　压制完成　　脱模

图5-1　钢模成形过程示意图[2]

1—装粉靴；2—上模冲；3—下模冲；4—成形坯；5—阴模

钨属于硬脆金属元素，其变形能力有限，不及铁、铜等金属，因此在进行纯钨粉的钢模成形时，其成形压力不宜太大，一般在 300~500 MPa，同时还需要加入一定的润滑剂以降低成形过程中的粉末颗粒间摩擦以及粉末与模壁间摩擦，钢模成形后钨成形坯的相对密度为 60% ~ 70% 。

钢模成形过程中成形坯的形状和尺寸通过成形模具进行控制，而其密度和强度主要取决于成形力的大小，粉末体在外力作用下密度和强度随成形力变化可以分为图 5 - 2、图 5 - 3 所示的三个阶段。

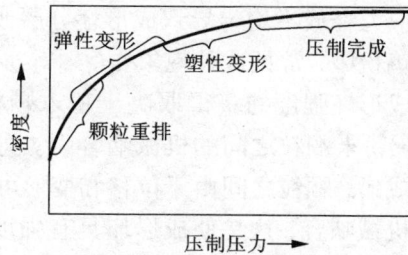

图 5 - 2　粉末体在外力作用下密度随成形力变化的三个阶段

第一阶段：即颗粒重排阶段，在比较低的成形压力下，成形压力主要克服粉末颗粒之间的摩擦，颗粒间发生位移、重排，从而粉末由疏松状态变为堆积体，密度迅速增加，但强度还很低；成形压力进一步增加，细颗粒进入粗颗粒的间隙中，形成了比较密实的粉末堆积体，使密度进一步增加，但强度仍很低。

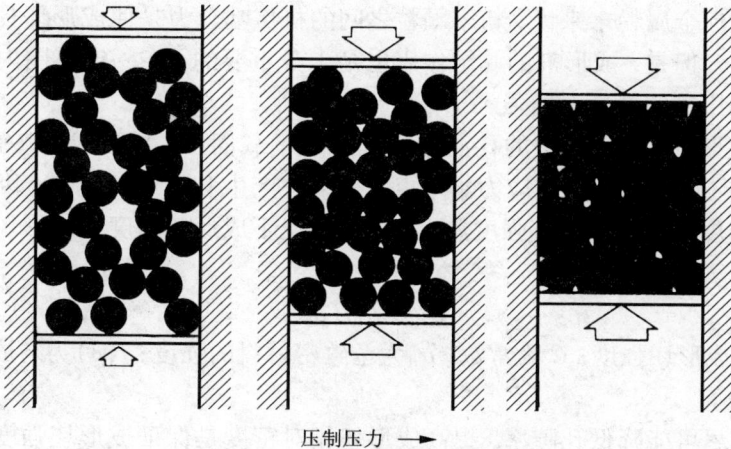

图 5 - 3　金属粉末成形阶段示意图

第二阶段：即弹性变形阶段，粉末颗粒形状发生变形，粉末颗粒之间更移近并形成更牢固的机械啮合，颗粒间隙减小，颗粒接触面积增大，从而把粉末颗粒更紧密的联结起来，成形坯强度大大增加，一般硬度大和弹性较好的金属粉末进行成形时才有这个阶段出现，钨粉成形时就有这个阶段。

第三阶段：即塑性变形阶段，在很高的成形压力下，金属粉末颗粒发生塑性变形，甚至有些颗粒破碎，粉末颗粒的接触面积继续增大，密度和强度进一步提高。

在成形过程中，金属粉末颗粒经受弹性变形和塑性变形，在成形坯内部集聚了很大的内应力。成形坯脱模时，内应力得到部分释放，导致成形坯尺寸增加和形状发生变化，这种现象称为弹性后效。弹性后效现象对成形过程不利，容易因为内应力释放不均匀导致成形坯分层或裂纹，特别是在硬度比较高的细粉末如细颗粒钨粉中，常见这种现象。

成形坯强度的获得取决于粉末颗粒之间的联结力[3]，这种联结力可分为两种：①粉末颗粒之间的机械啮合力。即外表面呈凹凸不平的不规则形状的粉末，通过成形，颗粒之间由于位移和变形可以互相楔住和勾连，从而形成粉末颗粒之间的机械啮合，这是使成形坯具有强度的主要原因之一。粉末颗粒形状越复杂，表面越粗糙，则粉末颗粒之间彼此啮合得越紧密，成形坯的强度越高。②粉末颗粒表面原子之间的引力。在金属晶格中，金属原子之间因引力和斥力相等而处于平衡状态，当原子间距小于平衡时的常数值时，原子之间产生斥力；反之，便产生引力。能够产生这种引力的区间称为引力范围。在金属粉末处于成形后期，当进入引力范围时，粉末颗粒便由于引力作用而联结起来，于是，成形坯具有一定的强度，粉末颗粒表面的接触区域越大其成形坯强度越高。

对于任何金属粉末来说，粉末颗粒之间的机械啮合力是使成形坯具有强度的主要联结力。但是，成形剂的黏结作用也是十分重要的，在一定范围内成形坯强度随成形剂用量的提高而增强。

粉末成形后，成形坯中的孔洞会降低有效承载面积，导致成形坯强度降低。另外，成形坯中的孔洞作为应力集中点，是裂纹产生和扩展的起点，因而孔隙愈少或相对密度愈高则成形坯强度愈大，一般情况下成形坯强度与成形坯相对密度的关系可以表述如下：

$$\sigma = C\sigma_0 f(\rho)$$

式中：σ 为成形坯强度；C 为常数；σ_0 为全致密材料的强度；$f(\rho)$ 为与成形坯密度相关的函数。

因此，尽可能降低孔隙率，提高成形坯相对密度是保证成形坯强度的关键因素，也就是说影响成形坯相对密度的因素都将影响到成形坯强度。成形过程中影响成形坯强度的主要因素可归纳为：

(1)原料粉末特性

粉末的粒度和形貌 原料粉末的粒度直接影响着粉末颗粒间的摩擦效果、装填密度和孔隙尺寸。细颗粒具有高的比表面积，因此颗粒间的摩擦和颗粒与模壁间摩擦大，导致装填密度低、成形过程中压力损失大，故粉末粒度细，不利于获得均匀的密度分布和高的成形坯强度，但是粉末过粗，则由于粗颗粒粉末的接触表面积小，粉末间的自锁作用不强，反而导致成形坯强度降低。粉末粒度对成形坯强度的影响如图 5 - 4 所示，试验采用不同粒度的钨粉在相同压力(246 MPa)条件下成形，由图可知，随着钨粉粒度由 1 μm 增加到 9 μm，成形坯强度先增加后降低。

粒度分布　不同粒度搭配可以提高装填密度，成形过程中细颗粒易填充到大颗粒围成的孔隙中，从而提高成形坯的密度。

粉末形貌　不规则形貌的粉末很难获得较高的成形坯密度，但是由于粉末间较好的自锁效果（如图 5-5 所示），因此不规则粉末成形坯却具有较高的成形坯强度；而使用球形粉末的结果是高的成形坯密度和较低的成形坯强度。

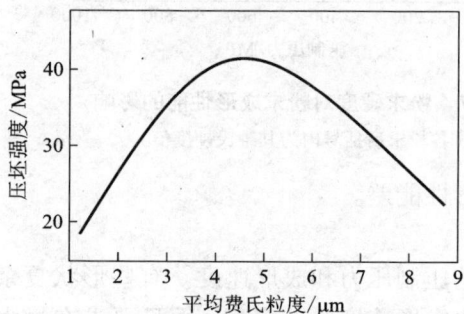

图 5-4　钢模成形过程中粉末
费氏粒度与成形坯强度间的关系

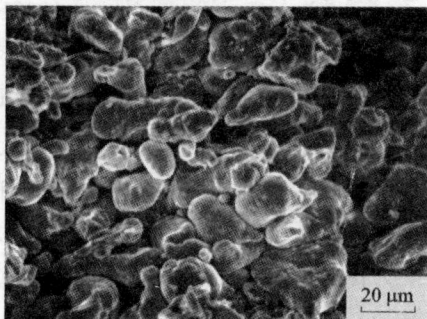

图 5-5　不规则形状粉末成形
后自锁效果的 SEM 照片[2]

粉末材料的强度　图 5-6 给出了铜、铁及不锈钢粉末成形坯的相对密度随压制压力变化的曲线，不难发现，Cu 是强度最低的材料，与其他材料相比，在各种压力条件下，Cu 粉都可以获得最高的相对密度，不锈钢粉末的强度最高且加工硬化发生速度最快，对应的其成形坯的相对密度是最低的，铁合金粉则介于 Cu 和不锈钢粉末之间，因此原料粉末的强度越高则其成形坯密度越低，成形坯强度也就越低。

粉末材料的硬度图 5-7 列举了五种不同硬度粉末的相对密度-压制压力关

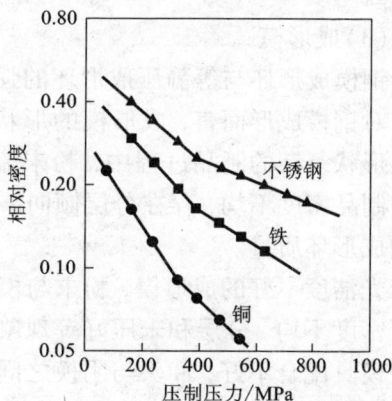

图 5-6　Cu、Fe 及不锈钢粉末成形坯
的相对密度与压制压力的关系[2]

系曲线，其所用粉末依粉末维氏硬度增加依次为铝、铜、铁、不锈钢、钨粉。结果表明，在任何给定的压力条件下，粉末的硬度值越高，其所获得的成形坯相对密度越低。对于硬质材料来说，其高压力成形过程是与其材料断裂行为相对应的，

而其低压力成形过程是与材料的塑性变形行为相对应的。

因此，原料粉末的粒度、粒度分布、形貌、纯度、屈服强度、硬度以及加工硬化行为等因素都不同程度地影响着粉末成形后的成形坯强度。

还应当指出的是，对钨及某些难熔金属的成形而言，粉末的纯度特别是氧、碳等杂质的含量将在很大程度上影响其强度和硬度，相应地将影响到其成形性能，含上述杂质量高的钨粉的成形性能差。

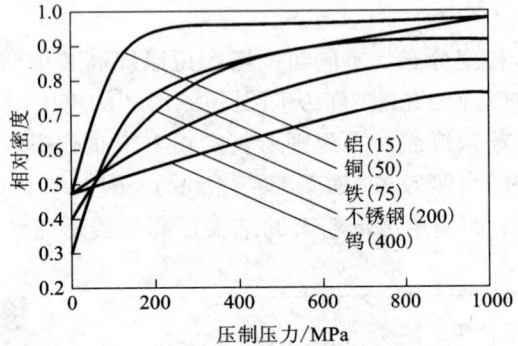

图 5 – 7　粉末硬度对粉末成形性能的影响[2]
（各粉末后括号内为其维氏硬度值）

（2）成形参数

为保证制品成形的质量，要选择合理的压制压力和成形速度。有些形状复杂的制品若成形速度过快，则很难成形，因此成形速度慢一点好，而且要求在最大压力时保压一段时间，这样压力传递更加均匀，颗粒有时间进行最紧密排列。压制压力过大，易导致成形坯分层，因此压制压力以保证粉末成形便可，即控制在不使成形坯分层时的最大压力，从而使制品获得最大密度和强度，故压制压力不宜太高。

（3）成形模

钢模成形坯与等静压成形坯的强度有较大差别。

对钢模成形而言，成形模的形状、光洁度以及配合对成形坯质量影响很大。成形形状复杂的制品过程中，粉末流动阻力较大，粉末难以填充整个模具空间，致使制品密度不均，存在分层倾向。同时成形模的结构、成形方式、脱模方式亦影响成形坯质量。

光洁度不好的成形模，粉末与模壁之间的阻力大，压力衰减严重，造成制品上下密度不均、分层和未压好等现象。因此模具光洁度愈小愈好。

模具配合不好，冲头与阴模之间间隙大，使制品毛边大、易分层，故一般应在保证成形时气体能排出的情况下，冲头与阴模的配合间隙越小越好。

由于钢模成形后成形坯强度受到原料特性、成形过程参数、设备参数等众多因素的影响，所以尽管钢模成形的过程和设备简单，成形坯形状不受限制，但是成形坯单重相对较小，特别是由于钢模成形过程中粉末与粉末间、粉末与模壁间的相对运动必然存在，摩擦阻力也必然存在，且粉末间、粉末与模壁间的摩擦力随成形深度增加而逐步增大，导致压力损失增大，因此不论是在成形坯高度方向或水平方向，其所受压力是不均匀的，这些都必然导致钢模成形坯中密度分布不均匀。

对等静压成形而言，一方面由于外加的压力本身在各个方向都均匀，同时成形过程中由于柔性模具与粉末受压缩程度一致，粉末与柔性模具间无相对运动，因而它们之间的摩擦力很小，不会造成压力下降，故尽管存在粉末颗粒间的内摩擦影响，但等静压成形坯的密度和强度及其均匀性是可以保证的。大量实验也表明，等静压成形坯从外向内的密度下降程度很小，一般为 1% ~2% 或 1% 以下。

由于钨粉的变形能力较差，难以获得足够的粉末颗粒之间的联结力，成形坯强度较低，一般钢模成形后的钨坯需要进行预烧进一步提高强度后，才进入后续的烧结过程，而等静压成形后的钨坯由于强度高，没有必要预烧，故在钨粉成形的实际生产过程中钢模成形已经基本被等静压成形所取代。

2. 钨坯烧结

（1）烧结致密化的原理

烧结是指将成形坯加热到低于主要组元熔点的一定温度并保温一定时间，使颗粒间产生连接，以提高制品的物理、力学性能的过程。从热力学观点来看，在由粉末转变成为致密金属块体材料的过程中，表面积减少，表面能降低，因而烧结过程是一个物质从高能位状态向低能位状态转化的过程，是自动进行的过程。金属粉末的粒度愈细，其表面积就愈大，粉末体所具有的能量也就愈大，所以细粉成形坯比粗粉成形坯易烧结致密化。

金属粉末的烧结过程一般可分为液相烧结和固相烧结。

液相烧结：是指具有两种或多种组分的金属粉末或粉末成形坯在液相和固相同时存在时进行的烧结。此时烧结温度高于烧结体中低熔点成分或低熔共晶的熔点，但是应低于主要组元的熔点，否则会因液相量过多导致坯体保形能力散失。由于物质通过液相迁移比固相扩散要快得多，因此液相烧结体的致密化速度和最终密度均大大提高。液相烧结工艺已广泛用来制造各种烧结合金零件如高密度钨合金、电接触材料、硬质合金和金属陶瓷等。

固相烧结：是指松装粉末或成形坯在烧结过程中组元不发生熔化的烧结过程。粉末固相烧结按其组元多少可分为单元系固相烧结和多元系固相烧结两类。钨坯为纯金属坯体，因此其烧结属于典型的单元系固相烧结，故以下重点介绍单元系固相烧结过程。

①单元系固相烧结。单元系固相烧结是纯金属、固定成分的化合物或均匀固溶体的松装粉末或成形坯在熔点以下温度（一般为绝对熔点温度的 2/3 ~4/5）进行的粉末烧结。烧结过程中除发生粉末颗粒间黏结、致密化和纯金属的组织变化外，不存在组织间的溶解，也不出现新的组成物或新相。故又称为粉末单相烧结。

单元系固相烧结过程大致分三个阶段：

（a）黏结面的形成阶段（$T_{烧} \leqslant 0.4T_{熔}$），$T_{烧}$、$T_{熔}$ 分别代表烧结绝对温度和金属的熔点）。主要发生金属的回复、吸附气体和水分的挥发、成形剂的分解和排除。在粉末原始接触面 1，通过粉末表面 2 附近的原子扩散，由原来的机械啮合转变为原子间的结合，并在原始颗粒接触面发展形成新的黏结面（晶界）4（如图 5-8），其结果导致坯体的强度增加，表面积减小，导电性能提高。

（b）烧结颈的形成与长大阶段（$T_烧 = (0.4 \sim 0.55) T_熔$）。开始发生再结晶、粉末颗粒表面氧化物被完全还原。通过原子的扩散，颗粒中心的距离缩短，颗粒间接触由点接触逐步发展为面接触，烧结颈开始形成并长大，烧结体强度明显提高，而密度增加较慢。球形镍粉和球形青铜粉烧结坯中烧结颈的 SEM 照片如图 5-9 所示。

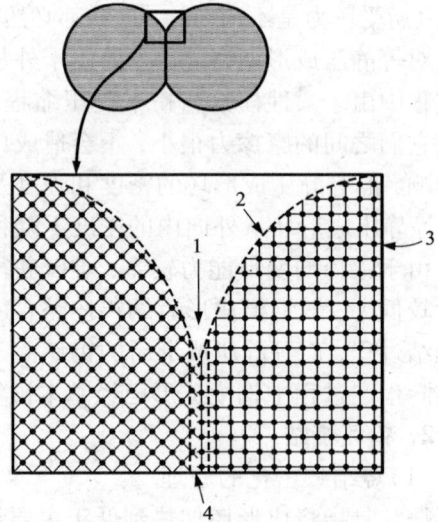

图 5-8　新晶界形成示意图

1—原始接触面；2—颗粒表面；
3—原子；4—新晶界

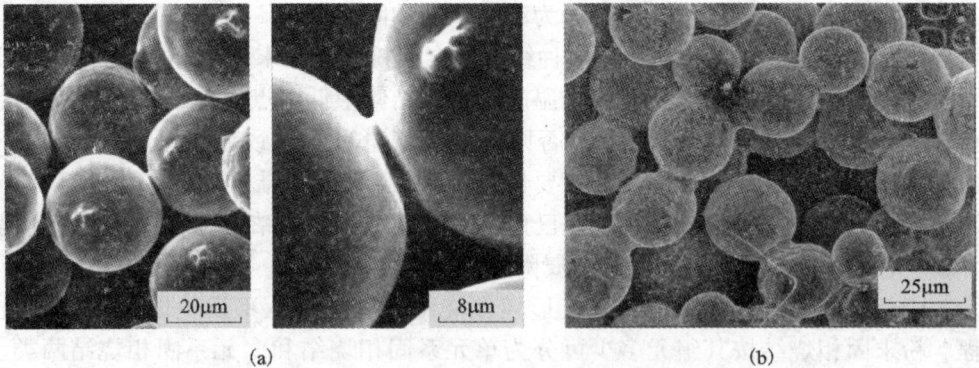

图 5-9　球形镍粉(a)和球形青铜粉(b)烧结坯中烧结颈的 SEM 照片

（c）闭孔隙的形成和球化阶段（$T_烧 = (0.5 \sim 0.85) T_熔$）。这是单元系固相烧结的主要阶段。扩散和流动充分进行并接近完成，烧结体内的大量闭孔逐渐缩小并球化（如图 5-10、图 5-11 所示），孔隙数量减少，烧结体密度明显增加。保温一定时间后，所有性能均达到稳定不变。

综上所述，烧结的致密化过程实质上是物质迁移不断填充成形坯中孔隙的过程，固相烧结过程中物质迁移的主要机制有：

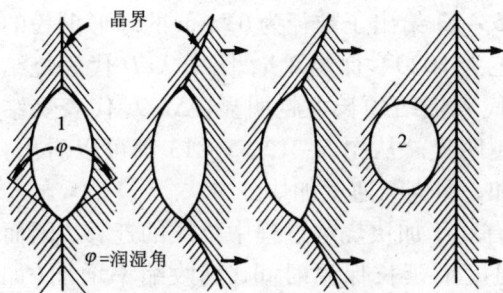

图 5 - 10　孔隙球形化示意图
1—原始孔隙；2—球形化孔隙

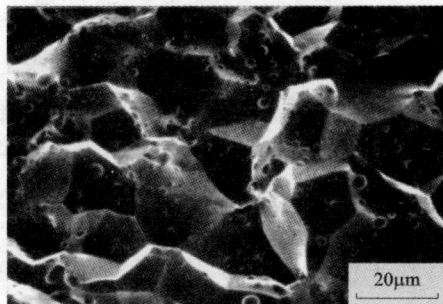

图 5 - 11　界面处球形孔隙的 SEM 照片

表面扩散　是指表面层原子或原子团在固体表面沿表面方向向烧结颈部运动的过程。其驱动力主要是由于凸表面处空位浓度小于凹表面，导致化学势的不同，因此空位将由凹表面往凸表面扩散，即原子由凸表面往凹表面迁移，填补凹处和烧结颈。表面扩散的作用主要是促进烧结颈的长大、气孔闭合，对成形坯的收缩贡献不大。表面扩散作用主要发挥在烧结的低温阶段，在高温阶段下体积扩散速度超过表面扩散，故成形坯的烧结以体积扩散为主。

蒸发 - 凝聚　根据表面化学的原理，粉末颗粒球表面凸处的蒸气压高于烧结颈凹面的蒸气压，蒸气可在球表面产生，重新在烧结颈上凝聚，使烧结颈长大。此机构对某些蒸气压在烧结温度下较高的物质有一定作用。

体积扩散　由于烧结颈处空位浓度高于颗粒内部，因此空位将由烧结颈向颗粒内部扩散，即原子向烧结颈方向扩散，使烧结颈长大和闭孔隙收缩，相应地使烧结体密度增加。

黏性流动　对于非晶材料，可在剪切应力作用下，产生黏性流动，物质向颈部迁移。

塑性流动　当烧结温度接近物质熔点，颈部的表面张力大于物质的屈服强度时，发生塑性变形，导致物质向颈部迁移。

晶界扩散　晶界为快速扩散通道，原子能通过晶界向烧结颈扩散。晶界扩散系数较体积扩散系数大得多，因此晶界对烧结有重要意义。

一般认为纯钨的烧结过程是表面扩散、晶界扩散等机构的综合作用，其中以晶界扩散为主。如果烧结体系中存在一定的水气，那么可能形成钨的水合氧化物升华然后再被氢还原沉积下来，这时蒸发 - 凝聚机构的作用也就不可以忽视。

影响单元系固相烧结的因素主要有烧结组元的本性、粉末特性（如粒度、形状、表面状态等）和烧结工艺条件（如烧结温度、时间、气氛等），具体来说影响单元系固相烧结过程的因素主要如下：

成形压力　成形压力越大，则颗粒间接触越紧密，相应地烧结传质过程容易发生，因而烧结速度加快，图 5 - 12、图 5 - 13 给出了粒径为 63 μm 的球形铜粉的成形压力对烧结过程的影响，其烧结工艺为 1020℃保温 2 h，图中 X/D 代表烧结颈尺寸与原料粉末粒度之比，比值越大代表烧结颈长大越明显，$\Delta L/L_0$ 代表烧结前后的收缩率，比值越大代表烧结收缩越明显。从图 5 - 12、5 - 13 都可以看出：随着成形压力的增加，烧结颈的大小增加，即烧结速度加快。

烧结温度和保温时间　温度的升高有利于加快烧结过程中物质的迁移，因而有利于加快烧结过程，同样在一定的温度下延长保温时间，则收缩率增加（如图 5 - 13 所示）。

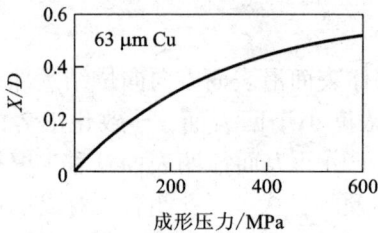

图 5 - 12　成形压力对 X/D 的影响

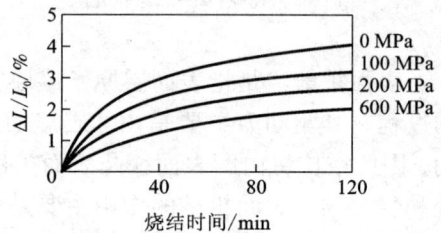

图 5 - 13　成形压力、烧结时间对 $\Delta L/L_0$ 的影响

原始粉末特点　如前所述，烧结过程是一个粉末体从高能位向低能位转变的过程，粉末颗粒愈细、表面结构愈复杂，则比表面能就愈大，粉末所处能位也就愈高，愈有利于烧结。图 5 - 14 是钨成形坯的收缩率同烧结温度的关系，显然比表面积大的细粉末（平均粒度为 0.6 μm）约从 800℃左右开始收缩，而粒度稍大的（平均粒度为 3.5 μm）钨粉，在 1000℃左右才开始收缩。此外，原始粉末晶体结构缺陷对烧结速度也有很大的影响，因为粉末颗粒的晶体结构缺陷是粉末具有高能位的原因之一，

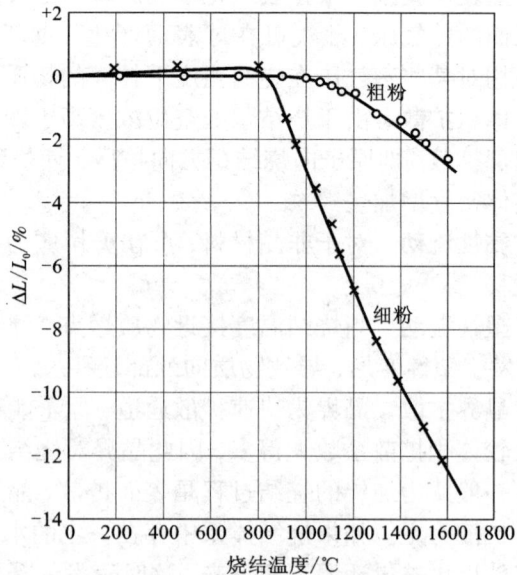

图 5 - 14　烧结钨条收缩率与烧结温度以及原料粉末粒度的关系

晶体结构缺陷对扩散起强化作用，粉末预先退火，会使粉末晶体结构缺陷稳定化，从而降低烧结过程的速度。一般说来，晶体结构缺陷含量愈高，收缩进行得愈剧烈。

氧化薄膜和烧结气氛的影响：颗粒间烧结颈的生长，首先是在颗粒的接触处开始，表面氧化膜的存在，阻碍原子向接触区域扩散，从而阻碍烧结。烧结体的收缩也取决于这些接触处的接触程度，可以说，粉末颗粒良好的表面状态是收缩强化的充分条件。金属粉末，特别是活性强的高熔点金属粉末，颗粒表面都在不同程度上为氧化薄膜所覆盖，因此除去氧化膜不仅是提高纯度的需要，也是促进烧结过程的要求。由此可见，正确地选择烧结气氛是十分重要的，如在氢气保护下烧结钨坯条时，因氧化膜易被氢还原，新还原出来的金属原子又具有很大的活性，从而使扩散得到强化，促进了致密化速度。细粉末烧结速度较快的原因，除了具有发达的表面外，氧化膜还原而引起的烧结过程的活化也是一个重要方面。

钨烧结致密化的机理分析表明，由于钨的熔点高、原子扩散速率低、烧结激活能大，且烧结过程影响因素多，因此采用通常的烧结方法难于制备出高性能的坯体，这就促使人们开发新的方法以达到降低烧结温度、缩短烧结时间、促进材料致密化的目的，从而提高钨的综合性能，其中纯钨的活化烧结是一个重要手段。

（2）纯钨的活化烧结

根据粉末冶金烧结理论，采用化学或物理的措施，使烧结温度降低、烧结过程加快，从而使烧结体的密度和其他性能得到提高的方法称为活化烧结，而通过添加 Ni 等过渡族金属来促进钨的致密化是钨粉活化烧结的一个重要研究方向。

早在 1946 年 Kurtz 的研究就指出，添加不到 1%（质量分数）Ni 后，在 1400℃ 以下就能烧结出致密度达 99% 的钨零件，而未经处理的钨粉要达到相同的致密度则需要高于 2800℃ 的烧结。Vivek K. Gupta 等[4]研究了掺入不同含量镍后钨样品在不同温度下的烧结行为，结果如图 5 – 15 所示。可以看出，在 1400℃ 下烧结 2 h 后，纯钨样品密度变化很小，而含镍 0.5% ~ 1%（摩尔分数）的

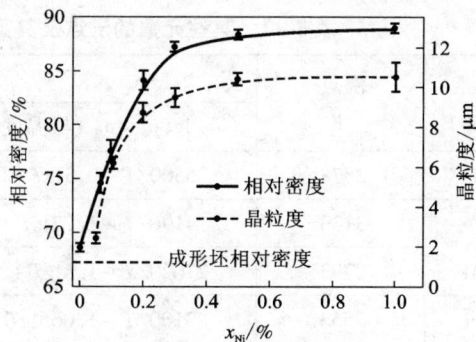

图 5 – 15　钨样品相对致密度、晶粒尺寸和 Ni 含量的关系

样品相对密度可达到 89%。马康竹研究了镍、钴的共同加入对钨的活化烧结的影响，发现活化剂镍与钴的共同加入比单独加镍或者钴更有助于钨的活化烧结[5]。

以上研究表明，加入镍原子和钴原子可以明显降低纯钨的烧结温度，提高烧

结收缩率，对纯钨的烧结过程起到了明显的活化作用。

为了解释镍等元素活化烧结钨的现象，前人从电子结构、钨晶格的热力学稳定性、钨原子的活性、钨的晶界扩散和自扩散等方面开展了研究[6~9]，提出了多种不同的活化烧结机制和几何模型，但目前并没有统一的观点，有待进一步研究。

值得一提的是，活化烧结虽然能获得高密度钨制品，但烧结制品的晶粒度粗、晶界强度低和脆性大，使进一步压力加工的加工性能变差，使生产高性能钨材受到限制，特别是钨丝的生产。

5.2.2 烧结及熔铸过程净化提纯的原理[10~12]

在高温下，金属钨粉中各种杂质除去的途径不尽相同，现分别介绍如下。

1. 金属杂质

杂质金属主要包括 Fe、Al、Ti、V、Na 等，考虑到在提纯过程中的行为相似性，我们将 Si 亦列入此类，这些杂质在钨中的形态对高熔点金属 V、Ti、Zr 等而言，主要形成固溶体，Al 可能形成金属间化合物，其他杂质当含量很少时可能为固溶体或机械夹杂，其详细情况有待于进一步研究。

这类杂质除去的原理主要是：钨在高温下蒸气压很小，例如 3600K 时，仅 2.174 Pa，基本上是不挥发的，而上述杂质的蒸气压则远远地超过钨，某些元素（Me）的沸点及 3000K 时蒸气压 p_{Me} 与钨的蒸气压 p_W 之比（根据文献[10]提供的原始资料换算）如表 5 - 1 所示。

表 5 - 1 某些元素的沸点及其蒸气压与钨蒸气压之比[10]

元素 （Me）	沸点 /K	lg(p_{Me}/p_W)	
		lg(p_{Me}/p_W) 与温度（K）的关系	3000K 时 p_{Me}/p_W
Sn	2878	$26500/T - 0.5\lg T - 0.53$	3.46×10^6
Fe	3133	$24190/T - 1.77\lg T + 4.51$	1.73×10^6
Al	2793	$27620/T - 1.5\lg T + 3.59$	3.8×10^7
Si	3553	$23100/T - 1.065\lg T + 2.02$	1.05×10^6
Ca	1757	$35080/T - 1.89\lg T + 3.69$	6.45×10^8
Rl	1043	$39530/T - 1.87\lg T + 2.87$	3.55×10^9
Na	1155	$38220/T - 1.68\lg T + 2.74$	3.98×10^9
Ti	3563	$20800/T - 1.16\lg T + 2.98$	1.7×10^5
W	5973 ± 200		

从表 5 - 1 可知，3000K 时，这些杂质的蒸气压比钨高 6 ~ 9 个数量级，因此上述杂质将优先进入气相除去。

当然以上是按杂质元素以单质状态存在考虑的，当它为与钨形成固溶体或化合物时，蒸气压比将降低，但也足以使之分解析出。

2. 氮

金属钨中少量氮能与之形成固溶体，而超过溶解部分将成化合物 W_2N 形态存在，高温下 W_2N 很容易分解成 N_2 析出，至于固溶体形态的氮，其溶解度 c_N（原子数分数）与温度和气相氮分压 p_{N_2}（kPa）的关系为：

$$\lg C_N = 0.5 \lg p_{N_2} - 0.4 - 10200/T$$

按上式计算，当平衡气相中氮分压为 13.3 Pa，则金属钨中氮含量可降至 3.6×10^{-4}（摩尔分数）或 2.7×10^{-4}（质量分数）。

3. 氧

金属钨中氧主要成低价氧化物 WO_2 的形态存在，其除去途径主要是：

(1)低价氧化钨的挥发：WO_2 的蒸气压远大于金属钨，因此在高温下将优先挥发，根据布莱韦的计算，挥发过程中钨与 WO_2 的分离系数达 10^6。

(2)钨中存在杂质碳的情况下，与之发生以下反应：

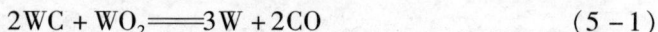

$$2WC + WO_2 \Longrightarrow 3W + 2CO \qquad\qquad (5-1)$$

根据文献[12]提供的数据计算，上述反应的标准吉布斯自由能变化与温度的关系为：

$$\Delta_r G_m^\ominus = 877.38 - 0.33T \quad kJ \cdot mol^{-1}$$

在 3000K 时，$\Delta_r G_m^\ominus$ 达 -12.62 $kJ \cdot mol^{-1}$，相应的 CO 平衡分压达 0.96 MPa。

4. 碳

碳在钨中以 WC 或 W_2C 的形态存在，其除去途径主要是按式(5-1)与钨中的杂质氧作用，因此当钨粉中杂质碳过高，则配料时应当加入钨的氧化物。

以上是从热力学的角度分析各种杂质除去的可能性及条件，在实践中杂质除去的效果还决定于其动力学条件，一般说来烧结精炼过程的速度决定于传质速度，因此提高温度、改善物料的透气性能都有利于提高除杂效果，相应地在烧结过程中应控制适当的温度制度，以保证在坯体中孔隙（特别是开孔隙）基本上消失以前大部分杂质能够通过孔隙除去，同样在熔炼过程中应保证在高温、高真空条件下的停留时间。

5.2.3　工业实践

1. 原则流程

粉末冶金法生产高纯致密钨的原则流程如图 5 - 16 所示。

钨粉或掺杂钨粉 钨粉

成形剂 ——→ 混合过筛 合批过筛

钢模成形 冷等静压成形

成形坯 成形坯

预烧 间接烧结

垂熔烧结

钨条(或掺杂钨条) 钨条或简单钨制品

(a) (b)

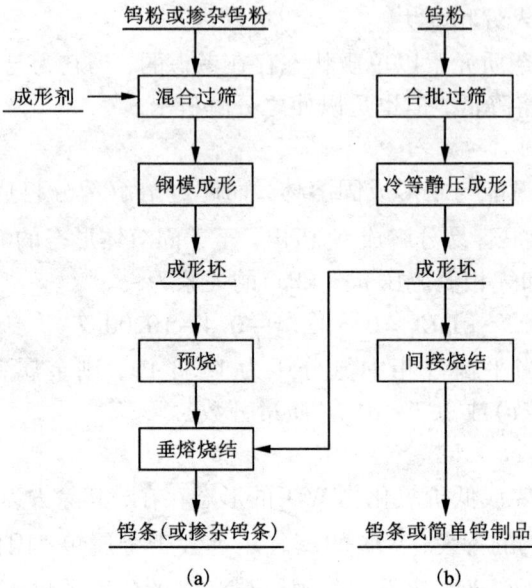

图 5 - 16　粉末冶金法生产高纯致密钨的原则流程

图 5 - 16(a)为 20 世纪 90 年代以前的传统流程,即为保证成形过程的质量,先加入成形剂进行混料,混合料经钢模成形得成形坯。此时坯条的强度仍不能满足下阶段垂熔的要求,故在钼丝炉中于 1150 ~ 1250℃进行预烧,然后再在垂熔炉内进行高温烧结得产品。

20 世纪 90 年代冷等静压技术研发的成功以及间接加热技术和设备的进步,使粉末冶金生产高纯致密钨的流程得到全面革新。如图 5 - 16(b)所示,钨粉(或掺杂钨粉)经合批混合(不加成形剂)后,进行冷等静压成形。冷等静压成形坯已具备有足够的强度,因此用中频感应炉或电阻炉进行间接烧结得产品,亦可直接利用垂熔法进行烧结得到产品。

考虑到技术发展的连续性和继承性,本书将对主要成形工艺(钢模成形及等静压成形)及致密化工艺(垂熔烧结、中频感应烧结以及热等静压)进行介绍,但分别以等静压成形和间接烧结为重点。

2. 成形

(1)钢模成形

钢模成形是利用压力机对钢模中的钨粉进行加压,使之压缩成为具有一定形状和强度的几何体的过程。对于纯钨粉或掺杂钨粉而言,其成形工艺为:坯条尺寸为 12 mm × 12 mm × 500 mm ~ 15 mm × 15 mm × (600 ~ 620) mm 不等;单坯粉末质量视用户要求而定,一般为(500±2)~(1500±2)g;成形压力:对纯钨粉而言为250~500 MPa,对掺杂钨粉而言为100~200 MPa;保压时间:20 s;成形剂采用1:1的甘油酒精混合溶液,加入量为每千克钨粉2~5 mL,成形设备采用500 t粉末压力机。

成形后钨成形坯的要求为:钨坯条表面光滑,无分层、裂纹、孔洞、掉边掉角等缺陷,其相对密度对纯钨坯而言为70%,对掺杂钨坯而言约为60%。

钢模成形设备和操作相对简单,但是正如上节钨粉成形过程原理中所分析,由于钢模成形过程的压力损失较大,以及由于设备性能与操作方面的原因,成形坯存在密度分布不均和较多的质量缺陷,主要缺陷形式与解决办法如表5-2所示。

表 5-2　钢模成形可能出现的质量问题及解决方法

缺陷	现象	产生原因	解决办法
分层	大分层	粉末细而氧化	钨粉防氧化包装,对钨粉在 H_2 气氛下还原退火
	局部分层	成形压力过大	做压力试验,确定合理压力
	劈头	粉末潮湿或成形剂混合不均,压模装配不良,压机上冲头不平,装粉、布粉不均	均布粉末,加强混料过程严格执行设备操作过程
裂纹	对角裂纹	压机侧压力不足或侧压先退	保证侧压
	不规则裂纹	粉末成形性差,如氧化等	保证成形保压时间,均布粉末,粉末还原退火
断条	断条	压力过小,强度低,布粉不均匀,坯条局部强度过低,取料方法不正确	按试验压力成形,均布粉末
黏模	黏模	粉末太潮湿,成形剂分布不均,模壁不干净	加强混料,粉末干燥放置每压一次清理模具一次
尺寸超差	规格超差锥度超差	连续生产时,模壁生热黏粉,使模壁脏化而增大摩擦力,模具结构不严密,跑粉严重,划粉不均匀,上冲头不平或模具位置不正确	模具成形按定额进行,调整模具间隙均布粉末

(2)等静压成形

1)等静压成形设备的工作原理。帕斯卡定律指出,盛放在密闭容器内的液体,其外加压强发生变化时,只要液体仍保持其原来的静止状态不变,则液体中任一点的压强均将发生同样大小的变化,也就是说,在密闭容器中,施加于静止流体上的压强将各方向相等,同时传递到流体中的各点。冷等静压成形技术(CIP)就是依据上述原理而开发的。

等静压设备的工作原理如图5-17所示,借助高压泵把流体介质压入耐高压的钢质密封容器5内，高压流体的静压力直接作用在悬置于流体中的柔性模具7上，并且通过模具传递给其中的粉末，使粉末体的各个方向上在同一时间内均衡地受压而获得密度分布均匀和强度较高的成形坯8。目前，实际生产中很大一部分金属粉末的成形都采用冷等静压工艺，如钨、钼、铍、钽、硬质合金、高速钢等。

冷等静压工艺采用柔性模具来装填粉末，成形压力可从200 MPa到400 MPa变化，一般为200 MPa左右，特殊的达到760 MPa，用水或油作为压力传递介质，由于对模具施加的压力各向均等因此成形坯密度分布均匀，粉末体经过冷等静压成形后，密度可从理论密度的55% ~65%增加到理论密度的75% ~85%。

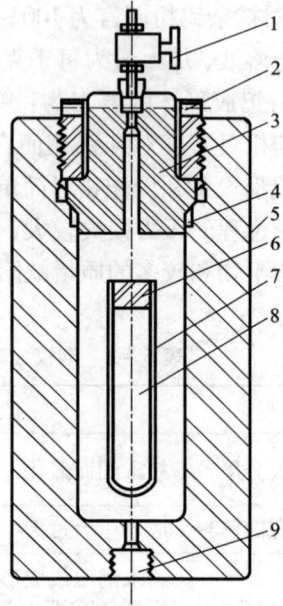

图5-17　等静压原理图
1—排气阀；2—压紧螺母；3—盖顶；
4—密封圈；5—高压容器；6—橡皮塞；
7—柔性模具；8—成形坯；9—压力介质入口

冷等静压工艺又可以分为干袋和湿袋两种方法，如图5-18所示。在图5-18(a)所显示的湿袋工艺中，装满粉末并密封的柔性模具被浸泡于充满液体的压室中，封闭压室后通过外部的液压装置对包套施加压力，成形完成后，将柔性模具从压室中取出，解除包套密封后可获得均匀成形的成形坯。而干袋工艺[图5-18(b)]的柔性模具是直接固定在压室中的，装粉、成形、出模等过程都不要移动柔性模具，通过上模冲直接插入包套内部来实现密封，之后经过液压装置施加压力即可完成等静压成形过程，因此干袋成形工艺的操作速度要比湿袋工艺快得多。

利用冷等静压工艺可以制备出外形尺寸较大、密度分布均匀的粉末成形坯。与模压相比，可以在相同的压力条件下获得具有更高密度的制品。同时，冷等静压还允许制品具有较为复杂的外形结构，但其尺寸精度和制造效率相对比较低。由于使用柔性模具承装粉末，为了保持柔性模具不变形，在成形复杂形状制品时，一般采用多孔硬质套筒来固定柔性模具。

冷等静压成形法由于采用高压流体静压力直接作用在弹性模套内的粉末上，粉末体在同一时间内在各个方向上均衡地受压，因此成形过程中粉末间、粉末与模壁间的相对运动很小，故成形过程中，粉末性能以及模具对成形坯强度的影响

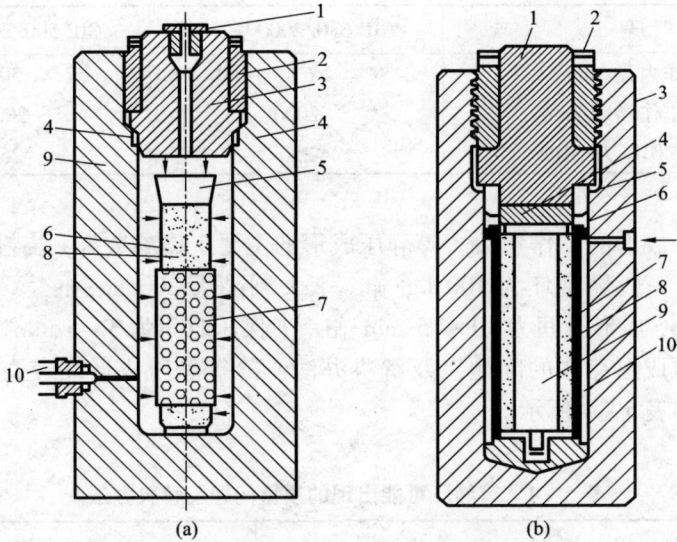

图 5 - 18　冷等静压湿袋工艺 (a) 和干袋工艺 (b)

（a）：1—排气管；2—压紧螺帽；3—压力塞；4—金属密封圈；5—橡皮塞；

6—软膜；7—穿孔金属套；8—粉末料；9—高压容器；10—高压液体

（b）：1—上顶盖；2—螺栓；3—筒体；4—上垫；5—密封垫；

6—密封圈；7—套版；8—干袋；9—模芯；10—粉末

要小，因此相对于一般的钢模成形法，冷等静成形法有下列优点：①能够成形具有凹形、空心等复杂形状和薄壁的坯件。②成形时，粉末体与柔性模具的相对移动很小，所以摩擦损耗也很小，成形钨粉时单位成形压力一般为 200 MPa，比钢模成形低 1/2 左右。③能够成形各种金属粉末及非金属粉末，成形坯件密度分布均匀，对难熔金属粉末及其化合物尤为有效。④可成形几百千克的成形坯，成形坯的密度不受尺寸的影响，成形坯强度较高，便于加工与运输。⑤模具材料是橡胶和塑料，成本较低廉。

冷等静压法的缺点是：①成形坯尺寸精度的控制和成形坯表面的粗糙度都比钢模成形法差。②尽管采用干袋式或湿袋式的等静压成形，生产效率有所提高，但一般来说，生产率仍低于钢模成形法。③所用橡胶或塑料模具的使用寿命比金属模具要短得多。④成形长径比大于 10 的钨成形坯时，易出现成形坯弯曲，且比值越大，弯曲程度越严重。

2）等静压成形设备规格。目前，纯钨常用的等静压成形设备为预应力钢丝缠绕冷等静压机，表 5 - 3 列出了两种不同型号预应力钢丝缠绕冷等静压机的主要技术参数。

表 5 - 3   两种不同型号预应力钢丝缠绕冷等静压机的主要技术参数

型号	CIP 630/2000 - 250	CIP 500/2000 - 250
工作内径/mm	630	500
有效工作高度/mm	2000	2000
额定工作压力/MPa	250	250

3)等静压成形的工作参数。等静压成形的主要工作参数为：装料量视成形坯形状而不同，一般异型坯为 100 kg·缸$^{-1}$、大制品为 200 kg·缸$^{-1}$；成形压力为 150 ~ 250 MPa，成形时间为 10 ~ 15 min·缸$^{-1}$；保压时间为 3 ~ 5 min。

4)等静压成形存在的问题以及解决办法。冷等静压成形坯存在的主要缺陷和解决办法如表 5 - 4 所示。

表 5 - 4   等静压可能出现的质量问题及解决办法

缺陷	现　象	产生原因	解决方法
断条	断裂或部分断裂	粉末潮湿	成形前对粉末进行红外干燥处理
		装料不均匀	均匀装粉
		头部装料过松	封口塞与粉末之间加过渡垫
		胶塞与粉末之间过渡处理不好	对软膜进行压力检漏，封口处严格检查是否封紧
脏化	表面严重被成形液玷污和浸污	软膜漏液 操作不整洁，接触点有油污等	软膜进行压力检漏，封口处严格检查，严格执行标准化操作
	表面黏有其他粉末	软膜内壁不干净，其他粉末黏在成形坯上	软膜内壁进行严格的清洁处理
裂纹、分层	不规则裂纹	粉末内夹有异物	粉末严格过筛
	异型制品过渡面裂纹	异型成形坯装料时各部分装料不均	均匀装料，并检查各处装粉密度是否一致
黏模	成形坯出模时黏于模上，脱模困难	压模内壁不光洁，成形时排气不均	软膜钢芯要有足够的光洁度，封口处排气处理要紧而活
尺寸较差	规格超差	工艺计算错误	严格进行工艺计算
	异型件尺寸超差	成形工艺不准	保证成形工艺曲线

3. 烧结

钨坯常用的烧结方法有：①直接通电于坯条本身，利用坯体自身电阻加热烧结，这种烧结方法叫直接加热烧结法，又叫垂熔烧结法，简称垂熔。②通电于炉子的加热元件，通过辐射间接对钨坯进行加热烧结，称为间接加热烧结法，包括电阻加热烧结法和感应加热烧结法，其中感应加热烧结法往往是通过感应线圈使装料的钨坩埚发热，然后加热物料，物料中并没有产生感应电流，故同样属于间接加热烧结法。③钨粉不经过成形直接装入包套，在热等静压力机中，边加热边成形制取高密度钨坯，称为热等静压法。

　　直接垂熔烧结法易获得高温，是一种传统的方法，目前只适用于细而长的坯条生产，在尺寸上和质量上受到很大的限制。而利用中频感应和电阻加热间接加热烧结钨坯条，是近几年研究成功的一种新方法，具有能耗低、生产能力大等优越性，并且从20世纪90年代开始逐步取代垂熔烧结法。

　　（1）垂熔烧结法

　　当成形坯采用钢模成形时，由于成形坯的密度和强度较低而且均匀性差，故在垂熔烧结前必须先在钼丝内炉内进行低温烧结（预烧）提高其强度和导电性以便垂熔烧结，其工艺条件为：预烧温度为 1150 ~ 1250℃；保温时间为 30 ~ 100 min；装舟量为单重 1.5 kg 成形坯 6 ~ 12 根；推舟速度为 1 舟·（50 ~ 60）min^{-1}；保护气氛为 H$_2$；H$_2$露点为 -35 ~ -30℃。

　　垂熔烧结一般在钟罩式垂熔烧结炉中进行，其简单结构及工作原理如图 5-19 所示，将经过 1200℃ 低温预烧后的纯钨坯两端利用夹头 4、6 夹持，并且分别与电极 3、5 相连，在

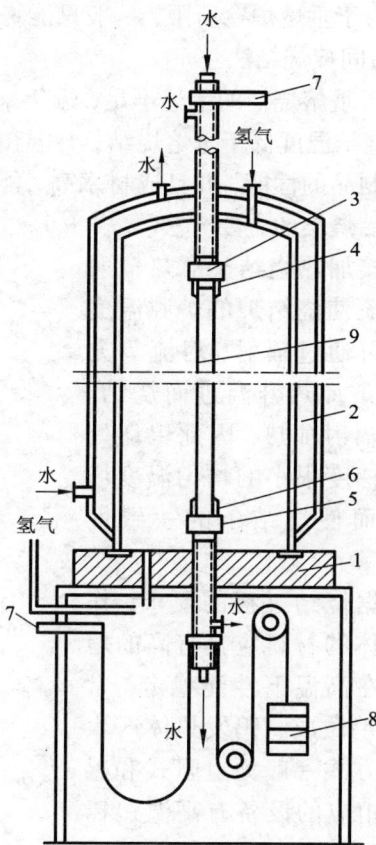

图 5-19　垂熔烧结的原理图

1—钢板；2—水冷炉罩；3—电极；4—上夹头；
5—电极；6—下夹头；7—导电板；
8—平衡锤；9—钨条

高露点 H$_2$ 保护下，通过电极给钨坯条 9 通以大电流发热，烧结温度通过调节电流大小来进行控制。根据烧结气氛不同，垂熔烧结法可分为氢气保护垂熔烧结法、真空垂熔烧结法以及惰性气体垂熔烧结法。其中，真空垂熔烧结法净化杂质效果最好，但操作麻烦，生产率低。氢气保护垂熔烧结法对氧化的钨粉有再还原的作

用，操作简便，生产率高，所以生产钨坯条一般采用氢气保护垂熔烧结法，其工艺条件为：H_2露点为 $-35 \sim -30℃$；电流强度为熔断电流的 $88\% \sim 93\%$（对掺杂钨条）；烧结周期（含冷却时间）为 $40 \sim 50$ min · 根$^{-1}$。

垂熔烧结虽然升温快，单根烧结时间短，不易弯曲，但存在以下缺点：①上、下两端温度偏低，温度梯度大，烧结密度一致性差；②绝热性、封闭性差，使得耗电、耗氢量大，烧结成本高；③垂熔条需切去两端夹头部分（4%左右），成材率降低；④由于垂熔炉罩所限，一般只能烧结单重较小的制品。

（2）间接烧结法

基于垂熔烧结的上述不足，近年来随着高温技术的发展，开发出间接加热方法，其烧结温度低于垂熔烧结，升温慢，温度场均匀，由于可以改善制品的组织和提高制品的性能，并且成材率高，能耗小，经济效益高，故间接烧结法逐步成为钨制品烧结的主要方法。

间接加热烧结是靠热辐射和热对流使烧结炉的炉膛温度升高，再通过辐射、对流等方式使坯条加热升温进而烧结。由于是辐射加热，因此钨坯处在温度梯度很小的均匀温度场中，从而使烧结条的一致性较好。

根据烧结过程的要求，作为发热体的材料应具有高的熔点，且在高温下性能稳定，常用金属钨做成。钨发热体产生热量的方式一般为电阻式和感应式，相应的设备有高温钨棒（或钨网）电阻炉和高温中频感应钨管炉。图 5-20 所示为钨棒电阻炉，其工作原理是电流通过加热元件 5（由环形分布的钨棒组成）发热，加热烧结成形坯，

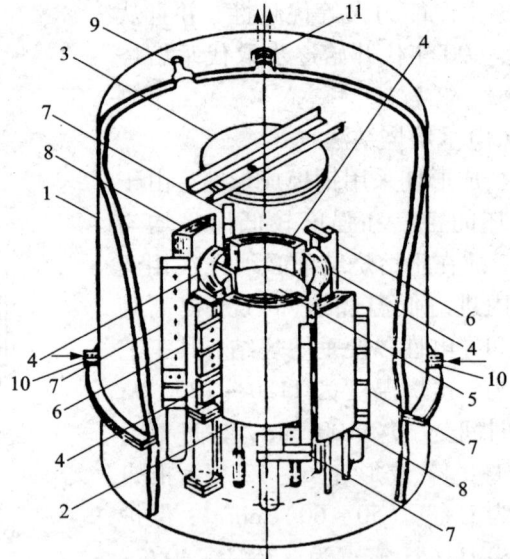

图 5-20　钨棒电阻炉示意图

1—带有穹顶的炉体；2—底部热屏蔽板；3—顶部热屏蔽板；4—热屏蔽板；5—加热元件；6—加热元件支承柱；7—加热元件夹持柱；8—热屏蔽板；9—光学高温计窗；10—冷却水入口；11—冷却水出口

由于烧结温度高，为提高热利用率，需要采用大量的隔热设施，如图 5-20 中 2、3、4、8。图 5-21 所示为中频感应钨管炉，其工作原理是通过感应线圈 17 产生交变磁通穿过钨管（坩埚）15 产生感应涡流发热来加热烧结钨成形坯。

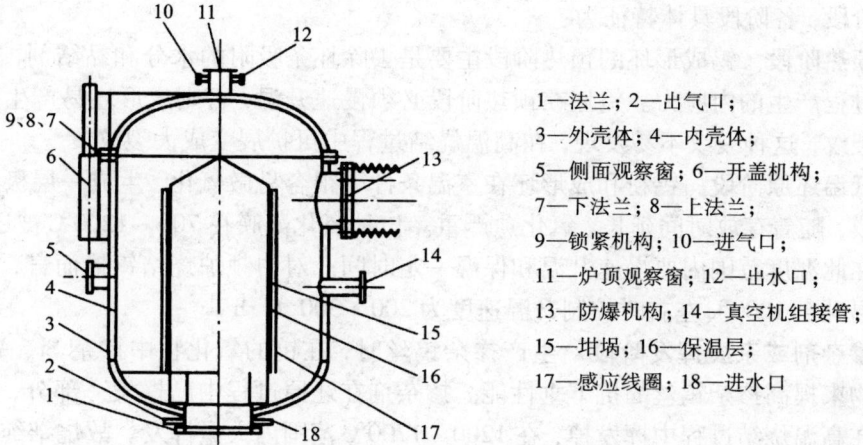

1—法兰；2—出气口；
3—外壳体；4—内壳体；
5—侧面观察窗；6—开盖机构；
7—下法兰；8—上法兰；
9—锁紧机构；10—进气口；
11—炉顶观察窗；12—出水口；
13—防爆机构；14—真空机组接管；
15—坩埚；16—保温层；
17—感应线圈；18—进水口

图 5-21 中频感应炉示意图

钨烧结过程常用的中频感应炉坩埚尺寸为：φ300~600 mm，高度 400 ~1000 mm，相应的功率为 250 kW、350 kW、500 kW 不等。

生产实践表明，中频感应炉烧结与电阻炉烧结各有特点，对比如表 5-5 所示。

表 5-5 中频感应钨管炉烧结与钨棒电阻炉烧结的对比

特 性	中频感应钨管烧结炉	钨棒电阻炉烧结
最高炉温/℃	2350	2250
作业周期/h	15 ~24	30 ~48
电效率	电效率低，一般低于 72%	电效率高，一般高于 90%
发热体寿命	2 ~3 年	2 ~3 个月
升温速度	升温速度快，8 ~12 h 可升温到 2300℃	升温速度慢，升温到 2300℃需 12 ~14 h
降温速度	降温速度快，2300℃降至 400℃只需 4 ~6 h，400℃降至 200℃则需 3 h 左右	降温速度慢，2300℃降至 1200℃需 1 ~2 h，1200℃降至 300℃则需 8 ~10 h
投资费用	设备投资费用较高，价格约为钨棒炉两倍，维修费用低	设备投资费用较低，发热体维修费用高

高温钨棒电阻炉和中频感应钨管炉烧结钨条的加热原理虽然不同，但是其烧结过程和烧结规律基本上是一致的，分为预热阶段、低温还原阶段、掺杂剂或杂

质挥发阶段、慢速升温阶段（1600～2100℃）、高温致密化阶段（2100～2300℃）和降温阶段，各阶段具体特征为：

预热阶段　钨成形坯的预热阶段主要是去除坯条吸附的水分和黏结剂，消除成形过程产生的内应力。钨坯在预热阶段必须慢速升温，否则成形坯易产生断条和微裂纹，这种裂纹不易发现，在高温烧结过程中可扩展变成大裂纹。

低温还原阶段　钨粉和成形坯在室温条件下很容易微氧化，生成一层极薄的氧化膜，随着存放时间延长，氧化愈严重。该种氧化薄膜在700～1200℃被还原，所以在此温度范围内要慢速升温和保温一定时间。对中频炉烧结钨棒而言，一般由常温升至1000℃左右时控制升温速度为200～300 ℃·h^{-1}。

掺杂剂或杂质挥发阶段　生产掺杂钨丝时，在钨的氧化物中掺杂 Si、Al、K 氧化物来提高掺杂钨丝的抗下垂性能。掺杂剂在还原过程中已挥发一部分，剩下部分在高温烧结过程中挥发掉，在1200～1700℃范围内大量挥发。故烧结纯钨条时，升温速度可适当快些；烧结掺杂钨时，升温速度可适当慢些。

慢速升温阶段　此阶段烧结钨成形坯的收缩率最大，为保证坯条充分收缩，因此需要慢速升温。升温速度过快，钨坯的密度偏低。

高温致密化阶段　此阶段是烧结钨条的致密化阶段，虽然收缩率和密度增加极小，但它是最重要的烧结阶段。高温保温温度和保温时间由钨粉粒度和粒度组成决定，细钨粉坯条的烧结温度低，粗钨粉的烧结温度要高，总之要使钨条的密度达到90%～92%以上才有良好的压力加工性能。在高温致密化阶段一般为2300℃左右保温6～8 h。

降温阶段　钨在降温过程中没有相变和性能变化，所以可采取直接断电的方法随炉降温。

以中频感应钨管炉为例，其烧结钨坯的工艺条件为：烧结温度2000～2300℃；烧结时间为15～24 h·炉$^{-1}$；保护气氛为 H$_2$；保护气氛露点为 -35～-30℃、流量为15 m^3·(h·炉)$^{-1}$。

生产实践表明间接烧结明显比垂熔烧结优越，其对比如表5－6所示。

表5－6　垂熔烧结与间接加热烧结的对比

比较内容	垂 熔 烧 结	间 接 加 热 烧 结
烧结温度	烧结温度高 一般为2900～3000℃	烧结温度较低 一般为2200～2400℃
升温速度	升温速度快 15～20 min升温到3000℃	升温速度慢 8～10 h升温到2300℃
保温时间	保温时间短，一般为15～20 min	保温时间长，一般为6～8 h

表 5 - 6

比较内容	垂 熔 烧 结	间 接 加 热 烧 结
生产周期 产量	一周期为 40 ~ 50 min 每周期产量 0.7 ~ 1.5 kg	一周期为 15 ~ 36 h 每周期产量 100 ~ 140 kg
成形坯特征 单件质量	细而长的条棒 单件质量为 0.7 ~ 1.5 kg, 最大质量 6 kg	尺寸和形状基本上不受限制 单件最大质量可达几百千克
钨条质量	纯钨条密度 18 ~ 18.5 g·cm^{-3}, 掺杂钨条密度为 17.4 ~ 18.0 g·cm^{-3}, 坯条各处的密度不相等, 一致性差, 需要切头	密度大于 18.0 g·cm^{-3} 坯条密度均匀, 不需要切头
晶粒特征	纯钨条一般为细晶结构 掺杂钨条晶粒度均匀性差	均匀细晶
成品率	90% ~ 95%	99.5% 以上
耗电量	钨条需用电 50 ~ 70 kW·h·kg^{-1} 单件质量越小越费电	钨条需用电 8 ~ 10 kW·h·kg^{-1} 比垂熔烧结省电 4/5
耗氢量	每 kg 钨条需用氢 2.0 ~ 3.0 m^3 条单重越小越费氢	每 kg 钨条用氢量为 0.2 ~ 0.3 m^3, 比垂熔烧结省氢 9/10
冷却水量	钨条需用冷却水 5 m^3·kg^{-1}	钨条需用冷却水 1 m^3·kg^{-1} 为垂熔烧结的 1/5

（3）热等静压法

热等静压技术（HIP）的原理是：以惰性气体为压力介质，把粉末成形坯或粉末包套（把装入特制容器内的粉末体）置入热等静压机的高温高压容器中，使其在加热过程中经受各向均衡的压力，借助高温和高压的共同作用使材料致密化。该技术是集等静成形和高温烧结于一体、一次完成成形和烧结两工序的专门技术，它大大降低单位成形压力和烧结温度。利用热等静压成形钨坯的工艺参数为：成形压力 70 ~ 140 MPa、成形温度 1500 ~ 1600℃，保温时间一般为 1 ~ 5 h，便能得到几乎全致密的钨部件，密度可达到 99%，且收缩均匀、密度和组织结构一致性强。

热等静压成形钨部件有下列优点：①成形坯几乎达到完全致密化，密度可达到理论密度的 99%。②大大降低成形压力和烧结温度。③制品具有高的硬度和良好的塑性。④制品为细晶结构，利于后续加工的加工性能和改善材料本身的性能。

5.3 真空熔炼[13, 14]

5.3.1 电子束熔炼

电子束炉是利用高速电子的动能转换成热能，从而使金属熔化的一种真空熔炼设备。其工作原理如图 5 - 22 所示，通过加热钨丝 11，将阴极钽块（或钨块）1

加热到 2600~2800℃，则将发射出大量热电子，若在阴极与阳极（亦称加速阳极）3 之间保持大的电势差，则电子在电场作用下得到加速，即电能转化成电子的动能。根据能量不灭定律可推导出电子速度 v 与阴阳极间电势差 V 的关系如下：

$$v = \sqrt{\frac{2e}{m}} V = 593 \times 10^3 \sqrt{V}$$

式中：v 为电子的速度，$m \cdot s^{-1}$；V 为加速电压，即阴阳极间的电势差，V；e 为电子电荷，$1.6 \times 10^{-19} C$；m 为电子的质量，$9.1 \times 10^{-31} kg$。

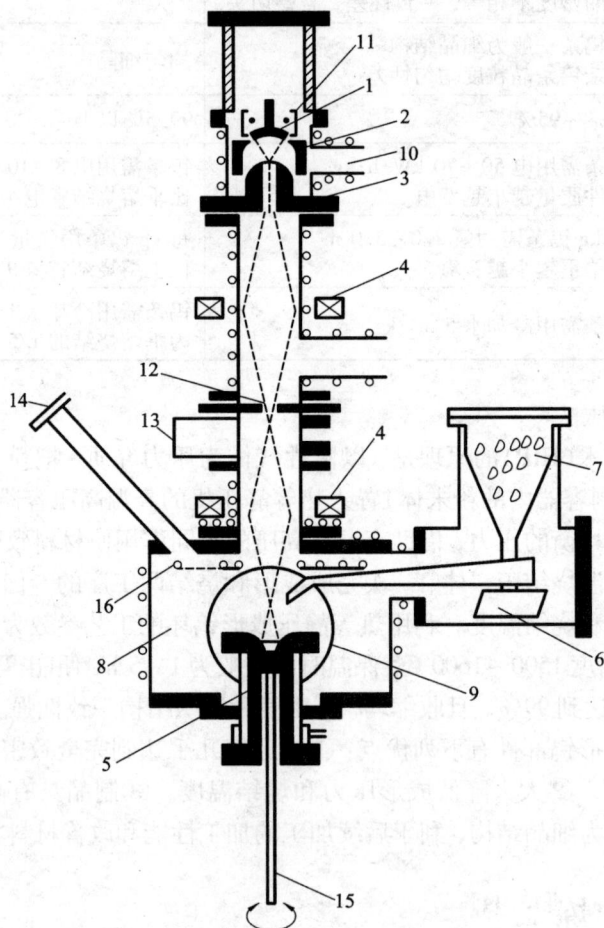

图 5 - 22　电子束炉结构示意图

1—阴极；2—聚束极；3—加速阳极；4—磁透镜；5—结晶器；6—加料装置；7—料；
8—熔炼室；9—接熔炼室真空系统；10—接枪室真空系统；11—钨丝；12—栅孔；
13—阀门；14—观察孔；15—接锭上旋转机械；16—水冷二次电子捕收器

如果加速电压为 25 kV，则算出电子速度达 94000 km·s^{-1}，即接近光速的 1/3。与此同时，若系统内真空度达到 0.03 Pa 以上，气体的平均自由径将大大超过设备的尺寸，即高速电子将基本上不与空间气体分子发生碰撞，或者说其在空间运动将基本上不受阻力，因而高速电子流（电子束）经磁透镜 4 进行两次聚焦后（有时再经过偏转磁场使之偏转一定角度），以很大的速度轰击在金属和熔池上，并将其动能转化成热能，使金属升温熔化。待熔铸的金属钨则通过加料装置加入熔池，熔化的金属钨进入结晶器，结晶器中液态金属则不断由下向上逐步凝固成锭，因而其凝固过程的特点是顺序凝固。随着凝固过程的进行而慢慢通过拉锭装置从底部将锭拉出。

影响电子束熔炼过程的参数主要有：

①真空度。炉内的真空度应该维持在 0.013 ~ 0.0013 Pa，否则发射的电子将与空间的气体分子碰撞，产生辉光放电使工作不稳定，同时高真空度亦有利于金属中杂质的挥发除去。

②熔炼速度。在一定功率下电子束熔炼速度是可控的，即可通过加料速度调节熔炼速度，熔炼速度慢，即单位时间内熔化的金属量少，同时金属处于高温熔融的时间长，相应地提纯效果增加，但熔炼速度太小，将使单位能耗增加，金属挥发损失增加，成锭率下降，熔炼速度一般根据原料纯度及产品要求而定。

③熔炼功率。当加料速度一定时，增加熔炼功率，则温度升高除杂效果提高，但同时也导致金属挥发损失增加，单位能耗增加。

钨电子束熔炼的工艺参数如表 5 - 7 所示。在熔炼过程中钨得到提纯，如表 5 - 8 所示。

表 5 - 7 钨电子束熔炼的工艺参数实例（200 kW 电子束炉）

| 原料状态 | 坩埚直径/mm | 熔次 | 真空度/Pa | | 熔炼功率/kW | 熔炼速度/(kg·h^{-1}) | 比耗能/(kW·h·kg^{-1}) |
			熔前	熔炼			
钨条	55	1	6.67×10^{-3}	1.33×10^{-2}	200	8	25
φ55 一次锭	85	2	6.67×10^{-3}	6.67×10^{-3} ~ 1.33×10^{-2}	200	13.3 ~ 16.7	12 ~ 15

表 5 - 8 钨的电子束熔炼提纯结果

| 杂质 | 杂质含量/×10^{-4}% | | | |
	O	N	C	H
原料钨棒	4100	30	70	1
一次熔炼	115	11	40	1
二次熔炼	5	2	35	1

某钨粉在分别采用氢气保护下精炼与电子束熔炼精炼，其提纯效果对比如表 5－9 所示。

表 5－9　高温脱气法与电子束熔炼法从钨中除杂的效果/ ×10⁻⁴%

杂　质	Cu	Co	Ni	Mg	Fe	Al	N	C	H	O
H₂保护高温脱气	<5	<1	<4	<4	<5	<1	<100	<30	<1	<50
电子束熔炼	<0.5	<0.5	<0.5	<0.5	<0.5	<0.5	<10	<20	<1	<20

与真空电弧炉熔炼相比较，真空电子束熔炼的特点是：

①由于其真空度高，同时熔炼功率和熔炼速度都可在较大的范围内调节，因此熔池的温度可在一定范围内控制，甚至可高达熔点以上 600℃，同时物料处在高温时亦可调节，因而为净化除杂带来了有利条件，产品纯度高。

②待熔炼的物料的准备工作简单，不必预先加工成棒料，一般屑料即可。

③比电能消耗较大，挥发损失较大。

④结晶晶粒较粗大，不利于后续的变形加工，因此往往进行两次熔炼，即第一次用慢速电子束熔炼以提高其纯度，但晶粒较粗，第二次用快速的电子束熔炼或真空自耗电极电弧熔炼，以得到晶粒较细的锭，有利于后续的压力加工。

5.3.2　真空自耗电极电弧熔炼

钨的真空电弧熔炼是在真空电弧炉内利用电弧产生的高温将钨或钨基合金加热熔化，并在结晶器（水冷坩埚）内冷凝成锭，真空自耗电弧熔炼则是预先将待熔化铸锭的钨原料制成棒状，在电弧熔炼时，作为阴极，在电弧熔炼的过程中不断熔化，滴入结晶器内冷凝，因而该电极在熔炼过程中是不断消耗的。

真空自耗电弧熔炼的简单工作原理如图 5－23 所示，图中 7 为待熔铸的钨自耗电极，它一般由多根经过预烧结有一定强度的钨坯条焊接而成，在电弧炉内通过过渡电极

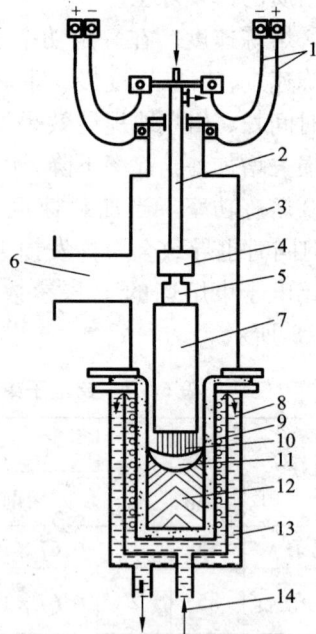

图 5－23　真空自耗电弧熔炼
的简单工作原理图

1—电缆；2—水冷电杆；3—炉壳；
4—夹头；5—过渡极；6—真空管道；
7—自耗电极；8—结晶器；9—稳弧线圈；
10—电弧；11—熔池；12—锭坯；
13—冷却水；14—进水口

5、夹头 4、水冷电杆 2 与负极连接，结晶器接正极，在电场作用下，自耗电极与熔池间产生电弧，自耗电极端面的温度达钨熔点以上，因而熔化，下滴通过温度高达 5000K 以上的电弧区的过程中，在真空条件下，发生杂质的挥发及各种化学反应而进入气相空间，钨熔体得到提纯，滴入熔池并逐步冷却成锭。另外在坩埚外设有稳弧线圈 9，其作用是产生与电弧纵向磁场平行的磁场，使两极间的外逸电子、离子聚敛集中，弧柱变细，因而不产生侧弧，提高电弧稳定性。此外，它也能使熔池中液体金属旋转，产生搅拌作用，有利于锭质量的均匀和晶粒的细化。

钨真空自耗电极熔炼的参数的实例为：坩埚直径 160 mm，电极直径 84 mm，熔炼电流 8 ~ 9 kA，按坩埚断面计算的电流密度 40 ~ 50 A·cm^{-2}，熔炼电压 60 ~ 61 V，真空度 0.65 ~ 1.33 Pa。

在真空自耗熔炼的条件下，钨得到提纯，根据文献的报道，其除杂效果与电子束熔炼比较如表 5 – 10 所示。

表 5 – 10　真空自耗电弧熔炼的除杂效果与电子束熔炼对比

物料名称	钨中杂质/ ×10^{-4}%			
	O	C	N	H
钨原料	540	260	60	10
真空自耗电弧熔炼	10	20	3	1
电子束熔炼	5	5	1	1

从表 5 – 10 知，真空自耗熔炼对除 C、N、O、H 等杂质有一定效果，但不及电子束熔炼，主要原因是其真空条件相对电子束熔炼差，同时熔炼时间难以调节。

5.3.3　等离子束熔炼

等离子束熔炼又可称为等离子电子束熔炼，其工作的基本原理如图 5 – 24 所示。

在炉内以金属钽管作阴极，水冷铜坩埚作阳极，当炉内真空度达 0.13 ~ 13.3 Pa 时，从钽管内通入氩气，由于氩的流速很小，因此能保持炉内的真空度。钽管内的氩气在高频电场(1 ~ 2 MHz)作用下电离，形成低压等离子体。等离子体中的正离子飞向钽管，使之加热升温，电子则飞向阳极，此时总电流仅数安培，阴阳极间电压达 100 V 以上，应采用电压较高的引束电源(约 220 V)。随着钽管温度的升高，发射出越来越多的热电子，形成电子束射向阳极，因而电流加大，电压降低。改用低压大电流的主电源。

发射出的电子束一部分射到阳极，一部分与气相中的气体(包括金属蒸气)发生碰撞电离，得到的电子进一步射向阳极使金属熔化；碰撞电离产生的正离子则射向钽管,以维持钽管的温度为 2100 ~ 2400℃,使之继续发射热电子,保证整个过程的连续进行。当作业正常后,钽管的温度可依靠碰撞电离产生的正离子维持,并连续进行上述热电子发射和碰撞电离过程,高频电源即可停止工作。

综上所述,物料加热实际上是依靠电子束,这种电子束由三部分组成,即高频电离的电子(炉子启动期间)、高温钽阴极发射的热电子、碰撞电离产生的电子;维持钽阴极高温靠碰撞电离的正离子。为保持电子束集中,故设聚焦线圈。

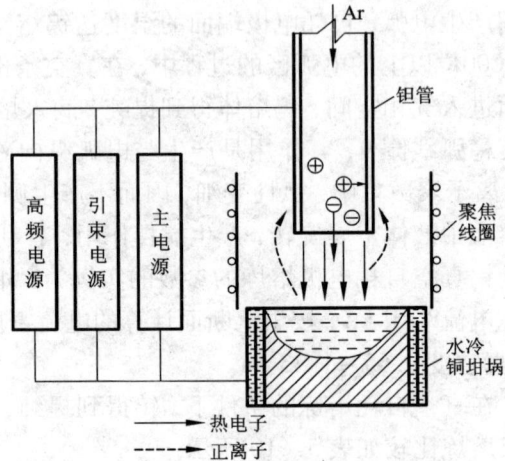

图 5 - 24 等离子束熔炼工作的基本原理图

等离子束熔炼的特点是温度高,其弧芯温度高达 24000 ~ 26000K,其工作真空度介于电子束熔炼与真空自耗电极熔炼之间,因此净化效果、挥发损失均介于两者之间。

俄罗斯 Γ·C·布尔哈诺夫用等离子束熔化工业钨粉制备钨单晶,所得的钨单晶中 C、O 等杂质都能降至 $10^{-4}\%$ 以下,金属杂质的含量也低于 $100 \times 10^{-4}\%$,如表 5 – 11 所示。

表 5 – 11　用等离子束加热制备的钨单晶成分/ $\times 10^{-4}\%$

元素	C	O	Cr	Ni	Fe	Cu	Si	Co	P	S
1#	0.55	0.15	0.09	0.18	40	10	0.2	10	10	
2#	0.65	0.8	0.85	0.9	70	30	1.0	30	30	0.8

5.3.4　悬浮区域熔炼法制取高纯钨及钨单晶

区域熔炼法为制取高纯金属及某些无机材料的有效方法,对钨等高熔点稀有金属而言,由于其熔点高,高温下化学性活泼,无法找到适合的坩埚材料,因此人们发明了悬浮区域熔炼法(亦称无坩埚区域熔炼法)。

用电子束加热的悬浮区域熔炼法的概念如图 5 – 25 所示,待提纯的金属加工成棒状,垂直夹在两夹头之间,利用电子束加热,使料棒局部熔化形成熔区,此时在熔区长度不太长的条件下,由于固液相界面张力的作用,使熔区中的液体金属不致因重力而向下流动，在两端固相之间处于悬浮状态。将加热装置由下而上（或由上而下）缓慢移动，则熔区随之移动，即在熔区的下端面逐步发生凝固过程，上端面逐步发生熔化过程。在下端面发生的凝固过程中，由于分凝效应，大部分分凝系数小于 1 的杂质富集在熔区内，凝固的部分纯度相对较高，即熔区通过后料棒的下部得到提纯。

悬浮区域熔炼时，其加热装置可采用上述电子束加热，亦可采用光束加热或等离子束加热，其中光束加热为利用椭球面将卤化灯发出的光聚焦成很细而能量密度很大的光束，光束照射在料棒上，使料棒局部熔化。

在悬浮区域熔炼时，为强化熔区内的传质过程，保持熔区内成分的均匀性，上下夹头都旋转，转动方向相反，相应地带动料棒上部和下部作相反方向的旋转，因而在熔区内产生搅拌作用。

悬浮区域熔炼除将钨提纯外，还可制取钨单晶，即开始时在下夹头装籽晶，与上夹头所夹的料棒熔合形成熔区后，再将熔区以一定速度向上移动，熔区的下部以籽晶为核心，按照籽晶的结构发生结晶过程，最后得到单晶。

用电子束悬浮区域熔炼法制取钨单晶的示意图如图 5 - 26 所示。

应用悬浮区域熔炼法，20 世纪末 21 世纪初人们已制备出大尺寸的 W、Mo 的单晶棒（φ(20~50) mm ×1100 mm）、管（φ(20~30) mm ×200 mm ×1 mm）并成功地应用于空间反应堆中。

悬浮区域熔炼在得到钨单晶的同时，产品中的杂质含量亦大幅度降低，据报道，原料钨的化学成分与产出钨单晶的化学成分对照如表 5 - 12 所示。

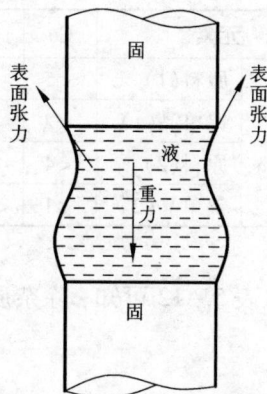

图 5 - 25　电子束加热的悬浮区域熔炼法示意图

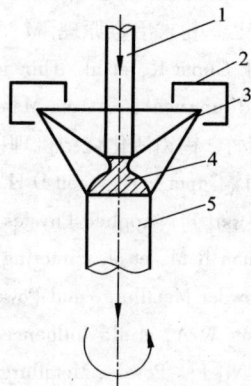

图 5 - 26　电子束悬浮区域熔炼法制取钨单晶的示意图[15]

1—加料棒；2—聚焦系统；
3—热丝；4—熔池；5—籽晶

表5－12　原料钨棒与产出单晶的化学成分对照[16, 17]

元素		Cu	Co	Ni	Mg	Fe	Al	C	N	H	O
含量/ 10⁻⁴%	原料(1)	<5	<1	<4	<4	<5	<1	<100	<30	<1	<50
	钨单晶(1)	<2	<1	<1	<1	<1	<1	100	10	<1	20
	原料(2)	<4	<1	<4	<4	<2	<1	<100	<30	<1	<50
	钨单晶(2)	<1	<0.5	<0.5	<0.5	<0.5	<0.5	100	10	<1	20

从表5－12可知，除杂质碳以外都有很好的净化效果。

参 考 文 献

[1] 熊春林. 粉体材料成形设备与模具设计[M]. 北京：化学工业出版社，2007.

[2] German R M. Powder metallurgy science[M]. Second Edition. Metal Powder Industries Federation, Princeton, 1994.

[3] 黄培云. 粉末冶金原理[M]. 北京：冶金工业出版社，1997.

[4] Vivek Gupta K, et al. Thin intergranular films and solid – state activated sintering in nickel – doped tungsten[J]. Acta Materialia, 2007, 55：3131.

[5] 马康竹. 钨钼活化烧结机理[J]. 中国钼业，1995, 19(6)：14 – 19.

[6] Luo J, Gupta V K, Yoon D H. Segregation – induced grain boundary premelting in nickel – doped tungsten[J]. Applied Physics Letters, 2005, 87：231902.

[7] German R M, et al. Sintering molybdenum treated with Ni, Pd and Pt[J]. International Journal of Powder Metallurgy and Powder Technology, 1982, 18(2)：147.

[8] Kaysser W A, et al. Influence of dislocation density on solid state and liquid phase sintering of W – Ni[J]. Powder Metallurgy International, 1987, 19(1)：14.

[9] Hwang N M, et al. Activated sintering of nickel – doped tungsten：approach by grain boundary structural transition[J]. Scripta Mater, 2000, 42：421.

[10] 戴永年，杨斌. 有色金属材料的真空冶金[M]. 北京：冶金工业出版社，2000：24 – 29.

[11] 李洪桂. 稀有金属冶金原理与工艺[M]. 北京：冶金工业出版社，1981.

[12] O·库巴谢夫斯基，C·B·奥尔考克著. 邱竹贤，染英教，李席孟等译. 冶金热化学[M]. 北京：冶金工业出版社，1981：532 – 533.

[13] 《稀有金属手册》编辑委员会. 稀有金属手册(上)[M]. 北京：冶金工业出版社，1992：第6篇，第1章.

[14] 《有色金属提取冶金手册》编辑委员会. 有色金属提取冶金手册　稀有高熔点金属(上)[M]. 北京：冶金工业出版社，1999.

[15] 胡忠武，李忠奎，张青，等. 难熔金属及其合金单晶的发展[J]. 稀有金属材料与工程，2007(2)：367 – 371.

[16] 李哲，郭让民. 高纯钨单晶坯料预处理工艺研究[J]. 稀有金属，2001(25)：144 – 147.

第 6 章 化学法制备特种钨制品及钨合金前驱体

6.1 概述

随着科学技术的进步，用户对钨制品的要求越来越高，有的要求为异形体件，如直径仅为毫米级的钨管、涂层、微电子工业的电子元件等，这些都不是以钨粉为原料通过常规的物理冶金的方法和机械加工所能达到的，而采用化学冶金的方法，如化学气相沉积等往往能顺利地实现。同样，钨合金及复合材料，由于其具有密度高、强度高、良好的塑性、良好的耐腐蚀性和抗高温性以及良好的加工性能等一系列优异性能，已在国民经济各部门广为应用，而随着技术的发展，对上述性能的要求日益苛刻，尽管目前通过在加工工艺上的改进，如粉末改性、改进成型技术、精确控制烧结过程、烧结后处理等能部分达到用户的要求，但仍有许多不足，而采用湿化学法先制备合格的前驱体，再以它为原料制备性能优异的复合材料，能取得人们意想不到的效果，因此用化学法制备特种异形钨制品及钨复合材料的前驱体，进而制备性能优异的复合材料成为化学冶金的重要领域。

用化学法制备特种异形钨制品及前驱体按其工作条件可分为：

(1)高温化学法。即为了由原料制得合格产品，其主要的过程是在高温下进行的化学过程，如通过钨卤化物气相氢还原制备超细钨粉和钨涂层等，此外高温下的电化学过程(熔盐电解)也列入高温化学法。

(2)湿化学法。主要是通过水溶液制备成分均匀、结构等符合要求的钨复合材料前驱体，为制备性能优异的复合材料提供原料，其中包括喷雾干燥法、冷冻干燥法、溶胶凝胶法等，此外，人们在实验室规模研究成功直接化学合成原子级混合的钨复合材料前驱体，取得了可喜的成绩。

本章将全面介绍上述高温化学法和湿化学法的原理和工艺。

6.2 高温化学法

6.2.1 化学气相沉积法

化学气相沉积法主要是将钨的气态化合物在高温下在气相进行化学反应以得

到超细钨粉、球形钨粉以及其他特种钨粉，或在高温基底（衬底）上反应以制取异形钨制品、涂层等产品，目前在微电子工业、国防工业得到广泛采用。

当前钨的化学气相沉积法主要有钨卤化物（主要是氟化物）氢还原法和钨羟基化合物热离解法，本书将介绍其原理和工艺。

1. 钨卤化物氢还原法

卤化钨氢还原法是将气态的钨卤化物如 WF_6、WCl_6 等与 H_2 在高温下反应以制取金属钨产品，以 WF_6 为例，其反应为：

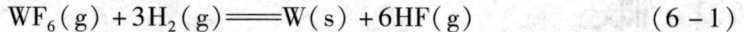

$$WF_6(g) + 3H_2(g) =\!=\!= W(s) + 6HF(g) \qquad (6-1)$$

当气态卤化钨与 H_2 在高温气相反应，则可得到超细钨粉，当在高温基底上进行，则在基底上得到钨的镀层或各种形状、尺寸的钨异形件。例如用 WF_6 氢还原法可制成直径仅 1.52～2.03 mm 细钨管和直径达 166 mm、长度达 660 mm、厚 8 mm 的大型钨坩埚、厚度仅 10 μm 的箔材等。此外，在还原过程中，在气相中加入其他成分如 ReF_4，则可制得 W－Re 合金的涂层，加入 CH_4 则可得到 WC 的涂层，因此氟化钨氢还原气相沉积过程在电子工业中广泛用于制备集成电路，在电子管阴极表面镀钨以改善其发射性能，在原子能工业中用以制备反应堆的包套材料，此外在国防军工及许多尖端高科技领域中亦得到广泛应用，为金属钨的主要用户之一。

为制备符合上述高科技领域所需的钨涂层或钨异形件，一般要求原料钨的卤化物应有很高的纯度，要求达 99.98%～99.999%。关于其提纯方法已在 1.2.2 第 5 节中介绍 WF_6 性质时进行了简单说明，这里不重复，本节主要介绍还原过程的基本原理及简单工艺。

（1）基本原理

1）氟化钨氢还原

①氟化钨氢还原过程的热力学分析。根据文献[1]的报道，不同温度下反应 (6-1)的标准吉布斯自由能变化及根据它计算所得的 $\lg K_p$ 值如表 6-1 所示。

表 6-1 反应(6-1)的 $\Delta_r G_{m(T)}^{\ominus}$ 值和 $\lg K_p$

温度/K	298	400	500	600	700	800	900	1000
$\Delta_r G_{m(T)}^{\ominus}/(kJ \cdot mol^{-1})$	26.79	-7.93	-41.47	-74.47	-106.96	-138.97	-170.55	-201.72
$\lg K_p$	-1.40	0.41	2.16	3.89	5.58	7.26	8.90	10.53

从表 6-1 可知，当温度为 400K 以上，则其 $\Delta_r G_{m(T)}^{\ominus}$ 为负值，且随着温度的升高而减少，$\lg K_p$ 值则随着温度的升高而增加，当温度为 400K 以上，则在标准状态下反应(6-1)能自动进行，且温度升高对反应的进行有利。

对不存在其他惰性气体（如 Ar、N_2 等）的体系而言，当已知起始气相中 WF_6 与 H_2

的摩尔比 n（相应地知其分压），同时根据 K_p 值可求出还原反应平衡后残余气相中 WF_6 的平衡分压，相应地可近似计算出还原过程在不同温度下的理论还原率 η。据文献[1]的介绍，在不同的 WF_6、H_2 摩尔比 n 和不同温度下 η 的计算值如表 6-2 所示。

表 6-2　不同 WF_6、H_2 摩尔比 (n) η 值与温度的关系

T/K	$\eta/\%$		
	$n = 1/3$	$n = 1/9$	$n = 1/15$
325	24.4	54.1	75
350	30	65.5	86
400	41.1	85	95.6
450	50	93.3	>99
500	60.8	96.1	
550	64.2	>99	
1000	85		

从表 6-2 可知，当 $n = 1/3$（即 H_2 用量为按化学计量的理论量），1000K 时，理论还原率可达 85%。当 $n = 1/9$（即 H_2 用量为按化学计量的理论量 3 倍），则在 550K 时，理论还原率可达 99%。上述计算结果与试验测定值比较接近，如图 6-1 所示。

②氟化钨氢还原过程的动力学分析。

氟化钨氢还原过程的机理　许多学者的研究表明，对在高温基底上进行的氟化钨氢还原过程（化学气相沉积过程）而言，属多相反应过程，过程经历下列主要步骤：

（Ⅰ）气态反应物 WF_6、H_2 在气相扩散到高温基底的表面；

（Ⅱ）气态反应物被反应表面吸附；

（Ⅲ）被吸附的反应物在反应表面迁移；

（Ⅳ）在反应表面发生还原的化学反应；

（Ⅴ）生成的金属钨发生化学结晶过程；

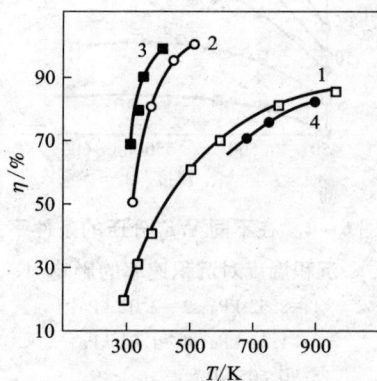

图 6-1　反应(6-1)还原率的理论计算值和实测值

1—n 为 1/3 的理论计算值；
2—n 为 1/9 的理论计算值；
3—n 为 1/15 的理论计算值；
4—n 为 1/3 的实测值

（Ⅵ）生成的气态产物 HF 从表面脱附并扩散至气相空间。

对于高温 WF_6 和高温 H_2 直接在气相作用生成钨粉的过程而言，根据实验情

况，亦倾向于属于多相反应的过程，即一旦在起始阶段气体 WF_6 与气体 H_2 发生气相反应生成钨的核心后，进一步的反应则主要是通过上述类似的步骤在钨核心的表面进行。

影响 WF_6 氢还原过程速率的因素　WF_6 氢还原进行气相沉积的过程中，影响其沉积速率的因素较复杂，文献[1]归纳了在总压为 101 kPa 的条件下某些实验结果，简单介绍如下：

温度的影响　沉积温度对沉积速率的影响如图 6-2 所示。

从图 6-2 可知，总的规律是随着温度的升高，沉积速率提高，但在 WF_6 分压较大的情况下，将出现最高点，最高点的温度大体为 570℃ 左右。

WF_6 分压的影响　不同温度下 WF_6 分压对沉积速率的影响如图 6-3 所示。

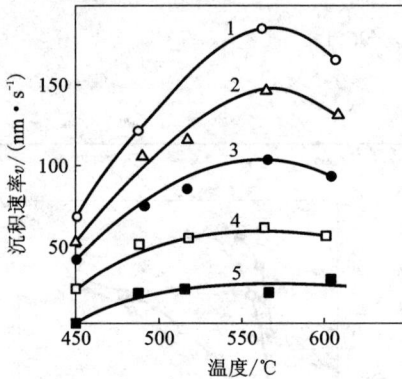

图 6-2　在不同 WF_6 分压的条件下
沉积温度对沉积速率的影响
1—2.52 kPa；2—2.02 kPa；
3—1.52 kPa；4—1.01 kPa；
5—0.505 kPa

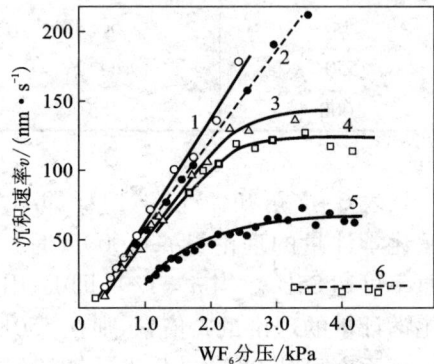

图 6-3　WF_6 分压对沉积速率的影响
1—565℃；2—605℃；
3—520℃；4—490℃；
5—450℃；6—400℃

从图 6-3 可知，随着 WF_6 分压的提高，沉积速率提高，但温度低于 520℃ 时，WF_6 分压过高，则沉积速率逐渐趋向水平。

HF 分压的影响　HF 为还原反应的生成物，其分压升高导致沉积速率降低，同时使产品钨中氟含量升高，540℃ 时 HF 分压对沉积速率的影响如图 6-4 所示。

不同温度下，HF 分压对产品钨中含氟量的影响如图 6-5 所示。

此外，A. M. Shroff 等的研究表明，在总压一定的情况下，H_2 与 WF_6 的摩尔比由 3（即理论配比）增加到 12，则有利于沉积速率的提高；提高混合气体的流速，相应地改善气体的扩散条件，有利于提高沉积速率，例如在 H_2、WF_6 摩尔比为 12，温度为 800℃ 的条件下，气体流速由 0.18 $cm \cdot s^{-1}$ 提高至 0.42 $cm \cdot s^{-1}$，则沉积速率由 11 $\mu m \cdot min^{-1}$ 提高到 36.7 $\mu m \cdot min^{-1}$。

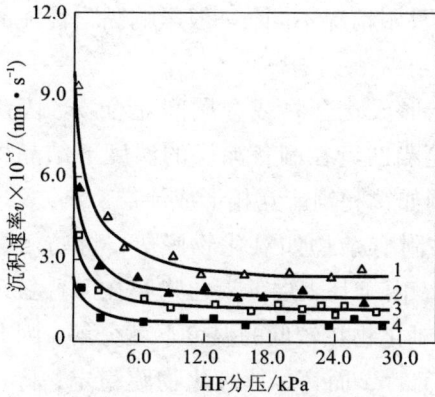

图 6 - 4　HF 分压对沉积速率的影响

WF_6 分压：1—1.0 kPa；2—6.0 kPa；

3—4.0 kPa；4—2.0 kPa

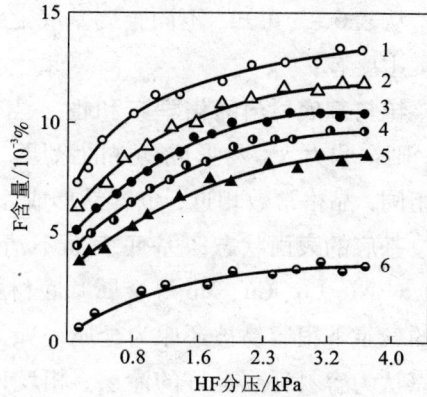

图 6 - 5　不同温度下 HF 的分压对
产品钨中含氟量的影响

温度：1—480℃；2—500℃；3—520℃；

4—540℃；5—560℃；6—600℃

气相中杂质的存在将导致沉积速率降低，J. F. Berkeley 的实验表明，650～850℃的条件下，气相中 CO 含量由 0 左右增加到 1.7% 左右，则沉积速率降低 50% 左右。此外，气相中含 HCl 或 $O_2(H_2O)$ 都将明显地降低沉积速率。

③钨涂层与基底材料的黏附性能。

当用 WF_6 氢还原法在其他基底材料表面生成钨涂层时，涂层的牢固性为保证涂层质量的重要因素。

根据前人的试验，氟化钨氢还原法在不同金属基底上形成涂层时，涂层黏附的牢固性如表 6 - 3 所示。

表 6 - 3　氟化钨氢还原法在不同金属基底上形成涂层的牢固性

金属	A·克拉索夫斯基 873K	W·A·布鲁恩特				W·贝勒 923K
		740K	900K	1270K	1560K	
Mo	良好	有涂层	有涂层	有涂层		良好
Ni	良好	有涂层		有涂层		良好
Co	良好	有涂层	有涂层			
Cu	满意		有涂层	有涂层		满意
Cr	差		无涂层	无涂层	无涂层	
Ta	差	无涂层	试验中涂层剥落	试验中涂层剥落	无涂层	
Ti	差		无涂层	无涂层		
Fe	差		试验中涂层剥落	有涂层	有涂层	差

注：不同学者对涂层黏附牢固性的表述不同，A·克拉索夫斯基和 W·贝勒将其分为良好、满意、差三类，W·A·布鲁恩特分为有涂层、无涂层、试验中涂层剥落三类。

从表 6-3 可知,不同金属基底上钨涂层黏附情况不同,一般影响黏附性能的因素主要有:

钨与基底材料的化学亲和性 当两者能形成化合物或金属间化合物、固溶体,则亲和力大,易形成良好的涂层。同时,当两者在制备涂层的温度下结晶构造相同,晶格常数相近,也容易形成涂层,例如钨和钼能互相形成涂层。

基底的表面状态 基底表面不清洁,黏附有杂物如氧化物膜等,将妨碍黏附,对 Ni、Co、Cu、Mo 等金属基底材料而言,由于其表层的氧化物膜在 WF_6 氢还原的气氛下很容易被还原为金属,Ag、Pd 的氧化物在较低的温度下就分解,因此可以认为容易得到良好的涂层,相反地,对 Ti、Zr 而言,其氧化物膜稳定,将妨碍涂层的形成。

前人的工作亦证明,采用机械研磨处理、喷砂处理或超声波处理使基底材料表面粗糙,往往能改善黏附状态,例如在 Ta、Nb 表面一般难形成涂层,但首先用机械研磨处理能得到较好的涂层。

基底材料与气相的作用 基底材料与气相 WF_6、HF 能发生作用生成氟化物,即:

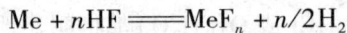

$$Me + nHF \rightleftharpoons MeF_n + n/2H_2$$

视生成的 MeF_n 的性质不同,则可能发生不同的影响,当成的 MeF_n 在工作温度下不挥发(如 TaF_2 等),将妨碍涂层的形成。当 MeF_n 本身易被 H_2 还原成 Me,则往往有利于两种金属结合生成良好的涂层,反应为:

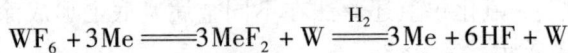

$$WF_6 + 3Me \rightleftharpoons 3MeF_2 + W \xrightarrow{H_2} 3Me + 6HF + W$$

中间层的作用 当基底材料与钨难以直接形成涂层时,如果首先在基底材料上镀某种中间层,要求中间层材料既能与基底材料又能与钨形成良好涂层,则能实现镀钨的目的,例如为了在钢的表面沉积钨,往往先在钢表面镀 Ni,然后在 Ni 表面沉积钨涂层。

2)氯化钨氢还原

氯化钨氢还原的特点是系统中存在多种低价氯化物,并伴生一系列分解反应和歧化反应。在 W - Cl 体系中存在 WCl_6、WCl_4、WCl_2 等不同价态的氯化物,其中 WCl_2 在 840K 左右歧化成 WCl_4。主要钨氯化物的氢还原反应及其在不同温度下的平衡常数如表 6-4 所示,从表 6-4 可知,这些还原反应都容易进行。

表 6 – 4　氯化钨氢还原反应的平衡常数值[23]

反　　　应	K_p/MPa			
	723K	900K	1223K	1400K
$1/3WCl_6(g) + H_2(g) = 1/3W(s) + 2HCl(g)$	3.39×10^4	3.22×10^4	2.49×10^4	2.13×10^4
$2/5WCl_5(g) + H_2(g) = 2/5W(s) + 2HCl(g)$	4.29×10^2	4.79×10^2	4.46×10^2	4.12×10^2
$1/2WCl_4(g) + H_2(g) = 1/2W(s) + 2HCl(g)$	5.07×10	5.47×10	5.04×10	4.63×10
$2WCl_6(g) + H_2(g) = 2WCl_5(g) + 2HCl(g)$	1.00×10^{14}	4.33×10^{13}	1.33×10^{13}	7.93×10^{12}
$2WCl_5(g) + H_2(g) = 2WCl_4(g) + 2HCl(g)$	2.17×10^6	2.80×10^6	2.81×10^6	2.54×10^6

(2)工业实践

1)钨卤化物氢还原法制取超细钨粉

这种制取超细钨粉的方法也称为"火焰"还原法。过程的实质是将卤化物蒸气和 H_2 一道通过喷嘴喷入反应室，在出口处燃烧形成火焰，在火焰中发生还原反应。这种气相反应得到的产物往往为超细粉末。按上述方法可用氢还原 WCl_6 或 WF_6，其设备分别用石英和蒙耐尔合金制成。

图 6 – 6 和表 6 – 5 分别为特雷斯(Tress)的氯化钨氢还原装置及部分操作数据。

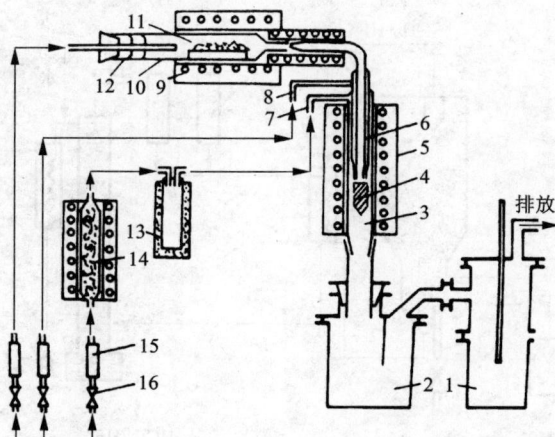

图 6 – 6　氯化钨氢还原制取超细钨粉装置

1—静电收粉器；2—机械收粉器，3—反应室；4—反应火焰，5—电炉；6—气体预热区，
7—氢气入口；8—保护气体 Ar 入口；9—蒸发炉；10—氯化物蒸发器；11—装氯化物的烧舟；
12—钼屏；13—液氮冷阱；14—Zr – Ti 除气剂；15—转子流量计；16—阀门

表 6 – 5 氯化钨氢还原操作数据

序号	WCl$_6$进料速度 /(g·h^{-1})	还原温度 /K	预热温度 /K	氢气流速 /(L·h^{-1})	钨粉平均粒度 /μm
1	13	873	873	70	0.046
2	14	973	973	69	0.044
3	55	1073	1073	49	0.023
4	250	1073	1123	68	0.035
5	99	1073	773	130	0.015
6	5	1078	1078	80	0.022
7	8	1173	1173	90	0.024
8	51	1193	1193	69	0.024
9	35	1193	948	76	0.027
10	9	1193	1008	69	0.016

2）钨卤化物氢还原法制取球形钨粉

钨卤化物氢还原法制取球形钨粉的设备系统如图 6 – 7 所示，在炉内预先装入粒度为 20 ~ 60 μm 的钨粉，干燥的氢气则由炉底经过气体分布装置进入料层，

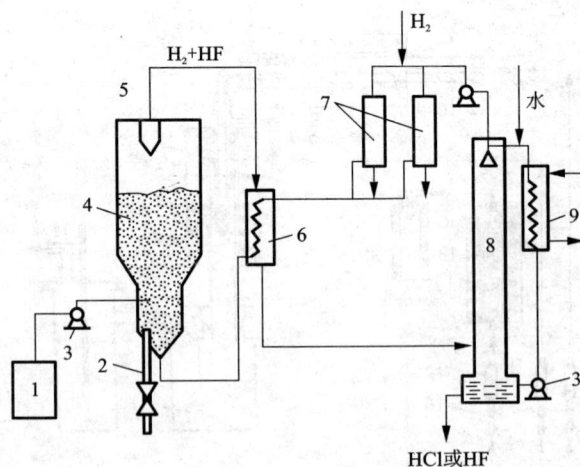

图 6 – 7 钨卤化物氢还原制取球形钨粉装置示意图

1—卤化物贮槽；2—粉末卸料管；

3—泵；4—沸腾层；5—过滤器；6—热交换器；

7—干燥塔；8—淋洗塔；9—冷却器

在直线速度为 9 ~ 12 cm·s^{-1} 条件下，使钨粉流态化，形成均匀的沸腾床 4，待还原的卤化物从贮槽 1 气化后用惰性气体带入沸腾层内，在适当的温度下，卤化物在钨颗粒表面还原并使之长大成圆球状，少部分卤化物在气相还原成细粉随气流带出，经过滤器 5 过滤下来，尾气流则经淋洗塔处理除去 HCl 或 HF 后返回。用这种方法能将原始的不规则颗粒长大成为球形颗粒。用它做成的制件其再结晶温度比通常粉末高得多。采用这种方法亦可在其他材料的颗粒表面上包覆钨层，使之成为复合粉，待包覆的颗粒有 Al$_2$O$_3$、SiC 等。这种方法还可用来制取难熔金属氧化物和碳化物、硼化物等粉末颗粒的钨镀层。

　　3）钨卤化物氢还原法直接制取钨制品

　　它是利用卤化钨的氢还原反应进行化学气相沉积，在器件或零件的表面沉积钨，形成表面涂层；或在一定形状的基底材料上（如铜、镍、石墨等）形成致密的金属钨制品，然后设法除去基底材料，形成单独的钨零件。这种方法可用以制取异形钨制品或复合材料。目前工业生产中应用较广的是氟化钨氢还原制取钨涂层及复合材料和异形金属钨制品。图 6 - 8 示出氟化钨氢还原法制取钨制品的装置图。

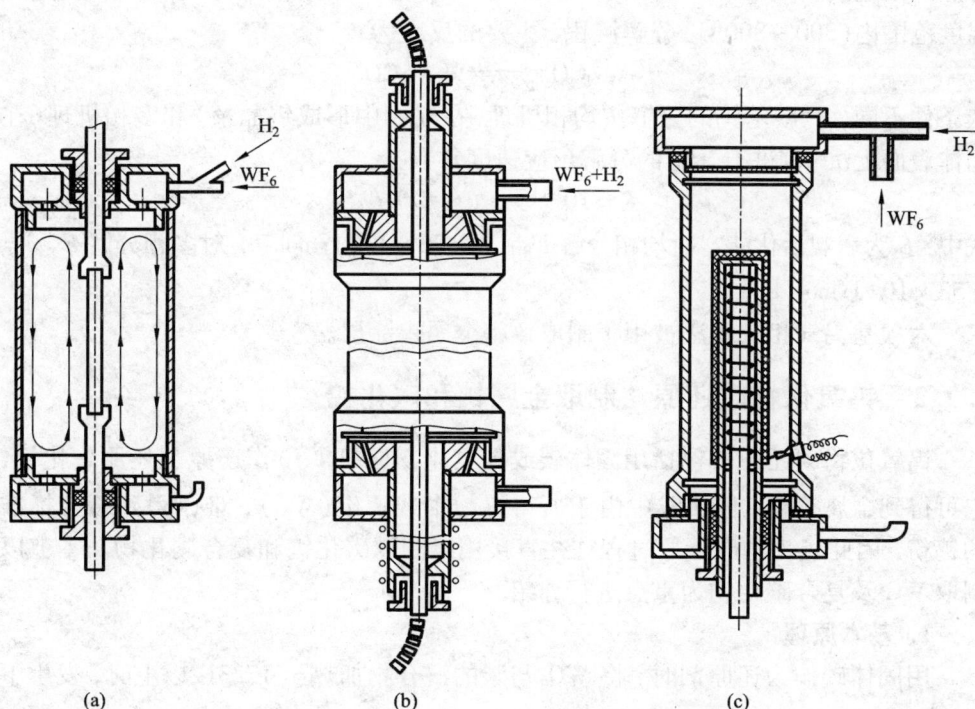

图 6 - 8　不同用途化学气相沉积反应器

（a）棒材制品；（b）管材制品；（c）坩埚制品

4）WF_6 氢还原过程的清洁生产

WF_6 氢还原过程产生气体 HF，HF 不仅腐蚀性严重，而且属剧毒物质，对人体有严重危害，为此独联体学者研发了无废料循环化学沉积工艺，其主要过程为：

首先 WF_6 在 400～600℃ 化学气相沉积得钨制品和气体 HF：

$$WF_6 + 3H_2 \Longrightarrow W（产品）+ 6HF$$

HF 再溶于 KHF_2 熔盐，经熔盐电解得 H_2 和 F_2：

$$2HF \Longrightarrow H_2 + F_2$$

生成的 F_2 在 <500℃ 的条件下，与作为原料的金属钨或废钨作用得 WF_6 返回气相沉积：

$$3F_2 + W \Longrightarrow WF_6$$

整个过程中氟实现了闭路循环。

2．六羰基钨气相沉积法

在 25℃ 时，六羰基钨的密度为 2.65 $g \cdot cm^{-3}$，在 323K 时开始升华，在 451.3K 时蒸气压达到 0.101 MPa，在 $133 \times (10^{-4} \sim 10^{-3})$ Pa 的真空条件下，可在很宽的温度范围内（300～800℃）分解沉积，主要的反应为：

$$W(CO)_6 \Longrightarrow W + 6CO$$

依条件不同，六羰基钨的分解按均相机理（在气相中形成钨晶核）和多相机理（在固体表面上沉积）进行。总的分解反应速度常数：

$$K = 10^{14.1} \exp(-E/RT)$$

式中：E 为表观活化能。对均相分解 $E_{均相} = 2.26 \times 10^5$ $J \cdot mol^{-1}$，对多相分解 $E_{多相} = 1.53 \times 10^5$ $J \cdot mol^{-1}$。

六羰基钨气相沉积法被用于制取致密金属钨涂层。

6.2.2　钨氧化物碳还原法制取金属钨和碳化钨

钨氧化物碳还原法包括用固体碳或碳氢化物（CH_4 等）作还原剂还原氧化钨，它可得到金属钨粉，但实践中由于所得钨粉中残留碳（WC），难以得到符合标准的钨粉，因此氧化物碳还原过程往往直接用以制取碳化钨和复合碳化物。本节以制取 WC 及复合碳化物为重点进行介绍。

1．基本原理

用固体碳作为还原剂时，将 WO_3 与碳的混合物加热至 1723K 以上时，发生下列反应：

$$WO_3 + 3CO \Longrightarrow W + 3CO_2$$
$$CO_2 + C \Longrightarrow 2CO$$

$$WO_3 + 3C == W + 3CO(CO_2)$$

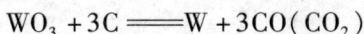

通过还原过程得到金属钨和 CO、CO_2 的混合气体，在配碳量过量的情况下，钨进一步与碳作用生成 WC：

$$W + C == WC$$

实际上，上述还原反应也可能经过中间氧化物阶段：

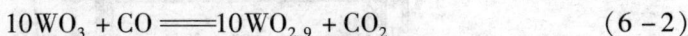

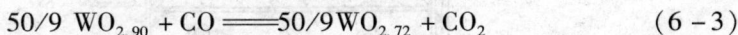

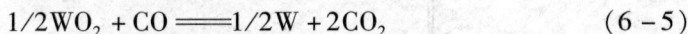

$$10WO_3 + CO == 10WO_{2.9} + CO_2 \qquad (6-2)$$

$$50/9\ WO_{2.90} + CO == 50/9\,WO_{2.72} + CO_2 \qquad (6-3)$$

$$25/18\,WO_{2.72} + CO == 25/18\,WO_2 + CO_2 \qquad (6-4)$$

$$1/2\,WO_2 + CO == 1/2\,W + 2CO_2 \qquad (6-5)$$

上述反应的平衡常数 K_p 与温度的关系见图 6 - 9。

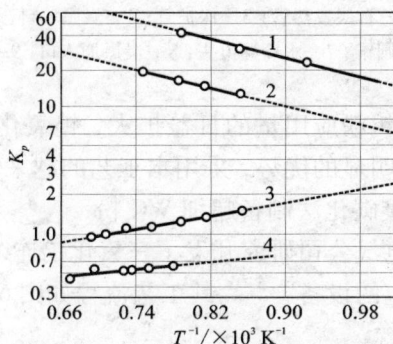

图 6 - 9　$WO_x - CO - CO_2$ 系中平衡常数与温度的关系
1—反应(6-2)；2—反应(6-3)；3—反应(6-4)；4—反应(6-5)

2. 工业实践

(1)氧化钨碳还原制取钨粉

钨氧化物碳还原制取钨粉通常在碳管炉中进行，其结构示于图 6 - 10。表 6 - 6 列出的是钨粉粒度(松装密度)与还原温度和配碳量的关系。

表 6 - 6　钨粉粒度与还原温度和配碳量的关系

配碳量/%	还原温度/K	松装密度/($g \cdot cm^{-3}$)
15 ~ 16	1723 ~ 1773	2.0 ~ 2.5
12 ~ 13	1973 ~ 2073	3.0 ~ 4.0
12 ~ 13	2073 ~ 2173	4.0 ~ 4.5

(2)氧化钨碳还原制取 WC 粉

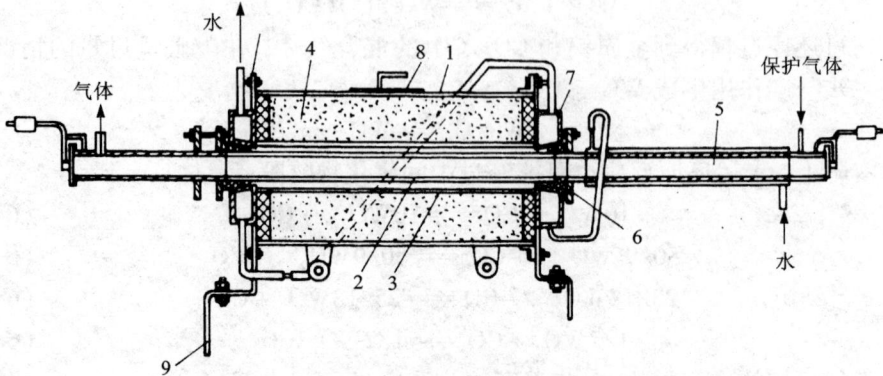

图 6 – 10　钨氧化物碳还原用碳管炉结构

1—炉壳；2—石墨发热管；3—保护管；4—炭黑填料；5—冷却器；
6—接触石墨圆锥；7—水冷导电头；8—炭黑加入口；9—导电汇流排

随着超细钨粉/碳化钨粉应用量的日益扩大，钨氧化物碳还原工艺在制备超细/纳米 WC 方面显示出明显的优势，采用本工艺的越来越多，主要工艺有：

1）三氧化钨连续直接碳化法制备超细 WC 粉

日本东京钨和住友电气公司研究开发了三氧化钨连续直接碳化制备优质超细碳化钨粉末新工艺和相应的设备[4,5]。其工艺流程如图 6 – 11 所示。

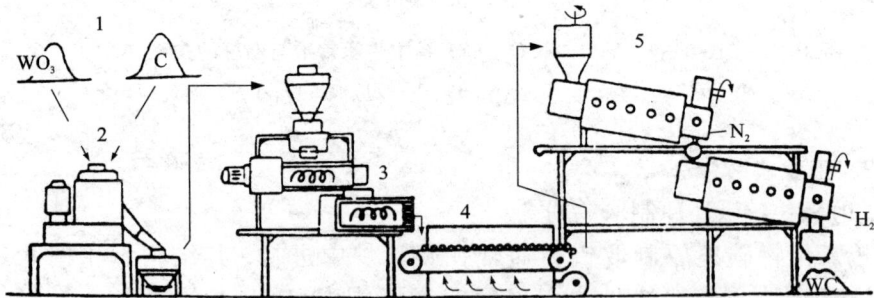

图 6 – 11　三氧化钨连续直接碳化生产碳化钨工艺流程图

1—原料；2—混合器；3—制粒机；4—干燥器；5—回转炉

将三氧化钨（质量分数，84%）粉末与炭黑（质量分数，16%）均匀混合（45 min）制成直径约 3 mm 的球粒，然后在两台回转炉中连续进行还原/碳化。反应过程经过一系列中间产物制得超细晶粒 WC，即：

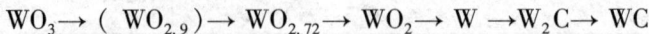

$$WO_3 \rightarrow (WO_{2.9}) \rightarrow WO_{2.72} \rightarrow WO_2 \rightarrow W \rightarrow W_2C \rightarrow WC$$

混合料首先在第一台回转炉内于 1247℃、N_2 气氛中加热，反应产物为以超细晶粒 W 为主的 W、$WO_{2.72}$、WO_2 混合物。超细晶粒形核发生在中间产物 $WO_{2.72}$ 向

WO_2的转变过程中，这是由于$WO_{2.72}$本身晶粒极细以及$WO_{2.72}$向WO_2转变时的体积急剧收缩及密度显著增加而引起。系统中不含H_2和水，因而不会形成$WO_2(OH)_2$水合物，从而避免了$WO_2(OH)_2$气相迁移而发生的晶粒长大，细小的WO_2转变为超细W晶粒时粒度不易变粗。

第一台回转炉的产物再在第二台回转炉内于1597℃、氢气气氛中超细W粉被直接碳化成超细WC粉。采用不同粒度的WO_3和在不同温度下直接碳化时，一般都添加少量晶粒生长抑制剂，以防止晶粒长大。

WO_3连续直接碳化各阶段产物的主要化学成分如表6-7所示。

表6-7 WO_3连续直接碳化各阶段产物的主要化学成分

工艺阶段	总碳含量/%	游离碳含量/%	氧含量/%
第一阶段	8.68	5.31	0.10
第二阶段	6.20	0.06	0.02

在连续直接碳化过程中，原始WO_3粒度和炭黑类型对WC性能的影响如表6-8所示。炭黑颗粒度按C—B—A次序减小。

从表中可以看出，原料WO_3粒度为2.6 μm和18 μm的情况下，WC的粒度不受WO_3粒度和炭黑类型的影响。在使用粒度为1.0 μm的WO_3和较细的炭黑（A）的情况下，所制取的WC较细（0.36 μm）。实验表明，在以极细的WO_3为原料时，WC的粒度受控于WO_3的粒度。

表6-8 连续直接碳化过程中WO_3粒度和炭黑类型对WC性能的影响

WO_3 粒度/μm	炭黑类型	WC 粉末的特性			
		粒度/μm	总碳/%	游离碳/%	化合碳/%
1.0	A	0.36	6.19	0.10	6.09
2.6	A	0.50	6.19	0.08	6.11
	B	0.52	6.17	0.05	6.12
	C	0.53	6.20	0.08	6.12
18	A	0.50	6.17	0.07	6.10
	B	0.53	6.18	0.07	6.11
	C	0.53	6.19	0.09	6.10

采用连续直接碳化方法也可制取WC-TiC复合碳化物。其实质是将WO_3、TiO_2与C的混合物经两阶段还原、碳化。

第一阶段是将WO_3、TiO_2与C的混合物在1400℃下于N_2中加热15 min。

WO_3被 C 还原并碳化成细颗粒 WC 粉，TiO_2成为 Ti(N，C，O)化合物。

在第二阶段中，物料在 1900℃下于 H_2 中加热。此时，随着 WC 与 TiC 反应转化为 WC – TiC 固溶体，物料中的 N_2、O_2 和 H_2 被排除。

因而总反应为：$WO_3 + TiO_2 + 7C \Longrightarrow WC – TiC + 5CO$

碳化产物经 1900℃、真空(0.4 ~ 1.33 kPa)净化处理 60 min，制得优质 TiC – WC 复合碳化物。碳化产物在真空处理前后的成分变化如表 6 – 9 所示。

表 6 – 9　碳化产物真空处理前后的成分变化

工艺阶段	总碳/%	游离碳/%	化合碳/%	氮/%	氧/%	氢/%
真空处理前	9.66	0.28	9.38	0.310	0.29	0.005
真空处理后	9.68	0.02	9.66	0.004	0.09	0.003

用这种方法制取的 WC – TiC 复合碳化物不仅粒度细，而且分布均匀，具有优良的质量。用这种粉末制取的硬质合金具有优异的性能。

2）快速碳热还原法制备超细 WC 粉

快速碳热还原法是美国 DOW 化学公司在钨氧化物碳还原的基础上改进的方法[6~8]，并已高效率、低成本地大规模生产 0.2 μm 的超细 WC 粉末。

钨氧化物快速碳热还原在立式石墨管反应炉中进行。反应炉由四个主要部分构成，即：反应物输送器、反应腔、加热器、冷却腔。

反应物输送器实际上是一个导管，被配置在环形气流场中，起着把颗粒状反应混合物(WO_3与炭黑的混合物)送入反应腔的作用。输送器内的温度应控制适当，以防止颗粒状反应物在输送器出口或靠近出口的地方聚结而堵塞。并保证使所有颗粒状反应物以离散的形式进入反应腔中。

WO_3 和碳的颗粒状反应混合物由双螺旋送料机构送入输送器中。反应物输送器的内径为 1.3 cm，围绕输送器的冷却夹套管中的水流温度为 283K。氩气以 5 $m^3 \cdot h^{-1}$ 速度进入反应物输送器中，同时外加 1.7 $m^3 \cdot h^{-1}$ 氩气经反应物输送器周围的气流场通入反应腔体。反应物输送速度为 113 $g \cdot min^{-1}$。

反应腔炉管长 3.35 m，内径 15.2 cm，炉管被加热到 1823K。物料以极快的速度在反应腔中迅速加热。反应物在反应腔中的平均停留时间为 3.9 s，反应后形成 WC、W_2C 以及 W 的混合物。

生成产物离开反应腔后，氩气将其带入水冷不锈钢夹套管中，物料快速冷却到 283K 以下，然后被收集在不锈钢罐体内。生成物含有约 3.0%(质量分数)的氧，4.74% 的碳，粉末的平均粒径 0.1 μm 左右。为了获得纯 WC，该产物需经过二次处理。取 500 g 该产物与 WC 研磨体一起研磨 1 h。添加 13.58 g 乙炔黑后再继续研磨 1 h。研磨好的物料放入旋转石墨坩埚炉中，在 1523K 温度、5% H_2 –

95% Ar 气氛中碳化 1 h。碳化反应期间，ϕ20 cm 的坩埚以 6 r·min^{-1} 的速度旋转。XRD 检测表明，得到的产物为 WC，碳含量为 6.13%，扫描电镜测量 WC 的平均粒径为 0.1 ~ 0.2 μm。

WO$_3$ 快速碳热还原制得的超细 WC 粉末及所制得的合金性能如表 6 - 10 所示。

表 6 - 10　超细 WC 粉末及所制得的合金的性能

性　能		典型测试结果	
		0.2 μm WC 粉	0.4 μm WC 粉
粉末	比表面积/(m^2·g^{-1})	1.8 ± 0.15	1.3 ± 0.15
	总碳/%	6.13 ± 0.05	6.13 ± 0.05
	游离碳/%	≤0.10	≤0.10
	氧/%	≤0.20	≤0.15
	Al/%	<20	<20
	Ca/%	<5	<5
	Cr/%	<20	<20
	Fe/%	75	75
	Mo/%	<40	<40
	Si/%	<20	<20
合金	成分/%	Co:6，VC:0.6，余 WC	Co:6，VC:0.6，余 WC
	烧结温度/℃	1380	1410
	烧结时间/h	1	1
	HV(30)/(kg·mm^{-2})	2100	2000
	矫顽磁力/(kA·m^{-1})	46.2	39.8

3）等离子体化学合成法制备纳米 W 或 WC 粉

等离子体化学合成法是俄罗斯科学院冶金与材料研究所、全俄难熔金属与硬质合金研究设计院、乌兹别克难熔金属与耐热材料联合工厂合作开发的制备纳米 W 粉、WC 粉的新方法[9, 10]。

等离子体化学合成装置示意如图 6 - 12 所示。其功率为 100 kW，作为等离子体气体的 H$_2$ 被加热到 2700 ~ 3000K，碳氢化合物气体甲烷或乙烷—丙烷混合气体（或作为含钨原料的载气）与等离子气体一起通入反应器内。仲钨酸铵或三氧化钨原材料粉末以 0.5 ~ 10 kg·h^{-1} 的速度用螺旋给料器给料。气流中发生汽化、化学反应、凝结、聚集长大、吸附等过程，整个过程在 10^{-1} s 结束。得到的 W 粉颗粒在 50 nm 左右，产物的相组成取决于原始粉末的还原程度、各种反应物的比例和温度。

上述制得的超细 W - C 粉末在氢气炉中合成 WC。随着炉内温度的升高，炉

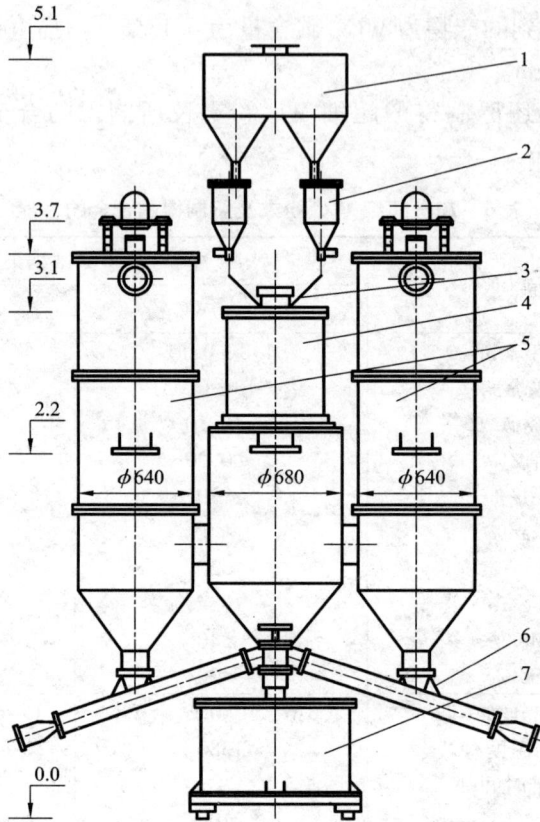

图 6-12 等离子体化学合成装置

1—料斗；2—给料器；3—等离子体发生器；4—反应器；5—收尘器；6—螺旋推料器；7—料桶

料组元之间发生物理化学反应，当温度升高到 600℃ 时，化学吸附的氧被 H_2 还原，当达到 1000℃ 时，大部分残余氧化物发生碳热还原，其还原温度随粉末晶粒尺寸的不同而变化。一般情况下，碳热还原温度在 900℃ 左右。合成时间根据超细粉末混合物的相组成和所要求的粉末粒度来确定，一般为 1.5~3 h。

采用等离子体化学合成方法制取的 WC 粉末粒度在 10~50 nm 之间（BET 比表面积 8~40 $m^2 \cdot g^{-1}$）。游离碳含量可控制在 0.1%（质量分数）精度范围内，氧含量在 0.3~0.5% 之间，其中 80% 为吸附氧。

4）其他工艺[11~13]

除上述工艺外，为将钨氧化物用碳还原法制取 WC，人们亦在小型试验规模下研究了许多其他工艺，具有参考价值。

①蓝色氧化钨在流态化床内直接碳化。

为了强化反应速率，S. Luidold 等研究了在流态化反应器中将蓝色氧化钨直接碳化制取 WC。流态化反应器直径 100 mm，用电加热，通入 H_2 和 CO 的混合气体，使床内的物料流态化。所用的蓝色氧化钨平均粒径为 30 μm，每次处理量 1.8 ~ 2.5 kg，H_2 和 CO 混合气体中含 CO 为 0 ~ 85%，流速 0.9 $m^3 \cdot h^{-1}$，工作温度 900 ~ 1050℃，结果得到 WC 的粒度为 1.0 μm 左右。

②APT 或蓝钨直接用甲烷低温碳化。

F. F. P Medeiros 等研究了在 850℃ 左右的较低温度下直接以 APT 或 TBO 为原料、$H_2 + CH_4$ 为还原剂和碳化剂制取 WC 的可能性和技术条件。试验在管状炉内进行，原料 APT 或 TBO 装入小舟内，在管状炉内加热，炉内通入含 $H_2$95%、CH_4 5% 的混合气体。结果表明，在上述条件下，则不论原料为 APT 或 TBO，都将转化成 WC，产品为粒度 < 1 μm 的 WC 颗粒的聚集体。聚集体基本上保持其原料 APT 或 TBO 颗粒的外形，而由 APT 产出的 WC 颗粒的粒度小于由 TBO 产出的 WC 颗粒。

研究表明，温度及保温时间对产品质量有较大影响，当温度为 800℃，则产品大部分为 W_2C，850℃ 下保温 230 min，则产品全部为 WC。

研究同时表明，加快混合气体 $H_2 + CH_4$ 的流速、减小原料 APT 的粒度都有利于加快还原和碳化过程的速度。

6.2.3 熔盐电解法[14~17]

熔盐电解法为负电性金属制备和提纯的主要方法之一，早在 20 世纪中期，人们就着手于研究其在钨冶金中的应用。20 世纪 70 年代，Senderoff 等在 700 ~ 850℃ 的温度下、在氟化物熔体中电解 WO_3 制得金属钨。20 世纪末 21 世纪初 M. Masuda 等在碱性 $ZnCl_2$ – NaCl(40% ~ 60%(摩尔数分数)) 的电解质中，用直流或脉冲电流电解 WO_3、K_2WO_4、WCl_4、K_2WCl_6 都得到金属钨，并对其有关电化学行为进行了测定，因此，在这方面已进行了大量实践。

钨的熔盐电解研究主要集中在两方面，即熔盐电解法制取钨涂层和从废金属钨回收钨粉。

1. 熔盐电解法制取钨涂层

根据微电子机械系统(Micro – Electro – Mechanical System，MEMS) 的要求，在其元件上形成钨涂层时，工作温度必须低于 250℃，为此 Hironori Nakajima 等采用 $ZnCl_2$ – NaCl – KCl 共晶(成分为 60%:20%:20%(摩尔数分数)，熔点 203℃) 作为电解质，为保证 WO_3 在其中的溶解性能，外加 4% KF(摩尔数分数)，再加 0.54% WO_3(摩尔数分数)，用上述电解质在 250℃，电势为 0.6 V(相对于 Zn^{2+}/Zn)，阴极基底材料为镍的条件下，得 2.5 μm 的亮褐色钨涂层，涂层表面光滑，与基底材料黏附牢固，分析表明，其中含 $x_{Cl} < 1\%$，说明其中电解质夹杂质很少，因而为电

子元件制备过程提供了一种新的有效方法。

在具体电解制取涂层的过程中发现电流密度随时间的延长而降低，例如起始为 $1.2\ mA\cdot cm^{-2}$，6 h 后降为 $0.3\ mA\cdot cm^{-2}$。同时，电解中有不溶物产生，经对不溶物进行全面分析查明，电解过程中生成了不溶于电解质的 $ZnWO_4$ 和 $K_2WO_2F_4$，导致电解质中可溶钨的浓度降低，为此采用每 2 h 补加一次 WO_3，能使电流密度稳定不变，保证了工艺过程的进行。但是从工程上来说，不溶物的形成将给工艺过程的长期稳定连续进行带来难以克服的困难。

2. 利用钨废料作阳极进行熔盐电解生产高纯钨粉

许多学者研究了用熔盐电解法处理钨废料，在不同类型的电解质中，以氯化物—氟化物体系为最佳。钨废料阳极熔盐电解工艺流程如图 6 – 13 所示。

钨废料阳极熔盐电解工艺实例如下：

电解质组成：60% NaCl、15% NaF、25% WO_3；

阴极电流密度：$4000 \sim 8000\ A\cdot m^{-2}$；

阳极电流密度：$1000\ A\cdot m^{-2}$；

工作温度：$1143 \sim 1173K$；

阴极材料：钼棒；

保护气氛：Ar 或 N_2。

熔盐电解钨废料产生的电极过程如下：

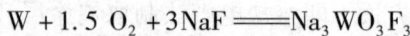

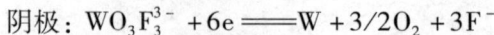

阳极：$3O^{2-} - 6e = 3O$

$W + 3O = WO_3$

$WO_3 + 3F^- = WO_3F_3^{3-}$

$W + 1.5\ O_2 + 3NaF = Na_3WO_3F_3$

阴极：$WO_3F_3^{3-} + 6e = W + 3/2O_2 + 3F^-$

图 6 – 13　熔盐电解法处理钨废料制取高纯钨粉的工艺流程

B·A·帕弗洛夫斯基采用 400 A 的不锈钢电解槽，直径 16 mm 的钼棒作阴极，阳极为装入环状篮框内的钨废料块，通氮进行了半工业试验。在 $1123 \sim 1163K$ 下，周期性改变阴极电流密度 $0.5 \sim 2.0\ A\cdot cm^{-2}$，每个循环电量为 1000 A·h，30 kg 阳极溶解了 22 kg，阳极电流效率达 96%。电解精炼钨粉主要为长 $20 \sim 40\ \mu m$，由单晶和孪晶组成的树枝状晶体。可以净化除去除钼以外的金属和非金属杂质。使用石墨隔膜时，碳含量偏高，但在 1473K 下进行真空退火后即可降至 0.002% $\sim$ 0.004%。精炼钨粉的粒度组成如表 6 – 11 所示。

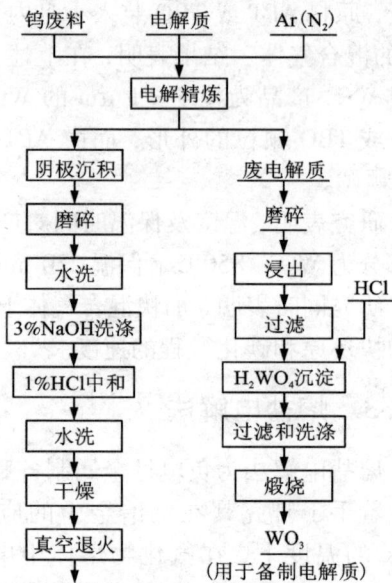

表 6 – 11　电解精炼钨粉的粒度组成

粒度/mm	+ 1	– 1 ~ + 0.4	– 0.4 ~ + 0.1	– 0.1
含量/%	2.9	34.9	55.3	6.9

6.3　湿化学法

　　湿化学法制备钨基合金复合粉前驱体是将合金中各组元的化合物溶于水(或其他溶剂)形成分子级混合物,再通过一系列物理化学过程脱水制得合格前驱体粉末。这是当前制备钨基合金复合粉前驱体粉末的主要方法,具有工艺流程简单,前驱体粉末化学成分、粒度、粉末形貌易于控制,成本低等一系列优点,本节将主要介绍湿化学法合成钨基复合材料前驱体粉末的理论与实践。

6.3.1　湿化学法制备前驱体粉末的理论基础[18]

1. 过饱和溶液中晶核的形成、晶粒的长大与形貌控制

　　在湿化学法制备复合材料的前驱体时,尽管具体工艺甚多,但几乎都要应用到结晶过程,通过结晶从各组分已实现分子级混合的溶液中将各组分均匀地析出,与溶剂水分离,因此掌握有关结晶的理论十分重要,有关结晶过程的理论在3.7.2 节已做全面介绍,这里不再重复。

　　应当补充的是,为控制产品的形态,除通过控制结晶过程的工艺参数如温度、溶液浓度、搅拌速度、添加晶种外,加入某些添加剂亦可改变产品的形态,例如 Jiwen Lee 在从 $FeCl_2$、$FeCl_3$ 混合溶液中制取 Fe_3O_4 时加入 1% 聚乙烯醇,能使产品粒度由 26.5 ± 1 nm 降为 4.2 ± 0.1 nm。

2. 沉淀过程中产品形态

　　一般,沉淀物的生成过程与上述从溶液中结晶过程没有本质的区别,结晶过程是通过控制溶液的浓度或温度,使其中某种溶质达到过饱和而产生结晶析出,沉淀过程则是加入沉淀剂生成某种溶解度小的物质,其浓度达到过饱和时析出,因此影响结晶产品形态的因素如温度、过饱和度以及搅拌速度等对沉淀物的形态都有类似的影响,通过这些因素的控制在一定程度上可改善沉淀物的质量,但不同处在于沉淀过程中沉淀物的溶解度往往很小,加入沉淀剂的过程中迅速过饱和,即过饱和度大,因而晶粒比结晶过程细得多,甚至有时来不及结晶而成为无定形沉淀,同时由于沉淀剂的加入过程中,其在溶液中的浓度不可能是均匀的,因而导致沉淀物的粒度和成分是不均匀的。

　　为解决(或缓解)上述问题,在正确控制沉淀的技术条件下,均相沉淀法是比较有效的方法之一。

均相沉淀法是向待沉淀的溶液中首先加入含沉淀剂的某种化合物，待其在溶液中均匀溶解后，再控制适当条件使沉淀剂从该化合物中缓慢析出，进而与待沉淀的化合物形成沉淀。例如在中和沉淀过程中，中和剂不是直接加入 NH_4OH 或 $NaOH$，而是加入尿素，尿素在溶液中均匀溶解后，再升温至 90℃ 左右，此时尿素在溶液中分解：

$$CO(NH_2)_2 \Longrightarrow NH_3 + HNCO \Longrightarrow NH_4^+ + NCO^-$$

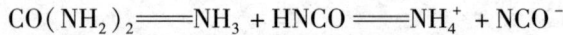

NCO^- 在不同的溶液中发生不同的中和反应，在酸性溶液中：

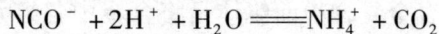

$$NCO^- + 2H^+ + H_2O \Longrightarrow NH_4^+ + CO_2$$

而在中性或碱性溶液中：

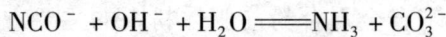

$$NCO^- + OH^- + H_2O \Longrightarrow NH_3 + CO_3^{2-}$$

因而均匀中和溶液中的酸或碱，不致发生酸碱度过高或局部过高的现象，从而防止中和过程中多种离子共沉淀。同时，控制酸碱的改变可逐步缓慢地进行，因而为沉淀物形态的控制创造有利条件。

为实现均相沉淀，除通过某种反应使沉淀剂从溶液中均匀产生外，亦可先通过加入某种配合剂使溶液中待沉淀的离子处于配合物状态，因而待沉淀离子的活度很小，然后控制条件，使配合物逐步分解，逐步产生待沉淀的离子，例如将 $CuSO_4$ 溶液与 $(NH_4)_2WO_4$ 溶液混合制备 $CuWO_4$ 的过程中，为了控制 $CuWO_4$ 的晶粒，可向 $CuSO_4$ 溶液中预先加入 NH_4OH，使 Cu^{2+} 转化成 $Cu(NH_3)^{2+}$，因而游离 Cu^{2+} 的活度很小，与 $(NH_4)_2WO_4$ 溶液混合时，Cu^{2+} 与 WO_4^{2-} 的溶度积小于 $CuWO_4$ 的溶度积，不直接产生 $CuWO_4$ 沉淀，然后升高温度使 NH_3 逐步从溶液中蒸发出去，以致 $Cu(NH_3)^{2+}$ 逐步均匀分解，Cu^{2+} 的活度逐步均匀增加，以致均匀产生 $CuWO_4$ 的沉淀，从而改善了 $CuWO_4$ 的形态。

与均相沉淀类似的是，在生产实践中若要提高复合粉末的产量，需要尽可能提高溶质浓度，而为了控制其粒度特征又需要将溶液的浓度控制在较低的水平。为了解决这一矛盾，可采用适当的措施来保存溶液中的溶质，例如，在溶液中添加柠檬酸、EDTA 等，可以将大量的多价金属阳离子隔离开来，形成隔离体（每个隔离体可以看成一个独立的溶液体系）。在颗粒生长阶段，隔离体可以通过逐渐释放金属离子的形式来抑制形核和凝聚过程，因而即使在原始溶液浓度较高的情况下，也能创造良好的结晶条件，而不会降低产量。

3. 团聚体的形成与控制

湿化学法制备复合粉末前驱体的工艺有很多优点，但也存在不足之处，如前驱体在液相中形成后，还要经过液固分离、干燥乃至煅烧处理，在这些过程中很容易导致颗粒间形成团聚体，这种团聚将直接影响粒度和形貌，因此要进行控制。

一般团聚可分为软团聚和硬团聚两种。软团聚体主要是由颗粒间的范德华力和库仑力所致，由于结合力较弱，可通过机械力消除。硬团聚体内除了颗粒间的范德华力和库仑力之外，还存在化学键作用。在粉末特别是纳米粉制备过程中要防止硬团聚体的形成。

团聚体形成的阶段不同，可采用相应的方法来控制和消除。如：在液相反应阶段，可以通过在溶液中添加电解质的方法，在颗粒表面形成双电层，依靠颗粒间的排斥力来抑制颗粒间相互靠近和团聚。溶液中的超微颗粒表面容易吸附 H^+ 或 OH^-，带有一定量的电荷，这样在颗粒表面附近的溶液中会出现一个电量相等、电性相反的电荷扩散层，从而形成双电层结构。当颗粒相互靠近时，双电层的交叠会产生排斥力从而阻碍颗粒间的团聚。可以通过调节液相的 pH 及温度等参数来控制双电层结构。在溶液中添加保护剂也是抑制团聚现象的有效措施。保护剂的种类有亲液高分子、表面活性剂及配合剂。它们吸附在超微颗粒表面上，通过库仑力、渗透压及位阻作用，在颗粒间产生排斥力，从而抑制团聚体的形成。保护剂的作用效果取决于其种类和浓度。常用的保护剂有各类聚合铵盐、聚乙二醇、明胶等。

在粉末干燥阶段，干燥方式对该阶段的团聚程度有显著影响。冷冻干燥法由于避免了粒子间的液相作用，可以获得无团聚的陶瓷超微颗粒。在干燥处理之前用醇类溶剂对粉末进行彻底洗涤，在一定温度下将湿凝胶与醇类（如正丁醇）共沸蒸馏，可以形成软团聚体，而软团聚体在成形过程中可以采用较小的机械力分散。

在煅烧阶段，如果温度过高则易产生硬团聚体，而温度过低则超微颗粒中会因残留有未分解的 OH^- 而影响粉末的后续致密化效果，从而影响生坯密度。因此，选择合适的煅烧温度非常重要。

4. 沉淀与结晶过程中物质成分的偏析及其防止措施

（1）产生成分偏析的原因

在湿化学法制备成分均匀复合材料前驱体时，往往是先将各组成分的化合物共同溶于水，形成水溶液。在水溶液中各组分均匀混合成分子级混合状态，因此其成分是均匀的。但是在从成分均匀的溶液中分离除去溶剂水析出前驱体（如用沉淀结晶法）时，发生成分的偏析，使原来已成分子级混合的均匀状态变为不均匀状态，即发生成分的偏析，产生偏析的原因如下：

①各组分的化合物的溶解度的不同，在沉淀或结晶的过程中，在同种条件下，溶解度小的先沉淀析出，溶解度大的后析出。相应地，先期析出的部分含溶解度小的多，后期析出的部分含溶解度大的多，发生成分偏析。

②在加入沉淀剂（例如中和沉淀时加入的 OH^-）过程中，由于操作上的原因与传质速度的限制，溶液中沉淀剂的浓度不可能是均匀的。因而在沉淀剂浓度相对较大的区域析出的物质中难沉淀组分的含量将超过沉淀剂浓度相对较小的区域。

③反应器中操作条件的不均匀性。严格来说，在反应器中由于传热传质条件的限制，其温度和被沉淀物质浓度是不均匀的。例如，对温度而言，靠近加热热源的区域温度比远离加热热源的温度高；对浓度而言，在溶液相对运动速度较大的区域传质速度较快，相对运动较小的区域传质速度小，这些将造成反应皿内不同区域浓度的不同，浓度的不均匀性将造成不同区域内结晶先后及结晶物质成分

的不同, 因此都造成成分的偏析。

（2）防止成分偏析的措施

为防止由于上述原因造成成分的偏析, 当前采取的措施, 除正确控制操作条件, 加入沉淀剂过程中沉淀剂浓度不宜过大, 加入速度不宜过快, 强化反应器内的传质传热条件外, 在工艺上主要有:

①均相沉淀和配合沉淀。

②喷雾干燥。将已实现分子级混合、成分均匀的溶液迅速雾化形成小雾滴。这样每个雾滴之间的成分是均匀一致的。然后将雾滴迅速干燥脱除溶剂水。由于雾滴颗粒小, 干燥脱水过程十分迅速。因而在雾滴内部也不至于发生大的偏析。故最终得到成分均匀的前驱体。

③冷冻干燥。将已实现分子级混合成分均匀的溶液迅速冷冻, 在冷冻过程中由于进行十分迅速, 因而整个冷冻过程中不致发生偏析, 冷冻体的成分是均匀的。然后在固体状态下, 即内部分子相对迁移速度较小的情况下进行升华脱水, 最终得到成分均匀的粉末。

④溶胶－凝胶。即将成分均匀的溶液通过加入凝胶剂使之成为凝胶体。凝胶体内部体传质速度极小。因而在凝胶脱水过程中物质间的迁移极少, 不致造成组分的偏析。

上述各种方法除防止成分的偏析外, 亦能为获得理想的粒度、粒度组成和粒形的前驱体创造有利条件。

6.3.2 喷雾干燥法

喷雾干燥法制备粉末时, 一般先选择合适的无机盐及分散剂, 在适当的条件下, 配制成溶液。将混合溶液经气体压力雾化或高速离心雾化, 生成细小液滴并借助热空气使溶剂快速蒸发, 从而可以从原始溶液中结晶出化学成份均匀的前驱体粉末, 然后将前驱体粉末进行还原即可得到所需的超细甚至纳米级的复合粉末。其优点是: ①可以很方便地制备多种组元的复合粉末, 且不同组元在粉体中的分布比较均匀。②若工艺条件控制得当, 可以使绝大部分颗粒呈球形或近球形。③工艺简单, 无论成分多么复杂, 从溶液到粉末都可以一步完成。

1. 原则流程

喷雾干燥的原料液可以是溶液、乳浊液、悬浊液和膏状液, 原料虽然有很大的差别, 但其原则流程和装置基本上是相同的。如图 6 – 14 所示。

喷雾干燥的干燥介质大多为空气, 但对于在空气中容易爆炸或燃烧的有机溶剂, 应使用惰性气体（如氮气）。喷雾干燥过程可分为 4 个阶段: 原料液通过泵送至雾化器, 料液雾化成雾滴; 雾滴与空气接触（混合和流动）; 雾滴干燥（水分蒸发）; 干燥产品与空气分离。其中最主要的是液滴的雾化及与空气的接触和干燥过程, 它们将直接影响干燥效果和干燥产品的质量。

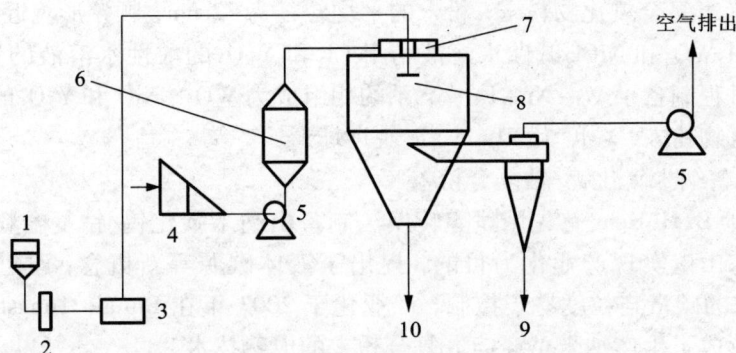

图 6-14　喷雾干燥原则流程和装置示意图

1—料液槽；2—过滤器；3—泵；4—空气净化器；5—风机；
6—空气加热器；7—空气分布器；8—雾化器；9—旋风分离器；10—产品

　　干燥过程受很多因素的影响，其中雾滴与空气的接触方式最为重要，这对干燥室内的温度分布、液滴和颗粒的运动轨迹，物料在干燥器内的停留时间、热效率、产品粒度及含水率都有很大的影响。在干燥器内，雾滴与空气之间的接触方式是根据相互流动方向的不同而分为并流式、逆流式和混流式三种。雾化器安装在塔顶，热空气从塔顶进入干燥器，两者并流向下运动，成为并流式（如图 6-14 所示）；雾化器安装在塔顶，雾滴自上而下运动，而热空气从塔底向上进入干燥器，称为逆流式；雾化器安装在塔的中部向上喷雾，热空气从塔顶引入干燥器，形成先逆流后并流的接触形式，称为混流。

2. 在钨基合金复合粉前驱体制备中的应用

（1）制取钨基高密度合金复合粉

　　喷雾干燥法制备钨基高密度合金复合粉的过程为：首先将多种金属盐溶液（如：仲钨酸铵、偏钨酸铵与金属 Ni、Fe、Cu 的金属盐溶液）混合，得到各组元的分子混合溶液，然后送入雾化器，经喷嘴高速喷入干燥室获得金属盐的微粒，收集后进行煅烧即得到纳米氧化物复合粉前驱体，形状类似于壳状的球形粉末。然后将煅烧产物在一定的条件下经过还原即可得到所需成分的单组元、多组元的合金复合粉末。

　　张丽英等[19]人采用溶液超声喷雾转化法制得了纳米级的 W-Ni-Fe-V 系和 W-Ni-Fe-Y 系钨合金复合氧化物粉末，所采用的工艺流程为：先分别制备 H_2WO_4 + $NiCl_2$ 混合溶液、V 的可溶性盐溶液以及 $FeCl_2$ 三种溶液，喷雾时先将 H_2WO_4 + $NiCl_2$ 混合溶液、V 的可溶性盐溶液送入快速混合器，随即将 $FeCl_2$ 溶液送入快速混合器，立即进行超声喷雾及热转换，其工艺参数为：喷雾器压力 0.2 MPa，喷嘴顶角 30°，热风温度 50℃，即可制成成分均匀，相组成为 WO_3、NiO 和

Y_2O_3 的纳米级复合氧化物粉末，粉末的平均粒径为 32 nm，颗粒形貌近似为球形。另外采用 H_2WO_4 和 $NiCl_2$ 碱性水溶液与 $FeCl_2$ 和 Y_2O_3 的酸性水溶液的快速混合，经过相同过程制备了 W – Ni – Fe – Y 系的相组成为 WO_2、NiO 和 Y_2O_3 的成分均匀的复合氧化物粉末，粒度为 30 nm，形貌近球形。

（2）制备纳米碳化钨/钴复合粉末

1986 年 B. H. Kear 首先用喷雾转换法制备出纳米碳化钨/钴复合粉末。在此基础上萧东山以实现产业化为目的，提出了液体碳源等新概念，改进了生产装备，使粉末的碳量与粒度易于控制，产业化于 2003 年在 Buffalo Tungsten 工厂获得成功。形成了生产纳米 WC – Co 复合粉末的成熟技术。

这种方法通过调节还原碳化温度、时间以及气相中的碳活度，可在纳米至微米尺寸范围内直接进行粉末粒度控制。它是一种低成本生产超细（纳米）硬质合金复合粉末的新工艺。

该工艺包括溶液制备、喷雾干燥、前驱体粉末还原碳化三个阶段。即首先以偏钨酸铵、氯化钴或醋酸钴、液体碳源、添加剂等为原料，制得分子级混合的溶液，溶液经喷雾干燥得到由上述物质组成的前驱体，前驱体粉末经收尘后在碳的作用下，在回转炉内被连续还原碳化成纳米结构的 WC – Co 复合粉末。其喷雾干燥设备系统如图 6 – 15 所示；工业条件下 WC/Co 前驱体粉末制备专用喷雾干燥塔的外观如图 6 – 16 所示。

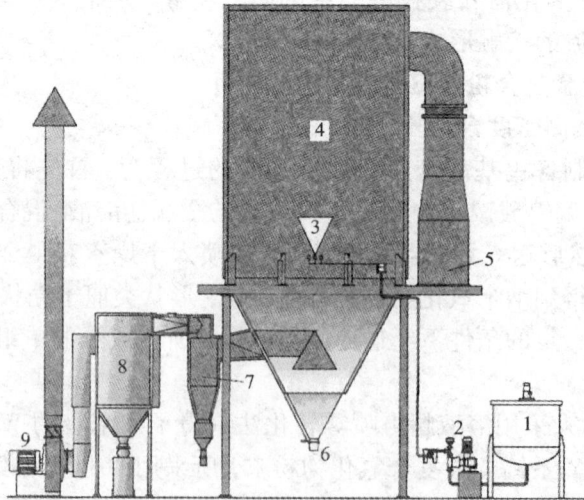

图 6 – 15　WC/Co 前驱体粉末制备的喷雾干燥设备系统图

1—料浆槽；2—输料泵；3—喷嘴；4—塔体；5—气体加热器；
6—出料口；7——级收尘器；8—二级收尘器；9—抽风机

图 6 – 16　WC/Co 前驱体粉末制备专用喷雾干燥塔外观图

　　溶液喷雾干燥后得到的前驱体粉末如图 6 – 17 所示。

　　高荣根[20] 则采用钨酸乙二胺钴作为原料，经喷雾干燥后得到 10 ~ 50 μm 的前驱体粉末，然后进行二阶段流化床转化，其第一阶段是在氩气/氢气或者氮气/氢气混合气氛中还原生成 Co + W 的复合粉末，第二阶段是 Co + W 复合粉末在碳活度受控的 CO/CO_2 或者 CO/H_2 混合气体中碳化以生成所需的纳米结构 WC – Co 复合粉末。其工艺条件的要求并不苛刻，反应的时间较短，特别适用

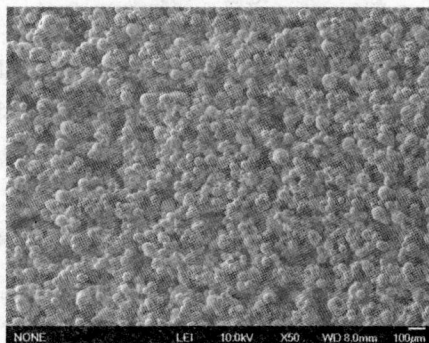

图 6 – 17　溶液喷雾干燥后得到的前驱体粉末

于制备纳米级复合粉末。同时，通过控制反应过程参数，对粉末的粒度可以在纳米尺寸到微米尺寸之间进行调控。

　　该方法所采用原材料为单一的钨酸乙二胺钴，故虽然可以获得 W、Co 的分子级混合效果，但是由于原料中 Co、W 的摩尔比为 1∶1，不可能改变，所以最终产物的化学成分无法根据需要进行调整。

　　喷雾干燥法所制备的氧化物粉末因为颗粒细小、活性高，极易吸收水分，即

使在喷雾过程中，若温度不够高或者复合氧化物粉末在雾化塔中停留时间过长，都会使复合氧化物粉末吸附大量水分，导致团聚严重，颗粒粒度增大。因此在制粉后必须进行真空干燥。

6.3.3 冷冻干燥法

1. 基本原理

冷冻干燥法的基本原理是：将金属盐水溶液雾化成微细液滴，喷射到低温有机液体或液氮中，被瞬间冻结成微细粉末，将其在真空或减压条件下进行升华、脱水处理，再进行加热分解就可以制得所需的粉末。该方法的特点是在溶液状态下各种合金组元能够达到分子级的均匀混合，组成可以精确控制，因此产品成分均匀，是一种杂质含量低、粉末纯度高、比表面积大、表面活性高的多孔粉体材料前躯体。

冷冻干燥法的技术关键是：冻结速度必须足够快，使液滴中的溶质来不及偏析就被迅速保留到固相冰晶颗粒中；应在无液相存在的条件下进行干燥处理，否则冻结物熔化时出现的液相会使冰晶颗粒合并长大；干燥加热温度不能太高，否则会导致液相的出现，发生粉末长大现象。

2. 工艺过程

冷冻干燥法的工艺过程由溶液配制、喷雾冷冻、冷冻物升华干燥处理和干燥物的热分解处理四个阶段组成。

(1)溶液的配制。由于不同盐溶液的特性不同，选择合适的盐对简化工艺、提高工艺的可控性以及提高产物的质量非常重要。金属盐的选择原则是：能溶于水或其他适当的溶剂中，也可使用其胶体，例如用钨酸铵与悬浮石墨来制备 WC 超细粉体；容易进行喷雾处理，不会在过冷状态下形成玻璃体；冻结产物中的溶剂容易进行升华脱除；热分解温度适当。金属盐溶液的浓度对冻结干燥物和最终产物粒子的大小有显著的影响，一般来说，溶液的浓度越低，则生成的粉末颗粒就越小。

(2)喷雾冷冻。可采用单流雾化、二流雾化、离心雾化或超声波雾化法将溶液雾化成微细的液滴，喷射到冷冻剂中进行冻结处理。一般来说，雾化液滴颗粒越细，冻结的速度就越快。冷冻剂一般采用液氮或采用干冰、丙酮制冷剂冷却的乙烷，其中液氮的冷却效果最好，冰晶颗粒中的组分偏析程度小。

(3)冻结物的真空升华干燥。把冻结物放在用冷浴冷却的干燥容器中进行真空升华干燥处理，冻结物中的溶剂将被直接升华而使溶质组元从冻结物中分离出来，由于此时溶质组元扩散能力很弱，故不会发生成分偏析。

(4)热分解。经升华干燥处理得到的产物是金属盐粉末，必须将其在适当的气氛下进行热分解处理，才能得到氧化物粉末。如果金属盐中含有结晶水，则热分解前还要进行一次脱水处理，对吸湿性很强的试样，脱水和热分解最好在真空中或干燥气流中进行。

冷冻干燥法的上述四个阶段对粉末的特性具有很大的影响，只有控制好每一个环节，才能制得具有一定微观结构和计量组成的氧化物及复合氧化物粉末。目前冷冻干燥法已被广泛用于生产氧化物粉末。该方法的突出优点是：成分分布均匀，能够精确控制粉末的成分；制得的粉末粒度一般在 10～50 nm 范围内；操作工艺和设备结构简单，特别有利于高纯陶瓷材料的制备。

3. 冷冻干燥法在纳米钨合金复合粉中的应用

George D. White 和 William E. Gurwell[21] 以偏钨酸铵、硫酸亚铁、硫酸镍配制成混合溶液，采用冷冻干燥法制备了 W、Ni、Fe 复合氧化物前驱体，前驱体经过氢还原后制得三种超细、成分均匀的 W－Ni－Fe 高密度复合粉末，其含钨量分别为 70%、90% 和 97%，采用此方法制备的 W 粉末形状单一，状似珊瑚，粉末颗粒为 100 nm 左右。此种粉末的成形压制性好，制得的压坯强度高，烧结性能好，在 1200℃ 温度下烧结可达到全致密的程度。

冷冻干燥法是目前广泛应用的制备超细粉末或纳米级粉末的方法。其主要特点是：①生产批量大，适用于大型工厂制造超细粉末；②设备简单，成本低；③颗粒成分均匀。

6.3.4　溶胶－凝胶法(Sol-gel 法)

1. 基本原理

溶胶－凝胶法制粉的基本原理是：将易于水解的金属盐(金属醇盐或无机盐)在溶液中与水发生水解反应，形成均匀的溶胶；加入一定的其他成分(如胶凝剂)，在一定的温度下溶胶经过水解和缩聚反应而逐渐凝胶化，形成凝胶，再将其干燥、煅烧处理，最后得到所需的粉末。该技术的关键是高质量溶胶、凝胶的制备和凝胶的后续热处理工艺。

(1)溶液配制及溶胶的形成

根据粉末的成分要求，将金属醇盐或无机盐、溶剂、胶凝剂和催化剂等制备成金属盐(醇盐或无机盐)溶液，以保证水解过程能在分子水平上进行。根据溶剂的不同，溶胶可分为醇溶胶、水溶胶和气溶胶等。以醇为溶剂，加水使醇盐水解，在搅拌条件下得到醇溶胶；以水为溶剂，盐在水中水解并在胶凝剂的作用下得到水溶胶。

(2)凝胶制备

凝胶是一种由微细粒子聚集成三维网状结构和连续分散相组成的、具有固体特征的胶体体系。凝胶不同于一般的沉淀物，后者是由孤立粒子聚集体组成的。

溶胶的凝胶化过程为：溶胶通过缩聚反应形成的缩聚物或粉末聚集体长大为小

粒子簇，随着醇（或水）等溶剂的蒸发，小粒子簇逐渐相互连接而最终形成具有三维网络结构的凝胶。在不同介质中陈化时，凝胶的干缩结构是不同的。使溶胶实现胶凝化的途径有两个：一是化学法，通过控制溶胶中的电解质浓度来达到目的；二是物理法，即采用物理手段克服胶粒间斥力，迫使胶粒相互靠近，实现凝胶化。

影响凝胶形成的因素主要有：

加水量　加水量多少对凝胶的形成有重要影响。加水量过多或过少，溶液均难以形成凝胶，得到的是沉淀物。当水解速度和水解产物的缩合聚合速度相当时，就可以形成具有空间网络结构的凝胶。

催化剂　为了促进凝胶的形成，一般要在溶液中加入一些催化剂。不同的催化剂，其催化机理也不同。一般酸催化体系的缩聚反应速率远大于水解反应，生成的聚合物交联度低；而碱催化体系的水解反应速度大于聚合速度，水解比较完全，这时凝胶的形成主要由缩聚反应机制控制，形成的是大分子聚合物，具有较高的交联度。酸催化得到的干凝胶是透明的，结构致密；而碱催化得到的干凝胶结构疏松，是半透明或不透明的。

溶胶浓度和反应温度　溶胶浓度和反应温度会影响凝胶化时间。在其他条件相同时，随溶胶浓度的降低，胶凝化时间延长，因此，为缩短胶凝时间，提高凝胶的均匀性，应尽量提高溶胶的浓度。对醇盐水解反应而言，一般提高反应温度可以促进水解反应的进行，尤其是水解活性低的醇盐时，只有在一定的温度下反应才能顺利进行。

配合剂　有些金属醇盐在醇中的溶解度太小，在水中的反应活性很大，水解速度非常快，不利于凝胶的形成，通过添加配合剂可以有效地控制水解反应的进行。常用的配合剂有柠檬酸、聚乙二醇、淀粉、明胶、硬脂酸等。通过这些配合剂与不同金属离子的配合作用可得到高度分散的复合凝胶。

（3）凝胶干燥处理

湿凝胶中含有一定量的溶剂、有机基团和水分，在干燥时会出现收缩、硬固，产生应力，最后导致凝胶开裂，同时在干凝胶中留下大量开口和闭口气孔。使凝胶开裂的应力主要来自于凝胶骨架间隙中液相的表面张力所引起的毛细管力，它使凝胶颗粒重排、产生体积收缩。

消除表面张力对凝胶造成的破坏作用最有效的方法主要有：采用超临界流体干燥技术，去除凝胶中的液相；在溶胶中添加控制干燥过程的化学添加剂；在溶胶中添加改性剂，控制金属离子的水解速度、缩合反应速度，保持溶胶的稳定性。采用螯合剂也是一种很常用的方法，螯合剂如二元酸、有机酸等可与金属离子反应生成螯合物，从而降低反应活性，控制水解速率。

（4）干凝胶的热处理

热处理的目的是消除干凝胶中的气孔、水和有机物，并使产物的相组成和显微结构满足用户要求。在加热过程中，干凝胶先在低温下脱去吸附在表面的水分和有机溶剂；温度升高后有机物开始热分解。一般来说，在 533～573K 之间容易发生—OR 基团的氧化，在 573K 以上则可脱去结构中的—OH 基团。由于热处理过程中凝胶有较大的体积收缩，释放出各种气体，加之—OR 基团在非充分氧化时还可能碳化，所以升温速率不宜太快。

溶胶－凝胶法是一种制备金属氧化物纳米粉末和复合粉末的非常重要的方法。与其他方法相比，它具有许多优点：

①所用原料首先被分散在溶剂中而形成低黏度的溶胶，因此，可以在很短的时间内获得分子水平上的均匀性，在形成凝胶时，反应物质间很可能是在分子水平上被均匀混合；

②容易均匀定量的掺入一些微量元素，实现分子水平上的均匀掺杂；

③与固相反应相比，在溶胶－凝胶体系中，化学反应将容易进行，所需温度较低；

④由于溶胶的前驱体可以提纯而且溶胶－凝胶过程能在低温可控进行，因而可制备高纯或超纯物质，而且可避免在高温下反应容器的污染；

⑤溶胶或凝胶的流变性质有利于通过某种技术如喷射、旋涂、浸拉、浸渍等制备各种膜、纤维或沉积材料。该方法所得纳米微粒的粒径小，纯度高，粒子分布均匀，反应过程可控，烧结温度低，同一原料改变工艺过程即可获得不同的产物，尤其对多组分材料制备，有着其他方法无可比拟的优势。

但溶胶－凝胶法也存在一些不足之处，如：以金属醇盐为原料，成本偏高；溶胶－凝胶化过程进行得缓慢，材料的制备周期较长；不适合于制备那些不容易发生水解、聚合反应的金属氧化物纳米粉末；凝胶在干燥和煅烧过程中容易形成团聚体；所得粉末压坯烧结过程中制品易产生开裂、残留细孔及 O、H 或 C，因此在批量生产中存在较大的困难。

2. 溶胶－凝胶法在纳米钨合金复合粉中的应用

Srikanth Raghunathan 等[22]采用溶胶－凝胶法制备了纳米 W、Mo、W－Mo、W－Ni 等多种二元纳米钨基合金复合粉末。以制取纯 W 粉为例，首先将 $Na_2WO_4 \cdot 2H_2O$ 晶体加入到 0.1 mol·L^{-1} 的盐酸中，然后在 11.3 mol·L^{-1} 的盐酸中进一步酸化并加热到 298～333K 之间，控制化学合成条件如 pH 等，便可得到凝胶状的钨酸前驱体，干燥后进行氢还原即可得到钨粉。采用这种方法，可以制取 2～5 nm 的钨酸前驱体和 10～30 nm 的钨颗粒。制备多种元素的 W 基复合纳米粉末的方法与此类似，它是将多种金属盐溶液混合。用这种方法制得的 W－Mo 固溶体凝胶颗粒的尺寸为 50～100 nm，制取表层涂 Ni 的 W 凝胶颗粒的尺寸为 30～100 nm，制取表层涂 Cu 的 W 颗粒尺寸为 25～75 nm。

李昆、黄巍采用图 6－18 所示的流程制备了纳米 W－Ni－Cu 三元复合粉，工艺中以金属硝酸盐、偏钨酸铵、柠檬酸为原料，按照硝酸镍∶硝酸铜∶偏钨酸铵∶柠檬酸质量比 1∶1∶8∶1 的比例配置成饱和溶液(溶剂为去离子水)，在一定温度和 pH 下，利用柠檬酸的羧基基团对铵离子的稳定作用，再通过 N 原子给出电子形成电子对，与金属离子进行配合形成柠檬酸配合盐。金属硝酸盐通过柠檬酸等配合剂的作用，金属离子取代柠檬酸中的羧羟基—COOH 和醇羟基—OH 上的氢形成溶胶。溶胶通过加热或真空脱水形成干凝胶，干凝胶点火后剧烈燃烧并平稳向前推进生成蓬松的复合氧化物粉末，其粒度为 100 ~ 500 nm，最终经过 700℃、1 h 还原获得 BET 粒度 100 ~ 150 nm、各组元分布均匀的纳米 W – Ni – Cu 三元复合粉，W、Ni、Cu 的化学成分分别为 86%、7%、7%。

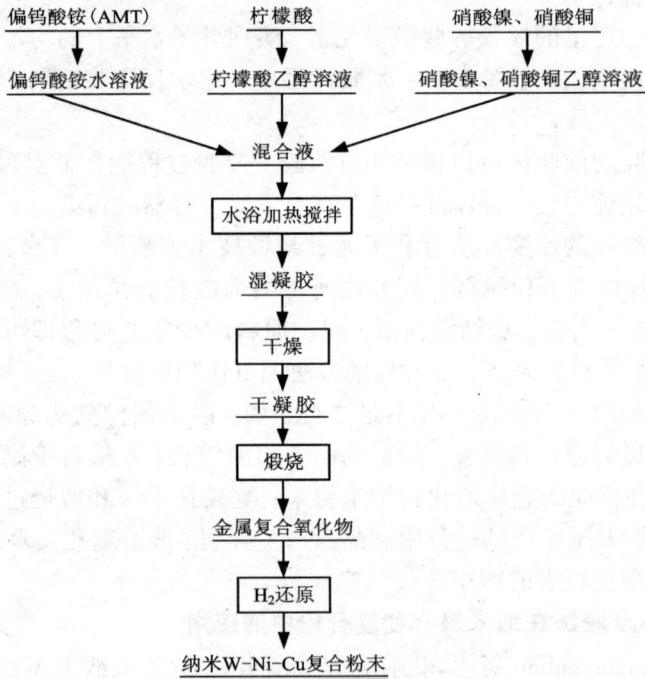

图 6 – 18　溶胶 – 凝胶法制备纳米 W – Ni – Cu 复合粉流程图

影响复合氧化物前驱体性能的主要因素为体系的 pH，上述饱和溶液在 85℃恒温加热 5 h 后，当 pH = 6、7 时，可以形成稳定的溶胶物质。图 6 – 19 为不同 pH 下获得的产物转移至真空干燥箱中 120℃干燥 24 h，然后在 450℃煅烧后产物的形貌可以看到当 pH 为 4 时，粉末颗粒较粗大，颗粒之间有明显的"团聚"、"堆实"现象；随着 pH 不断上升，粉末颗粒粒径则越来越小，当 pH 到 6 时产物粒径为最小值，约为 0.1 μm；之后前驱体粉末颗粒便随着 pH 的增大而增大，当 pH 到 9 时，前驱体已经出现明显的"结块"，而且粒度分布极不均匀。

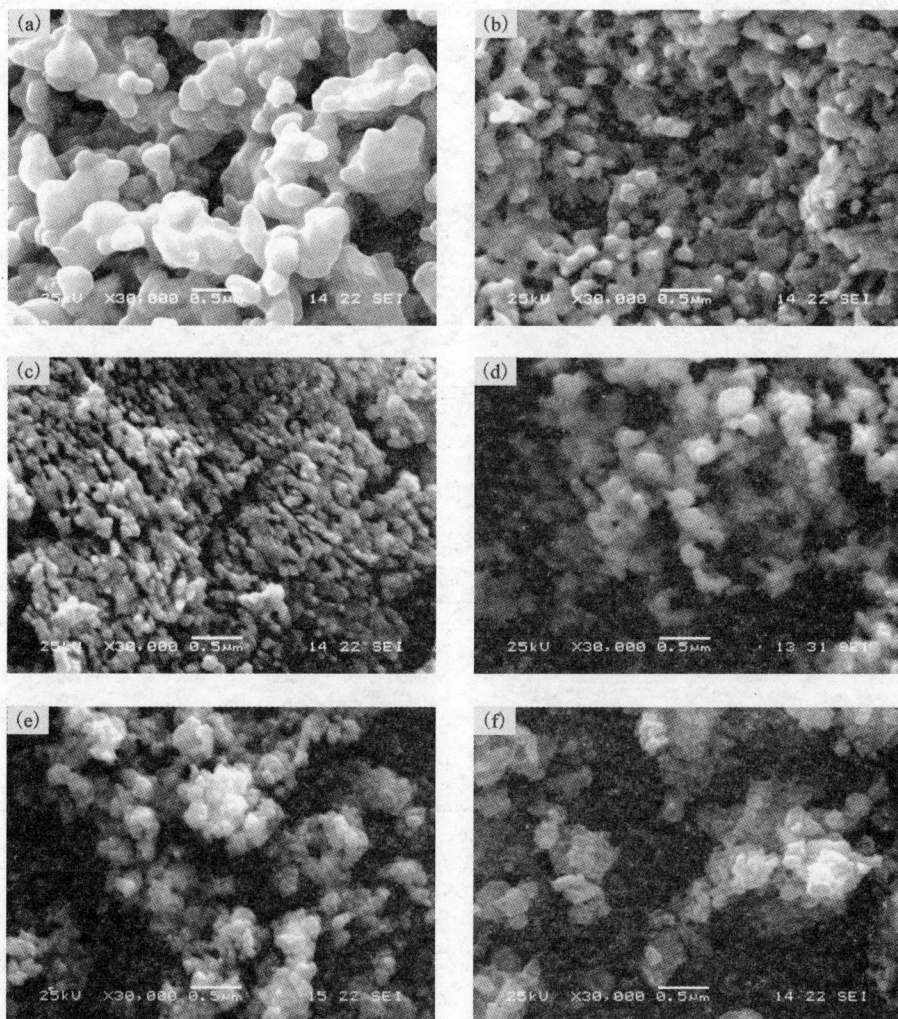

图 6 - 19　不同 pH 下煅烧产物的形貌

(a)pH = 4；(b)pH = 5；(c)pH = 6；(d)pH = 7；(e)pH = 8；(f)pH = 9

　　图 6 - 20 为不同 pH 条件下煅烧产物的 BET 粒度变化趋势，从图可知：当 pH 为 4 时，产物 BET 粒径为 0.43 μm 左右；随着 pH 的不断增大，粉末细化；当 pH 到 6 ~ 7 时，粒径达到了最小值，约为 0.1 μm；pH 继续增大后，粉末粒度迅速增大。综合表明，pH = 6 ~ 7 是最佳的合成条件。

　　图 6 - 21、表 6 - 12 是煅烧后前驱体中各元素的分布状况分析的选区与结果，可见煅烧产物中 W、Ni、Cu 三种元素在随机微区内的含量分别在 85.61% ~ 84.18%、7.85% ~ 5.83%、7.62% ~ 5.96%，表明 W、Ni、Cu 三元素分布均匀。

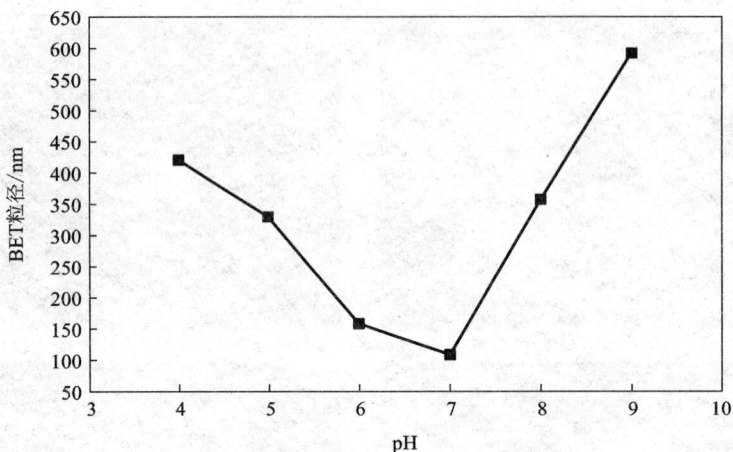

图 6 − 20　pH 对前躯体粉末 BET 粒度的影响

表 6 − 12　煅烧后前躯体中各元素分布状况的分析结果/%

选区位置	W	Ni	Cu
A	84.43	7..85	6.11
B	84.18	6.04	7.62
C	84.47	7.70	5.96
D	85.61	5.83	6.88

复合粉的 X 射线衍射分析结果表明，前躯体的还原过程为：首先形成的高活性的 Cu、Ni、W 金属单质，然后 Ni 分别与 W、Cu 形成 NiW 和 $Cu_{0.81}$ $Ni_{0.19}$，最终 NiW 和 $Cu_{0.81}Ni_{0.19}$ 形成置换式固溶体，该结构的形成将原体系中 W 颗粒与 Ni 颗粒、Cu 颗粒间的界面结合，转化为 W 颗粒与含钨固溶体间的界面结合，有利于改善界面的润湿性，提高在固相烧结过程中的致密化效果；而对于纳米粉末的固结过程，为了消除溶解 − 重结晶机制作用导致

图 6 − 21　煅烧后前躯体中各元素分布状况分析的选区

的长大，应尽可能避免在固结时存在液相，因此所获得前躯体粉末的结构特征无疑将有利于利用固相烧结机制完成纳米晶钨基合金块体的制备。

6.3.5　湿化学法制备原子级混合钨基合金复合粉前躯体

上述的喷雾干燥法、溶胶凝胶法和冷冻干燥法的共同点是先将复合粉各组元的化合物溶解于溶剂中，形成各组元的分子间混合溶液，但是在下一步从溶液中制备前躯体的过程中，各组元成分的化合物又将形成各自的晶体析出，因此尽管在制备混合溶液时已经实现了各组元的分子级混合，但是在最终前躯体粉末仍然是各组元晶体的混合物，而不是组元的分子级混合。因此偏析是不可避免的。

但是若各组元能互相化合形成化合物析出，例如在制取 Cu－W 复合粉的前躯体时，让 Cu 和 W 在前躯体中完全以 $CuWO_4$ 形态存在，两者成为摩尔比 1:1 的原子级混合，不存在偏析问题，同时 $CuWO_4$ 在下一步还原制取 Cu－W 复合粉时，尽管产生的铜原子和钨原子会分别结晶得单独的铜晶粒和钨晶粒，但由于固相条件下扩散慢，很难发生大的偏析，且可望得到极细的晶粒度。

此方法的不足是：制备的前躯体的成分是严格按照化合物中化学计量比决定的，不一定满足工业中合金成分的要求，但对于二元钨合金而言，采用不同的钨化合物时，其成分恰好与工业实践中不同用户的要求相一致，如表 6－13 所示。

表 6－13　各种钨酸铜中的 Cu 含量及其与工业要求的 Cu 含量的对照表

类型＼钨酸盐	正钨酸盐	仲钨酸盐	偏钨酸盐	碱式钨酸盐
化学计量（Cu%）	25.6	12.5	7.92	40.8
工业要求（Cu%）	20～50	10	10	20～50
工业应用领域	电接触材料、微电子器件	火箭、导弹的喷管喉衬、燃气舱、鼻锥等高温下应用的部件以及药型罩材料	火箭、导弹的喷管喉衬、燃气舱、鼻锥等高温下应用的部件以及药型罩材料	电接触材料、微电子器件

对于三元系合金而言，目前虽然无三元钨酸盐的报道，但是制备过程中可以形成两个二元化合物的混合物，通过制备方法的控制使两个二元化合物混合更加均匀，从而制得均匀弥散的三元前躯体粉末。

根据以上分析，李昆等提出了从溶液中析出有关组分的钨酸盐以制备前躯体的构想，其基本思路可以归纳为：首先制取钨基合金复合粉各组元的原子级混合物，进而经过还原获得纳米级弥散的钨基复合粉。具体实施方案是：通过选择适当的钨化合物为原料，采用沉淀或结晶过程，使溶液中的钨及其他合金组元共同形成难溶化合物沉淀，达到钨及其他合金组元的原子级混合，然后将所得的原子级混合前驱体进行还原获得均匀弥散的钨基合金复合粉。由于常见的钨化合物特别是钨酸盐具有多样性，如铵的钨酸盐就有钨酸铵、仲钨酸铵和偏钨酸铵等，因此利用此特点，理论上可以制备出不同成分的钨基合金复合粉的前驱体。

根据上述思路和分析，他们分别采用两种湿化学工艺制备 W – Cu 复合粉前驱体，即水溶液直接合成法和配合物均相沉淀法，取得了较好的结果，综合归纳如下。

1. 试验方法

（1）水溶液直接合成法

将 H_2WO_4 溶入氨水，得（NH_4）$_2WO_4$ 溶液，控制溶液 pH 为 9。用蒸馏水溶解 $Cu(NO_3)_2 \cdot 2H_2O$，得 $Cu(NO_3)_2$ 溶液，将后者按化学计量比快速倒入前者并搅拌。将获得的沉淀物在真空干燥箱中 90℃ 下干燥至质量恒定，得到前驱体粉末。利用氨水预调整硝酸铜溶液的 pH 分别为 2、3、5、8，以研究 pH 对 W – Cu 复合粉前驱体性能的影响。

（2）配合均相沉淀法

在 $Cu(NO_3)_2$ 的溶液中加入稀氨水配合生成含 $Cu(NH_3)_n^{2+}$ 的配合溶液，并用氨水调整 pH，以氨水溶解 H_2WO_4 粉制备（NH_4）$_2WO_4$ 溶液，控制该溶液 pH 为 9，将两种溶液混合均匀，获得混合液。将混合液置于恒温水浴中，温度为 90℃ 下加热，随着氨的蒸发，溶液的 pH 降低，析出游离 Cu^{2+} 与混合液中的 WO_4^{2-} 形成难溶化合物均匀沉淀。

2. 试验结果

（1）两种沉淀方法得到的前驱体均为分子式为 $CuWO_4$ 或 $CuWO_4 + Cu_2WO_4$（OH）$_2$ 的钨铜原子级混合物，影响产物形貌和物相组成的因素主要是 pH。

对水溶液直接合成法而言，分别将三种不同 pH（pH = 2、3、5）的 $Cu(NO_3)_2$ 溶液加入同浓度的（NH_4）$_2WO_4$ 溶液后，产出的前驱体的 X 衍射图如图 6 – 22 所示。

分析图 6 – 22 可以发现，$Cu(NO_3)_2$ 溶液 pH 为 2 时，所制备的前驱体的 XRD 衍射峰比较单纯，组成为 Cu_2WO_4（OH）$_2$、$CuWO_4$ 的混合物。除主要物相的衍射峰外，没有杂峰和衍射峰分离的现象，且主衍射峰有宽化现象，表明组成物晶粒细小，组成简单；而 $Cu(NO_3)_2$ 溶液 pH 为 3 和 5 时，前驱体的 XRD 衍射峰产生了明显的分离，出现了大量杂峰，表明该条件下生成的前驱体中除 Cu_2WO_4（OH）$_2$ 外还有杂相，这不利于经过后续处理后获得均匀的复合粉。

三种 pH 下扫描电镜照片如图 6 – 23 所示。图 6 – 23 表明，$Cu(NO_3)_2$ 溶液 pH 为 2 时，获得的前驱体的粒度均匀细小，形状规则，分布比较弥散，而 $Cu(NO_3)_2$ 溶液 pH 为 3 和 5 时，前驱体粒度增加，同时产生了明显的团聚现象，特别是

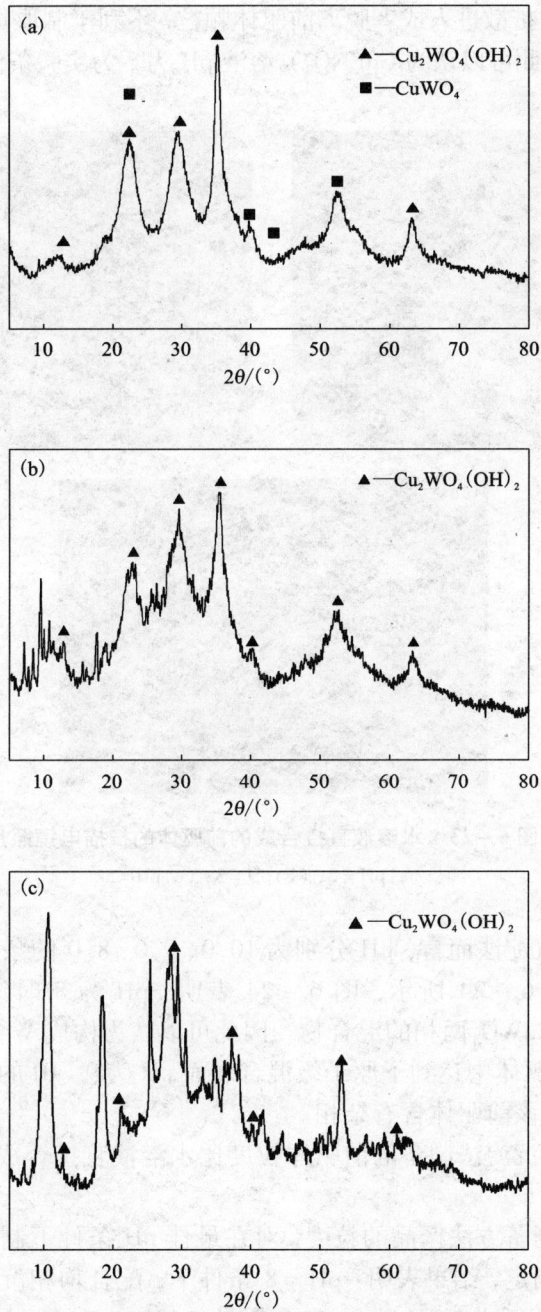

图 6 - 22　水溶液直接合成法制得的前驱体的 X 射线衍射谱

（a）pH = 2；（b）pH = 3；（c）pH = 5

Cu(NO_3)$_2$溶液 pH 为 5 时，已经产生了板结，这无疑将影响煅烧过程特别是后续还原过程中气相通过扩散进入或者脱离前驱体颗粒，不利于制取均匀、弥散且为纳米级别的复合粉，因此可以认为 Cu(NO_3)$_2$溶液 pH 为 2 为实验条件下最佳 pH。

图 6 - 23　水溶液直接合成的前驱体的扫描电镜照片
(a)pH = 2；(b)pH = 3；(c)pH = 5

对配合均相沉淀法而言，pH 分别为 10.0、9.0、8.0 的条件下制备的前驱体的 X 衍射图如图 6 - 24 所示，图 6 - 24 表明，pH 为 8 时该前驱体的组成为 $Cu_2WO_4(OH)_2$、$CuWO_4$ 两相的混合物。因此可以认为构成 W - Cu 复合粉的两个组元 W、Cu 在前驱体中达到了原子级混合。而 pH 为 9、10 的衍射峰分离现象明显，多杂峰，表明该前驱体含有杂相。

(2)配合均相沉淀法制备的前驱体粒度比水溶液直接合成法的粒度粗，且成分分布更为均匀。

为对比两种制备方法产品的粒度，对在最佳 pH 条件下制备的前驱体粉末的粒度分布进行了测定，结果表明：pH = 8 条件下，配合均相沉淀法制备的前驱体粉末的中值粒径(d_{50})为 6.41 μm，主要分布在 12 μm 左右；另外，有少量粉末分布在 50 ~ 200 nm；而 pH = 2 条件下，水溶液直接合成法制备的前驱体粉末的中值粒径(d_{50})为 2.71 μm，主要分布在 8 μm 左右；另外，有少量粉末分布在 50 ~ 200

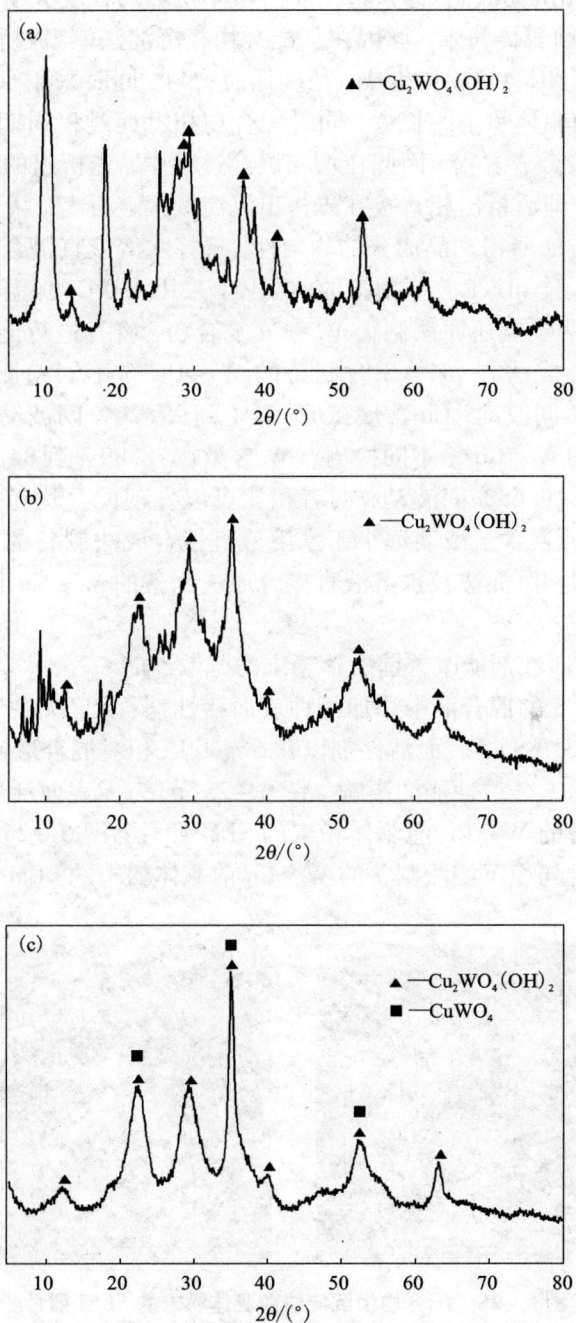

图 6-24　配合均相沉淀法制备的前驱体的衍射图

（a）pH = 10；（b）pH = 9；（c）pH = 8

nm。因此配合均相沉淀法制备的 W – Cu 前驱体粉末的粒度大于水溶液直接合成法制备的 W – Cu 前驱体粉末，原因在于配合均相沉淀法制备过程中 Cu^{2+} 是通过溶液中已有的 $Cu(NH_3)_n^{2+}$ 逐步生成，浓度低而均匀，同时采用了水浴加热，溶液温度高，有利于前驱体粉末的长大，同时配合均相沉淀过程周期长，反应速度明显低于水溶液直接合成过程，因此在均相沉淀过程中，先析出的沉淀有可能成为后析出相的核心，即后析出相直接在先析出沉淀颗粒上析出，从而导致长大。

为对比两种方法所得产品成分的均匀性，选择水溶液直接合成法和配合均相沉淀法分别在其最佳 pH 工艺下制备的前驱体，采用 450℃（保温 60 min）→800℃（保温 60 min）的两步氢还原法制得 W – Cu 复合粉，将其进行能谱分析，结果表明：水溶液直接合成法在 pH = 2 时制备的 W – Cu 粉不同检测点的 W 含量在72.41% 到 84.64% 间波动，Cu 含量在 15.36% 到 27.26% 间波动；pH = 8 时配合均相沉淀法制备的 W – Cu 粉不同检测点 W 含量在 78.89% 到 84.11% 间波动，Cu 含量在 13.43% 到 19.68% 间波动，两者相比可以发现配合均相沉淀法所获得的 W – Cu 复合粉中元素含量波动远小于水溶液直接合成法制备的 W – Cu 复合粉。由此可知，配合均相沉淀法较水溶液直接合成法制备的 W – Cu 粉 W、Cu 分布更均匀。

（3）添加表面活性剂能改善前驱体粉末的分散性能。

向试样 pH 为 8 的混合液中添加两种表面活性剂：聚乙烯 – 2000（PEG）和十二烷基苯磺酸钠（SDBS），表面活性剂以 0.6 mol/L（相对混合液计）加入，观察添加表面活性剂对粉末分散性能的影响。图 6 – 25（a）为无表面活性剂时 pH = 8 配合均相沉淀法制备的 W – Cu 前驱体粉末的 SEM 照片；图 6 – 25（b）为 pH = 8 添加表面活性剂配合均相沉淀法制备的 W – Cu 前驱体粉末的 SEM 照片。

图 6 – 25 配合均相沉淀法前驱体粉末的 SEM 照片

（a）无表面活性剂；（b）PEG1000 作表面活性剂

从 6 – 25 可以看出，没有添加表面活性剂的前驱体粉末存在区域明显团聚现象，而添加 PEG 作表面活性剂制备的前驱体粉末颗粒分散较均匀，不存在明显的团聚现象。因此，添加表面活性剂能增强 W – Cu 复合粉前驱体的粉末分散稳定性，防止粉末颗粒的团聚。

为证实湿化学法制备原子级混合前驱体的最终效果，进行了所产出的前驱体进一步还原制成复合粉的结构研究。首先，基于配合均相沉淀法的上述优越性，前驱体的制备采用配合均相沉淀法；再次，从粒度控制的角度考虑，由于煅烧过程会导致 W – Cu 复合粉粉末的长大，因此采用两阶段还原工艺对沉淀前驱体粉末进行还原处理。用以上优化的工艺过程制备出的 W – Cu

图 6 – 26　W – Cu 复合粉的 SEM 照片

复合粉的化学成分分析结果为含 Cu 36%，其 SEM 照片如图 6 – 26、TEM 照片如图 6 – 27 所示。

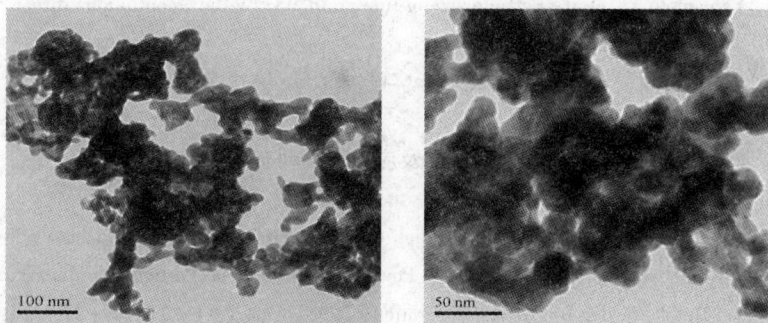

图 6 – 27　W – Cu 复合粉的 TEM 照片

图 6 – 26 表明复合粉呈近球形，有团聚现象，大小比较均匀，平均颗粒度约为 200 nm。考虑到 SEM 所观察到的粉末仍为一次颗粒的团聚体，不能够反映所得复合粉颗粒的结构和实际大小。图 6 – 27 W – Cu 复合粉的透射电镜照片显示出含有三种不同衬度的相特征，为粒度 50 ~ 90 nm 的 Cu 颗粒将尺寸为 20 ~ 50 nm 的近似球形 W 颗粒黏结在一起形成复合粒子，W 颗粒较均匀的弥散分布，其原因在于被还原的铜颗粒粒度非常细小，具有很强的扩散迁移能力，在还原过程中部分迁移到紧邻的钨颗粒表面而对钨颗粒形成黏结。

XRD 分析表明 W – Cu 复合粉末中含有 bcc 结构的 W 和 fcc 结构的 Cu 单质，

根据 X 射线衍射线宽和 Schemer 公式计算得到粉末中 W 的平均晶粒度为 45 nm，而铜的平均晶粒度为 80 nm，且特别值得指出的是，发现形成了一个 W－Cu 的新相，该相是 Cu 在 W 中的固溶体，Cu 位于 W 晶体的点阵位置形成置换式固溶体。所形成新相包覆于 W 颗粒的外表面，这种结构的形成可以将原有的 W 颗粒和 Cu 颗粒间的界面结合转化为新合金相颗粒和 Cu 颗粒之间的界面结合，而新合金相和 Cu 颗粒的润湿性能优于 W 颗粒和 Cu 颗粒间的润湿性能，因此新合金相的生成将促进烧结过程的进行，并可改善复合粉末在烧结过程中组织分布的均匀程度以及提高合金的性能。

参 考 文 献

[1] Красовский А И, Кчужко Р, Трегулов В Р, Дру и. Фторидный процесс получения вольфрама[J]. физико－химиеские основы. Свойства металла. М.：Наука, 1981, 261с.

[2] 《有色金属提取冶金手册》编辑委员会. 有色金属提取冶金手册稀有高熔点金属（上）（W, Mo, Re, Ti）[M]. 北京：冶金工业出版社, 1999：173－220.

[3] 李汉广. 独联体国家的难熔金属氟化物化学气相沉积技术（上、下）[J]. 稀有金属与硬质合金. 1994（4）：59－62, 1995（1）：48－51.

[4] Asada N, Yamamoto Y, et al. Particle size of fine grain WC by the "continuous direct carburizing process"[J]. MPR, 1990, 1：60－64.

[5] 郑国梁. 日本、美国硬质合金生产技术考察报告[C]//第二次国外硬质合金技术考察报告会报告专集, 1987：43－47.

[6] 钟海云, 李荐, 等. 纳米碳化钨粉的研究及应用开发动态[J]. 稀有金属与硬质合金, 2001, （2）：27－31.

[7] Conner C L. Production and properties of high quality submicron tungsten carbide powder[C]// Oakes J J, Reinshagen J H. Advances in Powder Metallurgy & Particulate Materials－1998. New Jersey：Metal Powder Industries Federation, 1998, Part 1：1－17～1－27.

[8] Corrol D F, Conner C L. Processing of superfine WC powder into high quality WC/Co materials [C]. Mckotch R A, Webb R. Advances in Powder Metallurgy & Particulate Materials－1997, New Jersey, USA：Metal Powder Industries Federation, 1997, Part 12：12－61～12－74.

[9] Falkovski V. Blagoveschenski Yu, et al. Nanocrystalline WC－Co hardmetals produced by plasmochemical method[M]. Moscow, Russia：All Russia Institute for Refractory and Hard Metals.

[10] Khaidarov V, Makksudov P, Pack V. Ultrafine－grained tungsten powder（way of obtaining, some properties and application）[C]//Bildstein H, Eck R. Proceedings ·of the 13th International Plansee Seminar, Reutte：Metallwerk Plansee, 1993, 4：306－313.

[11] Stefan Luidold, Helmut Antrekowitsch. Direct carburation of tungsten blue oxide in a fluidized bed reactor[J]. International Journal of Refractory Metals and Hard Materials, 2008, 26（4）：

324 - 328.

[12] Medeiros F F P, de Oliveira S A, de Souza C P, et al. Synthesis of tungsten carbide through gas - solid reaction at low temperatures [J]. Materials Sicence and Engineering, A315, 2001： 58 - 62.

[13] Medeiros F F P, da Silva A G P, de Souza C P, et al. Carburization of ammonium paratunstate by methane： The influence of reaction paramaters [J]. International Journal of Refractory Metals and Hard Materials, 2009, 27： 43 - 47.

[14] Akira Katagiri. Electrodeposition of Tungsten in $ZnBr_2$ - NaBr and $ZnCl_2$ - NaCl Mets [J]. Journal of The Electrochemical Society, 1991, 138(3)： 767 - 773.

[15] Masuda M, Takenishi H, Katagiri A. Electroposition of tungsten and related voltammetric study in a basic $ZnCl_2$ - NaCl(40 ~ 60mol%) melt [J]. Journal of The Electrochemical Society, 2001, 148(1)： C59 - C64.

[16] Hironori Nakajima, Toshiyuki Nohira, Rika Hagiwara, et al. Electroposition of metallic tungsten films in $ZnCl_2$ - NaCl - KCl - KF - WO_3 melt at 250℃ [J]. Electrochimica Acta, 2007, 53： 24 - 27.

[17] Koji Nitta, Toshiyuki Nohira, Rika Hagiwara, et al. Electrodeposition of tungsten from $ZnCl_2$ - NaCl - KCl - KF - WO_3 melt and investigation on tungsten species in the melt [J]. Electochimica Acta, 2010, 55： 1278 - 1281.

[18] 李洪桂. 湿法冶金学[M]. 长沙：中南大学出版社, 2002.

[19] 张丽英，吴成义，晏洪波. 硬质合金用纳米级(W, Ni, Fe, V)系复合氧化物粉末的制备 [J]. 金属学报, 1999, 35(2)： 152 - 155.

[20] 高荣根. 纳米结构 WC - Co 复合粉末的制备与应用[J]. 稀有金属与硬质合金, 1999, 137： 49 - 54.

[21] White G D, Gurwell W E. Freeze dried tungsten heavey alloys [J]. Advances in Powder Metallugy, 1989, 1： 355 - 368.

[22] Srikanth Raghunathan, David L Bourell. Synthesis and evaluation of advanced nanocrystalline tungsten - based materials[J]. P/M Science & Technology Briefs, 1999, 1(1)： 9 - 14.

图书在版编目(CIP)数据

钨冶金学/李洪桂,羊建高,李昆等编著. —长沙:中南大学出版社,
2010.12
 ISBN 978 - 7 - 5487 - 0175 - 0

Ⅰ.钨… Ⅱ.①李…②羊…③李… Ⅲ.钨—有色金属冶金
Ⅳ. TF841.1

中国版本图书馆 CIP 数据核字(2010)第 261999 号

钨冶金学

李洪桂　羊建高　李　昆　等编著

□ 责任编辑	史海燕	
□ 责任印制	文桂武	
□ 出版发行	中南大学出版社	
	社址:长沙市麓山南路	邮编:410083
	发行科电话:0731-88876770	传真:0731-88710482
□ 印　装	长沙瑞和印务有限公司	

□ 开　本	720×1000 B5	□ 印张	23.5	□ 字数	454 千字
□ 版　次	2010 年 12 月第 1 版	□2010 年 12 月第 1 次印刷			
□ 书　号	ISBN 978 - 7 - 5487 - 0175 - 0				
□ 定　价	95.00 元				